高职高专教育国家级精品规划教材
普通高等教育"十一五"国家级规划教材
中国水利教育协会策划组织

工程建设监理

（第4版）

主　编　钟汉华　赵旭升
副主编　吴美琼　张　茹
　　　　罗　中　孙　希
主　审　林梅芬

黄河水利出版社
·郑州·

内容提要

本书是高职高专教育国家级精品规划教材，是普通高等教育“十一五”国家级规划教材，依据教育部印发的《高等职业学校专业教学标准(试行)》中关于课程的教学要求及工程建设监理的有关要求，由校企合作开发组织编写的。本书依据《建设工程监理规范》(GB/T 50319—2013)、《建设工程施工合同(示范文本)(GF—2017—0201)、《住房和城乡建设部、交通运输部、水利部、人力资源社会保障部关于印发〈监理工程师职业资格制度规定〉〈监理工程师职业资格考试实施办法〉的通知》(建人规〔2020〕3号)、《中国建设监理协会关于印发〈房屋建筑工程监理工作标准(试行)〉等四个标准的通知》(中建监协〔2020〕15号)等重新组织编写。全书共分十一个模块，包括工程建设监理的基本知识、工程建设合同、工程建设项目的进度控制、工程建设项目的质量控制、工程建设项目的投资控制、工程建设项目的合同管理、工程建设项目的安全管理、工程建设项目的信息管理、工程建设项目的组织协调、工程建设监理系列文件、工程建设监理招标与投标、附录等。本书贯彻以学生为主体、以教师为主导、注重学生动手操作的教学思路。

本书可作为高等职业技术学院、高等专科学校等土建类专业的教材，也可供土建类专业教师和建设行业从事工程建设监理工作的工程技术人员阅读参考。

图书在版编目(CIP)数据

工程建设监理/钟汉华，赵旭升主编．—4 版．—郑州：黄河水利出版社，2020.7
高职高专教育国家级精品规划教材
ISBN 978－7－5509－2646－2

Ⅰ．①工…　Ⅱ．①钟…　②赵…　Ⅲ．①建筑工程－施工监理－高等职业教育－教材　Ⅳ．①TU712

中国版本图书馆 CIP 数据核字(2020)第 064454 号

组稿编辑：王路平　电话：0371-66022212　E-mail：hhslwlp@163.com

出 版 社：黄河水利出版社　网址：www.yrcp.com
地址：河南省郑州市顺河路黄委会综合楼 14 层　邮政编码：450003
发行单位：黄河水利出版社
发行部电话：0371－66026940、66020550、66028024、66022620(传真)
E-mail：hhslcbs@126.com
承印单位：河南承创印务有限公司
开本：787 mm×1 092 mm　1/16
印张：21.75
字数：500 千字　印数：1—3 100
版次：2005 年 2 月第 1 版　2015 年 12 月第 3 版　印次：2020 年 7 月第 1 次印刷
2009 年 4 月第 2 版　2020 年 7 月第 4 版

定价：60.00 元

第4版前言

本书是贯彻落实《国家职业教育改革实施方案》(国发〔2019〕4号)、《国务院关于加快发展现代职业教育的决定》(国发〔2014〕19号)等文件精神,依据教育部印发的《高等职业学校专业教学标准(试行)》中关于课程的教学要求,在中国水利教育协会的指导下,由中国水利教育协会职业技术教育分会高等职业教育教学研究会组织编写的高职高专教育国家级精品规划教材。该套教材以学生能力培养为主线,体现出实用性、实践性、创新性的教材特色,是一套理论联系实际、教学面向生产的高职教育精品规划教材。

本书依据《建设工程监理规范》(GB/T 50319—2013)、《建设工程施工合同(示范文本)(GF—2017—0201)、《住房和城乡建设部、交通运输部、水利部、人力资源社会保障部关于印发〈监理工程师职业资格制度规定〉〈监理工程师职业资格考试实施办法〉的通知》(建人规〔2020〕3号)、《中国建设监理协会关于印发〈房屋建筑工程监理工作标准(试行)〉等四个标准的通知》(中建监协〔2020〕15号)等重新组织编写。全书共分十一个模块,包括工程建设监理的基本知识、工程建设合同、工程建设项目的进度控制、工程建设项目的质量控制、工程建设项目的投资控制、工程建设项目的合同管理、工程建设项目的安全管理、工程建设项目的信息管理、工程建设项目的组织协调、工程建设监理系列文件、工程建设监理招标与投标、附录等。

工程建设监理是一门实践性很强的课程。为此,本书始终坚持"素质为本、能力为主、需要为准、够用为度"的原则进行编写。本书结合我国工程建设监理的实际精选内容,力求理论联系实际,注重实践能力的培养,突出针对性和实用性,以满足学生学习的需要。

本书自2005年第1版、2009年第2版、2015年第3版出版以来,因其通俗易懂、全面系统、应用性知识突出、实用性强等特点,受到全国高职高专院校土建类专业师生及广大建设行业从业人员的喜爱。本次再版,是在前三版教材的基础上,通过收集前三版教材使用者的意见而修订和提升的,在第3版的基础上对原教材内容进行了全面修订、补充和完善。

由于工程建设监理是一门政策性、实践性紧密结合的课程,随着建设领域改革的深入和经济的发展,国家和行业主管部门还将陆续颁布一些新的规定、规范,同时各省(自治区、直辖市)对工程建设监理要求也不尽相同,因此在采用本教材讲授时,应结合国家和行业主管部门的新规定及本地区的实际情况和规定予以补充和修正。

本书编写人员及编写分工如下:湖北水利水电职业技术学院钟汉华、罗中编写模块1、附录,广西水利电力职业技术学院吴美琼编写模块2、模块5,安徽水利水电职业技术学院孙希编写模块3,山西水利职业技术学院张茹编写模块4、模块8,杨凌职业技术学院赵旭升编写模块6、模块7,恩施自治州水利电力监理咨询有限责任公司朱敏、蒋长寿编写模块9、模块10,安徽省农垦建筑工程有限公司刘莹莹编写模块11。本书由钟汉华、赵旭升担任主编,钟汉华负责全书统稿;由吴美琼、张茹、罗中、孙希担任副主编;由福建水利电力职业技术学院林梅芬担任主审。

本书前三版的编写人员为此书的出版打下了良好的基础,在此表示最诚挚的谢意!另外,本书还参考和引用了许多相关专业文献和资料,未在书中一一注明出处,在此对这些文献资料的作者表示衷心的感谢!

由于编者水平有限,书中难免存在不妥之处,敬请读者与同行批评指正。

编 者

2020年5月

目 录

模块1　工程建设监理的基本知识

课题1.1　建设监理的目标、任务和依据

工程建设监理是监理单位受项目法人委托进行的建设项目管理。工程建设监理是指针对工程项目建设,社会化、专业化的工程建设监理单位接受业主的委托和授权,根据国家批准的工程项目建设文件,有关工程建设的法律、法规和建设工程委托监理合同以及其他建设工程合同所进行的旨在实现项目投资目的的微观监督管理活动。

1.1.1　建设监理的目标

就整个建设项目全过程监理而言,工程建设监理的目标就是力求在计划的投资、进度和质量目标内实现建设项目的总目标;阶段监理要力求实现本阶段建设项目的目标。

1.1.2　建设监理的任务

工程建设监理的中心任务是指控制工程项目目标,也就是控制合同所确定的投资、进度和质量目标。中心任务的完成是通过各阶段具体的监理工作任务的完成来实现的。

工程建设监理的内容主要是对建设项目进行投资控制、质量控制、进度控制、合同管理、安全管理、信息管理、组织协调等,简称“三控制、三管理、一协调”。

1.1.2.1　工程投资控制

监理单位审核施工单位编制的工程项目各阶段及各年、季、月度资金使用计划,并控制其执行,熟悉设计图纸、招标文件、标底(合同价),分析合同价构成因素,找出工程费用最易突破的部分,从而明确投资控制的重点,预测工程风险及可能发生索赔的原因,制定防范性对策,严格执行付款审核签订制度,及时进行工程投资实际值与计划值的比较、分析,严格履行计量与支付程序,及时对质量合格工程进行计量,及时审核签发付款证书等。

工程未经监理工程师签证,不得进行下一道工序的施工。设计单位的设计变更通知,应通知监理单位,监理工程师应核定费用及工期的增减,列入工程结算。

严格审核施工单位提交的工程结算书,公正地处理施工单位提出的索赔。

根据施工合同拟定的工程价款结算方式,由施工单位按已完工程进度填制工程价款等有关账单并报送监理单位,由总监理工程师对已完工程的数量、质量核实签证后,经建设单位同意,送开户银行作为支付价款的依据。

1.1.2.2　工程质量控制

(1)原材料、构配件及设备的质量控制。工程所需的主要原材料、构配件及设备应由监理单位进行质量认定,其主要控制内容一般有:审核工程所用原材料、构配件及设备的出厂合格证或质量保证书;对工程原材料、构配件及设备在使用前需进行抽检或复试其试

验的范围,按有关规定、标准的要求确定;凡采用新材料、新型制品,应检查技术鉴定文件;对重要原材料、构配件及设备的生产工艺、质量控制、检测手段等进行检查,必要时应到生产厂家实地进行考察,以确定供货单位;所有设备在安装前,应按相应技术说明书的要求进行质量检查,必要时还应由检测单位检测。

(2)分部、分项工程的质量控制。在一般情况下,主要的分项工程施工前,施工单位应将施工工艺、原材料使用、劳动力配置、质量保证措施等基本情况填写施工条件准备情况表报监理单位,监理单位应调查核实,经同意后方可开工。

分项工程施工过程中,应对关键部位随时进行抽检,抽检不合格的应通知施工单位整改,并要做好复查和记录。

所有分项工程施工,施工单位应在自检合格后,填写分项工程报验申请表,并附上分项工程评定表。属隐蔽工程的,还应将隐蔽工程报验单报监理单位,监理工程师必须严格按每道工序进行检查。经检查合格的,签发分项工程认可书。不合格的,给施工单位下达监理通知,指明整改项目。整改合格后,重新报验。

1.1.2.3 工程进度控制

工程进度控制一般包括以下工作内容:

(1)审核施工单位编制的工程项目实施总进度计划。

(2)审核施工单位提交的施工进度计划,审核施工进度计划与施工方案的协调性和合理性等。

(3)审核施工单位提交的施工总平面布置图。

(4)审定材料、构配件及设备的采购供应计划。

(5)工程进度的检查,主要检查计划进度与实际进度的差异和实际工程量与计划工程量指标完成情况的一致性。

1.1.2.4 合同管理

合同管理是监理工作的主要内容。广义地讲,监理工作可概括为监理单位受项目法人的委托,协助项目法人组织工程项目建设合同的订立、签订,并在合同实施过程中管理合同。狭义的合同管理是指合同文件管理、会议管理、支付、合同变更、违约、索赔及风险分担、合同争议协调等。

1.1.2.5 安全管理

国务院颁布的《建设工程安全生产管理条例》明确监理单位对建设工程安全生产承担三大职责,即审核查验职责、安全检查职责和督促整改职责。建设工程安全监理是建设工程监理的重要组成部分,也是建设工程安全生产管理的重要保障。建设工程安全监理的实施,是提高施工现场管理水平的有效方法,也是建设管理体制改革中加强安全管理、控制重大伤亡事故的一种有效手段。

1.1.2.6 信息管理

信息管理是项目建设监理的重要手段。只有及时、准确地掌握项目建设中的信息,严格、有序地管理各种文件、图纸、记录、指令、报告和有关技术资料,完善信息资料的接收、签发、归档和查询等制度,才能使信息及时、准确和可靠地为建设监理提供工作依据,以便及时采取措施,有效地完成监理任务。

1.1.2.7　组织协调

在工程项目实施过程中,存在大量的组织协调工作,项目法人和承包商之间由于各自的经济利益和对问题的不同理解,会产生各种矛盾和冲突;在项目建设过程中,多部门、多单位以不同的方式为项目建设服务,他们难免会发生各种冲突。因此,监理工程师及时、准确地做好协调工作,是建设项目顺利进行的重要保证。

1.1.3　建设监理的依据

建设监理的依据是国家颁布实施的《中华人民共和国建筑法》、《中华人民共和国合同法》和《建设工程质量管理条例》、《建设工程监理规范》、建筑工程质量验收标准以及工程建设监理合同、施工合同、设计合同、勘察合同、设计文件等。

课题1.2　监理单位

1.2.1　监理单位资质

监理单位是指取得监理资格证书、具有法人资格、从事工程建设监理的单位,如监理公司、监理事务所、监理中心、咨询中心。监理单位按照经济性质分为全民所有制企业、集体所有制企业、私有企业;按照组建方式分为股份公司、合资企业、合作企业及合伙企业等;按照经济责任分为有限责任公司和无限责任公司两种;按照资质等级分为甲级、乙级、丙级三种;按照从事的主要业务范围不同,可分出不同专业类别的监理单位。

监理单位必须具有自己的名称、组织机构和场所,有与承担监理业务相适应的经济、法律、技术及管理人员,完善的组织章程和管理制度,并有一定数量的资金和设施。符合条件的单位经申请取得监理资格等级证书,并经工商行政管理部门注册取得营业执照后,才可承担监理业务。

1.2.1.1　监理单位的资质要素

1.监理人员的素质要求

(1)具备较高的与工程技术或建筑经济有关的理论知识和实际运用技能。

(2)具有较强的组织协调能力。

(3)具有高尚的职业道德。

(4)拥护共产党的领导,热爱社会主义祖国。

(5)身体健康,能胜任监理工作的需要。

对监理单位负责人的素质要求则更高一些:在技术方面,应当具有高级专业技术职称;应具有较强的组织协调和领导才能,应当取得国家确认的《监理工程师资格证书》。

2.监理单位的专业配套能力

一个监理单位,按照它所从事的监理业务范围的要求,配备的专业监理人员是否齐全,在很大程度上决定了它的监理能力的强弱。根据承担的监理工程业务的要求,配备专业齐全的监理人员,这是专业配套能力的起码要求。另一方面,专业配套能力的重要标志,在于各主要专业的监理人员当中应有2名以上具有高级专业技术职称,这些人员同时还取得了《监理工程师岗位证书》。达不到这个标准,就视为该监理单位配套能力不强,就应该限制其承接监理业务的范围。

3. 监理单位的技术装备

监理单位的技术装备也是其资质要素之一。监理单位的技术装备一般有计算机,工程测量仪器和设备,检测仪器和设备,交通、通信设备,照相、录像设备等。

4. 监理单位的管理水平

对于企业来说,管理包括组织管理、人事管理、财务管理、设备管理、生产经营管理、科技管理及档案文书管理等多方面的内容。考察一个监理单位管理工作的优劣,一是要考察其领导的能力,二是要侧重考察其规章制度的建立和贯彻执行情况。

5. 监理单位的经历和成效

监理单位的经历是指监理单位成立之后,从事监理工作的历程。监理成效主要是指监理活动在控制工程建设投资、工期和保证工程质量等方面取得的效果。

此外,监理单位要有起码的经济实力,即要有一定数额的注册资金。

1.2.1.2 监理单位资质类别与等级

按《工程监理企业资质管理规定》,工程监理企业资质分为综合资质、专业资质和事务所资质。其中,专业资质按照工程性质和技术特点划分为若干工程类别。

综合资质、事务所资质不分级别。专业资质分为甲级、乙级。其中,房屋建筑、水利水电、公路和市政公用专业资质可设立丙级。工程监理企业的资质等级标准如下。

1. 综合资质标准

(1)具有独立法人资格且具有符合国家有关规定的资产。

(2)企业技术负责人应为注册监理工程师,并具有15年以上从事工程建设工作的经历或者具有工程类高级职称。

(3)具有5个以上工程类别的专业甲级工程监理资质。

(4)注册监理工程师不少于60人,注册造价工程师不少于5人,一级注册建造师、一级注册建筑师、一级注册结构工程师或者其他勘察设计注册工程师合计不少于15人次。

(5)企业具有完善的组织结构和质量管理体系,有健全的技术、档案等管理制度。

(6)企业具有必要的工程试验检测设备。

(7)申请工程监理资质之日前一年内没有因本企业监理责任造成重大质量事故。

(8)申请工程监理资质之日前一年内没有因本企业监理责任发生三级以上工程建设重大安全事故或者发生两起以上四级工程建设安全事故。

2. 专业资质标准

1)甲级资质标准

(1)具有独立法人资格且具有符合国家有关规定的资产。

(2)企业技术负责人应为注册监理工程师,并具有15年以上从事工程建设工作的经历或者具有工程类高级职称。

(3)注册监理工程师、注册造价工程师、一级注册建造师、一级注册建筑师、一级注册结构工程师或者其他勘察设计注册工程师合计不少于25人次。其中,相应专业注册监理工程师不少于“专业资质注册监理工程师人数配备表”(见表1-1)中要求配备的人数,注册造价工程师不少于2人。

表1-1 专业资质注册监理工程师人数配备表 (单位:人)

序号	工程类别	甲级	乙级	丙级
1	房屋建筑工程	15	10	5
2	冶炼工程	15	10	
3	矿山工程	20	12	
4	化工石油工程	15	10	
5	水利水电工程	20	12	5
6	电力工程	15	10	
7	农林工程	15	10	
8	铁路工程	23	14	
9	公路工程	20	12	5
10	港口与航道工程	20	12	
11	航天航空工程	20	12	
12	通信工程	20	12	
13	市政公用工程	15	10	5
14	机电安装工程	15	10	

注:1.表中各专业资质注册监理工程师人数配备是指企业取得本专业工程类别注册的注册监理工程师人数。
2.《住房城乡建设部办公厅关于调整工程监理企业甲级资质标准注册人员指标的通知》(建办市〔2018〕61号)规定,为深入推进建筑业"放管服"改革,进一步优化建筑企业资质管理,决定调整工程监理企业甲级资质标准注册人员指标,自2019年2月1日起,审查工程监理专业甲级资质(含升级、延续、变更)申请时,对注册类人员指标,按相应专业乙级资质标准要求核定。

(4)企业近2年内独立监理过3个以上相应专业的二级工程项目,但是,具有甲级设计资质或一级及以上施工总承包资质的企业申请本专业工程类别甲级资质的除外。

(5)企业具有完善的组织结构和质量管理体系,有健全的技术、档案等管理制度。

(6)企业具有必要的工程试验检测设备。

(7)申请工程监理资质之日前一年内没有因本企业监理责任造成重大质量事故。

(8)申请工程监理资质之日前一年内没有因本企业监理责任发生三级以上工程建设重大安全事故或者发生两起以上四级工程建设安全事故。

2)乙级资质标准

(1)具有独立法人资格且具有符合国家有关规定的资产。

(2)企业技术负责人应为注册监理工程师,并具有10年以上从事工程建设工作的经历。

(3)注册监理工程师、注册造价工程师、一级注册建造师、一级注册建筑师、一级注册结构工程师或者其他勘察设计注册工程师合计不少于15人次。其中,相应专业注册监理工程师不少于"专业资质注册监理工程师人数配备表"(见表1-1)中要求配备的人数,注册造价工程师不少于1人。

(4)有较完善的组织结构和质量管理体系,有技术、档案等管理制度。

(5)有必要的工程试验检测设备。

(6)申请工程监理资质之日前一年内没有因本企业监理责任造成重大质量事故。

(7)申请工程监理资质之日前一年内没有因本企业监理责任发生三级以上工程建设重大安全事故或者发生两起以上四级工程建设安全事故。

3)丙级资质标准

(1)具有独立法人资格且具有符合国家有关规定的资产。

(2)企业技术负责人应为注册监理工程师,并具有8年以上从事工程建设工作的经历。

(3)相应专业的注册监理工程师不少于“专业资质注册监理工程师人数配备表”(见表1-1)中要求配备的人数。

(4)有必要的质量管理体系和规章制度。

(5)有必要的工程试验检测设备。

4)事务所资质标准

(1)取得合伙企业营业执照,具有书面合作协议书。

(2)合伙人中有3名以上注册监理工程师,合伙人均有5年以上从事建设工程监理的工作经历。

(3)有固定的工作场所。

(4)有必要的质量管理体系和规章制度。

(5)有必要的工程试验检测设备。

1.2.1.3　监理单位资质申请与撤销

申请综合资质、专业甲级资质的,应当向企业工商注册所在地的省、自治区、直辖市人民政府建设主管部门提出申请。省、自治区、直辖市人民政府建设主管部门应当自受理申请之日起20日内初审完毕,并将初审意见和申请材料报国务院建设主管部门。国务院建设主管部门应当自省、自治区、直辖市人民政府建设主管部门受理申请材料之日起60日内完成审查,公示审查意见,公示时间为10日。其中,涉及铁路、交通、水利、通信、民航等专业工程监理资质的,由国务院建设主管部门送国务院有关部门审核。国务院有关部门应当在20日内审核完毕,并将审核意见报国务院建设主管部门。国务院建设主管部门根据初审意见审批。

专业乙级、丙级资质和事务所资质由企业所在地省、自治区、直辖市人民政府建设主管部门审批。专业乙级、丙级资质和事务所资质许可、延续的实施程序由省、自治区、直辖市人民政府建设主管部门依法确定。省、自治区、直辖市人民政府建设主管部门应当自作出决定之日起10日内,将准予资质许可的决定报国务院建设主管部门备案。

县级以上人民政府建设主管部门和其他有关部门应当依照有关法律、法规和《工程监理企业资质管理规定》,加强对工程监理企业资质的监督管理。

工程监理企业违法从事工程监理活动的,违法行为发生地的县级以上地方人民政府建设主管部门应当依法查处,并将违法事实、处理结果或处理建议及时报告该工程监理企业资质的许可机关。

工程监理企业取得工程监理企业资质后不再符合相应资质条件的,资质许可机关根据利害关系人的请求或者依据职权,可以责令其限期改正;逾期不改的,可以撤回其资质。

有下列情形之一的,资质许可机关或者其上级机关,根据利害关系人的请求或者依据职权,可以撤销工程监理企业资质:

(1)资质许可机关工作人员滥用职权、玩忽职守作出准予工程监理企业资质许可的。

(2)超越法定职权作出准予工程监理企业资质许可的。

(3)违反资质审批程序作出准予工程监理企业资质许可的。

(4)对不符合许可条件的申请人作出准予工程监理企业资质许可的。

(5)依法可以撤销资质证书的其他情形。以欺骗、贿赂等不正当手段取得工程监理企业资质证书的,应当予以撤销。

有下列情形之一的,工程监理企业应当及时向资质许可机关提出注销资质的申请,交回资质证书,国务院建设主管部门应当办理注销手续,公告其资质证书作废:

(1)资质证书有效期届满,未依法申请延续的。

(2)工程监理企业依法终止的。

(3)工程监理企业资质依法被撤销、撤回或吊销的。

(4)法律、法规规定的应当注销资质的其他情形。

1.2.1.4　监理单位的业务范围

监理单位必须在核定的监理范围内从事监理活动,不得擅自越级承接建设监理业务。工程监理企业资质相应许可的业务范围如下。

1. 综合资质

综合资质可承担所有专业工程类别建设工程项目的工程监理业务。

2. 专业资质

专业甲级资质可承担相应专业工程类别建设工程项目的工程监理业务;专业乙级资质可承担相应专业工程类别二级以下(含二级)建设工程项目的工程监理业务;专业丙级资质可承担相应专业工程类别三级建设工程项目的工程监理业务。

3. 事务所资质

事务所资质可承担三级建设工程项目的工程监理业务,但是,国家规定必须实行强制监理的工程除外。工程监理企业可以开展相应类别建设工程的项目管理、技术咨询等业务。

专业工程类别和等级如表1-2所示。建筑、人防工程复杂程度及市政公用、园林绿化工程复杂程度如表1-3、表1-4所示。

1.2.1.5　监理企业经营活动的内容

监理企业经营活动的内容如表1-5所示,目前主要是施工阶段监理。

表1-2　专业工程类别和等级表

序号	工程类别		一级	二级	三级
一	房屋建筑工程	一般公共建筑	28层以上;36 m跨度以上(轻钢结构除外);单项工程建筑面积3万 m^2 以上	14～28层;24～36 m跨度(轻钢结构除外);单项工程建筑面积1万～3万 m^2	14层以下;24 m跨度以下(轻钢结构除外);单项工程建筑面积1万 m^2 以下
		高耸构筑工程	高度120 m以上	高度70～120 m	高度70 m以下
		住宅工程	小区建筑面积12万 m^2 以上;单项工程28层以上	建筑面积6万～12万 m^2;单项工程14～28层	建筑面积6万 m^2 以下;单项工程14层以下

续表1-2

序号	工程类别		一级	二级	三级
二	冶炼工程	钢铁冶炼、连铸工程	年产100万t以上;单座高炉炉容1 250 m^3 以上;单座公称容量转炉100 t以上;电炉50 t以上;连铸年产100万t以上或板坯连铸单机1 450 mm以上	年产100万t以下;单座高炉炉容1 250 m^3 以下;单座公称容量转炉100 t以下;电炉50 t以下;连铸年产100万t以下或板坯连铸单机1 450 mm以下	
		轧钢工程	热轧年产100万t以上,装备连续、半连续轧机;冷轧带板年产100万t以上,冷轧线材年产30万t以上或装备连续、半连续轧机	热轧年产100万t以下,装备连续、半连续轧机;冷轧带板年产100万t以下,冷轧线材年产30万t以下或装备连续、半连续轧机	
		冶炼辅助工程	炼焦工程年产50万t以上或炭化室高度4.3 m以上;单台烧结机100 m^2 以上;小时制氧300 m^3 以上	炼焦工程年产50万t以下或炭化室高度4.3 m以下;单台烧结机100 m^2 以下;小时制氧300 m^3 以下	
		有色冶炼工程	有色冶炼年产10万t以上;有色金属加工年产5万t以上;氧化铝工程40万t以上	有色冶炼年产10万t以下;有色金属加工年产5万t以下;氧化铝工程40万t以下	
		建材工程	水泥日产2 000 t以上;浮化玻璃日熔量400 t以上;池窑拉丝玻璃纤维、特种纤维;特种陶瓷生产线工程	水泥日产2 000 t以下;浮化玻璃日熔量400 t以下;普通玻璃生产线;组合炉拉丝玻璃纤维;非金属材料、玻璃钢、耐火材料、建筑及卫生陶瓷厂工程	

续表1-2

序号	工程类别		一级	二级	三级
三	矿山工程	煤矿工程	年产120万t以上的井工矿工程；年产120万t以上的洗选煤工程；深度800 m以上的立井井筒工程；年产400万t以上的露天矿山工程	年产120万t以下的井工矿工程；年产120万t以下的洗选煤工程；深度800 m以下的立井井筒工程；年产400万t以下的露天矿山工程	
		冶金矿山工程	年产100万t以上的黑色矿山采选工程；年产100万t以上的有色砂矿采、选工程；年产60万t以上的有色脉矿采、选工程	年产100万t以下的黑色矿山采选工程；年产100万t以下的有色砂矿采、选工程；年产60万t以下的有色脉矿采、选工程	
		化工矿山工程	年产60万t以上的磷矿、硫铁矿工程	年产60万t以下的磷矿、硫铁矿工程	
		铀矿工程	年产10万t以上的铀矿；年产200 t以上的铀选冶	年产10万t以下的铀矿；年产200 t以下的铀选冶	
		建材类非金属矿工程	年产70万t以上的石灰石矿；年产30万t以上的石膏矿、石英砂岩矿	年产70万t以下的石灰石矿；年产30万t以下的石膏矿、石英砂岩矿	
四	化工石油工程	油田工程	原油处理能力150万t/年以上、天然气处理能力150万m^3/天以上、产能50万t以上及配套设施	原油处理能力150万t/年以下、天然气处理能力150万m^3/天以下、产能50万t以下及配套设施	
		油气储运工程	压力容器8 MPa以上；油气储罐10万m^3/台以上；长输管道120 km以上	压力容器8 MPa以下；油气储罐10万m^3/台以下；长输管道120 km以下	
		炼油化工工程	原油处理能力在500万t/年以上的一次加工及相应二次加工装置和后加工装置	原油处理能力在500万t/年以下的一次加工及相应二次加工装置和后加工装置	
		基本原材料工程	年产30万t以上的乙烯工程；年产4万t以上的合成橡胶、合成树脂及塑料和化纤工程	年产30万t以下的乙烯工程；年产4万t以下的合成橡胶、合成树脂及塑料和化纤工程	

续表 1-2

序号	工程类别		一级	二级	三级
四	化工石油工程	化肥工程	年产20万t以上合成氨及相应后加工装置;年产24万t以上磷氨工程	年产20万t以下合成氨及相应后加工装置;年产24万t以下磷氨工程	
		酸碱工程	年产硫酸16万t以上;年产烧碱8万t以上;年产纯碱40万t以上	年产硫酸16万t以下;年产烧碱8万t以下;年产纯碱40万t以下	
		轮胎工程	年产30万套以上	年产30万套以下	
		核化工及加工工程	年产1 000 t以上的铀转换化工工程;年产100 t以上的铀浓缩工程;总投资10亿元以上的乏燃料后处理工程;年产200 t以上的燃料元件加工工程;总投资5 000万元以上的核技术及同位素应用工程	年产1 000 t以下的铀转换化工工程;年产100 t以下的铀浓缩工程;总投资10亿元以下的乏燃料后处理工程;年产200 t以下的燃料元件加工工程;总投资5 000万元以下的核技术及同位素应用工程	
		医药及其他化工工程	总投资1亿元以上	总投资1亿元以下	
五	水利水电工程	水库工程	总库容1亿m^3以上	总库容1 000万~1亿m^3	总库容1 000万m^3以下
		水力发电站工程	总装机容量300 MW以上	总装机容量50~300 MW	总装机容量50 MW以下
		其他水利工程	引调水堤防等级1级;灌溉排涝流量5 m^3/s以上;河道整治面积30万亩以上;城市防洪城市人口50万人以上;围垦面积5万亩以上;水土保持综合治理面积1 000 km^2以上	引调水堤防等级2、3级;灌溉排涝流量0.5~5 m^3/s;河道整治面积3万~30万亩;城市防洪城市人口20万~50万人;围垦面积0.5万~5万亩;水土保持综合治理面积100~1 000 km^2	引调水堤防等级4、5级;灌溉排涝流量0.5 m^3/s以下;河道整治面积3万亩以下;城市防洪城市人口20万人以下;围垦面积0.5万亩以下;水土保持综合治理面积100 km^2以下
六	电力工程	火力发电站工程	单机容量30万kW以上	单机容量30万kW以下	
		输变电工程	330 kV以上	330 kV以下	
		核电工程	核电站;核反应堆工程		

续表1-2

序号	工程类别		一级	二级	三级
七	农林工程	林业局（场）总体工程	面积35万 hm^2 以上	面积35万 hm^2 以下	
		林产工业工程	总投资5 000万元以上	总投资5 000万元以下	
		农业综合开发工程	总投资3 000万元以上	总投资3 000万元以下	
		种植业工程	2万亩以上或总投资1 500万元以上	2万亩以下或总投资1 500万元以下	
		兽医/畜牧工程	总投资1 500万元以上	总投资1 500万元以下	
		渔业工程	渔港工程总投资3 000万元以上；水产养殖等其他工程总投资1 500万元以上	渔港工程总投资3 000万元以下；水产养殖等其他工程总投资1 500万元以下	
		设施农业工程	设施园艺工程1 hm^2 以上；农产品加工等其他工程总投资1 500万元以上	设施园艺工程1 hm^2 以下；农产品加工等其他工程总投资1 500万元以下	
		核设施退役及放射性三废处理处置工程	总投资5 000万元以上	总投资5 000万元以下	
八	铁路工程	铁路综合工程	新建、改建一级干线；单线铁路40 km以上；双线30 km以上及枢纽	单线铁路40 km以下；双线30 km以下；二级干线及站线；专用线、专用铁路	
		铁路桥梁工程	桥长500 m以上	桥长500 m以下	
		铁路隧道工程	单线3 000 m以上；双线1 500 m以上	单线3 000 m以下；双线1 500 m以下	
		铁路通信、信号、电力电气化工程	新建、改建铁路（含枢纽、配、变电所、分区亭）单双线200 km及以上	新建、改建铁路（不含枢纽、配、变电所、分区亭）单双线200 km及以下	

续表1-2

序号	工程类别		一级	二级	三级
九	公路工程	公路工程	高速公路	高速公路路基工程及一级公路	一级公路路基工程及二级以下各级公路
		公路桥梁工程	独立大桥工程;特大桥总长1 000 m以上或单跨跨径150 m以上	大桥、中桥桥梁总长30～1 000 m或单跨跨径20～150 m	小桥总长30 m以下或单跨跨径20 m以下;涵洞工程
		公路隧道工程	隧道长度1 000 m以上	隧道长度500～1 000 m	隧道长度500 m以下
		其他工程	通信、监控、收费等机电工程,高速公路交通安全设施、环保工程和沿线附属设施	一级公路交通安全设施、环保工程和沿线附属设施	二级及以下公路交通安全设施、环保工程和沿线附属设施
十	港口与航道工程	港口工程	集装箱、件杂、多用途等沿海港口工程20 000 t级以上;散货、原油沿海港口工程30 000 t级以上;1 000 t级以上内河港口工程	集装箱、件杂、多用途等沿海港口工程20 000 t级以下;散货、原油沿海港口工程30 000 t级以下;1 000 t级以下内河港口工程	
		通航建筑与整治工程	1 000 t级以上	1 000 t级以下	
		航道工程	通航30 000 t级以上船舶沿海复杂航道;通航1 000 t级以上船舶的内河航运工程项目	通航30 000 t级以下船舶沿海航道;通航1 000 t级以下船舶的内河航运工程项目	
		修造船水工工程	10 000 t位以上的船坞工程;船体质量5 000 t位以上的船台、滑道工程	10 000 t位以下的船坞工程;船体质量5 000 t位以下的船台、滑道工程	
		防波堤、导流堤等水工工程	最大水深6 m以上	最大水深6 m以下	
		其他水运工程项目	建安工程费6 000万元以上的沿海水运工程项目;建安工程费4 000万元以上的内河水运工程项目	建安工程费6 000万元以下的沿海水运工程项目;建安工程费4 000万元以下的内河水运工程项目	

续表 1-2

序号	工程类别		一级	二级	三级
十一	航天航空工程	民用机场工程	飞行区指标为4E及以上及其配套工程	飞行区指标为4D及以下及其配套工程	
		航空飞行器	航空飞行器(综合)工程总投资1亿元以上;航空飞行器(单项)工程总投资3 000万元以上	航空飞行器(综合)工程总投资1亿元以下;航空飞行器(单项)工程总投资3 000万元以下	
		航天空间飞行器	工程总投资3 000万元以上;面积3 000 m^2以上;跨度18 m以上	工程总投资3 000万元以下;面积3 000 m^2以下;跨度18 m以下	
十二	通信工程	有线、无线传输通信工程,卫星、综合布线	省际通信、信息网络工程	省内通信、信息网络工程	
		邮政、电信、广播枢纽及交换工程	省会城市邮政、电信枢纽	地市级城市邮政、电信枢纽	
		发射台工程	总发射功率500 kW以上短波或600 kW以上中波发射台;高度200 m以上广播电视发射塔	总发射功率500 kW以下短波或600 kW以下中波发射台;高度200 m以下广播电视发射塔	
十三	市政公用工程	城市道路工程	城市快速路、主干路,城市互通式立交桥及单孔跨径100 m以上桥梁;长度1 000 m以上的隧道工程	城市次干路工程,城市分离式立交桥及单孔跨径100 m以下的桥梁;长度1 000 m以下的隧道工程	城市支路工程、过街天桥及地下通道工程
		给水排水工程	10万t/d以上的给水厂;5万t/d以上污水处理工程;3 m^3/s以上的给水、污水泵站;15 m^3/s以上的雨泵站;直径2.5 m以上的给、排水管道	2万~10万t/d的给水厂;1万~5万t/d污水处理工程;1~3 m^3/s的给水、污水泵站;5~15 m^3/s的雨泵站;直径1~2.5 m的给水管道;直径1.5~2.5 m的排水管道	2万t/d以下的给水厂;1万t/d以下污水处理工程;1 m^3/s以下的给水、污水泵站;5 m^3/s以下的雨泵站;直径1 m以下的给水管道;直径1.5 m以下的排水管道

续表1-2

序号	工程类别		一级	二级	三级
十三	市政公用工程	燃气热力工程	总储存容积1 000 m^3以上液化气贮罐场(站);供气规模15万m^3/d以上的燃气工程;中压以上的燃气管道、调压站;供热面积150万m^2以上的热力工程	总储存容积1 000 m^3以下的液化气贮罐场(站);供气规模15万m^3/d以下的燃气工程;中压以下的燃气管道、调压站;供热面积50万~150万m^2的热力工程	供热面积50万m^2以下的热力工程
		垃圾处理工程	1 200 t/d以上的垃圾焚烧和填埋工程	500~1 200 t/d的垃圾焚烧及填埋工程	500 t/d以下的垃圾焚烧及填埋工程
		地铁轻轨工程	各类地铁轻轨工程		
		风景园林工程	总投资3 000万元以上	总投资1 000万~3 000万元	总投资1 000万元以下
十四	机电安装工程	机械工程	总投资5 000万元以上	总投资5 000万以下	
		电子工程	总投资1亿元以上;含有净化级别6级以上的工程	总投资1亿元以下;含有净化级别6级以下的工程	
		轻纺工程	总投资5 000万元以上	总投资5 000万元以下	
		兵器工程	建安工程费3 000万元以上的坦克装甲车辆、炸药、弹箭工程;建安工程费2 000万元以上的枪炮、光电工程;建安工程费1 000万元以上的防化民爆工程	建安工程费3 000万元以下的坦克装甲车辆、炸药、弹箭工程;建安工程费2 000万元以下的枪炮、光电工程;建安工程费1 000万元以下的防化民爆工程	
		船舶工程	船舶制造工程总投资1亿元以上;船舶科研、机械、修理工程总投资5 000万元以上	船舶制造工程总投资1亿元以下;船舶科研、机械、修理工程总投资5 000万元以下	
		其他工程	总投资5 000万元以上	总投资5 000万元以下	

表1-3　建筑、人防工程复杂程度

等级	工程特征
Ⅰ级	1. 高度<24 m的公共建筑和住宅工程； 2. 跨度<24 m的厂房和仓储建筑工程； 3. 室外工程及简单的配套用房； 4. 高度<70 m的高耸构筑物
Ⅱ级	1. 24 m≤高度<50 m的公共建筑工程； 2. 24 m≤跨度<36 m的厂房和仓储建筑工程； 3. 高度≥24 m的住宅工程； 4. 仿古建筑，一般标准的古建筑、保护性建筑及地下建筑工程； 5. 装饰、装修工程； 6. 防护级别为四级及以下的人防工程； 7. 70 m≤高度<120 m的高耸构筑物
Ⅲ级	1. 高度≥50 m的公共建筑工程，或跨度≥36 m的厂房和仓储建筑工程； 2. 高标准的古建筑、保护性建筑； 3. 防护级别为四级以上的人防工程； 4. 高度≥120 m的高耸构筑物

表1-4　市政公用、园林绿化工程复杂程度

等级	工程特征
Ⅰ级	1. 直径<1.0 m的给排水地下管线工程； 2. 小区内燃气管道工程； 3. 小区供热管网工程，<2 MW的小型换热站工程； 4. 小型垃圾中转站，简易堆肥工程
Ⅱ级	1. 直径≥1.0 m的给排水地下管线工程，<3 m^3/s的给水、污水泵站，<10万t/d的给水厂工程，<5万t/d的污水处理厂工程； 2. 城市中、低压燃气管网（站），<1 000 m^3液化气贮灌场（站）； 3. 锅炉房，城市供热管理网工程，≥2 MW换热站工程； 4. ≥100 t/d的垃圾中转站，垃圾填埋场； 5. 园林绿化工程
Ⅲ级	1. ≥3 m^3/s的给水、污水泵站；≥10万t/d的给水厂工程，≥5万t/d的污水处理厂工程； 2. 城市高压燃气管网（站），≥1 000 m^3液化气贮灌场（站）； 3. 垃圾焚烧工程； 4. 海底排污管线，海水取排水、淡化及处理工程

表1-5　建设工程监理与相关服务的主要工作内容

<table>
<tr><th>服务阶段</th><th>具体服务范围构成</th><th>说明</th></tr>
<tr><td>勘察阶段</td><td>协助发包人编制勘察要求、选择勘察单位,核查勘察方案并监督实施和进行相应的控制,参与验收勘察成果</td><td rowspan="4">建设工程勘察、设计、施工、保修等阶段监理与相关服务的具体内容按国家、行业有关规范、规定执行</td></tr>
<tr><td>设计阶段</td><td>协助发包人编制设计要求、选择设计单位,组织评选设计方案,对各设计单位进行协调管理,监督合同履行,审查设计进度计划并监督实施,核查设计大纲和设计深度、使用技术规范的合理性,提出设计评估报告(包括各阶段设计的核查意见和优化建议),协助审核设计概算</td></tr>
<tr><td>施工阶段</td><td>施工过程中的质量、进度、费用控制,安全生产监督管理,合同、信息等方面的协调管理</td></tr>
<tr><td>保修阶段</td><td>检查和记录工程质量缺陷,对缺陷原因进行调查分析并确定责任归属,审核修复方案,监督修复过程并验收,审核修复费用</td></tr>
</table>

1.2.1.6　工程建设监理费

1.监理费的构成

作为企业,监理单位要负担必要的支出,监理单位的活动应达到收支平衡,且略有节余。所以,概括地说,监理费的构成是指监理单位在工程项目建设监理活动中所需要的全部成本(包括直接成本和间接成本),再加上应缴纳的税金和合理的利润。

1)直接成本

直接成本是指监理单位在完成某项具体监理业务中所发生的成本。主要包括:

(1)监理人员和监理辅助人员的工资、津贴、附加工资、奖金等。

(2)用于监理人员和监理辅助人员的其他专项开支,包括差旅费、补助费、书报费、医疗费等。

(3)用于监理工作办公设施的购置、使用费和检测仪器购置、使用费。

(4)所需的其他外部服务支出。

2)间接成本

间接成本也称日常管理费,包括全部业务经营开支和非工程项目监理的特定开支。主要包括:

(1)管理人员、行政人员、后勤服务人员的工资,包括津贴、附加工资、奖金等。

(2)经营业务费,包括为招揽监理业务而发生的广告费、宣传费、投标费、有关契约或合同的公证费和鉴证费等活动经费。

(3)办公费,包括办公用具、用品购置费,通信、邮寄费,交通费,办公室及相关设施的使用(或租用)费、维修费及会议费,差旅费等。

(4)其他固定资产及常用工、器具和设备的使用费。

(5)垫支资金贷款利息。

(6)业务培训费,图书、资料购置费等教育经费。

(7)新技术开发、研制、试用费。

(8)咨询费、专用技术使用费。

(9)职工福利费、劳动保护费。

(10)工会等职工组织活动经费。

(11)其他行政活动经费,如职工文化活动经费等。

(12)企业领导基金和其他营业外支出。

3)税金

税金是指按照国家规定,监理单位应缴纳的各种税金总额,如营业税、所得税等。

4)利润

利润是指监理单位的监理活动收入扣除直接成本、间接成本和各种税金之后的余额。由于监理单位是一个高智能群体,监理是一种高智能的技术服务,所以监理单位的利润应当高于社会平均利润。

2.监理费的计算方法

1)监理费的内容

建设工程监理与相关服务是指监理人接受发包人的委托,提供建设工程施工阶段的质量、进度、费用控制管理和安全生产监督管理,合同、信息等方面协调管理服务,以及勘察、设计、保修等阶段的相关服务。建设工程监理与相关服务收费包括建设工程施工阶段的工程监理(简称施工监理)服务收费和勘察、设计、保修等阶段的相关服务(简称其他阶段的相关服务)收费。

2)监理费的计费

铁路、水运、公路、水电、水库工程的施工监理服务收费按建筑安装工程费分档定额计费方式计算收费。其他工程的施工监理服务收费按照建设项目工程概算投资额分档定额计费方式计算收费。

施工监理服务收费按照下列公式计算:

施工监理服务收费=施工监理服务收费基准价×(1+浮动幅度值)

施工监理服务收费基准价=施工监理服务收费基价×专业调整系数×工程复杂程度调整系数×高程调整系数

其中施工监理服务收费基价是完成国家法律、法规、规范规定的施工阶段监理基本服务内容的价格。施工监理服务收费基价按《施工监理服务收费基价表》(见表1-6)确定,计费额处于两个数值区间的,采用直线内插法确定施工监理服务收费基价。施工监理服务收费基准价是按照收费标准规定的基价和上式计算出的施工监理服务基准收费额。发包人与监理人根据项目的实际情况,在规定的浮动幅度范围内协商确定施工监理服务收费合同额。

表1-6 施工监理服务收费基价表 (单位:万元)

序号	计费额	收费基价	序号	计费额	收费基价
1	500	16.5	9	60 000	991.4
2	1 000	30.1	10	80 000	1 255.8
3	3 000	78.1	11	100 000	1 507.0
4	5 000	120.8	12	200 000	2 712.5
5	8 000	181.0	13	400 000	4 882.6
6	10 000	218.6	14	600 000	6 835.6
7	20 000	393.4	15	800 000	8 658.4
8	40 000	708.2	16	1 000 000	10 390.1

注:计费额大于1 000 000万元的,以计费额乘1.039%的收费率计算收费基价。其他未包含的其收费由双方协商议定。

施工监理服务收费的计费额。施工监理服务收费以建设项目工程概算投资额分档定额计费方式收费的,其计费额为工程概算中的建筑安装工程费、设备购置费和联合试运转费之和,即工程概算投资额。对设备购置费和联合试运转费占工程概算投资额40%以上的工程项目,其建筑安装工程费全部计入计费额,设备购置费和联合试运转费按40%的比例计入计费额。但其计费额不应小于建筑安装工程费与其相同且设备购置费和联合试运转费等于工程概算投资额40%的工程项目的计费额。

工程中有利用原有设备并进行安装调试服务的,以签订工程监理合同时同类设备的当期价格作为施工监理服务收费的计费额;工程中有缓配设备的,应扣除签订工程监理合同时同类设备的当期价格作为施工监理服务收费的计费额;工程中有引进设备的,按照购进设备的离岸价格折换成人民币作为施工监理服务收费的计费额。

施工监理服务收费以建筑安装工程费分档定额计费方式收费的,其计费额为工程概算中的建筑安装工程费。

作为施工监理服务收费计费额的建设项目工程概算投资额或建筑安装工程费均指每个监理合同中约定的工程项目范围的投资额。

施工监理服务收费调整系数包括专业调整系数、工程复杂程度调整系数和高程调整系数。

专业调整系数是对不同专业建设工程的施工监理工作复杂程度和工作量差异进行调整的系数。计算施工监理服务收费时,专业调整系数在表1-7中查找确定。

表1-7　施工监理服务收费专业调整系数表

序号	工程类型	专业调整系数
1	矿山采选工程	
	黑色、有色、黄金、化学、非金属及其他矿采选工程	0.9
	选煤及其他煤炭工程	1.0
	矿井工程，铀矿采选工程	1.1
2	加工冶炼工程	
	冶炼工程	0.9
	船舶水工工程	1.0
	各类加工工程	1.0
	核加工工程	1.2
3	石油化工工程	
	石油工程	0.9
	化工、石化、化纤、医药工程	1.0
	核化工工程	1.2
4	水利电力工程	
	风力发电、其他水利工程	0.9
	火电、送变电工程	1.0
	核能、水电、水库工程	1.2
5	交通运输工程	
	机场场道、助航灯光工程	0.9
	铁路、公路、城市道路、轻轨及机场空管工程	1.0
	水运、地铁、桥梁、隧道、索道工程	1.1
6	建筑市政工程	
	园林绿化工程	0.8
	建筑、人防、市政公用工程	1.0
	邮政、电信、广播电视工程	1.0
7	农业林业工程	
	农业工程	0.9
	林业工程	0.9

工程复杂程度调整系数是对同一专业建设工程的施工监理复杂程度和工作量差异进行调整的系数。工程复杂程度分为一般、较复杂和复杂三个等级，其调整系数分别为：一般（Ⅰ级）0.85；较复杂（Ⅱ级）1.0；复杂（Ⅲ级）1.15。计算施工监理服务收费时，工程复杂程度在相应章节的工程复杂程度表（见表1-3）中查找确定。

高程调整系数如下：海拔2 001 m以下为1；海拔2 001～3 000 m为1.1；海拔3 001～3 500 m为1.2；海拔3 501～4 000 m为1.3；海拔4 001 m以上的，高程调整系数由发包人和监理人协商确定。

有关工程范围、复杂程度见表1-3、表1-4。

1.2.2 有关监理单位的法律规定

1.2.2.1 对监理单位监理活动的义务性规定

(1)监理单位不得超越资质等级许可的范围承担工程监理业务。监理单位必须在其等级核定的监理范围内从事监理活动,不得擅自越级承接监理业务。如果监理单位越级承接监理业务,由于其水平、能力、规模等条件的限制,监理单位难以完成任务,从而工程监理的目的难以达到,工程的质量和安全将很难保证。

(2)监理单位应当依据客观、公正的原则代表建设单位进行工程监理。监理单位从性质上讲应当属于社会中介组织。它和建设单位之间是一种委托代理关系。监理单位接受建设单位的委托对工程建设活动进行监督。因此,它具有一定的独立性,而不是建设单位让它干什么,它就干什么。监理单位据以监理的依据是法律、行政法规及有关的技术标准、设计文件和建设工程承包合同。因其与建设单位的代理关系,所以它必须维护建设单位的利益,因其具有社会中介组织的独立性,所以它必须依法办事。也就是说,监理单位代表建设单位进行工程监理应依据客观、公正的原则进行。

(3)监理单位与其监理的承包商及建筑材料、构配件和设备供应单位不得有隶属关系或者其他利害关系。

监理单位与被监理的承包商之间是一种监督与被监督的关系,监理单位代表建设单位对承包商的工程建设活动进行监督。因此,监理单位与被监理的承包商之间不得有隶属关系;否则,工程监理变成了自己监督自己的工程建设活动,这样的监督肯定会出问题,即使监理单位与被监理的承包商存在其他利害关系,也会对建筑工程的质量和安全产生不同程度的影响。另外,监理单位与建筑材料、构配件和设备供应单位也不得有隶属关系或者其他利害关系,因为这会存在将不合格的建筑材料、构配件和设备用于工程的可能性。《中华人民共和国建筑法》中作出这样的规定,对于监理单位更好地行使职责,保证工程建设的质量和安全都有很大的好处。

(4)监理单位不得转让监理业务。《中华人民共和国建筑法》第三十一条规定,实行监理的工程项目,由建设单位委托具有相应资质条件的监理单位监理。建设单位与其委托的监理单位应当订立书面委托监理合同。《中华人民共和国建筑法》第三十二条也规定,工程监理应当依据有关的法律、法规、技术标准、设计文件和承包合同,对承包商的施工质量、建设工期和建设资金使用等方面实施监督。从以上规定可以看出,建设单位与监理单位是依据实力和信誉而建立的委托代理关系,且《中华人民共和国建筑法》第三十四条第1款也规定了监理单位应当在其资质等级许可范围内承接监理业务。另外,监理单位转让监理业务也违反了工程建设活动规律。因此,《中华人民共和国建筑法》第三十四条第3款明文规定,监理单位不得转让监理业务。

1.2.2.2 对监理单位民事责任的规定

(1)监理单位不按照委托监理合同的约定履行监理职责,或者不正确履行职责由此给建设单位造成损失的,应当承担相应的赔偿责任。

根据《中华人民共和国建筑法》规定,建设单位与其委托的监理单位通过委托监理合同确定了委托代理关系,监理单位必须全面、正确地履行委托监理合同约定的监理义务,对应当监督检查的项目认真、全面地按规定进行检查,发现问题及时要求施工单位整改。只有这样,才能保证监理任务按合同约定完成。监理单位不按照委托监理合同的约定履行监理义务,对应当监督检查的项目不检查或不按规定检查,即是违反合同约定的行为,给建设单位造成损失的,应当承担相应赔偿责任。

监理单位承担赔偿责任首先应明确两个条件:一是违反合同,监理工作失职;二是造成损失,这里的损失包括直接损失和间接损失。其次,应明确监理单位赔偿责任的范围和大小。承担相应的赔偿责任,一是指在建设单位委托的范围内,由于监理单位过失造成的损失,监理单位均应当作出相应的赔偿;二是根据其过失责任的轻重、造成损失的大小,确定其应赔偿的数额。

(2)监理单位与承包商串通为承包商谋取非法利益给建设单位造成损失的,监理单位与承包商要承担连带赔偿责任。

监理单位与承包商均受建设单位的委托,从事监理活动和施工活动,两者应该严格按照建设单位与其订立的合同,履行各自的义务,两者之间是一种监督与被监督的关系。监理单位应客观、公正地按合同约定执行监理任务,不得与承包商相互勾结,为承包商谋取非法利益,造成建设单位损失。监理单位与承包商串通,为承包商谋取非法利益,是一种严重的故意违法行为,不仅要承担民事责任,而且要承担相应的行政责任、刑事责任。监理单位与承包商承担连带赔偿责任,是指建设单位可以对监理单位和承包商中的一方或双方同时或先后请求全部赔偿,其中一方承担全部赔偿责任时,另一方对建设单位则免除赔偿责任。当一方承担全部赔偿责任时,有权向相连带的另一方请求偿还应由其承担赔偿责任的费用。这样规定,有利于保护建设单位的合法权益。

1.2.2.3 有关"守法、诚信、公正、科学"准则的规定

从事工程建设监理活动应当遵循"守法、诚信、公正、科学"的准则。

1.守法

守法是任何一个具有民事行为能力的单位或个人最起码的行为准则,对于监理单位来说,守法就是要依法经营。守法的内容包括:

(1)监理单位只能在核定的业务范围内开展经营活动。

(2)监理单位不得伪造、涂改、出租、转让、出卖《资质等级证书》。

(3)建设工程委托监理合同一经双方签订,即具有一定的法律约束力(违背国家法律、法规的合同除外),监理单位应按照合同的规定认真履行,不得无故或故意违背合同。

(4)监理单位离开原住地承接监理业务,要自觉遵守当地人民政府颁发的监理法规和有关规定,并要主动向监理工程所在地的省、自治区、直辖市建设行政主管部门备案登记,接受其指导和监督管理。

(5)遵守国家关于企业法人的其他法律、法规的规定。

2.诚信

所谓诚信,简单地讲就是诚实,讲信用。一个高水平的监理单位可以运用自己的高智能最大限度地把投资控制和质量控制搞好,也可以以低水准的要求,把工作做得勉强能交待过去,但后者就是不诚信。没有为业主提供与其监理水平相适应的技术服务,或者本来没有较高的监理能力,却在竞争承揽监理业务时,有意夸大自己的能力,或者借故不认真

履行监理合同规定的义务和职责等,都是不诚信的行为。

3. 公正

所谓公正,主要是指监理单位在处理业主与承包商之间的矛盾和纠纷时,要做到是谁的责任谁就该负责任,该维护谁的利益,就维护谁的利益。绝对不能因为监理单位受业主的委托,就偏袒业主。

监理单位要做到公正,必须做到以下几点:

(1)要培养良好的职业道德,不为私利而违心地处理问题。

(2)要坚持实事求是的原则,不惟上级或业主的意见是从。

(3)要提高综合分析问题的能力,不为局部问题或表面现象所迷惑。

(4)要不断提高自己的专业技术能力,尤其是要尽快提高综合理解、熟练运用建设工程有关合同条款的能力,以便以合同条款为依据,恰当地协调、处理问题。

4. 科学

所谓科学,是指监理单位的监理活动要依据科学的方案,要运用科学的手段,要采取科学的方法,工程项目监理结束后,还要进行科学总结。

(1)科学的方案。就一个工程项目的管理工作而言,科学的方案主要是指监理细则,它包括:该项目监理机构的组织计划;该项目监理工作的程序,各专业、各年度(含季度,甚至按天计算)的监理内容与对策;工程的关键部分或可能出现的重大问题的监理措施。总之,在实施监理前,要尽可能地把各种问题都列出来,并拟定解决办法,使各项监理活动都纳入计划管理的轨道。更重要的是,要集思广益,充分运用已有的经验和智慧,制定出切实可行、行之有效的监理细则,指导监理活动顺利进行。

(2)科学的手段。单凭人的感官直接进行监理,这是最原始的监理手段。科学发展到今天,必须借助于先进的科学仪器才能做好监理工作。

(3)科学的方法。监理工作的科学方法主要体现在监理人员在掌握大量的、确凿的有关监理对象及其外部环境实际情况的基础上,适时、妥当、高效地处理有关问题,体现在解决问题要"用事实说话""用书面文字说话""用数据说话",尤其体现在要开发、利用计算机软件,建立起先进的软件库。

课题 1.3 监理工程师

1.3.1 监理工程师的概念

1.3.1.1 监理工程师

监理工程师是一种岗位职务。所谓监理工程师,是指取得国务院建设主管部门颁发的《中华人民共和国注册监理工程师注册执业证书》,从事建设工程监理及相关服务等活动的人员。

从事工程建设监理工作,尚未取得《监理工程师岗位证书》的人员统称为监理员。监理员指从事具体监理工作,具有中专及以上学历并经过监理业务培训的人员。

1.3.1.2 监理工程师的素质要求

监理单位的职责是受工程建设项目业主的委托对工程建设进行监督和管理。具体从事监理工作的监理人员，不仅要有较强的专业技术能力和较高的政策水平，能够对工程建设进行监督管理，提出指导性的意见，而且要能够组织、协调与工程建设有关的各方共同完成工程建设任务。也就是说，监理人员既要有一定的工程技术或工程经济方面的专业知识，还要有一定的组织、协调能力。就专业知识而言，既要精通某一专业，又要具备一定水平的其他专业知识。所以说监理人员，尤其是监理工程师是一种复合型人才。对这种高智能人才素质的要求，主要体现在以下几个方面。

1. 具有较高学历和多学科专业知识

为了优质、高效地搞好工程建设，需要具有较深厚的现代科技理论知识、经济管理理论知识和一定的法律知识的监理人员进行组织管理。

2. 要有丰富的工程建设实践经验

工程建设中的实践经验主要包括以下几个方面：

(1)工程建设地质勘测实践经验。

(2)工程建设规划设计实践经验。

(3)工程建设施工实践经验。

(4)工程建设经济管理实践经验。

(5)工程建设招标、投标等中介服务的实践经验。

(6)工程建设立项评估、建成使用后评价分析实践经验。

(7)工程建设监理工作实践经验。

3. 要有良好的品德

监理工程师的良好品德主要体现在以下几个方面：

(1)热爱社会主义祖国，热爱人民，热爱建设事业。

(2)具有科学的工作态度。

(3)具有廉洁奉公、为人正直、办事公道的高尚情操。

(4)能听取不同意见，有良好的包容性。

另外，监理工程师要有健康的体魄和充沛的精力。

1.3.1.3 监理工程师的职业道德

(1)维护国家的荣誉和利益，按照“守法、诚信、公正、科学”的准则执业。

(2)执行国家有关工程建设的法律、法规、规范、标准和制度，履行监理合同规定的义务和责任。

(3)努力学习专业技术和建设监理知识，不断提高业务能力和监理水平。

(4)不以个人名义承揽监理业务。

(5)不同时在两个或两个以上监理单位注册和从事监理活动，不在政府部门和施工、材料设备的生产供应等单位兼职。

(6)不为所监理项目指定承包商、建筑构配件、设备、材料和施工方法。

(7)不收受被监理单位的任何礼金。

(8)不泄露所监理工程各方认为需要保密的事项。

(9)坚持独立自主地开展工作。

1.3.1.4　监理工程师的工作纪律

(1)遵守国家的法律和政府有关的条例、规定和办法等。

(2)认真履行建设工程委托监理合同所承诺的义务和承担约定的责任。

(3)坚持公正的立场,公平地处理有关各方的争议。

(4)坚持科学的态度和实事求是的原则。

(5)在坚持按委托监理合同的规定向业主提供技术服务的同时,帮助被监理者完成其担负的建设任务。

(6)不泄露所监理的工程需保密的事项。

(7)不在任何承包商或材料设备供应商中兼职;不擅自接受业主额外的津贴,也不接受被监理单位的任何津贴;不接受可能导致判断不公的报酬。

1.3.2　监理工程师资格考试

1.3.2.1　报考监理工程师的条件

根据工程建设监理工作对监理人员素质的要求,对报考监理工程师资格的人员有一定的条件限制。凡遵守中华人民共和国宪法、法律、法规,具有良好的业务素质和道德品行,具备下列条件之一者,可以申请参加监理工程师职业资格考试:

(1)具有各工程大类专业大学专科学历(或高等职业教育),从事工程施工、监理、设计等业务工作满6年。

(2)具有工学、管理科学与工程类专业大学本科学历或学位,从事工程施工、监理、设计等业务工作满4年。

(3)具有工学、管理科学与工程一级学科硕士学位或专业学位,从事工程施工、监理、设计等业务工作满2年。

(4)具有工学、管理科学与工程一级学科博士学位。

经批准同意开展试点的地区,申请参加监理工程师职业资格考试的,应当具有大学本科及以上学历或学位。

1.3.2.2　考试范围

监理工程师职业资格考试设《建设工程监理基本理论和相关法规》《建设工程合同管理》《建设工程目标控制》《建设工程监理案例分析》4个科目。其中《建设工程监理基本理论和相关法规》《建设工程合同管理》为基础科目,《建设工程目标控制》《建设工程监理案例分析》为专业科目。

监理工程师职业资格考试专业科目分为土木建筑工程、交通运输工程、水利工程3个专业类别,考生在报名时可根据实际工作需要选择。其中,土木建筑工程专业由住房和城乡建设部负责;交通运输工程专业由交通运输部负责;水利工程专业由水利部负责。

1.3.2.3　考试方式和录取

监理工程师资格考试是对考生监理理论和实务技能水平的考查,是一种水平考试。因而,采取统一命题、闭卷考试、分科记分、统一标准录取的方式。

监理工程师职业资格考试分4个半天进行。

监理工程师职业资格考试成绩实行4年为一个周期的滚动管理办法,在连续的4个考试年度内通过全部考试科目,方可取得监理工程师职业资格证书。

1.3.2.4 考试管理

住房和城乡建设部、交通运输部、水利部、人力资源社会保障部共同委托人力资源社会保障部人事考试中心承担监理工程师职业资格考试的具体考务工作。住房和城乡建设部、交通运输部、水利部可分别委托具备相应能力的单位承担监理工程师职业资格考试工作的命题、审题和主观试题阅卷等具体工作。

各省、自治区、直辖市住房和城乡建设、交通运输、水利、人力资源社会保障行政主管部门共同负责本地区监理工程师职业资格考试的组织工作,具体职责分工由各地协商确定。

1.3.3 监理工程师注册

专业执业资格实行注册制度,这是国际上通行的做法。监理工程师是一种岗位职务,经注册的监理工程师具有相应的责任和权力。实行监理工程师注册制度,是为了建立一支适应工程建设监理工作需要的、高素质的监理队伍,是为了建立和维护监理工程师岗位的严肃性。

1.3.3.1 监理工程师的注册管理

国家对监理工程师职业资格实行执业注册管理制度。取得监理工程师职业资格证书且从事工程监理及相关业务活动的人员,经注册方可以监理工程师名义执业。

住房和城乡建设部、交通运输部、水利部按照职责分工,制定相应监理工程师注册管理办法并监督执行。

住房和城乡建设部、交通运输部、水利部按专业类别分别负责监理工程师注册及相关工作。

经批准注册的申请人,由住房和城乡建设部、交通运输部、水利部分别核发《中华人民共和国监理工程师注册证》(或电子证书)。

监理工程师执业时应持注册证书和执业印章。注册证书、执业印章样式以及注册证书编号规则由住房和城乡建设部会同交通运输部、水利部统一制定。执业印章由监理工程师按照统一规定自行制作。注册证书和执业印章由监理工程师本人保管和使用。

住房和城乡建设部、交通运输部、水利部按照职责分工建立监理工程师注册管理信息平台,保持通用数据标准统一。住房和城乡建设部负责归集全国监理工程师注册信息,促进监理工程师注册、执业和信用信息互通共享。

住房和城乡建设部、交通运输部、水利部负责建立完善监理工程师的注册和退出机制,对以不正当手段取得注册证书等违法违规行为,依照注册管理的有关规定撤销其注册证书。

1.3.3.2 注册监理工程师的职责

工程建设项目的总监理工程师一般由资深的注册监理工程师担任。一般注册监理工程师在总监理工程师的领导下开展工作,并可能带领未注册的监理人员负责一定范围的工作。注册监理工程师的职责如下:

(1)按照分工,独立自主地担负一定范围的监理工作。

(2)按照监理合同的要求,为项目法人提供满意的服务,并对自己的工作负责。

(3)在分管的工作范围内,对工程建设的具体事项有检验、签认的权力。

(4)为了改进工作,有向项目法人的建议权。

(5)遵守监理工程师的职业道德。

课题 1.4 项目监理组织形式和组织机构

监理单位通过招标投标方式取得工程建设监理任务,监理单位与项目法人签订书面建设工程委托监理合同后,一般组建项目监理组织。项目监理组织一般由总监理工程师、专业或子项监理工程师和其他监理人员组成。工程项目建设监理实行总监理工程师负责制。总监理工程师行使合同赋予监理单位的权限,全面负责委托的监理工作。总监理工程师在授权范围内发布有关指令,签认所监理的工程项目有关款项的支付凭证,并有权建议撤换不合格的分包单位和项目负责人及有关人员。项目监理组织成立后一般工作内容有:收集有关资料,熟悉情况,编制项目监理规划;按工程建设进度,分专业编制工程建设监理细则;根据项目监理规划和监理细则开展工程建设监理活动;参与工程预验收并签署试验、化验报告等。

1.4.1 项目监理的组织形式

项目监理组织形式的设计,应遵循集中与分权统一、专业分工与协作统一、管理跨度与分层统一、权责一致、才职相称、效率和弹性的原则。同时,还应考虑工程项目的特点、工程项目承发包模式、业主委托的任务及监理单位自身的条件。常用的项目监理组织形式有直线制、职能制、直线职能制和矩阵制。

1.4.1.1 直线制监理组织

直线制监理组织形式是最简单的,它的特点是组织中各种职位是按垂直系统直线排列的。它适用于监理项目能划分为若干相对独立子项的大、小型建设项目,如图 1-1 所示。总监理工程师负责整个项目的规划、组织和指导,并着重于整个项目范围内各方面的协调工作。子项目监理组分别负责子项目的目标值控制,具体领导现场专业或专项监理组的工作。

还可按建设阶段分解设立直线制监理组织形式,如图 1-2 所示。此种形式适用于大、中型以上项目,且承担包括设计和施工的全过程工程建设监理任务。这种组织形式的主要优点是机构简单、权力集中、命令统一、职责分明、决策迅速、隶属关系明确;缺点是实行没有职能机构的"个人管理"。这就要求总监理工程师通晓各种业务和多种知识技能,成为"全能"式人物。

1.4.1.2 职能制监理组织

职能制的监理组织形式,是在总监理工程师下设一些职能机构,分别从职能角度对基层监理组进行业务管理,这些职能机构可以在总监理工程师授权的范围内,就其主管的业务范围,向下下达命令和指示,如图 1-3 所示。此种形式适用于工程项目在地理位置上相对集中的工程。

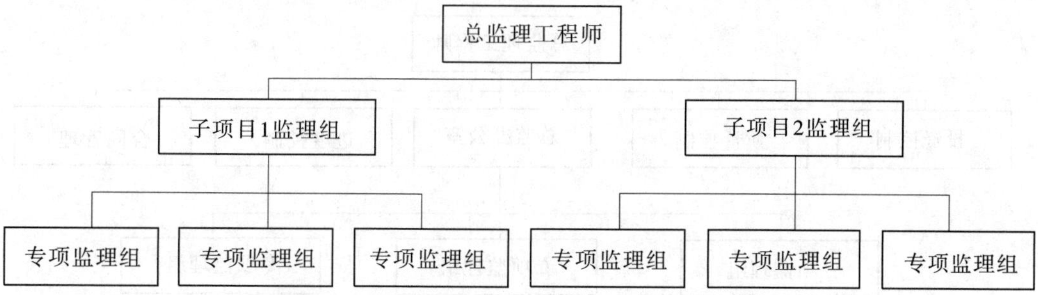

图 1-1　按子项分解设立的直线制监理组织形式

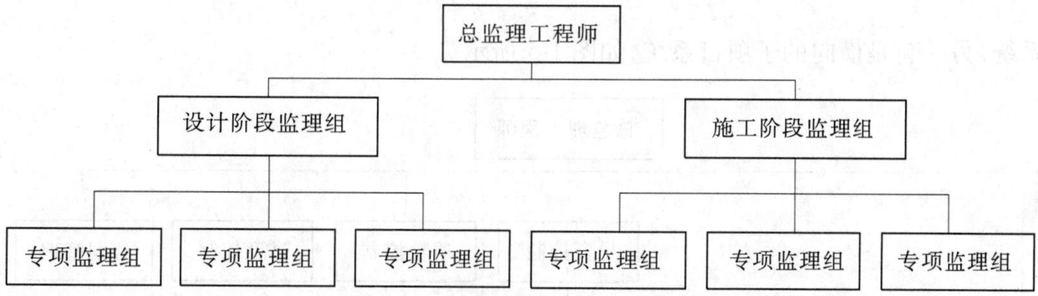

图 1-2　按建设阶段分解设立的直线制监理组织形式

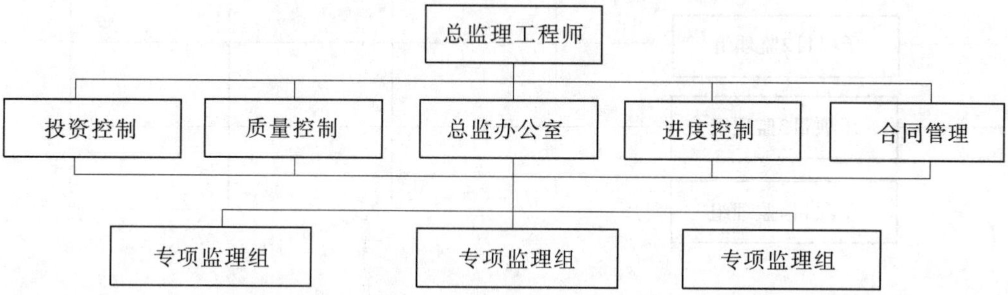

图 1-3　职能制监理组织形式

这种组织形式的主要优点是目标控制分工明确，能够发挥职能机构的专业管理作用，专家参加管理，提高管理效率，减轻总监理工程师的负担；缺点是多头领导，易造成职责不清。

1.4.1.3　直线职能制监理组织

直线职能制的监理组织形式是吸收了直线制监理组织形式和职能制监理组织形式的优点而构成的一种组织形式，如图 1-4 所示。

这种形式的主要优点是集中领导、职责清楚，有利于提高办事效率；缺点是职能部门与指挥部门易产生矛盾，信息传递路线长，不利于互通情报。

1.4.1.4　矩阵制监理组织

矩阵制监理组织是由纵横两套管理系统组成的矩阵形组织结构，一套是纵向的职能

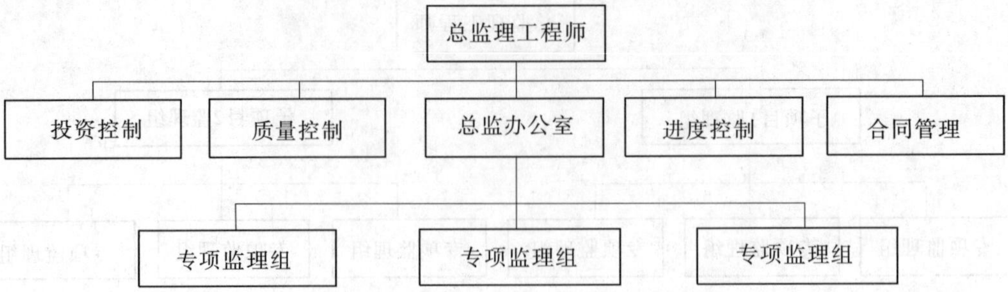

图1-4 直线职能制监理组织形式

系统,另一套是横向的子项目系统,如图1-5所示。

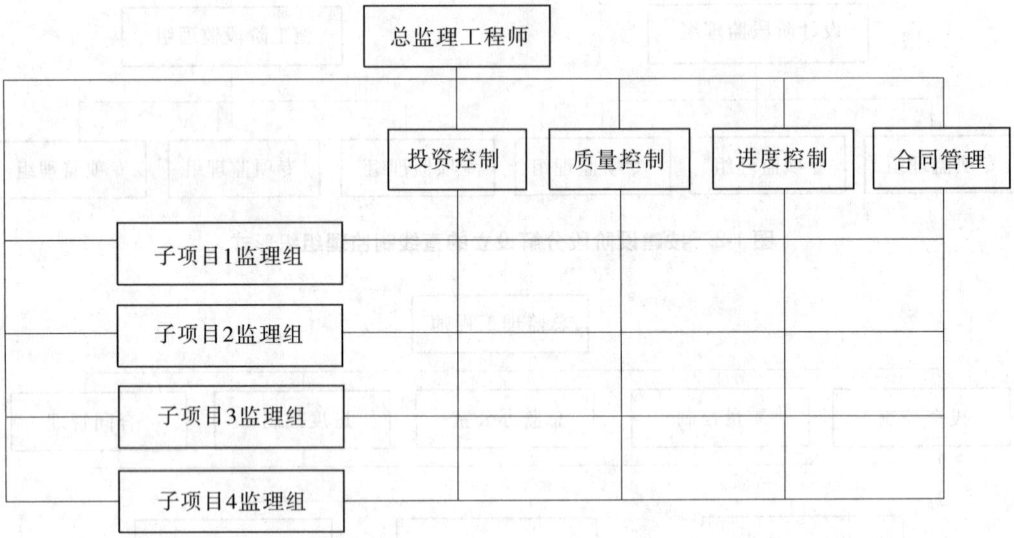

图1-5 矩阵制监理组织形式

这种形式的优点是加强了各职能部门的横向联系,具有较大的机动性和适应性;把上下左右、集权与分权实行最优的结合,有利于解决复杂难题,有利于监理人员业务能力的培养;缺点是纵横向协调工作量大,处理不当会造成扯皮现象,产生矛盾。

1.4.2 项目监理组织的人员配备

1.4.2.1 监理人员配备应考虑的因素

监理组织人员的配备一般应考虑专业结构、人员层次、工程建设强度、工程复杂程度和监理单位的业务水平。

(1)专业结构。项目监理组专业结构应针对监理项目的性质和委托监理合同进行设置。专业人员的配备要与所承担的监理任务相适应。在监理人员数量确定的情况下,应做适当调整,保证监理组织结构与任务职能分工的要求得到满足。

(2)人员层次。监理人员根据其技术职称分为高级、中级、低级三个层次,合理的人员层次结构有利于管理和分工。监理人员层次结构的分工如图1-6所示。根据经验,一般高级、中级、低级人员配备比例大约为10%、60%、20%,此外还有10%左右为行政管理人员。

监理组织层次		主要职能	要求对应的技术职称
项目监理部	总监理工程师 专业监理工程师	项目监理的策划 项目监理实施的组织与协调	高级
子项监理组	子项监理工程师 专业监理工程师	具体组织子项监理业务	中级
现场监理员	质监员 计量员 预算员 计划员等	监理实务的执行与作业	初级

图1-6　监理人员层次结构的分工

(3)工程建设强度。工程建设强度是指单位时间内投入的工程建设资金的数量。它是衡量一项工程紧张程度的标准。

工程建设强度 = 投资/工期

其中,投资和工期是指由监理单位所承担的那部分工程的建设投资和工期。一般投资额是按合同价,工期是根据进度总目标及分目标确定的。

显然,工程建设强度越大,投入的监理人力就越多。工程建设强度是确定人数的重要因素。

(4)工程复杂程度。每项工程都具有不同的复杂情况。工程地点、位置、气候、性质、空间范围、工程地质、施工方法、后勤供应等不同,则投入的人力也就不同。根据一般工程的情况,工程复杂程度要考虑的因素有设计活动多少、气候条件、地形条件、工程地质、施工方法、工程性质、工期要求、材料供应和工程分散程度等。

(5)监理单位的业务水平。每个监理单位的业务水平有所不同,业务水平的差异影响监理效率的高低。对于同一份委托监理合同,高水平的监理单位可以投入较少的人力去完成监理工作,而低水平的监理单位则需投入较多的人力。各监理单位应当根据自己的实际情况对监理人员数量进行适当调整。

1.4.2.2　项目监理机构人员配置

1. 住宅工程

工程监理单位在按表1-8配置住宅工程项目监理机构人员时,应根据建设项目基础、主体结构形式、不同施工阶段、监理工作具体内容和范围等,科学合理、有效均衡地设置项目监理机构岗位和配置相应人员数量。

表1-8　住宅工程项目监理机构人员配置表

总建筑面积(m^2)		各岗位人员配置数量(人)			
区间值		总监理工程师	专业监理工程师	监理员	合计
$M \leqslant 60\ 000$	单栋	(1)	1	0~1	2~3
	多栋	(1)	1	0~2	2~4
$60\ 000 < M \leqslant 120\ 000$		(1)	1~2	2~3	4~6
$120\ 000 < M \leqslant 200\ 000$		1	2~3	3~5	6~9
$200\ 000 < M \leqslant 300\ 000$		1	3~6	5~8	9~15
$300\ 000 < M \leqslant 500\ 000$		1	6~9	8~12	15~22
$500\ 000 < M \leqslant 800\ 000$		1	9~12	12~16	22~29
$800\ 000 < M$		建筑面积每增加3万m^2,需增加专业监理工程师1名、监理员1名			

注:"(Ⅰ)"表示可同时担任2~3个同类项目总监,余同。

2. 一般公共建筑工程(Ⅰ)

一般公共建筑工程(Ⅰ)是指具备使用上公共开放性、功能多样性、人流交通大量性、建筑结构复杂性、建筑风格时代性等特点的单体或群体建筑。

工程监理单位在按表1-9所列工程概算投资额配置项目监理机构人员数量时,应充分考虑一般公共建筑工程(Ⅰ)建设标准高、专业种类多、建设周期长、社会影响大、公众普遍关注等特点。

表1-9　一般公共建筑工程(Ⅰ)项目监理机构人员配置表

工程概算投资额(万元)	各岗位人员配置数量(人)			
区间值	总监理工程师	专业监理工程师	监理员	合计
$N \leqslant 3\ 000$	(1)	1	0~1	2~3
$3\ 000 < N \leqslant 5\ 000$	(1)	1	1~2	3~4
$5\ 000 < N \leqslant 10\ 000$	(1)	1~2	2~3	4~6
$10\ 000 < N \leqslant 30\ 000$	(1)	2~3	3~4	6~8
$30\ 000 < N \leqslant 60\ 000$	1	3~5	4~5	8~11
$60\ 000 < N \leqslant 100\ 000$	1	5~6	5~9	11~16
$100\ 000 < N$	工程概算投资额每增加1.5亿元,需增加专业监理工程师1名、监理员1名			

3. 一般公共建筑工程(Ⅱ)

一般公共建筑工程(Ⅱ)是指一般状态下生产的单层和多层工业厂房建筑以及仓储

类建筑。单层工业厂房建筑一般指机械、冶金、纺织、化工等行业厂房；多层工业厂房建筑一般指为轻工、电子、仪表、通信、医药等生产和配套服务项目。

一般公共建筑工程（Ⅱ）项目监理机构人员配置见表1-10。

表1-10　一般公共建筑工程（Ⅱ）项目监理机构人员配置表

工程概算投资额（万元）	各岗位人员配置数量（人）			
区间值	总监理工程师	专业监理工程师	监理员	合计
$N≤3\ 000$	(1)	1	0~1	2~3
$3\ 000<N≤5\ 000$	(1)	1	1~2	3~4
$5\ 000<N≤10\ 000$	(1)	1~2	2~3	4~6
$10\ 000<N≤30\ 000$	(1)	2~3	3	6~7
$30\ 000<N≤60\ 000$	1	3~4	3~5	7~10
$60\ 000<N≤100\ 000$	1	4~6	5~8	10~15
$100\ 000<N$	工程概算投资额每增加2亿元，需增加专业监理工程师1名、监理员1名			

1.4.3　项目监理组织各类人员的工作内容

1.4.3.1　总监理工程师

总监理工程师是由工程监理单位法定代表人书面任命，负责履行建设工程监理合同、主持项目监理机构工作的注册监理工程师或符合本标准规定的其他工程技术、经济类注册人员。

总监理工程师的主要工作内容包括：

（1）确定项目监理机构人员及岗位分工。

（2）组织编制监理规划，审批监理实施细则。

（3）根据工程进展及监理工作情况调配监理人员，检查监理人员工作；审阅监理日志。

（4）组织检查施工单位现场质量、安全生产管理体系的建立及运行情况。

（5）组织监理人员参加由建设单位主持的设计交底和图纸会审会议。

（6）组织审核施工组织设计、施工方案。

（7）审核工程开工、复工申请，签发工程开工令、暂停令和复工令。

（8）组织审核施工单位提交的施工进度计划，组织审核施工进度计划的调整。

（9）组织审核施工单位提交的采用新材料、新工艺、新技术、新设备的论证材料及相关验收标准。

（10）审核分包单位资格。

（11）主持监理例会，并根据需要主持或参加专题会议。

（12）组织建立危险性较大的分部分项工程（简称危大工程）安全管理档案。

（13）组织实施向有关主管部门报告。

(14)参加超过一定规模的危大工程专项施工方案专家论证会,参与组织危大工程验收。

(15)组织编写监理月报。

(16)组织审核施工单位的工程付款申请,签发工程款支付证书,按合同约定组织审核竣工结算。

(17)组织审核工程变更。

(18)组织审核工程索赔。

(19)调解建设单位与施工单位的合同争议。

(20)组织分部(子分部)工程验收。

(21)组织审查施工单位的工程竣工申请,组织工程竣工预验收,签署施工单位的工程竣工预验收意见,组织编写工程质量评估报告。

(22)参与工程竣工验收,签署工程竣工验收意见。

(23)配合工程质量、安全事故的调查和处理,配合质量投诉调查和处理等。

(24)组织编写监理工作总结。

(25)组织整理监理资料,签发工程监理竣工资料移交单。

1.4.3.2　总监理工程师代表

总监理工程师代表指经工程监理单位法定代表人同意,由总监理工程师书面授权,代表总监理工程师行使其部分职责和权力,具有工程类注册执业资格或具有中级及以上专业技术职称、3年及以上工程实践经验并经监理业务培训的人员。

总监理工程师不得将下列工作委托给总监理工程师代表:

(1)组织编制监理规划,审批监理实施细则。

(2)根据工程进展及监理工作情况调配监理人员。

(3)组织审查施工组织设计、施工方案。参加超过一定规模的危大工程专项施工方案专家论证会。参与组织危大工程验收。

(4)签发工程开工令、暂停令和复工令。

(5)签发工程款支付证书,组织审核竣工结算。

(6)调解建设单位与施工单位的合同争议,处理工程索赔。

(7)审查施工单位的竣工申请,组织工程竣工预验收,组织编写工程质量评估报告,参与工程竣工验收。

(8)参与或配合工程质量、安全事故及质量投诉的调查和处理。

1.4.3.3　专业监理工程师

专业监理工程师指由总监理工程师授权,负责实施某一专业或某一岗位的监理工作,有相应文件签发权,具有工程类注册执业资格或具有中级及以上专业技术职称、2年及以上工程实践经验并经监理业务培训的人员。

专业监理工程师的主要工作内容包括:

(1)参与编制监理规划,负责编制本专业监理实施细则。

(2)参与审查施工单位现场质量、安全生产管理体系建立情况,检查其运行情况。

(3)审查施工单位提交的涉及本专业的施工组织设计/专项施工方案,并向总监理工程师报告。

(4)审查施工单位提交的涉及本专业施工进度计划,核查施工进度计划的执行情况。

(5)审查涉及本专业的分包单位资格。

(6)指导、检查本专业监理员工作,定期向总监理工程师报告本专业监理实施情况。

(7)验收本专业工程材料、构配件、设备的质量。

(8)审查施工单位提交的涉及本专业采用新材料、新工艺、新技术、新设备的论证材料及相关验收标准。

(9)复核本专业的施工测量放线成果。

(10)参加涉及本专业的危大工程专项施工方案专家论证会,参与危大工程验收及开展危大工程专项巡视检查。

(11)负责本专业检验批、隐蔽工程、分项工程验收,参与分部(子分部)工程验收。

(12)签发监理通知单。

(13)进行工程计量。

(14)检查施工单位安全文明施工及安全费用的使用情况。发现并处置施工过程中的工程质量、安全事故隐患,并及时报告总监理工程师。

(15)审查施工单位提交的涉及本专业工程变更,参与处理施工进度、索赔、合同争议等事项。

(16)编写监理日志,参与编写监理月报。

(17)参与单位工程竣工预验收,参与编写工程质量评估报告,参与审核本专业的工程竣工结算,参与编写监理工程总结。

(18)收集、整理、汇总本专业监理文件、监理资料,参与整理工程监理竣工资料。

1.4.3.4 监理员主要工作内容

监理员的主要工作内容包括:

(1)检查施工单位投入工程的人力、材料/设备、主要施工机械等资源的投入、使用及运行状况。

(2)参与检查本专业工程材料、构配件、设备的质量,开展平行检验或见证取样。

(3)复核本专业工程计量有关数据。

(4)检查本专业工序施工结果,参与检验批、隐蔽工程、分项工程验收。

(5)记录施工现场作业情况和监理工作情况。

(6)发现施工作业中的质量、安全问题,督促施工单位整改,并向专业监理工程师或总监理工程师汇报。

(7)检查施工单位专职安全生产管理人员、质量员的到岗履职情况。

复习思考题

1. 工程建设监理的依据是什么?
2. 工程建设监理的范围有哪些?
3. 监理单位监理活动义务性规定有哪些?

4. 监理单位的民事责任有哪些?

5. 监理单位的资质分几级? 各应具备哪些条件?

6. 设立监理单位的基本条件和申报审批程序是什么?

7. 对监理单位的哪些违法行为应给予处罚?

8. 监理工程师违反规定的,应如何追究其法律责任?

9. 简述工程建设监理的程序。

10. 简述工程建设监理费的构成及收费标准。

11. 监理工程师的职业道德有哪些?

模块 2　工程建设合同

课题 2.1　工程建设施工合同概述

2.1.1　建设工程合同的概念

建设工程合同是指在工程建设过程中发包人与承包人就完成具体工程项目的建筑施工、设备安装与调试、工程保修服务,依法订立的、明确双方权利、义务关系的协议。在建设工程合同中,承包人的主要义务是进行工程建设,权利是得到工程价款。发包人的主要义务是支付工程价款,权利是得到符合约定的、完整建筑产品。每个建设项目都可以分为不同的建设阶段,每一个阶段根据其建设内容的不同,参与的主体也不尽相同,各主体之间的经济关系靠合同这一特定的形式来维持。

建筑工程施工合同是建设工程的主要合同之一,也是施工单位进行工程建设质量管理、进度管理、费用管理的主要依据之一。它与其他建设工程合同一样,是一种双务合同,在订立时也应遵守自愿、公平、诚实信用等原则。

《中华人民共和国合同法》中第二百七十五条规定:施工合同的内容包括工程范围、建设工期、中间交工工程的开工和竣工时间、工程质量、工程造价、技术资料交付时间、材料和设备供应责任、拨款和结算、竣工验收、质量保修范围和质量保证期、双方相互协作等条款。

2.1.2　建设工程合同的种类

2.1.2.1　按承、发包的工程范围进行划分

从承、发包的不同范围和数量进行划分,可以将建设工程合同分为建设工程总承包合同、建设工程承包合同、分包合同三类。发包人将工程建设的全过程发包给一个承包人的合同即为建设工程总承包合同。发包人如果将建设工程的勘察、设计、施工等的每一项分别发包给一个承包人的合同即为建设工程承包合同。经合同约定和发包人认可,从工程承包人承包的工程中承包部分工程而订立的合同即为分包合同。

2.1.2.2　按照工程建设阶段划分

建设工程合同可以分为建设工程勘察合同、建设工程设计合同和建设工程施工合同三类。建设工程勘察合同是指发包人与勘察人就完成商定的勘察任务明确双方权利、义务的协议。建设工程设计合同是指发包人与设计人就完成商定的设计任务明确双方权利、义务的协议。建设工程施工合同是指发包人与承包人就完成商定的建设工程项目的施工任务明确双方权利、义务的协议。

2.1.2.3　按照承包工程计价方式划分

建设工程合同可分为单价合同、总价合同和其他价格形式。

1. 单价合同

单价合同是指合同当事人约定以工程量清单及其综合单价进行合同价格计算、调整和确认的建设工程施工合同,在约定的范围内合同单价不做调整。合同当事人应在专用合同条款中约定综合单价包含的风险范围和风险费用的计算方法,并约定风险范围以外的合同价格的调整方法,其中因市场价格波动引起的调整按《建设工程施工合同(示范文本)》(GF—2017—0201)第11.1款“市场价格波动引起的调整”约定执行。这类合同的适用范围比较宽,其风险可以得到合理的分摊,并且能鼓励承包单位通过提高工效等手段从成本节约中提高利润。这类合同能够成立的关键在于双方对单价和工程量计算方法的确认。在合同履行中需要注意的问题则是双方对实际工程量计量的确认。

2. 总价合同

总价合同是指合同当事人约定以施工图、已标价工程量清单或预算书及有关条件进行合同价格计算、调整和确认的建设工程施工合同,在约定的范围内合同总价不做调整。合同当事人应在专用合同条款中约定总价包含的风险范围和风险费用的计算方法,并约定风险范围以外的合同价格的调整方法,其中因市场价格波动引起的调整按《建设工程施工合同(示范文本)》(GF—2017—0201)第11.1款“市场价格波动引起的调整”、因法律变化引起的调整按《建设工程施工合同(示范文本)》(GF—2017—0201)第11.2款“法律变化引起的调整”约定执行。这种合同类型能够使建设单位在评标时易于确定报价最低的承包商,易于进行支付计算。但这类合同仅适用于工程量太大且能精确计算、工期较短、技术不太复杂、风险不大的项目。因而采用这种合同类型要求建设单位必须准备详细而全面的设计图纸(一般要求施工详图)和各项说明,使承包单位能准确计算工程量。

3. 其他价格形式

合同当事人可在专用合同条款中约定其他合同价格形式。

采用较多的是成本加酬金合同。成本加酬金合同,是由业主向承包单位支付建设工程的实际成本,并按事先约定的某一种方式支付酬金的合同类型。在这类合同中,业主需承担项目实际发生的一切费用,因此也就承担了项目的全部风险。而承包单位由于无风险,其报酬往往也较低。

这类合同的缺点是业主对工程总造价不易控制,承包商也往往不注意降低项目成本。它主要适用于以下项目:①需要立即开展工作的项目,如震后的救灾工作;②新型的工程项目,或对项目工程内容及技术经济指标未确定;③项目风险很大。

2.1.3　建设施工合同类型的选择

建设施工合同类型的选择,取决于下列因素:

(1)业主的意愿。有的业主宁愿多出钱,一次以总价合同包死,以免以后加强对承包人的监督而带来的麻烦。

(2)工程设计的具体、明确程度。如果承包合同不能规定得比较明确,双方都不会同意采用固定价格合同,只能订立实际成本加酬金合同。

(3)项目的规模及其复杂程度。规模大而复杂的项目,承包风险较大,不易估算准确,不宜采用固定价格合同。即使采用限额成本加酬金或目标成本加酬金也困难,所以以实际成本加固定酬金再加奖励为宜,或者有把握的部分采用固定价格合同,估算不准的部分采用实际成本加酬金合同。

(4)工程项目技术先进性程度。若属新技术开发项,甲、乙方过去都没有这方面的经验,一般以实际成本加酬金合同为宜,不宜采用固定价格合同。

(5)承包人的意愿和能力。有的工程项目,对承包人来说已有相当的建设经验,如果要它建设这种类似的工程项目,只要项目不太大,它是愿意也有能力采用固定价格合同来承包工程的,因为总价合同可以取得更多的利润。然而有的承包人在总包项目建设时,考虑到自己的承担能力有限,决定一律采用实际成本加酬金合同;不采用固定价格。

(6)工程进度的紧迫程度。招标过程是费时间的,对工程设计要求也高,所以工程进度太紧,一般不宜采用固定价格合同,可以采用实际成本加酬金的合同方式。选择有信誉、有能力的承包人提前开工。

(7)市场情况。如果只有一家承包人参与投标,又不同意采用固定价格合同,那么业主只能同意采用实际成本加酬金合同。如果有好几家承包人参加竞标,业主提出的要求,承包人均愿意考虑。当然如果承包人技术、管理水平高,信誉好,愿意采取什么合同,业主也会考虑。

(8)甲方的工程监督力量如果比较弱,最好将工程由承包人以固定价格合同总承包。如果采用实际成本加酬金合同,就要求甲方有足够的监督人员,对整个工程实行有效的控制。

(9)外部因素或风险的影响。政治局势、通货膨胀、物价上涨、恶劣的气候条件等都会影响承包工程的合同结算方式。如果业主和承包人对工程建设期间这些影响无法估计,乙方一般不愿采用固定价格合同,除非业主愿意承担在固定价格中附加一笔相当大的风险费用(预备费)。

一个项目究竟应该采用哪种合同形式不是固定不变的。有时候一个项目中各个不同的工程部分,或不同阶段就可能采用不同形式的合同。业主在制定项目分包合同规划时,必须根据实际情况,全面地、反复地权衡各种利弊,作出最佳决策,选定本项目的分项合同种类和形式。

2.1.4 施工合同订立条件

2.1.4.1 订立施工合同应具备的条件

订立施工合同应具备以下条件:

(1)初步设计已经批准。

(2)工程项目已经列入年度建设计划。

(3)有能够满足施工需要的设计文件和有关技术资料。

(4)建设资金和主要建筑材料设备来源已经落实。

(5)招标投标工程,中标通知书已经下达。

2.1.4.2 订立施工合同应遵守的原则

1. 遵守国家法律、法规和国家计划原则

建设工程施工对经济发展、社会生活有多方面的影响,国家有许多强制性的管理规定,施工合同当事人都必须遵守。

2. 平等、自愿、公平原则

签订施工合同当事人双方,都具有平等的法律地位,任何一方都不得强迫对方接受不平等的合同条件,合同内容应当是双方当事人真实意思的体现。合同的内容应当是公平的,不能单纯损害一方的利益,对于显失公平的施工合同,当事人一方有权申请人民法院或者仲裁机构予以变更或者撤销。

3. 诚实信用原则

诚实信用原则要求在订立施工合同时要诚实,不得有欺诈行为,合同当事人应当如实将自身和工程的情况介绍给对方。在履行合同时,施工合同当事人要守信用,严格履行合同。

2.1.4.3 施工合同的订立程序

施工合同作为合同的一种,其订立也应经过要约和承诺两个阶段。依据《中华人民共和国招标投标法》和《工程建设施工招标投标管理办法》的规定,中标通知书发出 30 天内,中标单位应与建设单位依据招标文件、投标书等签订工程施工合同。签订合同的必须是中标的施工企业,投标书中已确定的合同条款在签订时不得更改,合同价应与中标价相一致。如果中标施工企业拒绝与建设单位签订合同,则建设单位将不再返还其投标保证金或由银行等金融机构按照投标保函的约定承担相应的保证责任,建设行政主管部门或其授权机构还可给予一定的行政处罚。

课题 2.2　建设工程施工合同示范文本

2.2.1 《建设工程施工合同(示范文本)》结构

原国家建设部、国家工商行政管理局于 1999 年 12 月 24 日发布了《建设工程施工合同(示范文本)》(GF—1999—0201)。配合建设工程施工合同的操作运用,原国家建设部国家工商行政管理总局于 2003 年颁布了《建设工程施工专业分包合同(示范文本)》(GF—2003—0213)和《建设工程施工劳务分包合同(示范文本)》(GF—2003—0214)两个合同范本。之后,住房和城乡建设部、国家工商行政管理总局对《建设工程施工合同(示范文本)》(GF—1999—0201)进行了修订,制定了《建设工程施工合同(示范文本)》(GF—2013—0201)。为规范建筑市场秩序,维护建设工程施工合同当事人的合法权益,住房和城乡建设部、国家工商行政管理总局对《建设工程施工合同(示范文本)》(GF—2013—0201)进行了修订,制定了《建设工程施工合同(示范文本)》(GF—2017—0201)(简称《示范文本》),自 2017 年 10 月 1 日起执行。

《示范文本》由合同协议书、通用合同条款和专用合同条款三部分组成,并附有 11 个附件,如表 2-1 所示。

表 2-1　建设工程施工合同示范文本内容

组成文件	文件内容
协议书	一、工程概况。包括工程名称、工程地点、工程立项批准文号、资金来源、工程内容、工程承包范围。 二、合同工期。包括计划开工日期、计划竣工日期、工期总日历天数。 三、质量标准。 四、签约合同价与合同价格形式。包括签约合同价、安全文明施工费、材料和工程设备暂估价金额、专业工程暂估价金额、暂列金额、合同价格形式。 五、项目经理。 六、合同文件构成。 协议书与下列文件一起构成合同文件: (1)中标通知书(如果有); (2)投标函及其附录(如果有); (3)专用合同条款及其附件; (4)通用合同条款; (5)技术标准和要求; (6)图纸; (7)已标价工程量清单或预算书; (8)其他合同文件。 七、承诺。 1. 发包人承诺按照法律规定履行项目审批手续、筹集工程建设资金,并按照合同约定的期限和方式支付合同价款。 2. 承包人承诺按照法律规定及合同约定组织完成工程施工,确保工程质量和安全,不进行转包及违法分包,并在缺陷责任期及保修期内承担相应的工程维修责任。 3. 发包人和承包人通过招标投标形式签订合同的,双方理解并承诺不再就同一工程另行签订与合同实质性内容相背离的协议。 八、词语含义。 九、签订时间。 十、签订地点。 十一、补充协议。 十二、合同生效。 十三、合同份数
通用条款	1　一般约定 1.1　词语定义与解释 1.2　语言文字 1.3　法律 1.4　标准和规范 1.5　合同文件的优先顺序 1.6　图纸和承包人文件 1.7　联络

续表 2-1

组成文件	文件内容
通用条款	1.8　严禁贿赂 1.9　化石、文物 1.10　交通运输 1.11　知识产权 1.12　保密 1.13　工程量清单错误的修正 2　发包人 2.1　许可或批准 2.2　发包人代表 2.3　发包人人员 2.4　施工现场、施工条件和基础资料的提供 2.5　资金来源证明及支付担保 2.6　支付合同价款 2.7　组织竣工验收 2.8　现场统一管理协议 3　承包人 3.1　承包人的一般义务 3.2　项目经理 3.3　承包人人员 3.4　承包人现场查勘 3.5　分包 3.6　工程照管与成品、半成品保护 3.7　履约担保 3.8　联合体 4　监理人 4.1　监理人的一般规定 4.2　监理人员 4.3　监理人的指示 4.4　商定或确定 5　工程质量 5.1　质量要求 5.2　质量保证措施 5.3　隐蔽工程检查 5.4　不合格工程的处理 5.5　质量争议检测 6　安全文明施工与环境保护 6.1　安全文明施工 6.2　职业健康 6.3　环境保护

续表2-1

组成文件	文件内容
通用条款	7 工期和进度 7.1 施工组织设计 7.2 施工进度计划 7.3 开工 7.4 测量放线 7.5 工期延误 7.6 不利物质条件 7.7 异常恶劣的气候条件 7.8 暂停施工 7.9 提前竣工 8 材料与设备 8.1 发包人供应材料与工程设备 8.2 承包人采购材料与工程设备 8.3 材料与工程设备的接收与拒收 8.4 材料与工程设备的保管与使用 8.5 禁止使用不合格的材料和工程设备 8.6 样品 8.7 材料与工程设备的替代 8.8 施工设备和临时设施 8.9 材料与设备专用要求 9 试验与检验 9.1 试验设备与试验人员 9.2 取样 9.3 材料、工程设备和工程的试验和检验 9.4 现场工艺试验 10 变更 10.1 变更的范围 10.2 变更权 10.3 变更程序 10.4 变更估价 10.5 承包人的合理化建议 10.6 变更引起的工期调整 10.7 暂估价 10.8 暂列金额 10.9 计日工 11 价格调整 11.1 市场价格波动引起的调整 11.2 法律变化引起的调整

续表 2-1

组成文件	文件内容
通用条款	12　合同价格、计量与支付 12.1　合同价格形式 12.2　预付款 12.3　计量 12.4　工程进度款支付 12.5　支付账户 13　验收和工程试车 13.1　分部分项工程验收 13.2　竣工验收 13.3　工程试车 13.4　提前交付单位工程的验收 13.5　施工期运行 13.6　竣工退场 14　竣工结算 14.1　竣工结算申请 14.2　竣工结算审核 14.3　甩项竣工协议 14.4　最终结清 15　缺陷责任与保修 15.1　工程保修的原则 15.2　缺陷责任期 15.3　质量保证金 15.4　保修 16　违约 16.1　发包人违约 16.2　承包人违约 16.3　第三人造成的违约 17　不可抗力 17.1　不可抗力的确认 17.2　不可抗力的通知 17.3　不可抗力后果的承担 17.4　因不可抗力解除合同 18　保险 18.1　工程保险 18.2　工伤保险 18.3　其他保险 18.4　持续保险 18.5　保险凭证 18.6　未按约定投保的补救

续表 2-1

组成文件	文件内容
通用条款	18.7 通知义务 19 索赔 19.1 承包人的索赔 19.2 对承包人索赔的处理 19.3 发包人的索赔 19.4 对发包人索赔的处理 19.5 提出索赔的期限 20 争议解决 20.1 和解 20.2 调解 20.3 争议评审 20.4 仲裁或诉讼 20.5 争议解决条款效力
专用条款	专用条款的条款号与通用条款相一致,但主要是空格,由当事人根据工程的具体情况予以明确或者对通用条款进行修改
附件	附件1:承包人承揽工程项目一览表 附件2:发包人供应材料设备一览表 附件3:工程质量保修书 附件4:主要建设工程文件目录 附件5:承包人用于本工程施工的机械设备表 附件6:承包人主要施工管理人员表 附件7:分包人主要施工管理人员表 附件8:履约担保 附件9:预付款担保 附件10:支付担保 附件11:暂估价一览表

(1)协议书是《示范文本》中总纲性文件。规定了合同当事人双方最主要的权利、义务,规定了组成合同的文件及当事人对履行合同义务的承诺,并且合同当事人在这份文件上签字盖章,因此具有很高的法律效力。协议书的内容包括工程概况、工程承包范围、合同工期、质量标准、合同价款、组成合同的文件等。

(2)通用条款是根据《中华人民共和国合同法》《中华人民共和国建筑法》《建设工程合同管理办法》等法律、法规对承、发包双方的权利、义务作出的规定,除双方协商一致对其中的某些条款做出了修改、补充或取消外,双方都必须履行。它是将建设工程施工合同中共性的一些内容抽象出来编写的一份完整的合同文件。通用条款具有很强的通用性,基本适用于各类建设工程。通用条款由二十部分117条组成。

(3)专用条款。考虑到建设工程的内容各不相同,工期、造价也随之变动,承包人、发包人各自的能力、施工现场的环境和条件也各不相同,通用条款不能完全适用于各个具体工程,因此配之以专用条款对其作必要的修改和补充,使通用条款和专用条款成为双方统一意愿的体现。

(4)附件。《示范文本》的附件是对施工合同当事人的权利、义务的进一步明确,并且使得施工合同当事人的有关工作一目了然,便于执行和管理。

2.2.2　施工合同文件的组成及解释顺序

组成合同的各项文件应互相解释,互为说明。除专用合同条款另有约定外,解释合同文件的优先顺序如下:

(1)合同协议书。

(2)中标通知书(如果有)。

(3)投标函及其附录(如果有)。

(4)专用合同条款及其附件。

(5)通用合同条款。

(6)技术标准和要求。

(7)图纸。

(8)已标价工程量清单或预算书。

(9)其他合同文件。

上述各项合同文件包括合同当事人就该项合同文件所作出的补充和修改,属于同一类内容的文件,应以最新签署的为准。

在合同订立及履行过程中形成的与合同有关的文件均构成合同文件组成部分,并根据其性质确定优先解释顺序。

2.2.3　施工合同双方的一般权利和义务

了解施工合同中承、发包双方的一般权利和义务,是建筑施工企业项目经理最基本的要求。在市场经济条件下,施工任务的最终确认是以施工合同为依据的,项目经理必须代表施工企业(承包人)完成应当由施工企业完成的工作;了解发包人的工作则是项目经理在施工中要求发包人合作的基础,也是维护乙方权益的基础。《示范文本》规定了施工合同双方的一般权利和义务。

2.2.3.1　发包方

1.许可或批准

发包人应遵守法律,并办理法律规定由其办理的许可、批准或备案,包括但不限于建设用地规划许可证、建设工程规划许可证、建设工程施工许可证、施工所需临时用水、临时用电、中断道路交通、临时占用土地等许可和批准。发包人应协助承包人办理法律规定的有关施工证件和批件。

因发包人原因未能及时办理完毕前述许可、批准或备案,由发包人承担由此增加的费用和(或)延误的工期,并支付承包人合理的利润。

2. 发包人代表

发包人应在专用合同条款中明确其派驻施工现场的发包人代表的姓名、职务、联系方式及授权范围等事项。发包人代表在发包人的授权范围内,负责处理合同履行过程中与发包人有关的具体事宜。发包人代表在授权范围内的行为由发包人承担法律责任。发包人更换发包人代表的,应提前7天书面通知承包人。

发包人代表不能按照合同约定履行其职责及义务,并导致合同无法继续正常履行的,承包人可以要求发包人撤换发包人代表。

不属于法定必须监理的工程,监理人的职权可以由发包人代表或发包人指定的其他人员行使。

3. 发包人人员

发包人应要求在施工现场的发包人人员遵守法律及有关安全、质量、环境保护、文明施工等规定,并保障承包人免于承受因发包人人员未遵守上述要求给承包人造成的损失和责任。

发包人人员包括发包人代表及其他由发包人派驻施工现场的人员。

4. 施工现场、施工条件和基础资料的提供

1)提供施工现场

除专用合同条款另有约定外,发包人应最迟于开工日期7天前向承包人移交施工现场。

2)提供施工条件

除专用合同条款另有约定外,发包人应负责提供施工所需要的条件,包括:

(1)将施工用水、电力、通信线路等施工所必需的条件接至施工现场内。

(2)保证向承包人提供正常施工所需要的进入施工现场的交通条件。

(3)协调处理施工现场周围地下管线和邻近建筑物、构筑物、古树名木的保护工作,并承担相关费用。

(4)按照专用合同条款约定应提供的其他设施和条件。

3)提供基础资料

发包人应当在移交施工现场前向承包人提供施工现场及工程施工所必需的毗邻区域内供水、排水、供电、供气、供热、通信、广播电视等地下管线资料,气象和水文观测资料,地质勘察资料,相邻建筑物、构筑物和地下工程等有关基础资料,并对所提供资料的真实性、准确性和完整性负责。

按照法律规定确需在开工后方能提供的基础资料,发包人应尽其努力及时地在相应工程施工前的合理期限内提供,合理期限应以不影响承包人的正常施工为限。

4)逾期提供的责任

因发包人原因未能按合同约定及时向承包人提供施工现场、施工条件、基础资料的,由发包人承担由此增加的费用和(或)延误的工期。

5. 资金来源证明及支付担保

除专用合同条款另有约定外,发包人应在收到承包人要求提供资金来源证明的书面

通知后28天内,向承包人提供能够按照合同约定支付合同价款的相应资金来源证明。

除专用合同条款另有约定外,发包人要求承包人提供履约担保的,发包人应当向承包人提供支付担保。支付担保可以采用银行保函或担保公司担保等形式,具体由合同当事人在专用合同条款中约定。

6. 支付合同价款

发包人应按合同约定向承包人及时支付合同价款。

7. 组织竣工验收

发包人应按合同约定及时组织竣工验收。

8. 现场统一管理协议

发包人应与承包人、由发包人直接发包的专业工程的承包人签订施工现场统一管理协议,明确各方的权利、义务。施工现场统一管理协议作为专用合同条款的附件。

2.2.3.2 承包人

1. 承包人的一般义务

承包人在履行合同过程中应遵守法律和工程建设标准规范,并履行以下义务:

(1)办理法律规定应由承包人办理的许可和批准,并将办理结果书面报送发包人留存。

(2)按法律规定和合同约定完成工程,并在保修期内承担保修义务。

(3)按法律规定和合同约定采取施工安全和环境保护措施,办理工伤保险,确保工程及人员、材料、设备和设施的安全。

(4)按合同约定的工作内容和施工进度要求,编制施工组织设计和施工措施计划,并对所有施工作业和施工方法的完备性及安全可靠性负责。

(5)在进行合同约定的各项工作时,不得侵害发包人与他人使用公用道路、水源、市政管网等公共设施的权利,避免对邻近的公共设施产生干扰。承包人占用或使用他人的施工场地,影响他人作业或生活的,应承担相应责任。

(6)按照《示范文本》第6.3款"环境保护"约定负责施工场地及其周边环境与生态的保护工作。

(7)按第《示范文本》第6.1款"安全文明施工"约定采取施工安全措施,确保工程及其人员、材料、设备和设施的安全,防止因工程施工造成的人身伤害和财产损失。

(8)将发包人按合同约定支付的各项价款专用于合同工程,且应及时支付其雇用人员工资,并及时向分包人支付合同价款。

(9)按照法律规定和合同约定编制竣工资料,完成竣工资料立卷及归档,并按专用合同条款约定的竣工资料的套数、内容、时间等要求移交发包人。

(10)应履行的其他义务。

2. 项目经理

(1)项目经理应为合同当事人所确认的人选,并在专用合同条款中明确项目经理的姓名、职称、注册执业证书编号、联系方式及授权范围等事项,项目经理经承包人授权后代表承包人负责履行合同。项目经理应是承包人正式聘用的员工,承包人应向发包人提交项目经理与承包人之间的劳动合同,以及承包人为项目经理缴纳社会保险的有效证明。

承包人不提交上述文件的,项目经理无权履行职责,发包人有权要求更换项目经理,由此增加的费用和(或)延误的工期由承包人承担。

项目经理应常驻施工现场,且每月在施工现场时间不得少于专用合同条款约定的天数。项目经理不得同时担任其他项目的项目经理。项目经理确需离开施工现场时,应事先通知监理人,并取得发包人的书面同意。项目经理的通知中应当载明临时代行其职责的人员的注册执业资格、管理经验等资料,该人员应具备履行相应职责的能力。

承包人违反上述约定的,应按照专用合同条款的约定,承担违约责任。

(2)项目经理按合同约定组织工程实施。在紧急情况下为确保施工安全和人员安全,在无法与发包人代表和总监理工程师及时取得联系时,项目经理有权采取必要的措施保证与工程有关的人身、财产和工程的安全,但应在48小时内向发包人代表和总监理工程师提交书面报告。

(3)承包人需要更换项目经理的,应提前14天书面通知发包人和监理人,并征得发包人书面同意。通知中应当载明继任项目经理的注册执业资格、管理经验等资料,继任项目经理继续履行约定的职责。未经发包人书面同意,承包人不得擅自更换项目经理。承包人擅自更换项目经理的,应按照专用合同条款的约定承担违约责任。

(4)发包人有权书面通知承包人更换其认为不称职的项目经理,通知中应当载明要求更换的理由。承包人应在接到更换通知后14天内向发包人提出书面的改进报告。发包人收到改进报告后仍要求更换的,承包人应在接到第二次更换通知的28天内进行更换,并将新任命的项目经理的注册执业资格、管理经验等资料书面通知发包人。继任项目经理继续履行约定的职责。承包人无正当理由拒绝更换项目经理的,应按照专用合同条款的约定承担违约责任。

(5)项目经理因特殊情况授权其下属人员履行其某项工作职责的,该下属人员应具备履行相应职责的能力,并应提前7天将上述人员的姓名和授权范围书面通知监理人,并征得发包人书面同意。

3. 承包人人员

(1)除专用合同条款另有约定外,承包人应在接到开工通知后7天内,向监理人提交承包人项目管理机构及施工现场人员安排的报告,其内容应包括合同管理、施工、技术、材料、质量、安全、财务等主要施工管理人员名单及其岗位、注册执业资格等,以及各工种技术工人的安排情况,并同时提交主要施工管理人员与承包人之间的劳动关系证明和缴纳社会保险的有效证明。

(2)承包人派驻到施工现场的主要施工管理人员应相对稳定。施工过程中如有变动,承包人应及时向监理人提交施工现场人员变动情况的报告。承包人更换主要施工管理人员时,应提前7天书面通知监理人,并征得发包人书面同意。通知中应当载明继任人员的注册执业资格、管理经验等资料。

特殊工种作业人员均应持有相应的资格证明,监理人可以随时检查。

(3)发包人对承包人主要施工管理人员的资格或能力有异议的,承包人应提供资料证明被质疑人员有能力完成其岗位工作或不存在发包人所质疑的情形。发包人要求撤换不能按照合同约定履行职责及义务的主要施工管理人员的,承包人应当撤换。承包人无正当理由拒绝撤换的,应按照专用合同条款的约定承担违约责任。

(4)除专用合同条款另有约定外,承包人的主要施工管理人员离开施工现场每月累计不超过5天的,应报监理人同意;离开施工现场每月累计超过5天的,应通知监理人,并征得发包人书面同意。主要施工管理人员离开施工现场前应指定一名有经验的人员临时代行其职责,该人员应具备履行相应职责的资格和能力,且应征得监理人或发包人的同意。

(5)承包人擅自更换主要施工管理人员,或前述人员未经监理人或发包人同意擅自离开施工现场的,应按照专用合同条款约定承担违约责任。

4.承包人现场查勘

承包人应对基于发包人按照《示范文本》第2.4.3项"提供基础资料"提交的基础资料所做出的解释和推断负责,但因基础资料存在错误、遗漏导致承包人解释或推断失实的,由发包人承担责任。

承包人应对施工现场和施工条件进行查勘,并充分了解工程所在地的气象条件、交通条件、风俗习惯及其他与完成合同工作有关的其他资料。因承包人未能充分查勘、了解前述情况或未能充分估计前述情况所可能产生后果的,承包人承担由此增加的费用和(或)延误的工期。

5.分包

1)分包的一般约定

承包人不得将其承包的全部工程转包给第三人,或将其承包的全部工程肢解后以分包的名义转包给第三人。承包人不得将工程主体结构、关键性工作及专用合同条款中禁止分包的专业工程分包给第三人,主体结构、关键性工作的范围由合同当事人按照法律规定在专用合同条款中予以明确。

承包人不得以劳务分包的名义转包或违法分包工程。

2)分包的确定

承包人应按专用合同条款的约定进行分包,确定分包人。已标价工程量清单或预算书中给定暂估价的专业工程,按照《示范文本》第10.7款"暂估价"确定分包人。按照合同约定进行分包的,承包人应确保分包人具有相应的资质和能力。工程分包不减轻或免除承包人的责任和义务,承包人和分包人就分包工程向发包人承担连带责任。除合同另有约定外,承包人应在分包合同签订后7天内向发包人和监理人提交分包合同副本。

3)分包管理

承包人应向监理人提交分包人的主要施工管理人员表,并对分包人的施工人员进行实名制管理,包括但不限于进出场管理、登记造册及各种证照的办理。

4)分包合同价款

(1)除约定的情况或专用合同条款另有约定外,分包合同价款由承包人与分包人结算,未经承包人同意,发包人不得向分包人支付分包工程价款。

(2)生效法律文书要求发包人向分包人支付分包合同价款的,发包人有权从应付承包人工程款中扣除该部分款项。

5)分包合同权益的转让

分包人在分包合同项下的义务持续到缺陷责任期届满以后的,发包人有权在缺陷责任期届满前,要求承包人将其在分包合同项下的权益转让给发包人,承包人应当转让。除转让合同另有约定外,转让合同生效后,由分包人向发包人履行义务。

6. 工程照管与成品、半成品保护

(1)除专用合同条款另有约定外,自发包人向承包人移交施工现场之日起,承包人应负责照管工程及工程相关的材料、工程设备,直到颁发工程接收证书之日止。

(2)在承包人负责照管期间,因承包人原因造成工程、材料、工程设备损坏的,由承包人负责修复或更换,并承担由此增加的费用和(或)延误的工期。

(3)对合同内分期完成的成品和半成品,在工程接收证书颁发前,由承包人承担保护责任。因承包人原因造成成品或半成品损坏的,由承包人负责修复或更换,并承担由此增加的费用和(或)延误的工期。

7. 履约担保

发包人需要承包人提供履约担保的,由合同当事人在专用合同条款中约定履约担保的方式、金额及期限等。履约担保可以采用银行保函或担保公司担保等形式,具体由合同当事人在专用合同条款中约定。

因承包人原因导致工期延长的,继续提供履约担保所增加的费用由承包人承担;非因承包人原因导致工期延长的,继续提供履约担保所增加的费用由发包人承担。

8. 联合体

(1)联合体各方应共同与发包人签订合同协议书。联合体各方应为履行合同向发包人承担连带责任。

(2)联合体协议经发包人确认后作为合同附件。在履行合同过程中,未经发包人同意,不得修改联合体协议。

(3)联合体牵头人负责与发包人和监理人联系,并接受指示,负责组织联合体各成员全面履行合同。

【案例】 背景:某建设单位采用工程量清单报价形式对某建设工程项目进行邀请招标,在招标文件中发包人提供了工程量清单、工程量暂定数量、工程量计算规则、分部分项工程单价组成原则、合同文件内容、投标人填写综合单价,工程造价暂定800万元,合同工期12个月。某施工单位中标承接了该项目,双方参照现行的《建设工程施工合同(示范文本)》签订了固定价格合同。

在工程施工过程中,遇到了特大暴雨引发的山洪暴发,造成现场临时道路、管网和其他临时设施遭到损坏。该施工单位认为合同文件的优先解释顺序是:①本合同协议书;②本合同专用条款;③本合同通用条款;④中标通知书;⑤投标书及其附件,⑥标准、规范及有关技术文件;⑦工程量清单;⑧图纸;⑨工程报价单或预算书。合同履行中,发包人、承包人有关工程的洽商、变更等书面协议或文件视为本合同的组成部分。此外,在施工过程中,钢筋价格由原来的3 500元/t上涨到4 300元/t,该施工单位经过计算,认为中标的钢筋制作安装的综合单价每吨亏损800元,于是,施工单位向建设单位提出索赔,请求给予酌情补偿。

问题:(1)你认为案例中合同文件的优先解释顺序是否妥当?请给出合理的合同文件的优先解释顺序。

(2)施工单位就特大暴雨事件提出的索赔能否成立?为什么?

(3)施工单位就钢筋涨价事件提出的索赔能否成立?为什么?

(4)因不可抗力事件造成的时间及经济损失应由谁来承担,应采用哪些具体方法解决问题?

分析:

本案例主要考核对建设工程施工合同文件组成的掌握,主要依据是《中华人民共和国合同法》及施工合同示范文本的相关内容。

答案:(1)不妥当。合理的合同文件的优先解释是:①本合同协议书,合同履行中发包人、承包人有关工程的洽商、变更等书面协议或文件视为本合同的组成部分;②中标通知书;③投标书及其附件;④本合同专用条款;⑤本合同通用条款;⑥标准、规范及有关技术文件;⑦图纸;⑧工程量清单;⑨工程报价单或预算书。

(2)能成立。因特大暴雨事件引发的山洪暴发,应按不可抗力处理由此引起的索赔问题。已损坏的现场临时道路、管网和其他临时设施等经济损失应由建设单位承担,工期顺延。

(3)不能成立。根据合同文件中招标文件和合同专用条款的有关约定,该建设工程项目属于固定价格合同,合同价款不再调整。

(4)不可抗力事件造成的时间及经济损失,应由双方按以下方法分别承担:

①工程本身的损害、因工程损害导致第三方人员伤亡和财产损失及运至施工场地用于施工的材料和待安装的设备的损害,由发包人承担。

②发包人、承包人人员伤亡由其所在单位负责,并承担相应费用。

③承包人机械设备损坏及停工损失,由承包人承担。

④停工期间,承包人按工程师要求留在施工场地的必要的管理人员及保卫人员的费用由发包人承担。

⑤工程所需清理、修复费用,由发包人承担。

⑥延误的工期相应顺延。

课题 2.3 FIDIC 土木工程施工合同条件

2.3.1 FIDIC 土木工程施工合同条件简介

2.3.1.1 国际咨询工程师联合会及其合同条款

FIDIC 是国际咨询工程师联合会(Federation Internationale Des Ingenieurs Conseils)的法文名称的缩写,它是各国咨询工程师协会创建的,其目标是共同促进成员协会的专业影响,并向各成员协会传播他们感兴趣的信息。第二次世界大战以后,成员的数目迅速发展,到20世纪末,已成为拥有遍布全球67个成员的协会,是世界上最具有权威性的国际工程咨询工程师组织。

FIDIC 下设五个永久性专业委员会，即业主与咨询工程师关系委员会(CCRC)、合同委员会(CC)、风险管理委员会(RMC)、质量管理委员会(QMC)和环境委员会(ENVC)。各专业委员会编制出版了许多规范性的和指南性的文件。

目前，最新的 FIDIC 工程合同条件(1999 年第 1 版)为一系列的标准合同范本:《施工合同条件》(新红皮书)、《生产设备和设计 - 施工合同条件》(新黄皮书)、《设计采购施工(EPC)/交钥匙工程合同条件》(银皮书)和《简明合同格式》(绿皮书)。2002 年，中国工程咨询协会经 FIDIC 授权将新版合同条件译成中文本。

新版 FIDIC 合同继承了以往 FIDIC 合同条件的优点，并根据多年来在实践中取得的经验及专家、学者和相关各方的意见和建议，做出了重大的调整。对结构、布局和措辞等做了重大的修改:统一了条款、定义和措辞;条款数目统一为二十条。此次出版的新红皮书和新黄皮书，不是在原有合同条件基础上修改的，而是进行了重新编写。银皮书和绿皮书是首次推出的。

(1)《施工合同条件》(新红皮书)“推荐用于由雇主或其代表工程师设计的建筑或工程项目。这种合同的通常情况是，由承包商按照雇主提供的设计进行工程施工。但该工程可以包含由承包商设计的土木、机械、电气和(或)构筑物的某些部分”。

(2)《生产设备和设计 - 施工合同条件》(新黄皮书)“推荐用于电气和(或)机械生产设备供货及建筑或工程的设计与施工。这种合同的通常情况是，由承包商按照雇主要求，设计与提供生产设备和(或)其他工程;可以包括土木、机械、电气和(或)构筑物的任何组合”。

(3)《设计采购施工(EPC)/交钥匙工程合同条件》(银皮书)“可适用于以交钥匙方式提供加工或动力设备、工厂或类似设施、基础设施项目或其他类型发展项目，这种方式一方面项目的最终价格和要求的工期具有更大程度的确定性，另一方面由承包商承担项目的设计和实施的全部职责，雇主卷入很少。交钥匙工程的通常情况是，由承包商进行全部设计、采购和施工(EPC)，提供一个配备完善的设施，(“转动钥匙”)即可运行”。

(4)《简明合同格式》(绿皮书)，这是一本全新的合同条件。“推荐用于资本金额较小的建筑或工程项目。根据项目的类型和具体情况，这种格式也可用于较大资本金额的合同，特别是适用于简单或重复性的工程或工期较短的工程。这种合同的通常情况是，由承包商按照雇主或其代表(如有时)提供的设计进行工程施工，但这种格式也可适用于包括或全部是，由承包商设计的土木、机械、电气和(或)建筑物的合同”。

2.3.1.2 FIDIC 系列合同条件的特点

1. 国际性、广泛的使用性和权威性

FIDIC 系列合同条件是在总结国际工程合同管理各方面经验教训的基础上制定的，是在总结各个国家和地区的业主、咨询工程师和承包商各个方面经验的基础上编制出来的，并且不断地被修改完善，是国际上最有权威性的合同文件，也是世界上国际招标的工程项目中使用最多的合同条件。我国有关部委编制的合同条件和协议书范本也都把 FIDIC 系列合同条件作为重要的参考文本。世界银行、亚洲开发银行、非洲开发银行等国际金融机构组织的贷款项目，规定必须采用 FIDIC 系列合同条件。同时，FIDIC 条件既保证了一般的、普遍的使用性,又照顾了合同双方的特殊要求和工程特点,因此使用范围非常广泛。

2. 程序严谨,易于操作

合同条件中处理各种问题的程序非常严谨,特别强调要及时地处理和解决问题,以避免由于拖拉而产生的不良后果。另外,还特别强调各种书面文件及证据的重要性,这些规定使各方有章可循,易于操作和实施。

3. 强化了工程师的作用

FIDIC 合同条件明确规定了工程师的权力和职责,赋予工程师在工程管理方面的充分权力。工程师是独立的、公正的第三方,工程师是受业主聘用,负责合同管理和工程监督。要求承包商严格遵守和执行工程师的指令,简化了工程项目管理中一些不必要的环节,为工程项目的顺利实施创造了条件。

4. 公正合理

FIDIC 合同条件较为公正地考虑了合同双方的利益,包括合理地分配工程责任,合理地分配工程风险,为双方确定一个合理的价格奠定了良好的基础。合同在确定工程师权力的同时,又要求其必须公正地行事,从而进一步保证了合同条件的公正性。

2.3.1.3 FIDIC《施工合同条件》的内容构成

FIDIC 合同条件适用于国内外公开招标的土木工程项目承包管理。FIDIC 合同条件的内容构成为:第一部分通用条件,第二部分专用条件,以及一套标准格式。下面分别予以简要介绍。

1. 通用条件

FIDIC《施工合同条件》中的通用条件是固定不变的,无论是工民建、水电工程、路桥工程等都适用。通用条件共包括 20 条 163 款,包括了土木工程项目施工合同中双方的权利、义务和责任,明确规定了执行合同时的法律、经济、技术等各方面的内容与管理方法,以保证工程项目顺利进行。在国际土木工程项目的招标文件中,FIDIC 合同通用条件一般可直接进入招标文件,不需再重新去编写合同通用条件。例如我国的鲁布革水电站工程项目、引大入秦水利工程项目、京津塘高速公路项目等,都是直接引用 FIDIC 合同通用条件,并得到世界银行的认可。

2. 专用条件

FIDIC《施工合同条件》的专用条件共有 20 条,其 20 条编号和通用条件的 20 条相对应,是对通用条件各相应条款的补充或进一步的明确化。一般土木工程项目的合同专用条件,大都由工程项目的招标委员会或咨询公司根据工程项目所在国的情况,或项目自身的特性,对照第一部分合同通用条件,参考工程项目再具体编写。特别是当通用条件中的某些条款不适合时,就可在专用条件中换上本项目合适的内容。另外,当通用条件中一些条款写得不具体不细致时,可以对专用条件相对应的条款进行补充和完善。因此,在阅读合同条件时,应仔细慎重地读懂合同专用条件的具体规定。从法律意义上讲,合同专用条件的法律地位高于合同通用条件的法律地位。

由此可知,通用条件和专用条件是统一的整体,相互补充完善而不可分割。专用条件的各条款也给出了不同的措辞,供编写具有工程项目合同专用条件时参考选择,以适应工程项目所在国的具体情况。对有些条款,提出了应注意的事项;对于一些特殊情况,还提出了补充性的条款,如保密的要求、对联营体的责任划分及对领头公司的要求等;对于疏浚工程和填筑工程,可以在专用条件中予以专门考虑。

3.合同的标准格式

FIDIC《施工合同条件》通用条件和专用条件的后面,还给出了土木工程承包合同文件的一些标准格式,以便对国际公开招标的工程项目给予指导,也便于评标比较。例如承包商投标书的标准格式、业主和承包商双方的"协议书"标准格式,以及投标书的附表和附录,反映投标书中的一些重要数据资料等。

合同文件包括的范围,构成合同的几个文件之间应能互相解释。当它们之间出现矛盾和不一致时,FIDIC 合同条件第 5.2 款对合同文件及其优先顺序规定如下:"构成合同的若干文件应被认为是互相说明的,但在出现含糊或歧义时,则应由工程师对之做出解释或订正,工程师并应就此向承包商发出有关指示。"在此情况下,除合同另有规定外,构成合同的各文件的优先解释顺序应如下:

(1)协议书。

(2)中标函。

(3)投标书及其附件。

(4)合同的专用条件。

(5)合同的通用条件。

(6)构成合同组成部分的其他任何文件。

2.3.1.4 FIDIC 合同条件的应用范围

FIDIC 合同条件的应用范围如下:

(1)土木工程项目。

(2)业主授权工程师对合同实施监督的项目。

(3)主要使用于单价合同,但单价合同也可带有若干总价(包干)合同。

2.3.2 FIDIC《施工合同条件》

2.3.2.1 业主的权利

(1)业主有权要求承包商按照合同规定的工期提交质量合格的工程。

(2)业主有权批准合同的转让。未经业主同意,承包商不得将合同的任何部分的权利、义务转让,并不得对合同中或合同名义下的任何权益进行转让。

(3)业主有权指定分包商。所谓指定分包商,是由业主指定、选定,完成某项特定工作内容并与承包商签订分包合同的特殊分包商。业主有权对在暂定金额中列出的任何工程的施工,或任何货物、材料、工程设备或服务的提供分项指定承担人。该分包商仍与承包商签订分包合同,指定分包商应向承包商负责。承包商应负责管理和协调。对指定分包商的付款,仍由承包商按分包合同进行。然后,承包商提出已向分包商付款的证明,由工程师批准在暂定金额中向承包商支付。如果指定分包商失误,造成承包商损失,承包商可以向业主索赔。同时,承包商如果有理由,可以反对雇用业主指定的分包商。

(4)在承包商无力或不愿意执行工程师指令时,业主有权雇用他人完成任务。如果承包商未执行工程师指令,在规定时间内未更换不符合合同的材料和工程设备,未拆除任何不符合合同规定的工程并重新施工的,业主有权雇用他人完成上述指令,其费用全部由承包商支付。同时,无论在工程施工期间或在保修期间,如果发生工程事故、故障或其他事件,而承包商没有(无能力或不愿意)执行工程师指令去立即执行修补工作,则业主有权雇用其他人去完成该项工作并支付费用。如果上述问题由承包商责任引起,则应由承包商负担费用。

(5)除属于业主风险和特殊风险外,业主对承包商的设备、材料和临时工程的损失或损坏不承担责任。

(6)在一定条件下,业主可以终止合同。如果工程师证明承包商存在下列情况之一,业主有权终止合同:①承包商破产或失去偿付能力;②承包商未经业主同意转让合同;③承包商无视工程师的警告,固执地或公然地忽视合同中规定的义务;④承包商无正当理由,在接到工程师开工指令后拒不开工;⑤承包商拖延工期,而又无视工程师的指示,拒不采取加快施工的措施;⑥承包商否认合同有效。

在合同履行过程中若发生了双方都无法控制的情况,如战争、地震等,业主有权提出终止合同。

(7)业主有权提出仲裁。在业主和承包商之间发生合同争议,或承包商未能执行工程师的决定,业主有权提出仲裁。这是业主借助于法律手段保障合同实施的措施。

2.3.2.2　业主的义务

(1)业主应编制双方实施项目的合同协议书。

(2)业主应承担拟订和签订合同的费用,并承担合同规定的设计文件以外的其他设计的费用。

(3)业主应委派工程师管理工程施工。在工程实施过程中,业主通过工程师管理工程,下达指令,行使权力。通常情况下,业主赋予工程师在FIDIC合同中明确规定的,或者由该合同引申的权力。但是,如果业主要限定工程师的权力,或要求工程师在行使某些权力之前,需得到业主的批准,则可在FIDIC专用条件中予以明确。但FIDIC合同是业主和承包商之间的合同,业主必须为工程师的行为承担责任。如果工程师在工程管理中失误,业主必须承担赔偿责任。

(4)业主应批准承包商的履约担保、担保机构及保险条件。在承包商没有足够的保险证明文件的情况下,业主应代为保险(随后可从承包商处扣回该项费用)。

(5)业主应配合承包商办理有关事务。在承包商提交投标文件前,业主有义务向承包商提供有关该工程勘察所得的水文地质资料,并协助承包商进行现场勘察工作。在向承包商授标后,业主应尽力协助承包商办理有关设备和材料等工程所需物品进口的海关手续。

(6)业主应按时提供施工现场。业主可以在施工开始前一次性移交全部施工现场;也允许随着施工进展的实际需要,在合理的时间内分段陆续移交。如果业主没有依据合同约定履行义务,不仅要对承包商因此而受到的损失给予费用补偿和顺延合同工期,而且要由承包商提出新的合理施工进度计划和开工时间。为了明确合同责任,应在合同专用条件内具体规定移交施工现场区域和通行道路的范围,陆续移交的时间、现场和通行道路所应达到的标准等详细条件。

(7)业主应按合同约定时间及时提供施工图纸。虽然通用条件中规定“工程师应在合理的时间内向承包商提供施工图纸”,但图纸大多由业主准备或委托设计单位完成,经工程师审核后发放给承包商。大型工程为了缩短施工周期,初步设计完成后就可以开始施工招标,施工图纸在施工阶段陆续发送给承包商。如果施工图纸不能在合理的时间内提供,就会打乱承包商的施工计划,尤其是施工过程中出现的重大设计变更,在相当长时间内不能提供施工图纸就可能会导致施工中断。因此,业主应妥善处理好提供图纸的组织工作。

(8)业主应按时支付工程款。通用条件规定,首次分期预付款,业主应在中标函发出之日起42天内,或根据履约担保及预付款的规定,在收到相关的文件之日起21天内,两者中较晚时间内支付;工程师在收到承包商的报表和证明文件后28天内,应向业主签发工程进度款支付证书;在工程师收到工程进度款支付报表和证明文件56天内,业主应向承包商支付工程款;收到最终支付证书后,要在56天内支付工程款。如果业主拖延支付工程款,在规定日期内未能支付,承包商有权就未付款额按月计复利收取延误期的利息作为融资费,此项融资费的年利率是以支付货币所在国中央银行的贴现率加上三个百分点计算而得的。

(9)业主应负责移交工程的照管责任。业主根据工程师颁发的工程移交证书,接收按合同规定已基本竣工的任何部分工程或全部工程,并从此承担这些工程的照管责任。

(10)业主应承担有关工程风险。业主对因自己的风险因素造成承包商的损失应负有补偿义务。对其他不能合理预见到的风险导致承包商的实际投入成本增加给予相应补偿。

(11)业主应对自己授权在现场的工作人员的安全负全部责任。

2.3.2.3 承包商的权利

(1)进入现场的权利。

(2)对已完工程有按时得到工程款的权利。

承包商在施工过程中,有权得到经过工程师证明质量合格的已完工程的付款。

(3)有提出工期和费用索赔的权利。

在施工过程中,对于非承包商原因造成的工程费用增加或工期延长,承包商有提出工期和费用索赔的权利,以保护自己的正当利益。

(4)有终止受雇或者暂停工作的权利。在业主有下列情况之一时,承包商有权终止受雇或者暂停工作:①业主在合同规定的应付款时间期满42天之内,未能按工程师批准的付款证书向承包商付款;②业主干涉、阻挠或拒绝工程师颁发付款证书;③业主宣布破产或由于经济混乱而导致业主不具备继续履行其合同义务的能力。

(5)对业主准备撤换的工程师有拒绝的权利。

(6)有提出仲裁的权利。

2.3.2.4 承包商的义务

1.遵守工程所在地的法规、法令

承包商的一切行为都必须遵守工程所在地的法律和法规,不应因自己的任何违反法规的行为而使业主承担责任或罚款。承包商的守法行为包括:按规定缴纳除专用条件中写明可以免交外的所有税金;不得因自己的行为而侵犯专利权;缴纳公共交通设施的使用费及损坏赔偿费;承担施工料场的使用费或赔偿费;采取一切合理措施,遵守环境保护法的有关规定等。

2. 确认签订施工合同的完备性和正确性

承包商是经过现场考察后编制的投标书,并与业主就合同文件的内容协商达成一致后签署的合同协议书,因此承包商必须承认合同的完备性和正确性。也就是说,除合同中另有规定的情况外,合同价格已包括了完成承包任务的全部施工、竣工和修补任何缺陷工作的所需费用。

3. 对工程图纸和设计文件应承担的责任

通用条件规定,设计文件和图纸由工程师单独保管,免费提供给承包商两套复制件。承包商必须将其中的一套保存在施工现场,随时供工程师和其授权的其他监理人员进行施工检查之用。承包商不得将本工程的图纸、技术规范和其他文件,在取得工程师同意前用于其他工程或传播给第三方。对合同明文规定,由承包商设计的部分永久性工程,承包商应将设计文件按质、按量、按期完成,报经工程师批准后用于施工。工程师对承包商设计图纸的批准认可,不能解除承包商应负的施工或图纸设计的任何责任。工程施工达到竣工条件时,只有当承包商将其负责设计那部分永久工程的竣工图及使用和维修手册提交后,经工程师批准,才能认为达到竣工要求。如果承包商负责的设计涉及使用了他人的专利技术,则应与业主和工程师就设计资料的保密和专利权等问题达成协议。

4. 提交进度计划和现金流量估算

承包商在接到工程师的开工通知后在规定时间内应尽快开工。同时,承包商应按照合同及工程师的要求,在规定的时间内,向工程师提交一份详细的施工进度计划,并取得工程师的同意,并提交对其工程施工拟采用的方案及施工总说明;在任何时候,如果工程师认为工程的实际进度不符合已同意的施工进度计划,只要工程师要求,承包商应提交一份经过修改的进度计划。

承包商应每个月向工程师提交月进度报告,此报告应随进度款支付报表的申请一并提交。月进度报告包括的内容应很全面,主要有施工进度的图表和详细说明,照片,工程设备制造、加工进度和其他情况,承包商的人员和设备数量,质量保证文件,材料检验结果,双方索赔通知,安全情况,实际进度与计划进度对比情况等。

此外,承包商应按进度向工程师提交其根据合同规定有权得到的全部将由业主支付的详细现金流量估算;如果工程师以后提出要求,承包商还应提交经过修正的现金流量估算。

5. 任命项目经理

承包商应任命一名合格的并被授权的代表全面负责工程的施工,此代表须经工程师批准,代表承包商接受工程师的各项指示。如果由于该代表不胜任、渎职等原因,工程师有权要求承包商将其撤回,并且以后不能再在此项目工作,而另外再派一名经工程师批准的代表。

6. 放线

承包商根据工程师给定的原始基准点、基准线、参考标高等，对工程进行准确的放线。尽管工程师要检查承包商的放线工作，但承包商仍然要对放线的正确性负责。除非是由于工程师提供了错误的原始数据，否则，承包商应对由于放线错误引起的一切差错自费纠正。

7. 对工程质量负责

承包商应按照合同建立一套质量保证体系，在每一项工程的设计和施工实施阶段开始之前，均应将所有程序的细节和执行文件提交工程师。工程师有权审查该质量保证体系的各个方面，但这并不能解除承包商在合同中的任何职责、义务和责任。这对承包商的施工质量管理提出了更高的要求，同时也便于工程师检查工作和保证工程质量。

承包商应按照合同的各项规定，以应有的精力和努力对承包范围的工程进行设计和施工。对合同中规定的由承包商提供的一切材料、工程设备和工艺，都应符合合同规定的质量要求。对不符合合同规定而被工程师拒收的材料和工程设备，承包商应立即纠正缺陷，并保证使它们符合合同规定。如果工程师要求，应对它们进行复检，其费用由承包商负责。承包商应执行工程师的指令，更换不符合合同规定的任何材料和工程设备，拆除不符合合同规定的工程，并按原设计要求重新施工。

缺陷责任期满之前，承包商负有施工、竣工及修补任何所发现缺陷的全部责任。施工过程中，工程师对施工质量的认可，以及"工程接收证书"的颁发，都不能解除承包商对施工质量应承担的责任。只有工程圆满地通过了试运转的考验，工程师颁发了"履约证书"，才是对施工质量的最终确认。

8. 必须执行工程师发布的各项指令并为工程师的各种检验提供条件

工程师有权就涉及合同工程的任何事项发布有关指令，包括合同内未予说明的内容。对工程师发布的无论是书面指令或是口头指令，承包商都必须遵照执行。不过，对于口头指令，承包商应在发布后的2天内以书面形式要求予以确认。如果工程师在接到请求确认函后的2天内未做出书面答复，则可以认为这一口头指示是工程师的一项书面指令，承包商的请求确认函将作为变更工程结算的依据，成为合同文件的一个组成部分。若工程师的书面答复指出，口头指示的原因属于承包商应承担的责任，则承包商就不能获得额外支付。

承包商应为工程师及任何授权人进入现场和为工程制造、装配及准备材料或工程设备的车间和场所提供便利。同时，对承包商提供的一切材料、工程设备和工艺，承包商必须为工程师指令的各种检查、测量和检验提供通常需要的协助、劳务、燃料、仪器等条件，并在用于工程前，按工程师要求提交有关材料样品，以供检验。

9. 承担其责任范围内的相关费用

承包商负责工程所用的或与工程有关的任何承包商的设备、材料或工程设备侵犯专利或其他权利而引起的一切索赔和诉讼；承担工厂用建筑材料和其他各种材料的一切吨位费、矿区使用费、租金及其他费用。承包商承担取得进出现场所需专用或临时道路通行权的一切费用和开支，自费提供其所需的供工程施工使用的位于现场以外的附加设施。

10. 按期完成施工任务

承包商必须按照合同约定的工期完成施工任务。若因承包商原因延误竣工日期的，将依据合同内约定的日延期赔偿额乘延误天数后承担违约赔偿责任。但当延误天数较多时，以合同约定的最高赔偿限额为赔偿业主延迟发挥工程效益的最高款项。提前竣工的，承包商是否得到奖励，要看合同内对此是否有约定。

11. 负责对材料、设备等的照管工作

从工程开始到颁发工程的接收证书为止，承包商对工程及材料和待安装的工程设备的照管负完全责任。在此期间，如果发生任何损失或损坏，除属于业主的风险情况外，应由承包商承担责任。

12. 对施工现场的安全、卫生负责

承包商应高度重视施工安全，做到文明施工。要使现场的施工井然有序，保障已完成工程不受损害，而且应自费采取一切合理的安全措施，保证施工人员和所有有权进入现场人员的生命安全，如按工程师或有关当局要求，自费提供防护围栏、警告信号和警卫人员，以及采取一切适当措施保护环境，限制由其施工作业引起的污染、噪声和其他后果对公众和财产造成的损害妨害，确保排污量、噪声不超过规范和法律规定的标准。

同时，承包商应对工程和设备进行保险，应办理第三方保险，办理施工人员事故保险，并应在开工前提供保险证据。此外，在施工期间，承包商还应保持现场整洁。在颁发任何接收证书时，承包商应对该接收证书所涉及的那部分现场进行清理，达到工程师满意的使用状态。

13. 为其他承包商提供方便

一个综合性大型工程，经常会有几个独立承包商同时在现场施工。为了保证工程项目整体计划的实现，通用条件规定每个承包商都应给其他承包商提供合理的方便条件。为了使各承包商在编制标书时能够恰当地计划自己的工作，每个独立合同的招标文件中均给出了同时在现场进行施工活动的有关信息。通常的做法是在某一合同的招标文件中规定为其他承包商提供必要施工方便的条件和服务责任，让承包商将这些费用考虑在报价之内。如果各招标文件中均未对此做出规定，而施工过程中有出现需要某一承包商为另一承包商提供服务时，工程师可向提供服务方发出书面指示，待其执行后批准一笔追加费用，计入到该合同的承包价格中去。但对两个承包商之间通过私下协商而提供的方便服务，则不属于该条款所约定的承包商应尽义务。

14. 及时通知工程师在工程现场发现的意外事件并做出响应

在工程现场挖掘出来的所有化石、硬币、有价值的物品或文物，属于业主的绝对财产。承包商应采取措施防止其工人或者其他任何人员移动或损坏这些物品，承包商必须立即通知工程师，并按工程师的指示进行保护。由于执行此类指令造成承包商工期延长和费用增加，承包商有权提出索赔要求。

2.3.2.5 工程师的权力和职责

工程师是受业主委托，负责合同履行的协调管理和监督施工的独立的第三方。FIDIC《施工合同条件》的一个突出特点，就是在众多的条款中赋予了不属于合同签约当事人的工程师在合同管理方面的充分权力。工程师可以行使合同内规定的所有权力，也可以行使合同引申的权力。不仅承包商要严格遵守并执行工程师指令,而且工程师的决定对业主也同样具有约束力。

1.工程师的任务和权力

工程师的任务和权力如下:

(1)工程师无权修改合同。

(2)工程师可以行使合同中规定的或必然隐含的应属于工程师的权力。如果要求工程师在行使规定的权力前必须取得业主的批准,这些要求应在专用条件中写明。

(3)除得到承包商的同意外,业主承诺不对工程师的权力做进一步的限制。但是,每当工程师行使需由业主批准的规定权力时,则应视为业主已予批准,除非合同条件中另有说明。①每当工程师履行或行使合同规定或隐含的任务或权力时,应视为代表业主执行;②工程师无权解除任一方根据合同规定的任何任务、义务或职责;③工程师的任何批准、校核、证明、同意、检查、检验、指示、通知、建议、要求、试验或类似行动,不应解除合同规定的承包商的任何职责,包括错误、遗漏、误差和未遵照办理的职责。

(4)工程师在工程管理中具体的权力:①质量管理方面,主要表现在对运抵施工现场的材料、设备质量的检查和检验,对承包商施工过程中的工艺操作进行监督,对已完成工程部位质量的确认或拒收,发布指令要求对不合格工程部位采取补救措施;②进度管理方面,主要表现在审查批准承包商的施工进度计划,指示承包商修改施工进度计划,发布开工令、暂停施工令、复工令和赶工令;③费用管理方面,主要表现在确定变更工程的估价,批准使用暂定金额和计日工,签发各种给承包商的付款证书;④合同管理方面,主要表现在解释合同文件中的矛盾和歧义,批准分包工程,发布工程变更指令,签发"工程接收证书"和"履约证书",审核承包商的索赔,行使合同引申的必然权力。

2.工程师代表或助手

业主应任命工程师,工程师应履行合同中指派给他的任务。工程师的助手应包括具有资质的工程师和能承担这些任务的其他专业人员。工程师有时可以向其助手指派任务和托付权力,也可以撤销这种指派或托付。这些助手可以包括驻地工程师、被任命为检查和试验各项工程设备或材料的独立检查员。以上指派、托付或撤销应用书面形式,在双方收到抄件后才生效。但是,除非另经双方同意,工程师一般不得将应由其本人确定的任何事项的权力托付给他人。

助手应是具有适当资质、能履行这些任务、行使此项权力、遵守法律、流利地使用合同条款中规定的语言进行交流的人员。

已被指派任务或托付权力的每个助手,只能在授权托付规定的范围内对承包商发出指示。由助手按照托付做出的任何批准、校核、证明、同意、检查、检验、指示、通知、建议、要求、试验或类似行动,应具有工程师做出行动的同样效力。如承包商对助手的确定或指示提出质疑,承包商可将此事提交工程师,工程师应及时对该确定或指示进行确认、取消或改变。

3.工程师的指示

工程师可随时按照合同规定向承包商发出指示和实施工程及修补缺陷可能需要的附加说明或修正图纸。承包商必须接受工程师或根据合同条款托付适当权力的助手的指示。

承包商应执行工程师或托付助手对合同有关的任何事物发出的指示。这些指示一般应采用书面形式。如果工程师或托付助手给出口头指示,承包商或其代表应在2个工作日内向工程师发出指示的书面内容,并要求对指示进行书面确认。工程师在收到书面确认后2个工作日内,如果未发出书面拒绝或未对指示进行答复,这时该确认应成为工程师或托付助手的书面指示。

4. 工程师的替换

如果业主拟替换工程师,业主应在拟替换日期42天前通知承包商,告知拟替换工程师的名称、地址和有关经验。如果承包商向业主提出所替换工程师不适合该工程的合理理由,并附有详细依据,业主就不应用该人替换工程师。

2.3.2.6 FIDIC《施工合同条件》中的其他主要条款

1. 合同的转让和分包

1) 合同的转让

合同的转让是指承包商在中标签约后,将其所签合同中的权利和义务转让给第三者。由于合同转让可能招致不合格的承包商,所以合同条件中规定,没有取得业主的事先书面同意,承包商不得自行将合同或合同的任何部分,包括合同中的任何权益或利益转让给他人,否则可视为承包商违约,业主有权和他解除合同关系。

2) 合同的分包

由于一般工程施工涉及工种繁多,有些工种的专业性很强,单靠承包商自身的力量难以胜任,所以在合同事实中,承包商需要将一部分工作分包给某些分包商,但是这种分包必须经过批准;如果在订立合同时已列入分包项目,则意味着业主已经批准:如果在工程开工后再用分包商,则必须经过工程师事先同意。承包商不得将整个工程或工程的主要部分分包出去。承包商应对任何分包商的行为或违约负责,除非专用条款中另有规定。

2. 工程的开工、延期、暂停及赶工

1) 工程的开工

承包商应在合同约定的日期或接到中标函后的42天内开工。工程师应至少提前7天通知承包商开工日期,而承包商收到此开工通知规定的日期即为开工日期,竣工时间是从开工日期算起。承包商应在合理可能的情况下尽快开工。

2) 工程的延期

如果由于业主方面的原因未能按承包商的施工进度表的要求做好征地、拆迁工作,未能及时提供施工现场及有关通道,导致承包商延误工期或增加开支,则工程师应及时与业主和承包商商量后,给予承包商延长工期并补偿由此引起的开支。

如果由于下列原因,承包商有权得到延长工期:①额外的或附加的工作的数量或性质;②合同中提到的导致工期延误的原因;③异常恶劣的气候条件;④由业主造成的任何延误、干扰或阻碍;⑤非承包商方面的过失或违约引起的延误;⑥由于传染病或其他政府行为导致人员或货物的不可预见的短缺。

承包商必须在上述导致延期的事件开始发生后28天内将要求延期的报告送给工程师(副本送业主),并在上述通知后42天内或工程师可能同意的其他合理期限内,向工程师提交要求延期的详细申请,以便工程师进行调查,否则,工程师可以不受理这一要求。

在收到承包商的索赔详细报告之后42天内,工程师应对承包商的索赔表示批准或不批准,不批准时要给予详细的评价,并可能要求进一步的详细报告。

3)工程的暂停

在工程施工过程中,由于各种因素影响,工程可能会出现暂时的中断。在这种情况下,承包商应按工程师认为必要的时间和方式暂停工程施工或其他任何部分的进展,并在此期间负责保护、保管及保障该部分工程施工或全部工程免遭任何损失、损蚀及损害。此时,工程师应在与业主和承包商协商后,决定给予承包商延长工期的权利和增加由于停工导致的额外费用。

如暂时停工属于下列情况,则不给予补偿:在合同中有规定;由于承包商违约行为或应由承包商承担风险事件影响必要的停工;由于现场不利的气候原因导致的必要停工;为了工程的合理施工或安全原因(不包括业主或工程师的过失导致的暂停、业主风险发生后导致的暂停)的必要停工。

如果按工程师书面指令暂时停工持续84天以上,工程师仍未通知复工,则承包商可向工程师发函,要求在28天内准许复工。如果复工要求未能获准,当暂时停工仅影响工程的局部时,承包商可通知工程师把这部分暂停工程视作删减工程;当暂时停工影响到整个工程进度时,承包商可视该事件属业主违约,并要求按业主违约处理。

4)工程的赶工

工程师认为整个工程或部分工程的施工进度滞后于合同内竣工要求的时间时,可以下达赶工指示。承包商应立即采取经工程师同意的必要措施加快施工进度。发生这种情况时,也要根据赶工指令发布的原因,决定承包商的赶工措施是否应给予补偿。在承包商没有合理理由延长工期的情况下,他不仅无权要求补偿赶工费用,而且在他的赶工措施中若包括有夜间或当地公认的休息日加班时,还应承担工程师增加附加工作所需补偿的监理费用。虽然这笔费用按责任划分应由承包商负担,但不能由他直接支付给工程师,而应由业主支付后从承包商的工程款内扣回。

3.工程的计量与支付

工程的计量与支付条款是FIDIC合同条件的核心条款。FIDIC《施工合同条件》规定的支付结算和程序包括预付款、每个月末支付工程进度款、竣工移交时办理竣工结算、解除缺陷责任后进行最终决算四大类。支付结算过程中涉及的费用又可分为两大类:一类是工程量清单中列明的费用;另一类属于工程量清单内未注明,但条款中有明确规定的费用,如变更工程款、物价浮动调整款、预付款、保留金、逾期付款利息、索赔款、违约赔偿款等。

1)工程计量

FIDIC合同是单价合同,工程款的支付是根据承包商实际完成的工程量计算的。因此,工程计量显得格外重要。除非合同中另有规定,否则,工程量均应计算净值。工程量表中列出的工程量都是在图纸和规范的基础上估算出来的,工程实施后,实际完成的工程量要通过测量来核实并以此作为支付依据。工程师测量时应通知承包商一方派人参加。如承包商未能派人参加测量,即应承认工程师或由他批准的测量数据是正确的。有时,也可以在工程师的监督和管理下,由承包商进行测量,工程师审核签字确认。在对永久工程进行测量时,工程师应在工作过程中准备好所需的记录和图纸,承包商应在接到参加该项工作的书面通知后14天内对这些记录和图纸进行审查并确认。若承包商未参加,则这些记录和图纸被认为是正确的。若承包商不同意这些记录和图纸,应及时向工程师提出申诉,由工程师进行复查、修改或确认。对于工程量表中的包干项目,工程师可要求承包商在接到中标函后28天内将投标文件中的每一包干项目进行详细分解,提交给工程师一份包干项目分解表,以便在合同执行过程中按照该分解表的内容逐月付款。该分解表应得到工程师的批准。

2)保留金

保留金是按合同约定从承包商所得工程款中扣减相应的一笔金额保留在业主手中,作为约束承包商严格履行合同义务的措施之一。保留金的扣留从首次支付工程进度款开始,用该月承包商有权获得的所有款项中减去调价款后的金额,乘合同约定保留金的百分比(通常为10%)作为本次支付时应扣留的保留金,逐月累计扣到合同约定的保留金最高限额为止(通常为工程款的5%)。

保留金的返还从颁发"工程接收证书"开始。颁发"工程接收证书"后,退还承包商一半保留金。颁发"履约证书后",退还剩余的全部保留金。

3)预付款

FIDIC土木工程施工合同条件中,将预付款分为动员预付款和预付材料款两部分。动员预付款是业主为了解决承包商进行施工时的资金短缺,从未来的工程款中提前支付的一笔款项。动员预付款的数额由承包商在投标书内确认,一般为合同价的10%~15%。同时,为了帮助承包商解决订购大宗主要材料和设备的资金周转,订购物资运抵施工现场经工程师确认合格后,按发票价值乘合同约定的百分比(60%~90%)作为预付材料款,包括在当月应支付的工程进度款内。

预付材料款的扣还方式通常在FIDIC专用条件中约定,具体规定在约定的后续月内(一般为3个月)每月按平均值扣还或从已计量支付的工程量内扣除其中的材料费等,直至扣完。

4)计日工费

计日工费是指承包商在工程量清单的附件中,按工种或设备填报单价的日工劳务费和机械台班费,一般用于工程量清单中没有合适项目,且不能安排大批量的流水施工的零星附加工作。只有当工程师根据施工进展的实际情况,指示承包商实施以日计价的工作时,承包商才有权获得用工计价的付款。

5)合同价格的调整

长期合同计价调价条款中,每次支付工程进度款均应按合同约定的方法计算价格调整费用。如果工程施工因承包商责任延误工期,则在合同约定的全部工程应竣工日后的施工期间内,不再考虑价格调整,各项指数采用应竣工日当月所采用值;对于不属于承包商责任的施工延期,在工程师批准的展延期限内仍应考虑价格调整。

6)暂定金额

FIDIC合同条件中暂定金额是指包括在合同中并在工程量表中以该名称标明,供工程任何不可预见事件施工的一项金额。该金额按照工程师的指示可能全部或部分地使用,或根本不予动用。

7)支付工程进度款

(1)承包商报表并提出支付申请。进度付款,也称中间支付,应根据已完工作的单价按月进行支付。每个月的月末,承包商应按工程师规定的格式提交一式六份的本月支付报表,每份均由承包商代表签字,内容包括以下几个方面:截至当月末已实施的工程及承包商的文件的估算合同价值;根据法规及费用变化引起的调整价款,由于立法和费用变化应增加或减扣的任何款项;应扣减的保留金;根据预付款条款,为预付款的支付和偿还应增加或减扣的款项;为永久设备和材料应增加或减扣的款项;本月实施的永久工程的价值;对所有以前的支付证书中证明的款额的扣减;按合同或其他规定应付的其他任何增加或减扣的款项。

(2)工程师审核与签证。工程师接到报表后,要审查款项内容的合理性和计算的正确性。在承包商本月应得款的基础上,再扣除保留金、动员预付款,以及所有承包商责任而应扣减的款项后,据此签发中期支付的临时支付凭证。如果本月承包商应获得的支付金额小于投标书附件中规定的中期支付最小金额,工程师可不签发本月进度款的支付凭证,这笔进度款将接转下月一并支付。工程师的审查和签证工作,应在收到承包商报表后28天内完成。工程进度款的支付凭证属于临时支付凭证,工程师有权对以前签发过的证书进行修改。若对某项工作的完成情况不满意,也可在后续证书内删去或减少这项工作的价值。

(3)业主的支付。承包商的报表经过工程师认可并签发工程进度款的支付证书后,业主应在接到证书的28天内给承包商付款。如果逾期支付,将按投标书附件约定的利率计算延期付款利息。

8)竣工结算

在收到"工程接收证书"后的84天内,成本核算应按工程师规定格式报送报表。报表内容主要包括:截止到"工程接收证书"中指明的竣工日期,根据合同完成全部工作的最终价值;承包商认为应该获得的其他款项,如要求的索赔款、应退还的部分保留金等;承包商认为根据合同应支付给他的估算总额。

工程师在接到竣工报表后,应对照竣工图详细核算工程量,对其他支付要求进行审查,然后根据检查结果签署竣工结算的支付凭证。此项签证工作,工程师也应在收到竣工报表后28天内完成。业主依据工程师的签证予以支付。

4.质量检查及工程照管

施工中,对于所有的材料,永久工程的设备和施工工艺均应符合合同要求及工程师的指示。承包商应随时按照工程师的要求在施工现场及为工程加工制造设备的所有场所为其质量检查提供方便。

对施工现场一般施工工序的常规检查,由现场值班的工程师代表或工程师助手进行,不需事先约定。但对于某些专项检查,工程师应在24小时前将参加检查和检验的计划通知承包商,若工程师或其授权代表未能按时前往(除非事先通知承包商外),承包商可以自己进行检查和验收,工程师应确认此次检查和验收的结果。如果工程师或其授权的代表经过检查认为质量不合格,承包商应及时补救,直到下一次验收合格。

对于隐蔽工程、基础工程和工程的任何部位,在工程师检查验收前,均不得覆盖。

工程师有权指示承包商从现场运走不合格的材料或工程设备,同时,应以合格的产品代替。

工程质量检查和检验的费用,根据情况分别由业主或承包商负担,下面分别予以说明:

(1)在下列情况下,检查和验收的费用由业主支付:工程师要求检验的项目是合同中没有规定的,检验结果合格时的费用;工程师要求进行的检验虽然合同中有说明,但是检验地点在现场以外或在材料、设备的制造、装配或准备地点以外,检验结果合格时的全部费用;工程师要求对工程的任何部位进行剥露或开孔以检查工程质量,该部位经检验合格时,剥露、开孔及还原的费用。

(2)在下列情况下,检查和验收的费用由承包商支付:合同中明确规定的;合同中有详细说明允许承包商可以在投标文件中报价的;由于第一次检验不合格而需要重复检验所导致的业主开支的费用;工程师要求对工程的任何部位进行剥露或开孔以检查工程质量,该部位经检验不合格时所有有关的费用;承包商在规定时间内不执行工程师的指示或违约情况下,业主雇用其他人员来完成此项任务时的有关费用;工程师要求检验的项目;在合同中没有规定或合同中虽有规定,但检验地点在现场以外或在材料、设备的制造、装配或准备地点以外,检验结果不合格时的全部费用。

从开工之日起到颁发"工程接收证书"之日止,承包商负有照管工程的责任。缺陷通知期内,业主对移交工程承担照管责任。

5. 工程的接收证书与履约证书

1)工程的接收证书

当全部工程基本完工并圆满通过合同规定的竣工检验时,承包商在他认为可以完成移交工作前14天,可将此结果通知工程师及业主,将此通知书同时附上一份对在缺陷通知期内以应有的速度及时地完成任何未完工作而做出的书面保证,作为要求工程师颁发"工程接收证书"的申请。

工程师接到承包商的申请后的28天内,如果认为已满足竣工条件,即可颁发"工程接收证书";若不满意,则书面通知承包商,指出还需要完成哪些工作后才达到基本竣工条件。承包商按指示完成相应工作并被工程师认可后,不需再次申请颁发证书,工程师应在指示工作最后一项完成的28天内主动颁发证书。"工程接收证书"应说明以下主要内容:确认工程已基本竣工;注明达到基本竣工的具体日期;详细列出按照合同规定承包商在缺陷通知期内还需完成工作的项目一览表。

2)工程的履约证书

缺陷通知期,是指正式颁发的"工程接收证书"中注明的缺陷通知期开始日期后的一段时间。缺陷通知期时间长短应在投标文件附件中注明,一般为一年(根据工程情况也有更长时间)。在缺陷通知期内,承包商除应继续完成在"工程接收证书"上写明的扫尾工作外,还应对工程由于施工原因所产生的各种缺陷负责维修。

缺陷通知期内工程圆满地通过运行考验,工程师应在期满后的28天内,向承包商颁发"履约证书",并将副本送给业主。"履约证书"是承包商已按合同规定完成全部施工义务的证明。因此,该证书颁发后工程师就无权再指示承包商进行该工程项目的任何施工工作,承包商即可办理最终结算手续。业主应在证书颁发后的21天内,退还承包商的履约担保。

6. 变更与索赔

1)变更

工程变更是指施工过程中出现了与签订合同时的预计条件不一致的情况,而需要改变原定施工承包范围内的某些工作内容。工程师可以通过发布指示或要求承包商提交建议书的方式提出工程变更。工程变更不同于合同变更,对合同条件约定的业主和承包商的权利、义务没有改动,只是对施工方法、内容作局部变更,属于正常的合同管理。

变更指令一般由工程师以书面形式发出。如果是口头指示,承包商也应遵照执行,但在规定时限内,工程师应尽快以书面形式确认。

承包商按照工程师的变更指令实施变更工作后,往往会涉及变更工程的价款结算问题。工程师在发出变更指令之前或发布后的14天内,可以要求承包商提出变更工程的取费标准和变更项目价格,或将自己确定的费率和估价额通知承包商,以此作为双方协商变更工程价格的基础。

2)索赔

索赔就是索取赔偿或补偿,即在经济合同履行过程中,如果任何一方没有按照合同或法律的规定履行合同,他就违反了合同和法律,构成违法行为,对这种违法行为给另一方所造成的损失,违约方当然应根据合同和法律的规定,给另一方以赔偿或补偿。索赔对合同双方都是正当合法的权利要求。由此可见,施工索赔是双方面的,索赔既包括承包商向业主的索赔,也包括业主向承包商的索赔。但常见的、有代表性的、处理和解决比较困难的,是承包商向业主的索赔。

7. 争端的解决

争端的解决有许多方法,如谈判、调解、仲裁或诉讼等。在工程承包合同中,应该规定争端的解决办法,一般均是双方协商解决或通过工程师调解,不能解决时再诉诸仲裁。

合同中应对仲裁地点、机构、程序和仲裁裁决效力等方面都做出具体明确的规定。

8. 风险

业主和承包商都应研究和分析工程项目风险的来源及风险的偶然性与必然性,对具体的工程项目来说,对明示和潜在的风险进行调查、分析研究和评价,特别是潜在的工程风险,更应注意去发现和分析,然后从合同条款中明确风险责任的分担。

合同履行过程中可能发生的某些风险是业主和承包商在招标投标时无法合理预见的,就业主而言,不应要求承包商在其报价中计入这些不可合理预见风险的损害补偿费,以取得有竞争性的合理报价。合同履行过程中发生此类风险事件后,根据合同条款中风险责任分担的具体要求,如果合同规定,该风险由业主承担,业主应按承包商受到影响的实际情况给予补偿或进行风险转移;如果该风险由承包商承担,那么承包商应自费承担工程项目维修的全部费用或进行风险转移。

复习思考题

1. 简述建设工程合同的种类及特征。

2. 建设工程合同中主要包括哪些合同关系?

3. 建设工程合同管理有哪些主要内容?

4. 简述 FIDIC 合同文件解释和执行的优先顺序。

5. 什么是合同的转让和分包?

6. 承包商在哪些情况下有权要求延长工期?

7. 延误工期后承包商应做哪些工作?

8. FIDIC 合同条件对工程量的计量有哪些规定?

9. 简述支付工程进度款的程序。

10. 在何种情况下,检查和检验的费用由承包商或业主支付?

11. 缺陷责任期需要做哪些工作?

12. 简述索赔处理程序。

13. 简述《示范文本》的组成。

14. 建设工程施工合同中通用条款与专用条款的区别是什么? 请举例说明它们之间的关系。

模块3　工程建设项目的进度控制

课题3.1　进度控制的作用和任务

3.1.1　进度控制的概念

建设工程进度控制是指对工程项目建设各阶段的工作内容、工作程序、持续时间和衔接关系根据进度总目标及资源配置的原则编制计划并付诸实施，然后在进度计划的实施过程中经常检查实际进度是否按计划进度要求进行，对出现的偏差情况进行分析，采取补救措施或调整、修改原计划后再付诸实施，如此循环，直到建设工程竣工验收交付使用。建设工程进度控制的最终目的是确保建设项目按预定的时间动用或提前交付使用，建设工程进度控制的总目标是建设工期。而进度控制目标能否实现，主要取决于处在关键线路上的工程内容能否按预定的时间完成。当然，同时要防止非关键线路上的工作延误而成为关键线路的情况。保证工程项目按期建成交付使用，是建设工程施工阶段进度控制的最终目的。为了有效地控制施工进度，首先要将施工进度总目标从不同角度进行层层分解，形成施工进度控制目标体系，从而作为实施进度控制的依据。

建设工程施工进度控制目标体系是指各单位工程交工动用的分目标及按承包单位、施工阶段和不同计划期划分的分目标；各目标之间相互联系，共同构成建设工程施工进度控制目标体系。其中，下级目标受上级目标的制约，下级目标保证上级目标，最终保证施工进度总目标的实现。为了提高进度计划的预见性和进度控制的主动性，在确定施工进度控制目标时，必须全面细致地分析与建设工程进度有关的各种有利因素和不利因素。确定施工进度控制目标的主要依据有：建设工程总进度目标对施工工期的要求，工期定额、类似工程项目的实际进度，工程难易程度和工程条件的落实情况等。

在确定施工进度分解目标时，还要考虑以下各个方面：

(1)对于大型建设工程项目，应根据尽早提供可动用单元的原则，集中力量分期分批建设，以便尽早投入使用，尽快发挥投资效益。

(2)合理安排土建与设备的综合施工。

(3)结合本工程的特点，参考同类建设工程的经验来确定施工进度目标。

(4)做好资金供应能力、施工力量配备、物资(材料、构配件、设备)供应能力与施工进度的平衡工作，确保工程进度目标的要求而不使其落空。

(5)考虑外部协作条件的配合情况。

(6)考虑工程项目所在地区地形、地质、水文、气象等方面的限制条件。

总之，要想对工程项目的施工进度实施控制，就必须有明确、合理的进度目标(进度总目标和进度分目标)，否则，控制便失去了意义。

3.1.2　建设工程进度控制的依据

监理单位只有监督合同双方履行合同的职责,没有修改合同的权力。因此,监理工程师严格按合同的有关规定执行监理工作任务。对合同工期控制应遵循以下原则:

(1)以合同工期为准,严格执行合同。

(2)只有发生超常规的自然条件(暴雨、洪水、地震……)或因业主方未能按合同规定提供必要的条件(设计图纸、施工场地、移民搬迁、水源、电源及业主方提供的主要建筑材料)时,监理将根据施工单位申报的调整工期意见,实事求是地核实影响范围、程度和时间,提出初审意见,报业主方审定。

(3)由于施工单位的施工力量投入不足或管理不力,造成工期延误,除要求施工单位及时加大投入或改善管理,以提高施工强度为业主挽回工期外,对延误工期部分将根据合同有关规定提出具体处理意见,报业主方审定。

(4)一个合同中有分阶段交付使用要求的,按分阶段控制,将阶段工期同总工期衔接起来,以保证阶段工期和总工期的实现,并及时做好阶段初检工作。

3.1.3　建设工程进度控制的任务和作用

(1)在设计准备阶段进度控制的任务是:收集有关工期的信息,进行工期目标和进度控制决策;编制工程项目建设总进度计划;编制设计准备阶段详细工作计划,并控制其执行;进行环境及施工现场条件的调查和分析。

(2)设计阶段进度控制的任务是:编制设计阶段工作计划,并控制其执行;编制详细的出图计划,并控制其执行。

(3)施工阶段进度控制的任务是:编制施工总进度计划,并控制其执行;编制单位工程施工进度计划,并控制其执行;编制工程年、季、月实施计划,并控制其执行。

为了有效地控制建设工程进度,监理工程师要在设计准备阶段向建设单位提供有关工期的信息,协助建设单位确定工期总目标,并进行环境及施工现场条件的调查和分析。在设计阶段和施工阶段,监理工程师不仅要审查设计单位和施工单位提交的进度计划,更要编制监理进度计划,以确保进度控制目标的实现。

3.1.4　建设工程进度控制措施

在施工招标投标时确定中标单位并签订施工承发包合同后,按承发包合同规定的施工期为监理进度控制目标。如果业主要求提前完工或承包商承诺提前竣工,则监理机构将全力支持、配合、协调、监督施工单位采取一定的组织、技术、经济、合同措施力保按期完工。

3.1.4.1　组织措施

进度控制的组织措施主要包括:建立进度控制目标体系,明确建设工程现场监理组织机构中进度控制人员及其职责分工;建立工程进度报告制度及进度信息沟通网络;建立进度计划审核制度和进度计划实施中的检查分析制度;建立进度协调会议制度,包括协调会议举行的时间、地点,协调会议的参加人员等;建立图纸审查、工程变更和设计变更管理制度。

在监理工作中,监理单位召集现场各参建单位参加现场进度协调会议,监理单位协调承包单位不能解决的内外关系。因此,在会议之前监理要收集相关的进度控制资料,如承包商的人员投入情况、机械投入情况、材料进场和验收情况、现场操作方法和施工措施环境情况。这些都将是监理组织进度专题会议的基础资料之一。通过这些事实,监理才能对承包商的施工进度有一个真切的结论,除指出承包商进度落后这一结论和要求承包商进行改正的监理意思外,监理还能建设性地对如何改正提出自己的看法,对承包商将要采取的措施得力与否进行科学的评价。有时,监理单位可以组织现场专题会议,现场专题会议一般由现场的项目经理、副经理、相关管理人员、各专业工种负责人、业主代表和监理人员参加,由项目总监理工程师主持,会议有记录,会后编制会议纪要。当实际进度与计划进度出现差异时,在分析原因的基础上要求施工单位采取以下组织措施:增加作业队伍、工作人数、工作班次,开内部进度协调会等;必要时同步采取其他配套措施:改善外部配合条件、劳动条件,实施强有力的调度等。督促承包商调整相应的施工计划、材料设备供应计划、资金供应计划等,在新的条件下组织新的协调和平衡。

3.1.4.2 技术措施

进度控制的技术措施主要包括:审查承包商提交的进度计划,使承包商能在合理的状态下施工;编制进度控制工作细则,指导监理人员实施进度控制;采用网络计划技术及其他科学适用的计划方法,并结合电子计算机的应用,对建设工程进度实施动态控制。

进度控制很大程度上是基于对承包商的前期工作、期间工作及期后工作信息的收集和分析。作为监理工程师,应该具备对承包商现场状态的洞察能力,进度控制的内容也无非是对承包商的资源投入状态、资源过程利用状态及资源使用后与目标值的比较状态三个方面内容的控制。对这三方面的控制就是监理对进度要素的控制。监理进度控制的方法即对这些要素具体的综合运用。工程开工时,监理机构指令施工单位及时上报项目实施总进度计划及网络图。总监理工程师审核施工单位提交的总进度计划是否满足合同总工期控制目标的要求,进行进度目标的分解和确定关键线路与节点的进度控制目标,制订监理进度控制计划。为了做好工期的预控,即施工进度的事前控制,监理主要按照《建设工程监理规范》的要求,审批承包单位报送的施工总进度计划;审批承包单位编制的年、季、月度施工进度计划;专业监理工程师对进度计划实施情况检查、分析;当实际进度符合计划进度时,要求承包单位编制下一期进度计划;当实际进度滞后于计划进度时,专业监理工程师书面通知承包单位采取纠偏措施并监督实施技术措施,如缩短工艺时间、减少技术间歇、实行平行流水立体交叉作业等。

3.1.4.3 经济措施

进度控制的经济措施主要包括:及时办理工程预付款及工程进度款支付手续;对应急赶工给予优厚的赶工费用;对工期提前给予奖励;对工程延误收取误期损失赔偿金;加强索赔管理,公正地处理索赔。

监理工程师应认真分析合同中经济条款内容。监理工程师在控制过程中,可以与承包商进行多方面、多层次的交流。经济支付是杠杆,也将是不可缺少的方式之一,而且是最重要的进度控制手段。在进度控制过程中,从对进度有利的前提出发,监理工程师也可以促使甲、乙双方对合同的约定进行合理的变更。

3.1.4.4　合同措施

进度控制的合同措施主要包括:推行 CM 承发包模式,对建设工程实行分段设计、分段发包和分段施工;加强合同管理,协调合同工期与进度计划之间的关系,保证合同中进度目标的实现;严格控制合同变更,对各方提出的工程变更和设计变更,监理工程师应严格审查后再补入合同文件中;加强风险管理,在合同中应充分考虑风险因素及其对进度的影响,以及相应的处理方法。

运用合同措施是控制工程进度最理性的手段,全面实际地履行合同是承包商的法律义务。当建设单位要求暂时停工,且工程需要暂停施工;或者为了保证工程质量而需要进行停工处理;或者施工出现了安全隐患,总监理工程师认为有必要停工以消除隐患;或者发生了必须暂时停止施工的紧急事件;或者承包单位未经许可擅自施工,或拒绝项目监理机构管理时,总监理工程师按照《建设工程监理规范》的规定,有权签发《工程暂时停工指令》。这往往发生在赶工时重进度轻质量状况下,监理要采取强制干预措施,控制施工节奏。

总之,在工程进度管理中,建设单位起主导作用,施工单位起中心作用,监理单位起重要作用;只有三者有机结合,再加上其他单位的大力配合,才能使工程顺利进行,按期竣工。

课题 3.2　影响工程进度控制的主要因素

影响工程进度的因素很多,在工程建设过程中,常见的影响因素有业主因素、勘察设计因素、施工技术因素、自然环境因素、组织管理因素、社会环境因素、材料因素、设备因素、资金因素等。根据来源划分,归纳起来有以下几个方面的原因。

(1)建设单位原因:业主使用要求改变而进行设计变更;资金投入不足,并不能及时到位;图纸未及时到位;建设单位供应材料设备未及时送到施工现场;应确定事项未及时确定;场地拆迁不彻底等。

(2)承建单位原因:承建单位(包括总承包单位、各专业分承包单位、材料供应单位、设备制造安装单位)人力、技术力量投入不足;施工方案欠佳;出现施工质量问题需处理;所采用工程材料、产品质量差需要整改;工程材料不足,供应不及时;资金调用失控,出现资金短缺现象。

(3)设计单位原因:未及时向业主提交满足进度计划的设计文件,现场施工与设计图纸有矛盾需修改,现场发现配套专业设计与土建有矛盾,变更设计较多。

(4)不利自然条件:发生了不可抗力,如台风、暴雨、非典、电网不正常供电、不明障碍物等。

(5)组织管理因素:向有关部门提出各种申请审批手续的延误;合同签订时条款不完善、计划安排不周密,组织协调不力,导致停工停料、相关作业脱节;领导不力,指挥失当,使参加工程建设的各单位、各专业、各个施工过程之间交接、配合上发生矛盾等。

(6)外部单位原因:外单位临近施工的干扰,与工程有关的市政、规划、消防、电力、自来水、电信等部门没有及时协调而影响等。

课题3.3 进度控制的方法

工程施工前期的进度控制及准备工作是施工过程进行动态控制和对工程进度进行主动控制的前提和基础,监理单位应针对工程特点和施工总进度目标,绘制施工进度计划网络图,编制施工进度总控制计划;对施工进度总目标进行层层分解,明确各单项工程各阶段的起止时间,通过运用网络技术定期分析、评价承包方的实施进度,当施工进度延误时,要协助承包方查找原因,并督促其制订科学合理的赶工措施;密切注意关键路线项目各重要事件的进展,逐旬、逐月检查承包方的人员、原材料及施工设备的进场情况及进度的实施情况;完善现场例会制度,及时发现、协调和解决影响工程进展的外部条件和干扰因素,促进工程施工的顺利进行;编制和建立适合工程特点的用于进度控制和施工记录的各种图表,便于及时对工程进度进行分析和评价,同时也可作为进度控制和合同管理的依据。

3.3.1 编制和适时调整总进度计划

3.3.1.1 施工总进度计划的编制

施工总进度计划一般是建设工程项目的施工进度计划。它是用来确定建设工程项目中所包含的各单位工程的施工顺序、施工时间及相互衔接关系的计划。编制施工总进度计划的依据包括施工总方案、资源供应条件、各类定额资料、合同文件、工程项目建设总进度计划、工程运用时间目标、建设地区自然条件及有关技术经济资料等。

施工总进度计划的编制步骤和方法如下。

1. 计算工程量

根据批准的工程项目一览表,按单位工程分别计算其主要实物工程量,工程量只需粗略地计算即可。

工程量的计算可按初步设计(或扩大初步设计)图纸和有关额定手册或资料进行。

2. 确定各单位工程的施工工期

各单位工程的施工期限应根据合同工期确定,同时要考虑建筑类型、结构特征、施工方法、施工管理水平、施工机械化程度及施工现场条件等因素。

3. 确定各单位工程的开竣工时间和逻辑关系

确定各单位工程的开竣工时间和逻辑关系主要应考虑以下几点:同一时期平行施工的项目不宜过多,以避免人力、物力过于分散;尽量做到均衡施工,以使劳动力、施工机械和主要材料的供应在整个工期范围内达到均衡;尽量提前建设可供工程施工使用的永久性工程,以节省临时工程费用;急需和关键的工程先施工,以保证工程项目如期交工;对于某些技术复杂、施工周期较长、施工困难较多的工程,亦应安排提前施工,以利于整个工程项目按期交付使用;施工顺序必须与主要生产系统投入生产的先后次序相吻合,同时要安排好配套工程的施工时间,以保证建设工程能迅速投入生产或交付使用;应注意季节对施工顺序的影响,使施工季节不导致工期拖延,不影响工程质量;安排一部分附属工程或零星项目作为后备项目,用以调整主要项目的施工进度;注意主要工种和主要施工机械能否连续施工。

4.初拟施工总进度计划

按照各单位工程的逻辑关系和工期初拟施工总进度计划,施工总进度计划既可以用横道图表示,也可以用网络图表示。

5.修正施工总进度计划

初步施工总进度计划编制完成后,要对其进行检查。主要是检查总工期是否符合要求,资源使用是否均衡且其供应是否能得到保证,从而确定正式的施工进度计划。

3.3.1.2　单位工程施工进度计划的编制

单位工程施工进度计划的编制步骤如下。

1.划分工作项目

工作项目是包括一定工作内容的施工过程,它是施工进度计划的基本组成单元。工作项目内容的多少、划分的粗细程度,应根据计划的需要来确定。对于大型建设工程,经常需要编制控制性施工进度计划,此时工作项目可以划分得粗一些,一般只明确到分部工程即可。如果编制实施性施工进度计划,工作项目就应划分得细一些。在一般情况下,单位工程施工进度计划中的工作项目应明确到分项工程或更具体,以满足指导施工作业、控制施工进度的要求。

由于单位工程中的工作项目较多,应在熟悉施工图纸的基础上,根据建筑结构特点及已确定的施工方案,按施工顺序逐项列出,以防止漏项或重项。凡与工程对象施工直接有关的内容均应列入计划,而不属于直接施工的辅助性项目和服务性项目则不必列入。

另外,有些分项工程在施工顺序上和时间安排上是相互穿插进行的,或者是由同一专业施工队完成的,为了简化进度计划的内容,应尽量将这些项目合并,以突出重点。

2.确定施工顺序

确定施工顺序是为了按照施工的技术规律和合理的组织关系,解决各工作项目之间在时间上的先后次序和搭接问题,以达到保证质量、安全施工、充分利用空间、争取时间、实现合理安排工期的目的。

3.计算工程量

工程量的计算应根据施工图和工程量计算规则,针对所划分的每一个工作项目进行。计算工程量时应注意以下问题:工程量的计算单位应与现行定额手册中所规定的计量单位相一致,以便计算劳动力、材料和机械数量时直接套用定额,而不必进行换算;要结合具体的施工方法和安全技术要求计算工程量;应结合施工组织的要求,按已划分的施工段分层分段进行计算。

4.计算劳动量和机械台班数

当某工作项目是由若干个分项工程合并而成时,则应分别根据各分项工程的时间定额(或产量定额)及工程量计算出综合时间定额(或综合产量定额)。

5.确定工作项目的持续时间

根据工作项目所需要的劳动量或机械台班数,以及该工作项目每天安排的工人数或配备的机械台数,即可计算出各工作项目的持续时间。

6.绘制施工进度计划图

绘制施工进度计划图,首先应选择施工进度计划的表达形式。目前,常用来表达建设工程施工进度计划的方法有横道图和网络图两种形式。

7. 施工进度计划的检查与调整

当施工进度计划初始方案编制好后,需要对其进行检查与调整,以便使进度计划更加合理。进度计划检查的主要内容包括:各工作项目的施工顺序、平行搭接和技术间歇是否合理;总工期是否满足合同规定;主要工种的工人是否能满足连续、均衡施工的要求;主要机具、材料等的利用是否均衡和充分。在这一项中,首要的是前两方面的检查,如果不满足要求,必须进行调整。只有在前两个方面均达到要求的前提下,才能进行后两个方面的检查与调整。前者是解决可行与否的问题,而后者则是优化的问题。

3.3.1.3　调整总进度计划

工期目标的按期实现,首要前提是要有一个科学合理的进度计划。如果实际进度与计划进度出现偏差,应根据工作偏差及其对后续工作和总工期的影响情况,调整后续施工进度,以确保工程进度目标实现。进度控制程序如图3-1所示。

在工程实施过程中,施工阶段监理工程师严格执行施工合同中对进度、开工及延期开工、暂停施工、工期延误、工程竣工的承诺。建立实际进度监测与调整的系统过程,如图3-2所示。通过检查分析,如果发现原有进度计划已不适应实际情况,为确保进度控制目标的实现或需要确定新的计划目标,就必须对原有的进度计划进行调整,以形成新的进度计划,作为进度控制的新依据。

在实际工作中,应根据具体情况进行进度计划的调整。施工进度调整的方法常用的有两种:一种是通过压缩关键工作的持续时间来缩短工期;另一种是通过组织搭接作业或平行作业来缩短工期。

1. 缩短关键工作的持续时间

这种方法的特点是不改变工作之间的先后顺序关系,而通过采取增加资源投入、提高劳动效率等措施来缩短某些工作的持续时间,使工程进度加快,以保证按计划工期完成该工程项目。这些被压缩持续时间的工作是位于关键线路和超过计划工期的非关键线路上的工作。同时,这些工作又是其持续时间可被压缩的工作。这种调整方法通常可以在网络图上直接进行。其调整方法视限制条件及其对后续工作的影响程度的不同而有所区别,一般可分为两种情况。

1)网络计划中某项工作进度拖延的时间已超过其自由时差但未超过其总时差

此时,该工作的实际进度不会影响总工期,而只对其后续工作产生影响。因此,在进行调整前,需要确定其后续工作允许拖延的时间限制,并以此作为进度调整的限制条件。该限制条件的确定较复杂,尤其是当后续工作由多个平行的承包单位负责实施时更是如此。后续工作如不能按原计划进行,在时间上产生的任何变化都可能使合同不能正常履行,而导致蒙受损失的一方提出索赔。因此,寻求合理的调整方案,把进度拖延后对后续工作的影响减小到最低程度,是监理工程师的一项重要工作。

2)网络计划中某项工作进度拖延的时间超过其总时差

如果网络计划中某项工作进度拖延的时间超过其总时差,则无论该工作是否为关键工作,其实际进度都将对后续工作和总工期产生影响。此时,进度计划的调整方法又可分

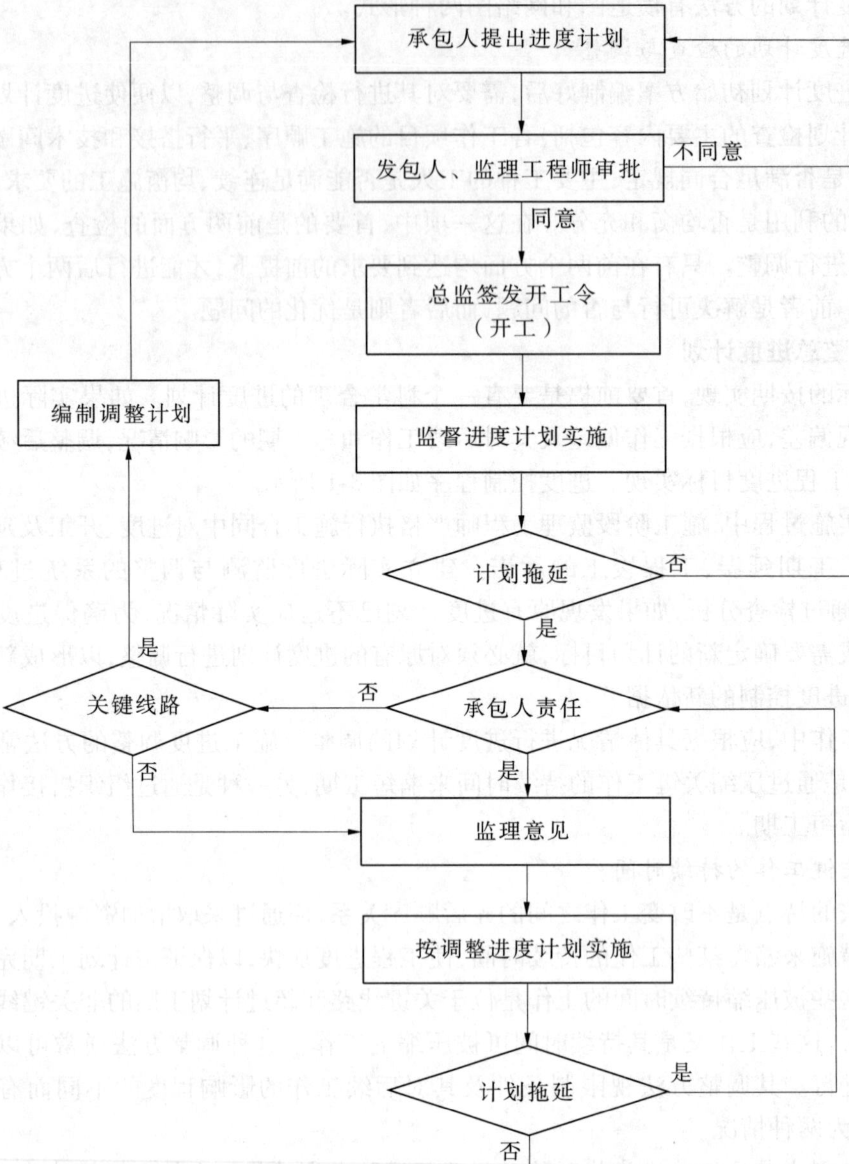
承包人提出进度计划
发包人、监理工程师审批
不同意
同意
总监签发开工令
（开工）
编制调整计划
监督进度计划实施
计划拖延
否
是
是
关键线路
否
承包人责任
否
是
监理意见
按调整进度计划实施
计划拖延
是
否
竣工
监理颁发《移交证书》
监理颁发《保修期满证书》

图3-1　进度控制程序

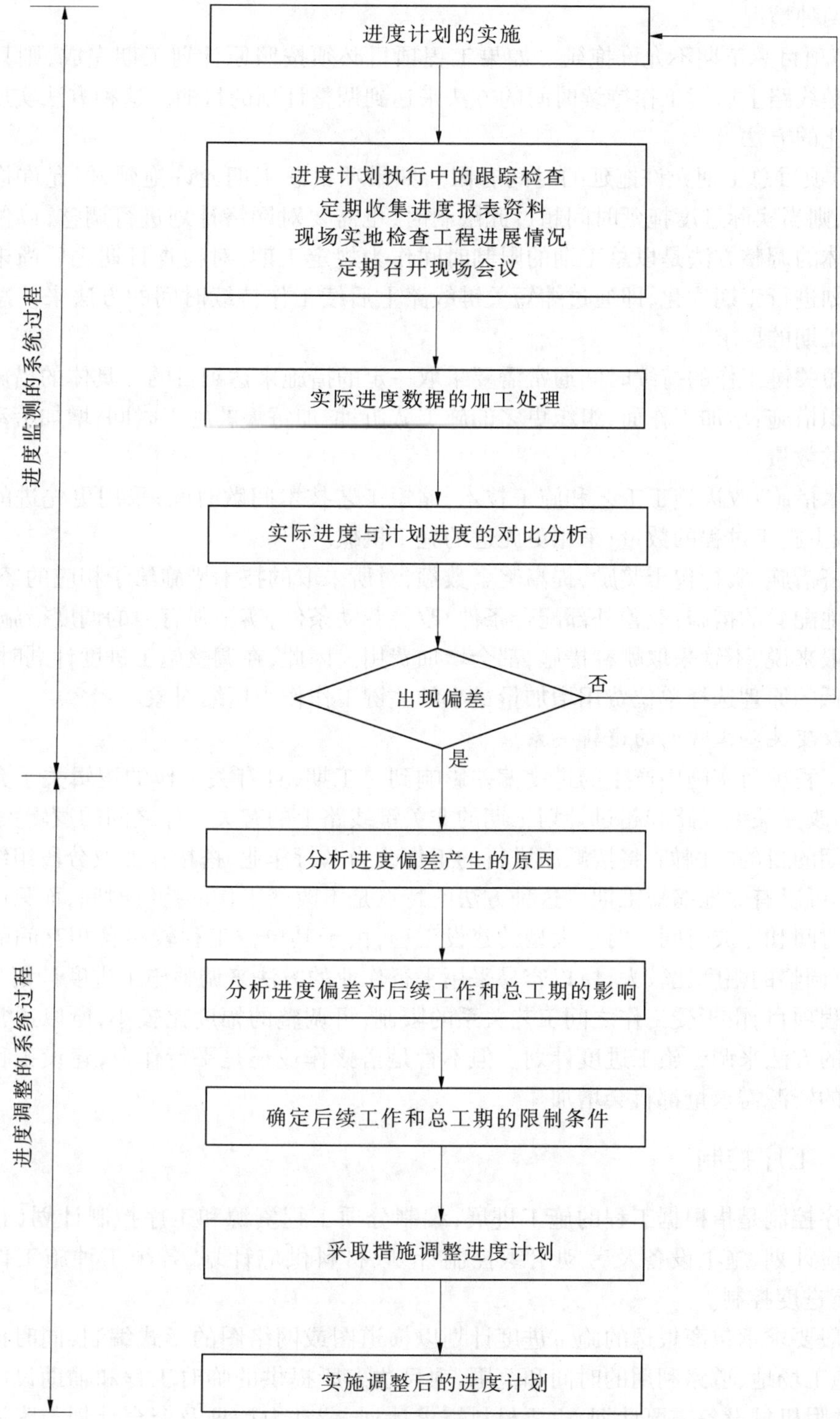

图3-2　实际进度监测与调整的系统过程

为以下两种情况:

(1)项目总工期不允许拖延。如果工程项目必须按照原计划工期完成,则只能采取缩短关键线路上后续工作持续时间的方法来达到调整计划的目的。这种方法实质上就是工期优化的方法。

(2)项目总工期允许拖延的时间有限。如果项目总工期允许拖延,但允许拖延的时间有限,则当实际进度拖延时间超过此限制时,也需要对网络计划进行调整,以便满足要求。具体的调整方法是以总工期的限制时间作为规定工期,对检查日期之后尚未实施的网络计划进行工期优化,即通过缩短关键线路上后续工作持续时间的方法来使总工期满足规定工期的要求。

缩短关键工作的持续时间通常需要采取一定的措施来达到目的。具体的措施包括:

组织措施:增加工作面,组织更多的施工队伍;增加每天的施工时间;增加劳动力和施工机械的数量。

技术措施:改进施工工艺和施工技术,缩短工艺技术间歇时间;采用更先进的施工方法,以减少施工过程的数量;采用更先进的施工机械。

经济措施:实行包干奖励,提高奖金数额,对所采取的技术措施给予相应的经济补偿。

其他配套的措施:改善外部配合条件,改善劳动条件,实施强有力的调度措施等。

一般来说,不管采取哪种措施,都会增加费用。因此,在调整施工进度计划时,应利用费用最低的原理选择单位费用增加量最小的关键工作作为压缩对象。

2. 改变某些工作间的逻辑关系

当工程项目实施中产生的进度偏差影响到总工期,且有关工作的逻辑关系允许改变时,可以改变关键线路和超过计划工期的非关键线路上的有关工作之间的逻辑关系,达到缩短工期的目的。例如,将按顺序进行的工作改为平行作业、搭接作业及分段组织流水作业等,都可以有效地缩短工期。这种方法的特点是不改变工作的持续时间,而只改变工作的开始时间和完成时间。对于大型的建设工程,由于其单位工程较多且相互间的制约比较少,可调整的幅度比较大,所以容易采用平行作业的方法来调整施工进度计划。而对于单位工程项目,由于受工作之间工艺关系的限制,可调整的幅度比较小,所以通常采用搭接作业的方法来调整施工进度计划。但不管是搭接作业还是平行作业,建设工程在单位时间内的资源需求量都将会增加。

3.3.2 工序控制

工序控制是指根据工程的施工进展,编制分项工程资源和工序控制计划(包括工程图纸供应计划、施工设备及劳动组织控制计划、材料供应计划、各个工种施工作业计划等)进行进度控制。

一般要求承包商报送的施工进度计划以横道图或网络图的形式编制,同时说明施工方法、施工场地、道路利用的时间和范围,项目法人所提供的临时工程和辅助设施的利用计划,并附机械设备需要计划、主要材料需求计划、劳动力计划及资金计划与附属设施计划等。工序控制一般包括以下几个方面。

3.3.2.1　施工机械、物资供应计划

为了实现月施工计划，对需要的施工机械、物资必须落实，主要包括机械需要计划、主要材料需要计划。

3.3.2.2　技术组织措施计划

合同要求编制技术组织措施方面的具体工作计划，如保证完成关键作业项目、实现安全施工等。对关键线路上的施工项目、施工工序严格控制，并随工程的进展实施动态控制；重要的分部、分项工程的施工，承包单位在开工前，应向监理工程师提交详细方案，说明为完成该项工程的施工方法、施工机械设备及人员配备与组织、质量管理措施及进度安排等，报请监理工程师审查认可后方能实施。

3.3.2.3　施工进度计划控制

总体工程开工前，首先要求承建单位报送施工进度总计划，监理部门审查其逻辑关系、施工程序和资源的均衡投入以及对工程施工质量和合同工期目标的影响。承建单位根据监理部门批准的进度计划，结合实际工程的进展，按月向监理部门报送当月实际完成的施工进度报告和下月的施工进度计划。

3.3.2.4　工程施工过程控制

监理工程师对施工开工申请单中陈述的人员、施工机具、材料及设备到场情况，施工方法和施工环境进行检查。如检查主要专业操作工持证上岗资料；检查五大员（施工员、质量员、材料员、安全员、预算员）是否到岗；检查施工机具是否完好，能否正常运行，能否达到设计要求；检查进场材料是否与设计要求品种、规格一致，是否有出厂标签、产品合格证、出厂试验报告单等。工程施工过程中，监理工程师应密切注意施工进度进展情况，并且通过计算机项目管理程序进行动态跟踪，如工程出现工期延误的情况，监理部门及时召开协调会议，查出原因。不管是不是由于承建单位责任造成的，都应及时与建设单位协商，尽快解决存在的问题。

3.3.3　形象进度控制

施工进度表和材料进场计划表是控制与保证按期完工的形象图。根据批准的施工技术方案计算各分项工程的工程量所需的劳动力和材料、设备，按照合同工期和劳动工日定额，排出各工序的开、竣工日期和顺序，形成施工进度安排。安排时要尽可能使主要工序和关键机械（如基槽土方的机械开挖）连续、均衡施工，避免尖峰和停顿。处理好时间和空间、需要与条件、进度与供应等方面的关系。工程进度表一般采用横道图或工程进度曲线，这样能直观、方便地检查和控制。在计划图上进行实际进度记录，并跟踪记载每个施工过程的开始日期、完成日期，记录每日完成数量、施工现场发生的情况、干扰因素的排除情况。跟踪形象进度对工程量，总产值，耗用的人工、材料和机械台班等的数量进行统计与分析，编制检查期内实际完成和累计完成工程量报表，进行实际进度与计划进度的比较。实际进度与计划进度的比较方法有以下几种。

3.3.3.1　横道图比较法

横道图比较法是指将项目实施过程中检查实际进度收集到的数据，经过加工整理后直接用横道线平行绘于原计划的横道线处，进行实际进度与计划进度比较的方法。采用

横道图比较法,可以形象、直观地反映实际进度与计划进度的比较情况。

1. 匀速进展横道图比较法

匀速进展是指在工程项目中,每项工作在单位时间内完成的任务量都是相等的,即工作进展速度是均匀的。此时,每项工作累计完成的任务量与时间成线性关系,如图 3-3 所示。完成的任务量可以用实物工作量、劳动消耗量或费用支出表示。为了便于比较,通常用上述物理量的百分比表示。

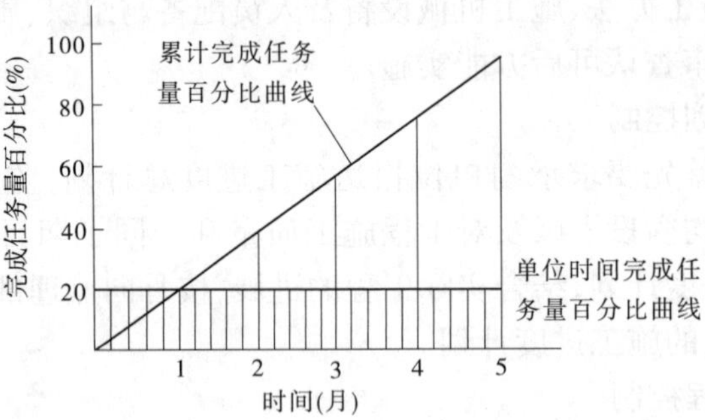

图 3-3　匀速进展工作时间与完成任务量关系曲线

匀速进展横道图比较法实施步骤如下:编制横道图进度计划→在进度计划上标出检查日期→将检查收集到的实际进度数据经加工整理后按比例用涂黑的粗线标于计划进度的下方,如图 3-4 所示。

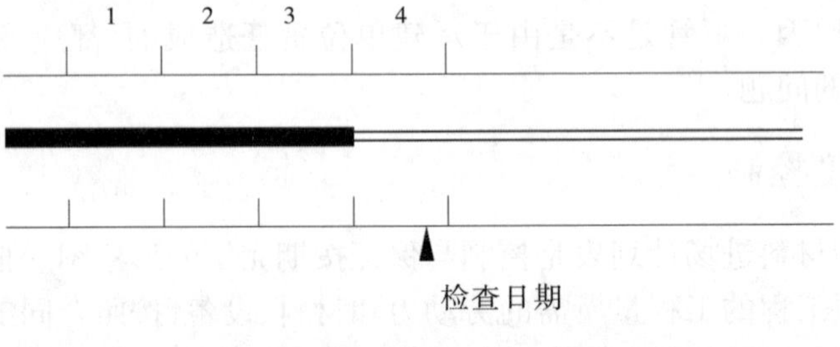

图 3-4　匀速进展横道图比较法

对比分析实际进度与计划进度:如果涂黑的粗线右端落在检查日期左侧,表明实际进度拖后;如果涂黑的粗线右端落在检查日期右侧,表明实际进度超前;如果涂黑的粗线右端与检查日期重合,表明实际进度与计划进度一致。

必须指出,该方法仅适用于工作从开始到结束的整个过程中,其进展速度均为固定不变的情况。如果工作的进展速度是变化的,则不能采用这种方法进行实际进度与计划进度的比较,否则,会得出错误的结论。

2. 非匀速进展横道图比较法

当工作在不同单位时间里的进展速度不相等时,累计完成的任务量与时间的关系就不可能是线性关系。此时,应采用非匀速进展横道图比较法进行实际工作进度与计划进度的比较。

非匀速进展横道图比较法是在用涂黑粗线表示工作实际进度的同时，还要标出其对应时刻完成任务量的累计百分比，并将该百分比与其同时刻计划完成任务量的累计百分比相比，判断工作实际进度与计划进度之间的关系。

非匀速进展横道图比较法实施步骤如下：编制横道图进度计划→在横道线上方标出各主要时间工作的计划完成任务量累计百分比→在横道线下方标出相应时间工作的实际完成任务量累计百分比→用涂黑粗线标出工作的实际进度，从开始之日标起，同时反映出该工作在实施过程中的连续与间断情况→通过比较同一时刻实际完成任务量累计百分比和计划完成任务量累计百分比，判断工作实际进度与计划进度之间的关系，如图3-5所示。如果同一时刻横道线上方累计百分比大于横道线下方累计百分比，表明实际进度拖后，拖欠的任务量为两者之差；如果同一时刻横道线上方累计百分比小于横道线下方累计百分比，表明实际进度超前，超前的任务量为两者之差；如果同一时刻横道线上、下方两个累计百分比相等，表明实际进度与计划进度一致。

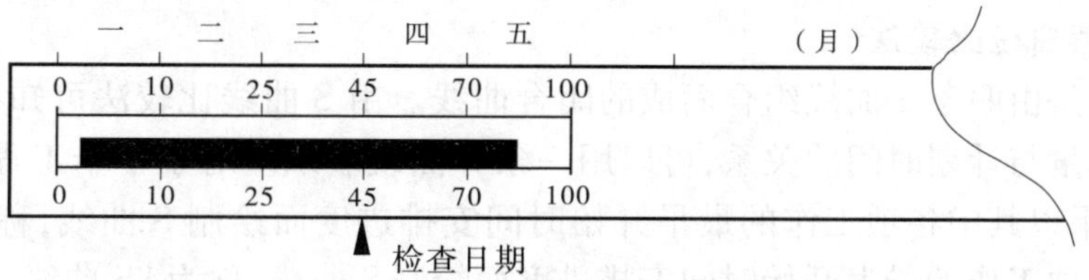

图3-5 非匀速进展横道图比较法

可以看出，由于工作进展速度是变化的，因此在图中的横道线，无论是计划的还是实际的，只能表示工作的开始时间、完成时间和持续时间，并不表示计划完成的任务量和实际完成的任务量。此外，采用非匀速进展横道图比较法，不仅可以进行某一时刻（如检查日期）实际进度与计划进度的比较，而且能进行某一时间段实际进度与计划进度的比较。当然，这需要实施部门按规定的时间记录当时的任务完成情况。

横道图比较法虽有记录和比较简单、形象直观、易于掌握、使用方便等优点，但由于其以横道计划为基础，因而带有不可克服的局限性。一旦某些工作实际进度出现偏差，就难以预测其对后续工作和工程总工期的影响，也就难以确定相应的进度调整方法。因此，横道图比较法适用于工程项目中某些工作实际情况与计划进度的局部比较。

3.3.3.2 S曲线比较法

S曲线比较法是以横坐标表示时间、纵坐标表示累计完成任务量，绘制一条按计划时间累计完成任务量的S曲线；然后将工程项目实施过程中各检查时间累计完成任务量的S曲线也绘制在同一坐标系中，进行实际进度与计划进度比较的一种方法。实际进度与计划进度的比较同横道图比较法一样，S曲线比较法也是在图上进行工程项目实际进度与计划进度的直观比较。在工程项目实施过程中，按照规定时间将检查收集到的实际累计完成任务量绘制在原计划S曲线图上，即可得到实际进度S曲线，如图3-6所示。

在图3-6中，工程项目实际进度状况是：如果工程实际进展点落在计划S曲线左侧，表明此时实际进度比计划进度超前，如图3-6中的a点；如果工程实际进展点落在计划S曲线右侧，表明此时实际进度拖后，如图3-6中的c点；如果工程实际进展点正好落在计

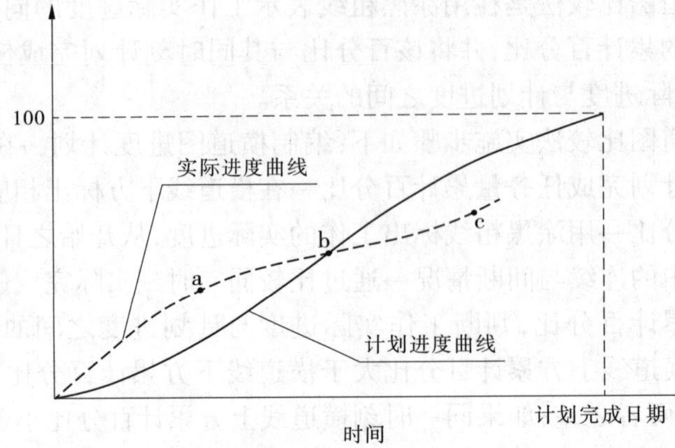

图3-6　S曲线比较法

划S曲线上,则表示此时实际进度与计划进度一致,如图3-6中的b点。

3.3.3.3　香蕉曲线比较法

香蕉曲线是由两条S曲线组合而成的闭合曲线。由S曲线比较法可知,工程项目累计完成的任务量与计划时间的关系,可以用一条S曲线表示。对于一个工程项目的网络计划来说,如果以其中各项工作的最早开始时间安排进度而绘制S曲线,称为ES曲线;如果以其中各项工作的最迟开始时间安排进度而绘制S曲线,称为LS曲线。两条S曲线具有相同的起点和终点,因此两条曲线是闭合的。在一般情况下,ES曲线上的其余各点均落在LS曲线的相应点的左侧。由于该闭合线形似香蕉,故称为香蕉曲线,如图3-7所示。

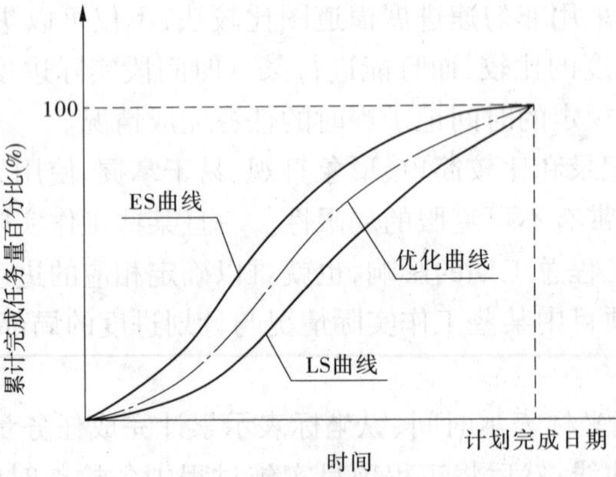

图3-7　香蕉曲线比较法

香蕉曲线比较法能直观地反映工程项目的实际进度情况,并可以获得比S曲线比较法更多的信息。其主要作用如下:

(1)合理安排工程项目进度计划。如果工程项目中的各项工作均按其最早开始时间安排进度,将导致项目的投资加大,而如果各项工作都按其最迟开始时间安排进度,则一旦受到进度影响因素的干扰,又将导致工期拖延,使工程进度风险加大。因此,一个科学合理的进度计划优化曲线应处于香蕉曲线所包络的区域之内。

(2)定期比较工程项目的实际进度与计划进度。在工程项目的实施过程中,根据每次检查收集到的实际完成任务量,绘制出实际进度S曲线,便可以与计划进度相比。工程项目实施进度的理想状态是任一时刻工程实际进展点应落在香蕉曲线图的范围之内。如果工程实际进展点落在ES曲线的左侧,表明此刻实际进度比各项工作按其最早开始时间安排的计划进度超前;如果工程实际进展点落在LS曲线的右侧,表明此刻实际进度比各项工作按其最迟开始时间安排的计划进度拖后。

(3)预测后期工程进展趋势。利用香蕉曲线可以对后期工程的进展情况进行预测。判断工程项目按照目前的施工进度在检查日期之后完成工程的情况。

3.3.3.4 前锋线比较法

前锋线比较法是通过绘制某检查时刻工程项目实际进度前锋线,进行工程实际进度与计划进度比较的方法,它主要适用于时标网络计划。所谓前锋线,是指在原时标网络计划上,从检查时刻的时标点出发,用点划线依次将各项工作实际进度位置点连接而成的折线。前锋线比较法就是通过实际进度前锋线与原进度计划中各工作箭线交点的位置来判断工作实际进度与计划进度的偏差,进而判定该偏差对后续工作及总工期影响进度的一种方法。

采用前锋线比较法进行实际进度与计划进度的比较,其步骤如下。

1. 绘制时标网络计划图

工程项目实际进度前锋线是在时标网络计划图上表示,为清楚起见,可在时标网络计划图的上方和下方各设一时间坐标。

2. 绘制实际进度前锋线

一般从时标网络计划图上方时间坐标的检查日期开始绘制,依次连接相邻工作的实际进展位置点,最后与时标网络计划图下方坐标的检查日期相连接。

工作实际进展位置点的标定方法有两种:

(1)按该工作已完成任务量比例进行标定。假设工程项目中各项工作均为匀速进展,根据实际进度检查时刻该工作已完成任务量占其计划完成总任务量的比例,在工作箭线上从左至右按相同的比例标定其实际进展位置点。

(2)按尚需作业时间进行标定。当某些工作的持续时间难以按实物工程量来计算而只能凭经验估算时,可以先估算出检查时刻到该工作全部完成尚需作业的时间,然后在该工作箭线上从右向左逆向标定其实际进展的位置点。

3. 进行实际进度与计划进度的比较

前锋线可以直观地反映出检查日期有关工作实际进度与计划进度之间的关系。对某项工作来说,其实际进度与计划进度之间的关系可能存在以下三种情况:

(1)工作实际进展位置点落在检查日期的左侧,表明该工作实际进度拖后,拖后的时间为两者之差;如图3-8中,C工作拖后的时间为2天,E工作拖后的时间为1天。

(2)工作实际进展位置点与检查日期重合,表明该工作实际进度与计划进度一致,如图3-8中D工作。

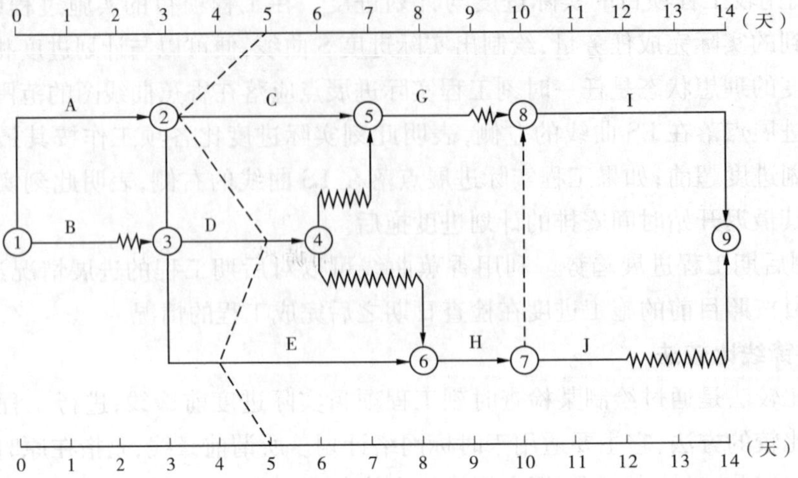

图 3-8　前锋线比较法

(3)工作实际进展位置点落在检查日期的右侧,表明该工作实际进度超前,超前的时间为两者之差。

4. 预测进度偏差对后续工作及总工期的影响

通过实际进度与计划进度的比较确定进度偏差后,还可根据工作的自由时差和总时差预测该进度偏差对后续工作及项目总工期的影响。由此可见,前锋线比较法既适用于工作实际进度与计划进度的局部比较,又可用来分析和预测工程项目整体进度状况。

例如,某分项工程时标网络计划如图 3-8 所示。当该计划执行到第 5 天结束时检查实际进展情况,实际进度前锋线表明工作 D 仍有总时差 2 天;工作 G 的最早开始时间将会受影响。

3.3.3.5　列表比较法

当工程进度计划用非时标网络图表示时,可以采用列表比较法进行实际进度与计划进度的比较。这种方法是记录检查日期应该进行的工作名称及其已经作业的时间,然后列表计算有关时间参数,并根据工作总时差进行实际进度与计划进度比较的方法。

采用列表比较法进行实际进度与计划进度比较的步骤如下:

(1)对于实际进度检查日期应该进行的工作,根据已作业的时间,确定其尚需作业时间。

(2)根据原进度计划,计算从检查日期开始至原计划最迟完成时间的尚余时间。

(3)计算工作尚有总时差,其值等于工作从检查日期到原计划最迟完成时间尚余时间与该工作尚需作业时间之差。

(4)比较实际进度与计划进度,可能有以下几种情况:①如果工作尚有总时差与原有总时差相等,说明该工作实际进度与计划进度一致;②如果工作尚有总时差大于原有总时差,说明该工作实际进度超前,超前的时间为两者之差;③如果工作尚有总时差小于原有总时差,且仍为非负值,说明该工作实际进度拖后,拖后的时间为两者之差,此时工作实际进度偏差将影响总工期。

课题3.4　进度控制的措施

3.4.1　施工进度计划的审查

工程进度控制的具体手段是:建立严格的进度计划会商和审批制度;对进度计划执行情况进行考核,并实行奖惩;定期更新进度计划,及时调整偏差;通过进度计划滚动编制过程的远粗、近细,实现对工程进度计划动态控制;对工程总进度计划中的关键项目进行重点跟踪控制,达到确保工程建设工期的目的;根据整个工程实际进度,统一安排而提出指导性或目标性的年度、季度总进度计划,用于协调整个工程进度。工程进度涉及业主和承包商的利益,计划是工程进度控制的依据,也是管理工作的重要组成部分,科学合理的工程进度计划是保证施工工期的前提条件。工程进度的控制主要是审查承包商所制订的施工组织计划的合理性和可行性,并对计划的执行情况进行追踪检查,当发现实际进度与计划不符时,及时提醒承包商,帮助分析查找原因,适时指导承包商调整进度计划,并监督和促进其采取行之有效的补救措施,审核施工单位编制的工程进度计划,并检查和督促其执行。目标进度计划审查的主要内容如下:

(1)对承包人报送的实施进度计划(包括总进度计划、分年施工计划、季度施工计划、分月施工计划等)进行认真审批。看进度安排是否符合工程项目建设总进度计划中总目标和分目标的要求,是否符合施工合同中开工、竣工日期的规定。审查计划作业项目是否齐全、有无漏项。

(2)施工总进度计划中的项目是否有遗漏,分期施工是否满足分批动用的需要和配套动用的要求。

(3)按分项工程对总进度进行分解,对重点、关键部位或项目制订工序控制计划和控制工作细则。分析各项目的完工日期是否符合合同规定的各个中间完工日期(主要进度控制里程碑)和最终完工日期;各道作业的逻辑关系是否正确、合理,是否符合施工程序;施工顺序的安排是否符合施工工艺的要求。对进度计划重点审查其逻辑关系、施工程序、资源的均衡投入以及施工进度安排对工程支付、施工质量和合同工期目标的影响等方面。

(4)劳动力、材料、构配件、设备及施工机具、水、电等生产要素的供应计划是否能保证施工进度计划的实现,供应是否均衡,需求高峰期是否有足够能力实现计划供应,与之相应的人员、设备和材料及费用等资源是否合理,能否保证计划的实施。

(5)与外部环境是否有矛盾,如承包商的进度计划是否与项目法人的工作计划协调、与业主提供的设备条件和供货时间有无冲突、与其他标承包商的施工有无干扰;总包、分包单位分别编制的各项单位工程施工进度计划之间是否相协调;专业分工与计划衔接是否明确合理。

如果监理工程师在审查施工进度计划的过程中发现问题,应及时向承包单位提出书面修改意见(也称整改通知书),并协助承包单位修改。其中重大问题应及时向业主汇报。

3.4.2　优化调整进度计划

跟踪计划的实施并进行监督,当发现进度计划执行受到干扰时,应采取调整措施。调整进度计划即对工期进行优化。所谓工期优化,是指网络计划的计算工期不满足要求工期时,通过压缩关键工作的持续时间以满足要求工期目标的过程。

网络计划工期优化的基本方法是在不改变网络计划中各项工作之间逻辑关系的前提下,通过压缩关键工作的持续时间来达到优化目标。在工期优化过程中,按照经济合理的原则,不能将关键工作压缩成非关键工作。此外,当工期优化过程中出现多条关键线路时,必须将各条关键线路的总持续时间压缩相同数值,否则,不能有效地缩短工期。

网络计划的工期优化可按下列步骤进行:

(1)确定初始网络计划的计算工期和关键线路。

(2)按要求工期计算应缩短的时间。

(3)选择应缩短持续时间的关键工作。选择压缩对象时宜在关键工作中考虑下列因素:①缩短持续时间对质量和安全影响不大的工作;②有充足备用资源的工作;③缩短持续时间所需增加的费用最少的工作。

(4)将所选定的关键工作的持续时间压缩至最短,并重新确定计算工期和关键线路。若被压缩的工作变成非关键工作,则应延长其持续时间,使之仍为关键工作。

(5)当计算工期仍超过要求工期时,则重复上述步骤,直至计算工期满足要求工期或计算工期已不能再缩短。

(6)当所有关键工作的持续时间都已达到其能缩短的极限而寻求不到继续缩短工期的方案,但网络计划的计算工期仍不能满足要求工期时,应对网络计划的原技术方案、组织方案进行调整,或对要求工期重新审定。

选择关键工作压缩其持续时间,应选择优选系数最小的关键工作。若需要同时压缩多个关键工作的持续时间,则它们的优选系数之和(组合优选系数)最小者应优先作为压缩对象。

在工程实施过程中按照进度计划予以控制,若实际进度与计划进度偏差很大,应及时调整进度计划措施。

工程师根据现场的施工进展情况,要求承包商适时提交反映实际进度的计划,以便及时掌握承包商投入的资源。因此,适时修正的施工进度计划是监理工程师实施进度控制的重要手段,也是监理工程师分析进度拖延的原因、分清施工延期责任、确定延期和赶工费用的基础。

3.4.3　工期延误补救

造成工程进度拖延的原因有两个方面:一是承包单位自身的原因,二是承包单位以外的原因。前者所造成的进度拖延称为工程延误,而后者所造成的进度拖延称为工程延期。当出现工程延误时,监理工程师有权要求承包单位采取有效措施加快施工进度。如果经过一段时间后,实际进度没有明显改进,仍然拖后于计划进度,而且显然影响工程按期竣工时,监理工程师应要求承包单位修改进度计划,并提交给监理工程师重新确认。工程延误通常可以采用停止付款、误期损失赔偿、取消承包资格等手段处理。

监理工程师对修改后的施工进度计划的确认,并不是对工程延误的批准,他只是要求承包单位在合理的状态下施工。因此,监理工程师对进度计划的确认,并不能解除承包单位应负的一切责任,承包单位需要承担赶工的全部额外开支和误期损失赔偿。

3.4.3.1 工程延误的处理措施

1.在原计划范围内采取赶工措施

(1)在年度计划内调整。当月计划未完成,一般要求在下个月的施工计划中补上。如果由于某种原因(例如发生大的自然灾害,或材料、设备、资金未能按计划要求供应等)计划拖欠较多时,则要求在季度或年度的其他月份内调整。

(2)在合同工期内跨年度调整。工程年度施工计划是报上级主管部门审查批准的,大型工程还须经国家批准,因此是属于国家计划的一部分,应有其严肃性,当年计划应力争在当年内完成。只有在出现意外情况(如发生超标准洪水、造成很大损失,出现严重的不良地质情况,材料、设备、资金供应等无法保证时),承包商通过各种努力仍难以完成年度计划时,允许将部分工程施工进度后延。在这种情况下,调整当年剩余月份的施工进度计划时,应保证合同书上规定的工程控制日期不变,因为它是关键线路上的工期。例如向下一工序的承包商移交工作面、某项工程完工等,若拖后很可能引起工期顺延,还可能引起下一工序承包商的索赔,这时,该承包商应加快进度并按原定时间完工。影响上述工程控制工期的关键线路上的施工进度应保证,非关键线路上的施工进度应尽可能保证。

当年的月(季)施工进度计划调整需跨年度时,应结合总进度计划调整考虑。

2.超过合同工期的进度调整

当在合同规定的控制工期内调整已无法实现时,只有靠超过工期来调整进度。这种情况只有在万不得已时才允许。调整时应注意先调整投产日期外的其他控制日期。例如,厂房土建工期拖延可考虑以加快机电安装进度来弥补,开挖时间拖延可考虑以加快浇筑进度来弥补等,以不影响第一台机组发电时间为原则,可考虑将工期后延,但应报上级主管部门审批。进度调整时应使竣工日期推迟最短。

3.工期提前的进度调整

当控制投产日期的项目完成计划后,且根据施工总进度安排,其后续施工项目和施工进度有可能缩短时,应考虑工程提前投产的可能性。例如某发电厂工程,厂房标计划完成较好,机组安装力量较强,工期有可能提前;而引水系统由于主客观原因,进度拖后较多,成了控制工程发电工期的拦路虎,这时就应想办法把引水系统进度赶上去。

一般情况下,只要能达到预期目标,调整越少越好。在进行项目进度调整时,应充分考虑以下各方面因素的制约:

(1)后续施工项目合同工期的限制。

(2)进度调整后,会不会给后续施工项目造成赶工或窝工而导致其工期和经济上遭受损失。

(3)材料物资供应需求上的制约。

(4)劳动力供应需要的制约。

(5)工程投资分配计划的限制。

(6)外界自然条件的制约。

(7)施工项目之间逻辑关系的制约。

(8)后续施工项目及总工期允许拖延的幅度。

3.4.3.2 工程延期的处理措施

工程延期是指如果由于承包单位以外的原因造成工期拖延,承包单位有权提出延长工期的申请。监理工程师应根据合同规定,审批工程延期时间。经监理工程师核实批准的工程延期时间,应纳入合同工期,作为合同工期的一部分。即新的合同工期应等于原定的合同工期加上监理工程师批准的工程延期时间。发生工程延期事件,不仅影响工程的进展,而且会给业主带来损失。因此,监理工程师应做好以下工作,以减少或避免工程延期事件的发生:

(1)选择合适的时机下达工程开工令。监理工程师在下达工程开工令之前,应充分考虑业主的前期准备工作是否充分。特别是征地、拆迁问题是否已解决,设计图纸能否及时提供,以及付款方面有无问题等,以避免由于上述问题缺乏准备而造成工程延期。

(2)提醒业主履行施工承包合同中所规定的职责。在施工过程中,监理工程师应经常提醒业主履行自己的职责,提前做好施工场地及设计图纸的提供工作,并能及时支付工程进度款,以减少或避免由此而造成的工程延期。

(3)妥善处理工程延期事件。当延期事件发生以后,监理工程师应根据合同规定进行妥善处理。既要尽量减少工程延期时间及其损失,又要在详细调查研究的基础上合理批准工程延期时间。

此外,业主在施工过程中应尽量减少干预、多协调,以避免由于业主的干扰和阻碍而导致延期事件的发生。

3.4.3.3　工期进度计划的贯彻

1. 检查各层次的计划,形成严密的计划保证系统

工期进度的所有施工进度计划包括施工总进度计划、单位工程施工进度计划、分部分项工程施工进度计划,都是围绕一个总任务而编制的,它们之间的关系是高层次计划为低层次计划的依据,低层次计划为高层次计划的具体化。在其贯彻执行时应当首先检查是否协调一致,计划目标是否层层分解、互相衔接,组成一个计划实施的保证体系,以施工任务书的方式下达施工队以保证实施。

2. 层层签订承包合同或下达施工任务书

工期进度经理、施工队和作业班组之间分别签订承包合同,按计划目标明确规定合同工期、相互承担的经济责任、权限和利益,或者采用下达施工任务书的方法,将作业下达到施工班组,明确具体施工任务、技术措施、质量要求等内容,使施工班组必须保证按作业计划时间完成规定的任务。

3. 计划全面交底,发动群众实施计划

施工进度计划的实施是全体工作人员共同的行动,要使有关人员都明确各项计划的目标、任务、实施方案和措施,使管理层和作业层协调一致,将计划变成群众的自觉行动,充分发动群众,发挥群众的干劲和创造精神。在计划实施前要进行计划交底工作,可以根据计划的范围召开全体职工代表大会或各级生产会议进行交底落实。

3.4.3.4　督促施工单位工期进度计划的实施

1. 检查施工编制月(旬)作业计划

为了实施施工进度计划,将规定的任务结合现场施工条件,如施工场地的情况,劳动力、机械等资源条件和施工的实际进度,在施工开始前和过程中不断地编制本月(旬)的作业计划,使施工计划更具体、切合实际和可行。在月(旬)作业计划中要明确本月(旬)应完成的任务、所需要的各种资源量、提高劳动生产率和节约措施。

2. 检查施工单位签发施工任务书

编制好月(旬)作业计划以后,将每项具体任务通过签发施工任务书的方式使其进一步落实。施工任务书是向班组下达任务实行责任承包、全面管理和原始记录的综合性文件,施工班组必须保证指令任务的完成,它是计划实施的纽带。

3. 检查施工进度记录,填好施工进度统计表

在计划任务完成的过程中,各级施工进度计划的执行者都要跟踪做好施工记录,记载计划中每项工作的开始日期、工作进度和完成日期,为工期进度检查分析提供信息。因此,要求实事求是地记载,并填好有关图表。

4. 做好施工中的调度工作

施工中的调度是组织施工中各阶段、环节、专业和工种的互相配合、进度协调的指挥核心。调度工作是使施工进度计划实施顺利进行的重要手段。其主要任务是掌握计划实施情况,协调各方面关系,采取措施,排除各种矛盾,加强各薄弱环节,实现动态平衡,保证完成作业计划和实现进度目标。

调度工作内容主要有:监督作业计划的实施,调整协调各方面的进度关系;监督检查施工准备工作;督促资源供应单位按计划供应劳动力、施工机具、运输车辆、材料构配件等,并对临时出现的问题采取调配措施;按施工平面图管理施工现场,结合实际情况进行必要调整,保证文明施工;了解气候、水、电、气的情况,采取相应的防范措施和保证措施;及时发现和处理施工中各种事故和意外事件;调节各薄弱环节;定期召开现场调度会议,贯彻工期进度主管人员的决策,发布调度令。

5. 督促承包商建立强有力的现场管理机构

督促承包商建立以进度控制为主线的强有力的现场管理机构,狠抓进度计划的落实,对进度计划的落实情况进行考核,促进施工管理水平的提高,以此促进本工程施工的顺利进展。工期进度计划的实施就是施工活动的进展,也就是用施工进度计划指导施工活动,落实和完成计划。工期进度计划逐步实施的过程就是工期进度逐步完成过程。为了保证工期进度计划的实施,并且尽量按编制的计划时间逐步进行,保证各进度目标的实现,应做好如下工作:

(1)检查承建单位的施工管理组织机构、人员配备、资质、业务水平是否适应工程的需要。检查实际参加施工的人力、机械数量及生产效率。对工程中出现窝工人数、窝工机械台班数及其原因进行分析。

(2)审核施工单位提出的工程项目总进度计划,并督促其执行。审查施工单位月进度计划并督促其执行。要求施工单位定期报下月的月进度计划和本月的完成工作量表。施工过程中,对照监理机构审批的分月施工计划,督促承包人做好周计划安排,并加以审核,认真落实各项施工措施,保证计划的完成。对实际进度与计划的偏差还要进一步分析其大小、对进度目标影响程度及其产生的原因,以便研究对策,提出纠偏措施。必要时对后期进度计划作出适当的调整。

3.4.3.5 确保资源供应进度计划的实现

在进度控制中,特别是应确保资源供应进度计划的实现。当出现下列情况时,应采取

措施处理:

(1)发现资源供应出现中断、供应数量不足或供应时间不能满足要求。

(2)由于工程变更引起资源需求的数量变更和品种变化时,应及时调整资源供应计划。

(3)当发包人提供的资源供应进度发生变化不能满足施工进度要求时,应敦促发包人执行原计划。

3.4.3.6　检查监督计划的实施

监理工程师对进度计划和实际完成任务随时进行比较,对进度偏差情况、进度管理情况、影响进度的特殊原因进行分析,并报总监理工程师。对进度拖延的,责成施工单位提出加快进度的措施,并督促落实。审核施工单位的进度调整计划并监督其实施。

只有月进度计划按期或超前完成,年度计划和总目标的实现才有保证。因此,监理要求承包商年末上报下一年度的施工进度计划,审批后,再按年度计划编报月进度计划。在审批月进度计划时,对承包商的质量保证体系、人员到位情况、设备运行状态、原材料供应及施工方法等都要予以考虑。为检查监督计划的实施,可采取以下一些措施:

(1)建立周例会、月例会制。

(2)建立现场协调令制度。

(3)推行目标管理。

(4)及时解决施工中的"瓶颈"。对于施工中的重点、难点项目,要求承包商制订专门措施,集中一切人力、物力,突击攻关。

(5)大力采用新材料、新技术、新设备。

复习思考题

1. 试述进度控制和进度控制体系的概念。
2. 建设工程进度控制的依据有哪些?
3. 试述影响工程建设进度控制的主要因素。
4. 工程建设进度控制有哪些?
5. 如何编制施工总进度计划?
6. 如何编制单位工程施工进度计划?
7. 如何调整施工总进度计划?
8. 缩短关键工作的持续时间有哪些措施?
9. 如何采用前锋线进行实际进度与计划进度的比较?
10. 施工进度计划审查的内容是什么?
11. 网络进度计划工期优化的步骤是什么?
12. 工期延误补救的措施有哪些?
13. 如何督促承包商建立强有力的现场管理机构?

模块4 工程建设项目的质量控制

课题4.1 质量控制的作用和任务

4.1.1 有关工程质量的概念

4.1.1.1 质量

《质量管理体系 基础和术语》(GB/T 19000—2016/ISO 9000:2015)中质量的定义是:一个关注质量的组织倡导一种通过顾客和其他有关相关方的需求和期望来实现其价值的文化,这种文化将反映在其行为、态度、活动和过程中。上述定义可以从以下几方面理解:

(1)质量不仅是指产品质量,也可以是某项活动或过程的工作质量,还可以是质量管理体系运行的质量。质量是由一组固有特性组成的,这些固有特性是指满足顾客和其他相关方面的要求的特性,并由其满足要求的程度加以表征。

(2)特性是指区分的特征。特性可以是固有的或赋予的,可以是定性的或定量的。特性有各种类型,一般有物质特性(如机械的、电的、化学的或生物的特性)、感官特性(如嗅觉、触觉、味觉、视觉及感觉控测的特性)、行为特性(如礼貌、诚实、正直)、人体工效特性(如语言或生理特性、人身安全特性)、功能特性(如飞机的航程、速度)。质量特性是固有的特性,并通过产品、过程或体系设计和开发及其后的实现过程形成的属性。固有的意思是指在某事或某物中本来就有的,尤其是那种永久的特性。赋予的特性(如某一产品的价格)并非是产品、过程或体系的固有特性,不是它们的质量特性。

(3)满足要求就是应满足明示的(如合同、规范、标准、技术、文件、图纸中明确规定的)、通常隐含的(如组织的惯例、一般习惯)或必须履行的(如法律、法规、行业规则)的需要和期望。与要求相比,满足要求的程度才反映为质量的好坏。对质量的要求除考虑满足顾客的需要外,还应考虑其他相关方即组织自身利益、提供原材料和零部件等的供方的利益和社会的利益等多种需求。例如需考虑安全性、环境保护、节约能源等外部的强制要求。只有全面满足这些要求,才能评定为好的质量或优秀的质量。

(4)顾客和其他相关方对产品、过程或体系的质量要求是动态的、发展的和相对的。质量要求随着时间、地点、环境的变化而变化。如随着技术的发展、生活水平的提高,人们对产品、过程或体系会提出新的质量要求。因此,应定期评定质量要求、修订规范标准,不断开发新产品、改进老产品,以满足已变化的质量要求。另外,不同国家不同地区因自然环境条件不同,技术发达程度不同、消费水平不同和民俗习惯等的不同会对产品提出不同的要求,产品应具有这种环境的适应性,对不同地区应提供不同性能的产品,以满足该地区用户的明示的或隐含的要求。

4.1.1.2 建设工程质量

建设工程质量简称工程质量。工程质量是指工程满足业主需要的,符合国家法律、法规、技术规范标准、设计文件及合同规定的特性综合。

建设工程作为一种特殊的产品,除具有一般产品共有的质量特性(如性能、寿命、可靠性、安全性、经济性等满足社会需要的使用价值及其属性)外,还具有特定的内涵。

建设工程质量的特性主要表现在以下六个方面:

(1)适用性。即功能,是指工程满足使用目的的各种性能。包括理化性能,如尺寸、规格、保温、隔热、隔音等物理性能,耐酸、耐碱、耐腐蚀、防火、防风化、防尘等化学性能;结构性能,指地基基础牢固程度,结构的足够强度、刚度和稳定性;使用性能,如民用住宅工程要能使居住者安居,工业厂房要能满足生产活动需要,道路、桥梁、铁路、航道要能通达便捷等。建设工程的组成部件、配件、水、暖、电、卫器具、设备也要能满足其使用功能;外观性能,指建筑物的造型、布置、室内装饰效果、色彩等美观大方、协调等。

(2)耐久性。即寿命,是指工程在规定的条件下,满足规定功能要求使用的年限,也就是工程竣工后的合理使用寿命周期。由于建筑物本身结构类型不同、质量要求不同、施工方法不同、使用性能不同的个性特点,如民用建筑主体结构耐用年限分为四级(15~30年、30~50年、50~100年、100年以上);公路工程设计年限一般按等级控制在10~20年;城市道路工程设计年限,视不同道路构成和所用的材料,设计的使用年限也有所不同。

(3)安全性。是指工程建成后在使用过程中保证结构安全、保证人身和环境免受危害的程度。建设工程产品的结构安全度、抗震、耐火及防火能力,人民防空的抗辐射、抗核污染、抗爆炸波等能力,是否能达到特定的要求,都是安全性的重要标志。工程交付使用之后,必须保证人身财产、工程整体都有能免遭工程结构破坏及外来危害的伤害。工程组成部件,如阳台栏杆、楼梯扶手、电器产品漏电保护、电梯及各类设备等,也要保证使用者的安全。

(4)可靠性。是指工程在规定的时间和规定的条件下完成规定功能的能力。工程不仅要求在交工验收时要达到规定的指标,而且在一定的使用时期内要保持应有的正常功能。如工程上的防洪与抗震能力、防水隔热、恒温恒湿措施、工业生产用的管道防"跑、冒、滴、漏"等,都属可靠性的质量范畴。

(5)经济性。是指工程从规划、勘察、设计、施工到整个产品使用寿命周期内的成本和消耗的费用。工程经济性具体表现为设计成本、施工成本、使用成本三者之和。包括从征地、拆迁、勘察、设计、采购(材料、设备)、施工、配套设施等建设全过程的总投资和工程使用阶段的能耗、水耗、维护、保养乃至改建更新的使用维修费用。

(6)与环境的协调性。是指工程与其周围生态环境协调,与所在地区经济环境协调及与周围已建工程相协调,以适应可持续发展的要求。

上述六个方面的质量特性彼此之间是相互依存的,总体而言,适用性、耐久性、安全性、可靠性、经济性、与环境的协调性,都是必须达到的基本要求,缺一不可。

4.1.1.3 质量管理

质量管理体系 基础和术语》(GB/T 19000—2016/ISO 9000:2015)中质量管理的定义为:质量管理可包括制定质量方针和质量目标,以及通过质量策划、质量保证、质量控制和质量改进实现质量目标的过程。

作为组织,应当建立质量管理体系实施质量管理。具体来说,组织首先应当制定能够反映组织最高管理者的质量宗旨、经营理念和价值观的质量方针,然后在该方针的指导下,通过组织的质量手册、程序性管理文件和质量记录的制定,组织制度的落实、管理人员与资源的配置、质量活动的责任分工与权限界定等,最终形成组织质量管理体系的运行机制。

4.1.1.4　质量控制

《质量管理体系 基础和术语》(GB/T 19000—2016/ISO 9000:2015)中质量控制的定义为:质量控制是质量管理的一部分,致力于满足质量要求。

建设工程项目的质量要求是由业主(或投资者、项目法人)提出来的,是业主的建设意图通过项目策划,包括项目的定义及建设规模、系统构成、使用功能和价值、规格档次标准等的定位策划和目标决策来确定的。它主要表现为工程合同、设计文件、技术规范规定和质量标准等。因此,在建设项目实施的各个阶段的活动和各阶段质量控制均是围绕着致力于业主要求的质量总目标展开的。

质量控制所致力的活动,是为达到质量要求所采取的作业技术活动和管理活动。这些活动包括:确定控制对象,例如一道工序、设计过程、制造过程等;规定控制标准,即详细说明控制对象应达到的质量要求;制定具体的控制方法,例如工艺规程;明确所采用的检验方法,包括检验手段;实际进行检验;说明实际与标准之间有差异的原因;为了解决差异而采取的行动。质量控制贯穿于质量形成的全过程、各环节,要排除这些环节的技术、活动偏离有关规范的现象,使其恢复正常,达到控制的目的。

质量控制是质量管理的一部分而不是全部。两者的区别在于概念不同、职能范围不同和作用不同。质量控制是在明确的质量目标和具体的条件下,通过行动方案和资源配置的计划、实施、检查和监督,进行质量目标的事前预控、事中控制和事后纠偏控制,实现预期质量目标的系统过程。

工程项目质量控制按其实施者不同,包括以下三方面:

(1)业主方面的质量控制——工程建设监理的质量控制。其特点是外部的、横向的控制。工程建设监理的质量控制,是指监理单位受业主委托,为保证工程合同规定的质量标准对工程项目的质量控制。

(2)政府方面的质量控制——政府监督机构的质量控制。其特点是外部的、纵向的控制。政府监督机构的质量控制是按城镇或专业部门建立有权威的工程质量监督机构,根据有关法规和技术标准,对本地区或本部门的工程质量进行监督检查。

(3)承包商方面的质量控制。其特点是内部的、自身的控制。

4.1.2　工程项目建设各阶段对质量形成的影响

工程建设的不同阶段,对工程项目质量的形成起着不同的作用和影响。

4.1.2.1　项目可行性研究阶段

项目可行性研究是运用技术经济学原理,在对投资建设有关的技术、经济、社会、环境等所有方面进行调查研究的基础上,对各种可能的拟建方案和建成投产后的经济效益、社会效益和环境效益等技术经济指标进行分析、预测和论证,以确定项目建设的可行性,并在可行的情况下提出最佳建设方案作为决策、设计的依据。在此阶段,需要确定工程项目的质量要求,并与投资目标相协调。因此,项目的可行性研究直接影响项目的决策质量和设计质量。

4.1.2.2 项目决策阶段

项目决策阶段,主要是确定工程项目应达到的质量目标及水平。项目决策要能充分反映业主对质量的要求和意愿。

4.1.2.3 工程设计阶段

工程项目设计阶段,是根据项目决策阶段已确定的质量目标和水平,通过工程设计使其具体化。设计在技术上是否可行、工艺是否先进、经济是否合理、设备是否配套、结构是否安全可靠等,都将决定工程项目建成后的使用价值和功能。因此,设计阶段是影响工程项目质量的决定性环节。

4.1.2.4 工程施工阶段

工程项目施工阶段,是根据设计文件和图纸的要求,通过施工形成工程实体。这一阶段直接影响工程的最终质量。因此,施工阶段是工程质量控制的关键环节。

4.1.2.5 工程竣工验收阶段

工程项目竣工验收阶段,就是对项目施工阶段的质量进行试车运转、检查评定,考核质量目标是否符合设计阶段的质量要求。这一阶段是工程建设向生产转移的必要环节,影响工程能否最终形成生产能力,体现了工程质量水平的最终结果。

本模块主要讲述工程施工阶段和工程竣工验收阶段的质量控制。

4.1.3 质量控制的依据

施工阶段质量控制的依据,根据其适用的范围及性质,大体上可以分为以下两类。

4.1.3.1 共同性的依据

所谓共同性的依据,主要是指那些适用于工程项目施工阶段与质量控制有关的通用的、具有普遍指导意义和必须遵守的基本文件。它们包括以下几个方面。

1. 工程承包合同

工程承包合同、设计合同和监理合同条款中分别规定了参与建设的各方在质量控制方面的权利和义务,有关各方必须履行在合同中的承诺。尤其是监理单位,既要履行监理合同的条款,又要监督建设单位、施工单位履行有关质量控制的条款。

2. 设计文件

“按图施工”是施工阶段质量控制的一项重要原则,也是约定俗成的事。因此,经过批准的设计图纸和技术说明书等设计文件,无疑是质量控制的重要依据。

3. 国家及政府有关部门颁布的有关质量管理方面的法律、法规性文件

国家及政府有关部门颁布的有关质量管理方面的法律、法规性文件包括:

国家及政府有关部门颁布的有关质量管理方面的法律、法规性文件包括《中华人民共和国建筑法》《建设工程质量管理条例》等。

此外,其他各行业如交通、能源、水利、冶金、化工等政府主管部门和省、市、自治区有

关主管部门,也均根据本行业及地方的特点,制定和颁发了有关的法规性文件,这些文件分别适用于本行业或本地区工程建设质量管理和质量控制。

4.1.3.2　有关质量检验与控制的专门技术法规性依据

这类文件依据一般是针对不同行业、不同的质量控制对象而制定的技术法规性的文件,包括各种有关的标准、规范、规程或规定。

所谓技术标准,有国际标准(如ISO系列)、国家标准、行业标准和企业标准之分。它是建立和维护正常的生产及工作秩序应遵守的准则,也是衡量工程、设备和材料质量的尺度,如质量检验及评定标准,材料、半成品或构配件的技术检验和验收标准等。所谓技术规程或规范,一般是为执行技术标准、保证施工有秩序地进行,而为有关人员制定的行动准则,通常它们与质量的形成有密切关系,应严格遵守,如施工技术规程、操作规程、设备维护和检修规程、安全技术规程,以及施工及验收规范等。各种有关质量方面的规定,一般是有关主管部门根据需要而发布的带有方针目标性的文件,它对于保证标准和规程、规范的实施及改善实际存在的问题,具有指令性和及时性的特点。

属于这类专门的技术法规性的依据主要有以下几类:

(1)工程项目质量检验评定标准。

(2)有关工程材料、半成品和构配件质量控制方面的专门技术法规性依据。

(3)控制施工工序质量等方面的技术法规性依据。

(4)凡采用新工艺、新技术、新方法的工程,事先应进行试验,并应有权威性的技术部门的技术鉴定书及有关的质量数据、指标,在此基础上制定有关的质量标准和施工工艺规程,以此作为判断与控制的依据。

4.1.4　质量控制的作用和任务

4.1.4.1　质量控制的作用

监理单位受建设单位的委托,依据国家和政府颁布的有关标准、规范、规程、规定,以及工程建设的有关合同文件,对工程建设项目质量形成过程的各个阶段和各环节中影响工程质量的主导因素进行有效的控制,预防、减少或消除质量缺陷,满足业主对工程质量的要求,使工程建设项目有良好的投资效益和社会效益。由此可见,质量控制在工程建设项目的实施过程中具有十分重要的作用。

1. 克服由建设单位进行质量控制的片面性和放任性的弊端

监理单位按照建设单位的委托监理合同进行质量控制,就有了法律上的保证。监理单位是专职的质量控制监督服务性机构,它可以比建设单位更多地深入施工现场,及时发现施工中的质量问题并加以纠正。监理单位是工程建设过程中的监督者,在某种意义上还是质量控制的实施者。监理单位还可以对建设单位进行质量控制发挥参谋作用,协助其进行质量控制决策,解决重大质量问题。

2. 促进建设单位和施工单位的质量控制活动

监理单位由于深入施工现场进行全过程质量控制,故可以促使施工单位更加自觉地按照技术规范、操作规程、设计要求、施工方案、工作程序、检验方法等进行施工,从而可以确保工程的施工质量,对施工单位的技术水平与管理水平也可起到促进和提高作用。通过监理单位对施工单位质量保证体系的检查监督,发现不完善的加以帮助改正,对健全质量体系、加强施工单位的全面质量管理也是十分有益的。

3. 有利于健全施工单位质量保证体系

保证工程质量是一个复杂的系统工程,其中主要依靠施工单位内部建立完善的质量保证体系和正常运行,而施工单位的质量保证体系受合同环境的影响很大,如监理单位、材料供应单位、分包单位、外协单位等,都是质量保证体系的构成要素,没有这些单位的质量保证,施工单位的质量就不能保证,就难免出现质量问题。监理单位除对施工单位进行质量监理外,还要对他们的合同环境的质量活动进行必要的监理,审查各有关单位的质量保证体系,对他们的产品质量进行验收、检验、认证等把关活动。这一重要作用,离开质量监理是不可能实现的。

4.1.4.2　质量控制的主要内容

质量控制包括以下主要内容:

(1)审查承包者的资格和质量保证条件,优选承包者,确认分包者。

(2)确定质量标准和明确质量要求。

(3)督促承包商建立与完善质量保证体系。

(4)组织与建立本项目的质量监理控制体系。

(5)项目实施过程中实行质量跟踪、监督、检查、控制。

(6)质量缺陷或事故的处置。

4.1.4.3　施工阶段质量控制的任务

施工阶段质量控制是工程项目全过程质量控制的关键环节。工程质量很大程度上取决于施工阶段质量控制。其中心任务是要通过建立、健全有效的质量监督工作体系来确保工程质量达到合同规定的标准和等级要求。根据工程质量形成的时间阶段,施工阶段的质量控制可分为质量的事前控制、质量的事中控制和质量的事后控制。其中,工作的重点应是质量的事前控制。

1. 质量的事前控制

(1)确定质量标准,明确质量要求。

(2)建立本项目的质量监理控制体系。

(3)施工场地的质检验收。①现场障碍物的拆除、迁建及清除后的验收;②现场定位轴线及高程标桩的测设、验收。

(4)审查承包商的资质。①总承包单位的资质在招标阶段已进行了审查,开工时应检查工程主要技术负责人是否到位;②审查分包单位资质。

(5)督促承包商建立并完善质量保证体系。

(6)检查工程使用的原材料、半成品。①审核工程所用材料、半成品的出厂证明、技术合格证或质量保证书;②抽检材料、半成品质量;③对采用的新材料、新型制品,应检查技术鉴定文件;④对重要的原材料、制品、设备的生产工艺、质量控制、检测手段应实地考察,督促生产厂家完善质量保证体系和质量保证措施;⑤核查结构构件生产厂家生产许可证,考察其生产工艺;⑥设备安装前,按相应技术说明书的要求检查其质量。

（7）施工机械的质量控制。①对影响工程质量的施工机械，按技术说明书查验其相应的技术性能，不符合要求的，不得在工程中采用；②检查施工中使用的计量器具是否有相应的技术合格证，正式使用前进行校验或校正。

（8）审查施工单位提交的施工组织设计或施工方案。①审查施工组织设计或施工方案对保证工程质量是否有可靠的技术措施和组织措施；②结合监理工程项目的具体情况，要求施工单位编制重点分部（分项）工程的施工方法文件；③要求施工单位提交针对当前工程质量通病制定的技术措施；④要求施工单位提交为保证工程质量而制定的质量预控措施；⑤要求总包单位编制"土建、安装、装修"标准工艺流程图；⑥审核施工单位关于材料、制品试件取样及试验的方法或方案；⑦审核施工单位制定的成品保护的措施、方法；⑧考核施工单位实验室的资质；⑨完善质量报表、质量事故的报告制度等。

2. 质量的事中控制

（1）施工工艺过程质量控制：现场检查、旁站、量测、试验。

（2）工序交接检查：坚持上道工序不经检查验收不准进行下道工序的原则，检验合格后签署认可才能进行下道工序。

（3）隐蔽工程检查验收。

（4）做好设计变更及技术核定的处理工作。

（5）工程质量事故处理：分析质量事故的原因、责任；审核、批准处理工程质量事故的技术措施或方案；检查处理措施的效果。

（6）行使质量监督权，下达停工指令。为了保证工程质量，出现下述情况之一者，监理工程师有权指令施工单位立即停工整改：①未经检验即进行下道工序作业者；②工程质量下降经指出后，未采取有效改正措施，或采取了一定措施，而效果不好，继续作业者；③擅自采用未经认可或批准的材料；④擅自变更设计图纸的要求；⑤擅自转包工程；⑥擅自让未经同意的分包单位进场作业；⑦没有可靠的质量保证措施贸然施工并已呈现质量下降的趋势。

（7）严格工程开工报告和复工报告审批制度。

（8）进行质量、技术鉴定。

（9）对工程进度款的支付签署质量认证意见。

（10）建立质量监理日志。

（11）组织现场质量协调会。

（12）定期向总监、业主报告有关工程质量动态情况。

3. 质量的事后控制

（1）组织试车运转。

（2）组织单位、单项工程竣工验收。

（3）组织对工程项目进行质量评定。

（4）审核竣工图及其他技术文件资料。

（5）整理工程技术文件资料并编目建档。

4.1.4.4 保修阶段质量控制的任务

（1）审核承包商的《工程保修证书》。

(2)检查、鉴定工程质量状况和工程使用状况。

(3)对出现的质量缺陷确定责任者。

(4)督促承包商修复质量缺陷。

(5)在保修期结束后,检查工程保修状况,移交保修资料。

4.1.5 监理工程师在质量控制中遵循的原则

监理工程师在质量控制中应遵循以下原则:

(1)坚持质量第一。

(2)坚持以人为控制核心。

(3)坚持以预防为主。

(4)坚持质量标准。

(5)贯彻科学、公正、守法的职业规范。

课题 4.2 对影响工程质量主要因素的控制

在工程建设中,施工阶段影响工程质量的因素主要有人、材料、机械、方法和环境等五大方面。因此,事前对这五方面的因素严格予以控制,是保证建设项目工程质量的关键。

4.2.1 人的控制

人是指直接参与工程建设的决策者、组织者、指挥者和操作者。人,作为控制的对象,是避免产生失误;作为控制的动力,是充分调动人的积极性,发挥“人的因素第一”的主导作用。

为了避免人的失误,调动人的主观能动性,增强人的责任感和质量观,达到以工作质量保工序质量、促工程质量的目的,除加强政治思想教育、劳动纪律教育、职业道德教育、专业技术知识培训,健全岗位责任制,改善劳动条件,公平合理地激励外,还需根据工程项目的特点,从确保质量出发,本着适才适用、扬长避短的原则来控制人的使用。

在工程监理质量控制中,应从以下几方面来考虑人对质量的影响。

4.2.1.1 领导者的素质

在对施工承包单位进行资质认证和优选时,一定要考核领导层领导者的素质,因领导层整体的素质好,必然决策能力强,组织机构健全,管理制度完善,经营作风正派,技术措施得力,社会信誉高,实践经验丰富,善于协作配合,这样,就有利于合同执行,有利于确保质量、投资、进度三大目标的控制。事实证明,领导层的整体素质是提高工作质量和工程质量的关键。所以,在 FIDIC 合同条款中明文规定:对项目经理、总工程师、计划、财务、质量、主体工程、装饰、试验、机械等主要管理人员的个人经历及能力均要进行考查;监理工程师有权随时检查承包人员的情况,有权建议撤销承包方的任何施工人员,有权建议业主解除合同、驱逐承包商等。这些均有利于加强对承包方人员的控制,促使承包方领导层提高领导素质和管理水平。

4.2.1.2 人的理论、技术水平

人的理论、技术水平直接影响工程质量水平，尤其是对技术复杂、难度大、精度高、工艺新的建筑结构或建筑安装的工序操作，均应选择既有丰富理论知识，又有丰富实践经验的工程技术人员承担。必要时，还应对他们的技术水平予以考察，进行资质认证。

4.2.1.3 人的生理缺陷

根据工程施工的特点和环境，应严格控制人的生理缺陷，如有高血压、心脏病的人，不能从事高空作业和水下作业；反应迟钝、应变能力差的人，不能操作快速运行、动作复杂的机械设备；视力、听力差的人，不宜参与校正、测量或信号、旗语指挥的作业等。否则，将影响工程质量，引起安全事故，产生质量事故。

4.2.1.4 人的心理行为

人由于要受社会、经济、环境条件和人际关系的影响，要受组织纪律、法律、规章和管理制度的制约，要受劳动分工、生活福利和工资报酬的支配，因此人的劳动态度、注意力、情绪、责任心等在不同地点、不同时期也会有所变化。如当个人某种需要未得到满足，或受到批评处分，带着愤满和怨气的不稳定情绪工作，或上下级关系紧张，产生疑虑、畏惧、抑郁的心理，注意力发生转移，也极容易诱发质量、安全事故。所以，对某些须确保质量、万无一失的关键工序和操作，一定要分析人的心理变化，控制人的思想活动，稳定人的情绪。

4.2.1.5 人的错误行为

人的错误行为，是指人在工作场地或工作中吸烟、打赌、错视、错听、误判断、误动作等，这些都会影响质量或造成安全事故。所以，应采取措施，预防发生质量和安全事故。

4.2.1.6 人的违纪违章

对人的“三违”(违章作业、违章指挥、违反劳动纪律)，必须严加教育、及时制止。

此外，应严格禁止无技术资质的人员上岗操作。总之，在使用人的问题上，应从思想素质、业务素质和身体素质等方面综合考虑，全面控制。

4.2.2 材料质量控制

4.2.2.1 材料质量控制的要点

1. 订货前的控制

(1)掌握材料质量、价格、供货能力的信息，选择好的供货厂家，就可获得质量好、价格低的材料资源，从而就可确保工程质量，降低工程造价。因此，对主要材料、设备及构配件在订货前，必须要求承包单位申报，经监理工程师论证同意后，方可订货。

(2)对主要装饰材料及建筑配件，应在订货前要求厂家提供样品或看样订货；主要设备订货时，要审核设备清单，看其是否符合设计要求。

(3)监理工程师协助承包单位合理、科学地组织材料采购、加工、储备、运输，建立严密的计划、调度、管理体系，加快材料的周转，减少材料的占用量，按质、按量、如期地满足建设需要。

2. 进货后的控制

(1)对用于工程的主要材料，进场时必须具备正式的出厂合格证和材质化验单。如

不具备或对检验证明有怀疑,应补做检验。

(2)工程中所有构件,必须具有厂家批号和出厂合格证。预制钢筋混凝土或预应力钢筋混凝土构件,应按规定的方法进行抽样检验。由于运输、安装等原因出现的构件质量问题,应分析研究,经处理鉴定后方能使用。

(3)凡标志不清或认为质量有问题的材料;对质量保证资料有怀疑或与合同规定不符的一般材料;由工程重要程度决定,应进行一定比例试验的材料;需要进行追踪检验,以控制和保证其质量的材料等,均应进行抽检。对于进口的材料设备和重要工程或关键施工部位所用的材料,则应全部进行检验。

(4)材料质量抽样和检验的方法,应符合《建筑材料质量标准与管理规程》,要能反映该批材料的质量性能。对于重要构件或非匀质的材料,还应酌情增加采样的数量。

(5)对进口材料、设备应会同商检局检验,如核对凭证中发现问题,应取得供方和商检人员签署的商务记录,按期提出索赔。

(6)高压电缆、电压绝缘材料,要进行耐压试验。

3.现场配制材料的控制

在现场配制的材料,如混凝土、砂浆、防水材料、防腐材料、保温材料等的配合比,应先提出试配要求,经试配检验合格后才能使用。

4.现场使用材料的控制

(1)对材料性能、质量标准、适用范围和对施工要求必须充分了解,以便慎重选择和使用材料。

(2)合理地组织材料使用,减少材料的损失,正确按定额计量使用材料,加强运输、仓库、保管工作,加强材料限额管理和发放工作,健全现场管理制度,避免材料损失、变质,确保材料质量。

(3)凡用于重要结构、部位的材料,使用时必须仔细地核对,检查材料的品种、规格、型号、性能有无错误,是否适合工程特点和满足设计要求。

(4)新材料应用,必须通过试验和鉴定;代用材料必须通过计算和充分的论证,并要符合结构的要求。

(5)要针对工程特点,根据材料的性能、质量标准、适用范围和对施工要求等方面进行综合考虑,慎重选择和使用材料。

4.2.2.2 材料质量控制的内容

1.掌握材料质量标准

材料质量标准是用以衡量材料质量的尺度,也是作为验收、检验材料质量的依据。不同的材料有不同的质量标准,如水泥的质量标准有细度、标准稠度用水量、凝结时间、强度、体积安定性等。掌握材料的质量标准,就便于可靠地控制材料和工程的质量。

2.材料质量的检(试)验

1)材料质量检验的目的

材料质量检验的目的,是通过一系列的检测手段,将所取得的材料数据与材料的质量标准相比,借以判断材料质量的可靠性,决定其能否使用于工程中,同时有利于掌握材料信息。

2)材料质量的检验方法

材料质量检验方法有书面检验、外观检验、理化检验和无损检验等四种。

(1)书面检验:是通过对提供的材料质量保证资料、试验报告等进行审核,取得认可方能使用。

(2)外观检验:是对材料从品种、规格、标志、外形尺寸等方面进行直观检查,看其有无质量问题。

(3)理化检验:是借助试验设备和仪器对材料样品的化学成分、机械性能等进行科学的鉴定。

(4)无损检验:是在不破坏材料样品的前提下,利用X射线、超声波、表面探伤仪等进行检测。

3. 材料质量检验程度

根据材料信息和保证资料的具体情况,其质量检验程度分为免检、抽检和全部检验三种。

(1)免检就是免去质量检验过程。对有足够质量保证的一般材料,以及实践证明质量长期稳定,且质量保证资料齐全的材料,可予以免检。

(2)抽检就是按随机抽样的方法对材料进行抽样检验。当对材料的性能不清楚,或对质量保证资料有怀疑,或对成批生产的构配件时,均应按一定比例进行抽样检验。

(3)全部检验。凡对进口的材料、设备和重要工程部位的材料,以及贵重的材料,应进行全部检验,以确保材料和工程质量。

4. 材料质量检验项目

材料质量的检验项目分一般试验项目和其他试验项目。一般试验项目为通常进行的试验项目;其他试验项目为根据需要进行的试验项目。如水泥一般要进行标准稠度、凝结时间、抗压和抗折强度检验;若是小厂生产的水泥,往往由于安定性不好,则还应进行安定性检验。

5. 材料质量检验的取样

材料质量检验的取样必须有代表性,即所采取样品的质量应能代表该批材料的质量。在采样时,必须按规定的部位、数量及采选的操作要求进行。

4.2.3 施工方案控制

施工方案正确与否,是直接影响工程项目的进度、质量、投资三大目标能否顺利实现的关键。往往由于施工方案考虑不周而拖延进度,影响质量,增加投资。因此,监理工程师在审核施工方案时,必须结合工程实际,从技术、组织、管理、工艺、操作、经济等方面进行全面分析、综合考虑,力求方案技术可行、经济合理、工艺先进、措施得力、操作方便,有利于提高质量、加快进度、降低成本。

4.2.4 施工机械设备控制

从保证项目施工质量角度出发,监理工程师应着重从机械设备的选型、机械设备的主要性能参数和机械设备的使用、操作要求等三方面予以控制。在项目施工阶段,监理工程师必须综合考虑施工现场条件、建筑结构型式、机械设备性能、施工工艺和方法、施工组织管理、建筑技术经济等各种因素,审核承包单位机械化施工方案。

4.2.4.1　机械设备的选型

机械设备的选型,应按照技术上先进、经济上合理、生产上适用、性能上可靠、使用上安全、操作上方便和维修方便等原则,贯彻执行机械化、半机械化与改良工具相结合的方针,突出机械与施工相结合的特色,使其具有工程的适用性,具有保证工程质量的可靠性,具有使用操作的方便性和安全性。

4.2.4.2　机械设备的主要性能参数

机械设备的主要性能参数是选择机械设备的依据,要能满足施工需要和保证质量的要求。

4.2.4.3　机械设备的使用、操作要求

合理使用机械设备,正确地进行操作,是保证项目施工质量的重要环节,应贯彻“人机固定”的原则,实行定机、定人、定岗位责任的“三定”制度。操作人员必须认真执行各项规章制度,严格遵守操作规程,防止出现安全质量事故。

4.2.5　环境因素控制

影响工程项目质量的施工环境因素较多,主要有技术环境、施工管理环境及自然环境。

技术环境因素包括施工所用的规程、规范、设计图纸及质量评定标准。

施工管理环境因素包括质量保证体系、三检制、质量管理制度、质量签证制度、质量奖惩制度等。

自然环境因素包括工程地质、水文、气象、温度等。

上述环境因素对施工质量的影响具有复杂而多变的特点,尤其某些环境因素更是如此。如气象条件就是千变万化,温度、大风、暴雨、酷暑、严寒等均影响到施工质量。因此,监理工程师要根据工程特点和具体条件,采取有效的措施,严格控制影响质量的环境因素,确保工程项目质量。

课题4.3　施工阶段质量控制流程

4.3.1　图纸会审

施工图是工程施工的直接依据,图纸会审是监理单位、设计单位和施工单位进行质量控制的重要手段,也是使监理工程师和施工单位通过审查熟悉设计图纸,了解工程特点、设计意图和关键部位的工程质量要求,发现和减少设计差错的重要方法。

施工图纸会审通常是由监理工程师组织施工单位、设计单位参加进行的。先由设计单位介绍设计意图和设计图纸、设计特点、对施工的要求和技术关键问题;然后由各方面代表对设计图纸中存在的问题及对设计单位的要求进行讨论、协商,解决存在的问题和澄清疑点,并写出会议纪要。

对于在图纸会审纪要中提出的问题,设计单位应通过书面形式进行解释或提交设计变更通知书。若施工图是由施工单位编制和提供的,则应由该施工单位针对会审中提出的问题修改施工图纸,然后上报监理工程师审查,在获得批准和确认后,才能按该施工图进行施工。

图纸审查的内容主要包括以下几个方面:

(1)施工图纸设计者(设计单位或施工单位)合法资格的认定,以及图纸审核手续是否符合规定的要求,是否经设计单位正式签署。

(2)图纸与说明书是否齐全,是否符合监理大纲提出的要求。

(3)设计是否满足规定的要求(如抗震烈度、安全防火、环境卫生等要求)。

(4)图纸中有无遗漏、差错或相互矛盾之处;图纸的表示方法是否清楚和符合标准等。

(5)工程地质及水文地质等基础资料是否充分、可靠。

(6)所需材料的来源有无保证,能否替代;新材料、新技术的采用有无问题。

(7)所提出的施工工艺、方法是否合理,是否切合实际,是否存在不便于施工之处,能否保证质量要求。

(8)施工图或说明书中所涉及的各种标准、图册、规范、规程等,施工单位是否具备。

4.3.2　设计交底

设计交底应在工程施工前,由监理工程师组织设计单位向施工单位有关人员进行。设计交底的程序是:首先由设计单位介绍设计意图、结构特点、施工及工艺要求、技术措施和有关注意事项及关键问题;再由施工单位提出图纸中存在的问题和疑点,及需要解决的技术难题;然后通过三方研究和商讨,拟定出解决的方法,并写出会议纪要,作为对设计图纸的补充、修改及施工的依据。

设计交底的内容主要包括以下几个方面:

(1)有关的地形、地貌、水文气象、工程地质及水文地质等自然条件方面。

(2)施工图设计依据方面。包括初步设计文件、主管部门及其他部门(如规划、环保、农业、交通、旅游等)的要求、采用的主要设计规范、业主提供或市场供应的建筑材料情况等。

(3)设计意图方面。诸如设计思想、设计方案比较的情况、基础开挖及基础处理方案、结构设计意图、设备安装和调试要求、施工进度与工期安排等。

(4)施工应注意事项方面。如基础处理的要求、对建筑材料方面的要求、主体工程设计中采用新结构或新工艺对施工提出的要求、为实现进度安排而应采用的施工组织和技术保证措施等。

4.3.3　对原始基准点、基准线和参考标高的复核和工程放线的检查

为了使承包商进场后能尽快开始工程施工,监理工程师应要求承包商对工程师书面给定的原始基准点、基准线和参考标高进行复核,并将上述复核结果填写“施工放样报验单”,上报监理工程师进行审查。在获得批准后,承包商应根据批准的原始基准点、基准

线和参考标高,对工程进行准确放线,并对工程所有的位置、标高、尺寸及其正确性负责。承包人还应提供与上述责任有关的一切必要的仪器、装置和劳务。在工程施工期间,如果工程任何部分的位置、标高、尺寸或基准线出现差错,当监理工程师要求对此进行纠正时,承包商应纠正此类差错,直至工程师满意。

需要指出的是,监理工程师对任何放线工作或基准、标高的检查,均不能在任何方面解除承包商对上述各项工作的精度所负的责任。

然而,如果能确实肯定是由于监理工程师提供的数据不正确而导致工程任何部分的位置、标高、尺寸或基准线的差错,则其费用可由承包商从业主处得到补偿。

4.3.4　施工文件的审查

在施工招标阶段,施工承包商根据标书中表明的施工任务、技术要求、施工工期及施工现场的自然条件,曾制定过施工组织设计,这一施工组织设计是承包商投标书的重要组成部分。承包商中标后,投标阶段所编制的施工组织设计也自然成了工程承包合同文件的组成部分。然而,承包商进行现场施工时,仍必须对每一单位工程制定更为具体的施工组织设计,详细说明如何实施该单位工程的施工,并保证其质量。对于某些特别重要的和复杂的或者缺乏施工经验的分部(分项)工程,还应编写专门的、详尽的分部(分项)工程施工设计文件。不论属于哪一种情况,监理工程师均要对承包商编制的单位工程施工组织设计和分部(分项)施工设计文件进行审查。

施工承包商应将所制定的施工组织设计及时报送监理工程师审查。监理工程师审查时应着重注意以下几个方面:

(1)承包商所选用的施工机械设备的型号、类型、性能、数量等,能否满足施工进度和施工质量的要求。

(2)拟采用的施工方法、施工方案在技术上是否可行,对质量有无保证。

(3)各施工工序之间是否平衡,会不会因工序的不平衡而出现窝工。

(4)质量控制点的设置是否正确,其检验方法、检验频率、检验标准是否符合合同技术规范的要求。

(5)计量方法是否符合合同的规定。

(6)技术保证措施是否切实可行。

(7)施工安全技术措施是否切实可行等。

监理工程师在对施工承包商的施工组织设计进行仔细审查后提出意见和建议,并用书面形式答复承包商是否批准施工组织设计,是否需要修改。如果需要修改,承包商应对施工组织设计进行修改后提出新的施工方案,再次请监理工程师审查,直至批准。在施工组织设计获得批准后,承包商就应严格遵照批准的施工组织设计实施。根据合同条件的规定,监理工程师对施工方案的批准,并不解除承包商对此方案应负的责任。

在施工过程中,监理工程师有权随时随地检查已批准的施工组织设计的实施情况。如果发现施工承包商有违背之处,监理工程师应首先以口头,然后用书面形式指出承包商违背施工组织设计的行为,并要求其予以改正。如果承包商坚持不予以改正,监理工程师有权发布暂停令,停止其施工。

4.3.5　施工准备的检查

4.3.5.1　对承包商组织机构和人员的审查

在合同项目开工前，承包商应向监理工程师呈报现场组织机构表及各主要岗位的人员名单和他们的主要资历，监理工程师应认真予以审查。对于各现场机构的技术人员的配置，应要求承包商提供与工程施工和竣工及修补其任何缺陷有关的人员，包括熟悉他们各自行业的、有经验的技术助理及有能力对工程进行正确监督的工长和领班，以及为使承包商能恰当并按期履行合同义务所需的熟练的、半熟练的技工和普工，确保承包单位各级人员的素质。

根据承包商雇员在工作中的实际表现，监理工程师有权反对并要求承包商立即从该工程撤掉由承包商提供的而监理工程师认为是渎职者或不能胜任工作或玩忽职守的人员，以及监理工程师从其他方面考虑认为不宜留在现场的人员，而且没有监理工程师的同意，不得允许这些人员重新从事该工程的该项工作。从该工程撤走的任何此类人员，应尽快予以更换。

4.3.5.2　承包商工地实验室和试验计量设备的检查

为了能实施工程质量控制，工地实验室是一个十分重要的部门，它负责原材料试验，混凝土级配试验、强度试验，各种混合料试验以及其他各种现场试验。因此，开工前必须要求承包商建立自己的工地实验室，配置必要的试验设备和合格的试验技术人员，以满足开展工程所必需的各种常规试验的需要。

一般在合同中规定了承包商实验室必须从事的试验项目及实验室需要配置的设备清单，监理工程师应逐项进行检查，并且对于试验计量设备要求有合格证和率定表，以检查其计量的准确性。

根据国家规定，材料实验室的资格需要得到国家技术监督部门的质量认证，其试验结果才能有效。

4.3.5.3　对施工机具、设备的检查

为了保证合同项目建设的顺利开工，承包商在开工前应提交施工机具、设备进场的计划，这一计划应与施工进度计划相适应。根据施工进度及所需完成的工程量、工种、施工强度，确定所需的施工机具类型、型号、性能、数量及其进场的时间。监理工程师应审查承包商的施工机具、设备进场计划，以确定这一计划能否满足施工进度的需要。在该计划得到批准后，承包商应按计划组织机具设备进场并上报监理工程师。监理工程师应根据计划对进场的施工机具设备的类型、型号、性能、数量，以及这些机具设备的实际状况进行检查。如果发现有不符合进场计划的情况，或进场机具设备性能不符合要求，监理工程师应书面通知承包商进行更换和补充。

4.3.5.4　对原材料、成品、半成品的检查

用于工程的原材料，应检查其规格性能是否符合设计要求。凡没有出厂合格证的水泥、掺合料、外加剂、金属、化工、电工等材料，每批产品均需经过检查鉴定。对于混凝土结构、金属结构、木结构的预制件及半成品的质量，也需事先进行鉴定。对于机电设备及金属结构，应检查其是否有出厂合格证，对在运输和存放过程中发生的变形、锈蚀、受潮、损

坏等问题,是否已妥善处理。仪表、自动化元件、观测仪器和预埋件等,也需责成有关部门进行检查。

对于在一定时段内需要连续施工的工程(如混凝土浇筑、灌浆等),还需检查其材料和施工设备、机具配置数量能否满足计划时段内连续施工的需要。

4.3.5.5 对质量保证体系的检查

按照全面质量管理的观点,质量保证绝不是单一的质量管理、监督部门的事。为确保工程质量,施工承包商应充分发挥内部各部门、各岗位的特定质量职能,使其各尽质量保证的责任,建立承包商的质量保证体系。

监理工程师应从质量保证体制和人员、质量保证手册、质量保证体系图、质量信息反馈系统等四个方面审查承包商的质量保证体系。同时,监理工程师应督促承包商健全质量保证机构,并制定相应的职责,以确保质量保证工作的正常开展。

此外,还需检查附属工程、大型临时设施、防冻与降温措施、防自然灾害措施、保养和保护措施、劳动组织和技工水平,以及技术交底情况。

4.3.6 施工过程质量管理

4.3.6.1 对施工单位施工质量管理的监控

(1)对施工单位的质量控制自检系统进行监督,使其能在质量管理中始终发挥良好作用。如在施工中发现其不能胜任的质量控制人员,可要求承包方予以撤换;当其组织不完善时,应促使其改进、完善。

(2)监督与协助施工承包方完善工序质量控制,使其能将影响工序质量的因素自始至终都纳入质量管理范围;督促承包方对重要的和复杂的施工项目或工序要作为重点设立质量控制点,加强控制;及时检查与审核施工承包方提交的质量统计分析资料和质量控制图表;对于重要的工程部位或专业工程,监理单位还要进行试验和复核。

4.3.6.2 在施工过程中进行质量跟踪监控

(1)在施工过程中监理工程师要进行质量跟踪监控,监督承包方的各项工程活动,随时密切注意承包方在施工准备阶段中对影响工程质量的各方面因素所做的安排,在施工过程中是否发生了不利于保证工程质量的变化,诸如施工材料质量、混合料的配合比、施工机械的运行与使用情况、计量设备的准确性、上岗人员的组成和变化,以及工艺与操作等情况是否始终符合要求。若发现承包方有违反合同规定的行为或质量不符合要求,监理工程师有权要求承包方予以处理,直到使监理工程师满意。必要时,监理工程师还有权指令承包方暂时停工加以解决。

(2)严格工序间的交接检查。对于主要工序作业和隐蔽作业,通常要按有关规范要求,由监理工程师在规定的时间内检查,确认其质量符合要求后,才能进行下道工序。

(3)建立施工质量跟踪档案。监理工程师为了对施工承包单位所进行的每一分项或分部工程的各个工序质量实施严密、细致和有效的监督、控制,国内外的工程建设中常把建立施工质量跟踪档案作为一项十分重要的工作予以实施。

所谓施工质量跟踪档案,实质上是施工或安装记录,在我国叫作施工记录。它是针对各分部、分项工程所建立的,在施工承包单位进行工程对象施工或安装期间,实施质量控制活动的记录,还包括监理工程师对这些质量控制活动的意见以及施工承包单位对这些意见的答复,它详细地记录了工程施工阶段质量控制活动的全过程。因此,它不仅在工程施工期间对工程质量的控制有重要作用,而且在工程竣工和投入运行后,对于查询和了解工程建设的质量情况及工程维修和管理也能提供大量有用的资料和信息。

施工质量跟踪档案是在工程施工或安装开始前,由监理工程师帮助施工单位首先研究并列出各施工对象的质量跟踪档案清单。施工单位应在各建筑、安装对象施工前两周建立相应的质量跟踪档案并公布有关资料。随着施工的进行,施工单位应不断补充和填写关于材料、半成品生产或建筑物施工、安装的有关内容,记录新的情况。当每一阶段的建筑物施工或安装工作完成后,相应的施工质量跟踪档案也应随之完成,施工单位应在相应的跟踪档案上签字、留档,并送交监理工程师一份。

4.3.6.3 施工过程中的检查验收

(1)工序产品的检查、验收。对于各工序的产出品,应先由施工单位按规定进行自检,自检合格后向监理工程师提交“质量验收通知单”,监理工程师收到通知单后,应在合同规定的时间内及时对其质量进行检查,确认其质量合格并签发“质量验收通知单”后,方可进行下道工序的施工。

(2)重要的工程部位、工序和专业工程,或监理工程师对施工单位的施工质量状况未能确信者,以及重要的材料、半成品的使用等,还需由监理方亲自进行试验或技术复核。例如在公路路面摊铺现场测定沥青的温度、在路基或填土压实的现场抽取试样检验等。

4.3.6.4 下达停工指令控制施工质量

在出现下列情况时,监理工程师有权行使质量控制权,下达停工令,及时进行质量控制:

(1)施工中出现质量异常情况,经提出后,施工单位未采取有效措施,或措施不力未能扭转这种情况。

(2)隐蔽作业未经查验确认合格,而擅自封闭。

(3)已发生质量事故,迟迟未按监理工程师要求进行处理,或者是已发生质量缺陷或事故,如不停工则质量缺陷或事故将继续发展的情况下。

(4)未经监理工程师审查同意,而擅自变更设计进行施工。

(5)未经技术资格审查的人员或不合格人员进入现场施工。

(6)使用的原材料、构配件不合格或未经检查确认,或擅自采用未经审查认可的代用材料。

(7)擅自使用未经监理单位审查认可的分包商进场施工。

4.3.7 设置质量控制点

质量控制点是施工质量控制的重点,设置质量控制点就是要根据工程项目的特点,抓住影响工序施工质量的主要因素。对工序活动中的重要部位或薄弱环节,事先分析影响质量的原因,并提出相应的措施,以便进行预控。不论是结构部位、影响质量的关键工序、操作、施工顺序、技术参数、材料、机械、施工环境等,均可作为质量控制点来控制。概括来说,应当选择那些保证质量难度大的、对质量影响大的或者是发生质量问题时危害大的对象作为质量控制点。

质量控制点的选择要准确、有效。因此,一方面需要有经验的工程技术人员来进行选择,另一方面也要集思广议,集中群体智慧由有关人员充分研究讨论,在此基础上进行选择。选择时要根据对重要的质量特性进行重点控制的要求,选择质量控制的重点部位、重点工序和重点的质量因素作为质量控制点,进行重点控制和预控,这是进行质量控制的有效方法。

××工程质量控制点表式如表4-1所示。在工程开工前,由专业监理工程师组织承包单位编制,并由总监理工程师批准后执行。

表4-1 ××工程质量控制点

工程编号				工程名称	质量控制点			质量验收标准及方法
分部	子分部	分项	检验批		W点	H点	S点	

一般工程的质量控制点设置位置见表4-2。

表4-2 一般工程的质量控制点设置位置

分项工程	质量控制点
测量定位	标准轴线桩、水平桩、龙门板、定位轴线
地基、基础	基坑(槽)尺寸、标高、土质、地基承载力、基础垫层标高,基础位置、尺寸、标高,预留洞孔、预埋件的位置、规格、数量,基础墙皮数杆及标高、杯底弹线
砌体	砌体轴线,皮数杆,砂浆配合比,预留洞孔、预埋件位置,数量,砌块排列
模板	位置、尺寸、标高,预埋件位置,预留洞孔尺寸、位置,模板强度及稳定性,模板内部及润湿情况
钢筋混凝土	水泥品种、强度等级,砂石质量,混凝土配合比,外加剂比例,混凝土振捣,钢筋品种、规格、尺寸、接头,预留洞(孔)及预埋件的规格、数量和尺寸等,预制构件的吊装等
吊装	吊装设备、吊具、索具、地锚
钢结构	翻样图、放大样、胎模与胎架、连接形式的要点(焊接及残余变形)
装修	材料品质、色彩、各工艺

4.3.8 质量控制中的见证点和停止点

所谓见证点和停止点是国际上对于重要程度不同及监督控制要求不同的质量控制对象的一种区分方式。实际上它们都是质量控制点,只是由于它们的重要性或其质量后果影响程度有所不同,所以在实施监督控制时的运作程序和监督要求也有区别,现分述如下。

4.3.8.1 见证点

1. 见证点的概念

见证点(或截留点)监督也称为W点监督。凡是列为见证点的质量控制对象,在规定的关键工序(控制点)施工前,施工单位应提前通知监理人员在约定的时间到现场进行见证和对其施工实施监督。如果监理人员未能在约定的时间到现场见证和监督,则施工单位有权进行该W点的相应的工序操作和施工。

2. 见证点的监理实施程序

见证点的监理实施程序如下:

(1)施工单位应在到达某个见证点(质量控制点)之前一定时间,例如24小时前,书面通知监理工程师,说明将到达该见证点准备施工的日期与时间,请监理人员届时到现场进行见证和监督。

(2)监理工程师收到通知后,应在施工跟踪档案上注明收到该通知的日期并签字。

(3)监理人员应按规定的时间到现场见证,对该质量控制点的实施过程进行认真的监督、检查,并在见证表上详细记录该项工作所在的建筑物部位、工作内容、数量、质量及工时等后签字,作为凭证。

(4)如果监理人员在约定的时间未能到现场见证,施工单位可以认为已获得监理工程师认可,有权进行施工。

(5)如果在此之前监理单位已到过现场检查,并将有关意见写在施工跟踪档案上,则施工单位应在该意见旁写明他根据该意见已采取的改进措施,或者写明他的某些具体意见。

4.3.8.2 停止点

1. 停止点的概念

停止点也称为待检点或H点,它是重要性高于见证点的质量控制点。它通常是针对特殊过程或特殊工序而言的。所谓特殊过程,通常是指该施工过程或工序施工质量不易或不能通过其后的检验和试验而充分得到验证。因此,对于某些施工质量不能依靠其后的检验来把关或难以在以后检验其内在质量的工序或施工过程,或者是某些万一发生质量事故则难以挽救的施工对象,就应设置停止点。凡列为停止点的控制对象,要求必须在规定的控制点到来之前通知监理方派员对控制点实施监控,如果监理方未在约定的时间到现场监督、检查,施工单位应停止进入该H点相应的工序,并按合同规定等待监理方,未经认可不能越过该点继续活动。例如,某些重要的预应力钢筋混凝土结构或构件的预应力张拉工序,某些重要的钢筋混凝土结构在钢筋架立后、混凝土浇筑之前,重要的重型设备基础预埋螺栓的定位等均可设置停止点。

2. 停止点的监理实施程序

停止点的监理实施程序与上述见证点的监理实施程序不同,如果监理人员未能在约定时间到达待检点的现场,施工承包单位不得进行该项工作。事后监理方应在施工跟踪档案上说明未能到现场的原因,然后双方重新约定监理检查时间。

在实际工程实施质量控制时,通常是由工程承包单位在分项工程施工前制订施工计划时,选定质量控制点,并在相应的质量计划中再进一步明确哪些是见证点,哪些是停止点,施工单位应将该施工计划及质量计划提交监理工程师审批。如监理工程师对上述计划及见证点与停止点的设置有不同的意见,应书面通知施工单位,要求其予以修改,修改后再上报监理工程师审批后执行。

4.3.9 工程质量的检验

质量检验就是根据一定的质量标准,借助一定的检测手段来评估工程产品、材料或设备等性能特征或质量状况的工作。

4.3.9.1 质量检验的作用

质量检验是监理单位监督、控制施工单位施工质量的十分重要的、必不可少的手段。概括起来,质量检验的主要作用如下:

(1)质量检验是质量保证与质量控制的重要手段。为了保证工程质量,在质量控制中,需要将工程产品或材料、半成品等的实际质量状况(质量特性等)与规定的标准进行比较,以便判断其质量状况是否符合要求的标准,这就需要通过质量检验手段来检测实际情况。

(2)质量检验为质量分析与质量控制提供了所需依据的有关技术数据和信息,所以它是质量分析、质量控制与质量保证的基础。

(3)通过对进场材料、半成品、构配件及其他器材进行全面的质量检验工作,可以监督与保证承包单位使用质量合格的材料,避免因材料的质量问题而导致工程质量事故的发生。

(4)在施工过程中,施工单位通过对施工工序的检验取得数据,可以及时判断质量情况,采取措施,防止质量问题的延续与积累。监理单位则可借助检验资料数据,分析判断质量是否合格,如不合格,则采取措施加以补救。

显然,工程质量检验可以为质量管理与质量控制及时提供所需的数据资料,用检验的数据和所反映的实际情况来分析、判断工程的质量状况,找出质量规律,有针对性地采取控制措施,达到质量控制的目的,确保工程质量及工程的可靠性与安全性。

4.3.9.2 质量检验的方法

现场所用原材料、半成品、工序过程或工程产品质量进行检验的方法,一般可分为三类,即目测法、量测法及试验法。

1. 目测法

目测法即凭借感官进行检查。这类方法主要是根据质量要求,采用看、摸、敲、照等手法对检查对象进行检查。

2. 量测法

量测法就是利用量测工具或计量仪表，通过实际量测结果与规定的质量标准或规范的要求相对照，从而判断质量是否符合要求。量测的手法可归纳为靠、吊、量、套。

3. 试验法

试验法是指通过进行现场试验或实验室试验等理化试验手段，取得数据，分析判断质量情况。包括理论试验和无损测试或检验。

（1）理化试验。工程中常用的理化试验包括各种物理力学性能方面的检验和化学成分及含量的测定等两个方面。力学性能的检验如各种力学指标的测定，像抗拉强度、抗压强度、抗弯强度、抗折强度、冲击韧性、硬度、承载力等。各种物理性能方面的测定如密度、含水量、凝结时间、安定性、抗渗、耐磨、耐热等。各种化学方面的试验如化学成分及其含量的测定（例如钢筋中的磷、硫含量，混凝土粗骨料中的活性氧化硅成分测定等），以及耐酸、耐碱、抗腐蚀等。此外，必要时还可在现场通过诸如对桩或地基的现场静载试验或打试桩，确定其承载力；对混凝土现场取样，通过实验室的抗压强度试验，确定混凝土达到的强度等级；通过管道压水试验，判断其耐压及渗漏情况等。

（2）无损测试或检验。借助专门的仪器、仪表等手段探测结构物或材料、设备内部组织结构或损伤状态。它们一般可以在不损伤被探测物的情况下了解被探测物的质量情况。

4.3.9.3　质量检验的分类

质量检验按检验的程度，即检验对象被检验的数量划分，可有以下几类：

（1）全数检验。全数检验也叫作普遍检验。它主要是用于关键工序部位或隐蔽工程，以及那些在技术规程、质量检验标准或设计文件中有明确规定应进行全数检验的对象。

（2）抽样检验。对于主要的建筑材料、半成品或工程产品等，由于数量大，通常大多采取抽样检验。

（3）免检。就是在某种情况下，可以免去质量检验过程。

4.3.9.4　质量检验必须具备的条件

监理单位对施工单位进行有效的质量监督控制是以质量检测为基础的，为了保证质量检验的工作质量，必须具备一定的条件，如：

（1）监理单位要具有足够的检验技术力量。要配备所需的各类具有相应水平和资格的质量检验人员。必要时，还应建立可靠的对外委托检验关系。

（2）监理单位应建立一套完善的管理制度，包括建立质量检验人员的岗位责任制、检验设备质量保证制度、检验人员技术核定与培训制度、检验技术规程与标准实施制度，以及检验资料档案管理制度等。

（3）配备符合标准及满足检验工作需要的检验和测试手段。

（4）具备适宜检验的工作条件：①检验工作必需的工作环境条件，如场地、工作面、照明、安全条件等；②检验标准规定的技术环境条件；③质量检验所需的评价标准条件，即技术标准，如国际标准、国家标准、部颁标准及地方标准等。

4.3.10　工程验收

4.3.10.1　分部、分项工程的验收

(1)对施工过程完成的分部、分项工程进行中间验收。中间验收也叫中期验收或工程师验收。一项分部、分项工程完成后,施工单位应对其先进行自检,确认合格后,再向监理工程师提交一份"中间(中期)交工证书"请求监理工程师予以检查、确认。监理工程师可按合同文件的要求,根据施工图纸及有关文件、规范、标准等,从产品外观、几何尺寸及内在质量等方面进行检查、审核,如确认其质量符合要求,则签发"中间(中期)交工证书"予以验收。如有质量缺陷,则指令施工单位进行处理,待质量合乎要求后再予以验收。

(2)在分部、分项工程根据合同要求进行中间验收的同时,还应当根据工程性质,按各有关行业的工程质量检验评定的国家标准或部颁标准,对分部、分项工程进行质量等级的评定。

4.3.10.2　参与单位工程或整个工程项目的竣工验收

在一项单位工程完工后或整个工程项目完成后,施工承包单位应先进行竣工自验,自验合格后,向监理工程师提出竣工验收申请。监理工程师应协助建设单位组织竣工验收,其主要工作包括以下几个方面:

(1)审查施工承包单位提交的竣工验收所需文件资料,包括各种质量检查、试验报告以及各种有关的技术性文件等。若所提交的验收文件、资料不齐全或有相互矛盾和不符之处,应指令施工单位补充及核实。

(2)审核施工单位提交的竣工图,并与已完工程、有关的技术文件(如设计图纸、设计变更文件、施工记录及其他文件)对照进行核查。

(3)监理工程师参与拟验收工程项目的现场初验,如发现质量问题,应指令施工单位进行处理。

(4)对拟验收项目初验合格后,即可上报业主组织由业主、施工承包单位、设计单位和政府质量监督部门等参加的正式验收。

(5)与竣工验收同时,会同政府质量监督部门及其他有关单位进行单位或单项工程的质量等级评定工作。

4.3.11　设计变更

在工程施工过程中,无论是建设单位或者施工单位及设计单位提出的工程变更或图纸修改,都应通过监理工程师审查并组织有关方面研究,确认其必要性后,由监理工程师发布变更指令方能生效予以实施。

应当指出的是,监理工程师对于无论哪一方提出的现场设计变更要求,都应持十分谨慎的态度。除非是原设计不能保证质量要求,或确有错误,以及无法施工或非改不可之处。一般情况下,即使变更要求可能在技术经济上是合理的,也应全面考虑,将变更以后所产生的效益(质量、工期、造价)与现场变更往往会引起施工单位的索赔等所产生的损失加以比较,权衡轻重后再作出决定。因为往往这种变更并不一定能达到预期的愿望和效果。

课题4.4 施工质量控制方法

4.4.1 测量

测量是建筑对象几何尺寸、方位等控制的重要手段。施工前监理人员应对施工放线及高程控制进行检查,严格控制,不合格者不得施工;有些在施工过程中即应随时注意控制,发现偏差,及时纠正;中间验收时,对于几何尺寸等不符合要求者,应指令施工单位处理。

4.4.2 见证取样

见证取样和送检制度是指在监理单位见证员的见证下,对进入施工现场的有关建筑材料,由施工单位专职材料试验人员——取样员在现场取样或制作试件后,送至符合资格管理要求的实验室进行试验的一个程序。见证取样涉及三方行为,即施工方、见证方、试验方。

见证要求如下:

(1)见证实验室必须通过省(或省以上)主管部门对计量(CMA)和质量(CMC)认证,并且有省(或省以上)主管部门颁发的乙级(含乙级)以上试验检测资质证书。

(2)见证人必须持有试验检测资格证书,见证人对见证样品的代表性、真实性负责。

(3)试样或其包装上应作出标识、封。标识和封应标明样品名称、样品数量、工程名称、取样部位、取样日期,并有取样人和见证人签字。

(4)承担有见证试验的实验室,在检查确认试样上的见证标识、封无误后方可进行试验,否则应拒绝试验。

(5)见证试验报告单必须由见证人签名盖章,而且加盖"见证试验"专用章。

见证人员必须取得《见证员证书》,且通过业主授权,且授权后只能承担所授权工程的见证工作。对进入施工现场的所有建筑材料,必须按规范要求实行见证取样和送检试验,试验报告纳入质保资料。

见证取样和送检的程序如下:

(1)取样。

施工单位:材料取样和试件制作。

见证人员:①对材料取样和试件制作见证;②在试件或其包装上作标记;③填写"见证记录台账"。

(2)送检:取样后将试件从现场移交给试验单位的过程。

(3)收件。

(4)试验报告。试验报告有五点要求:①试验报告应电脑打印;②试验报告采用省统一用表;③试验报告签名一定要手签;④试验报告应有"有见证检验"专用章统一格式;⑤注明见证人的姓名。

(5)报告领取。

第一种情况:检验结果合格,由施工单位领取报告,办理签收登记。

第二种情况:检验结果不合格,试验单位通知见证人上报监督站。由见证人领取试验报告。

在见证取样和送检试验报告中,实验室应在报告备注栏中注明见证人,加盖有“有见证检验”专用章,不得再加盖“仅对来样负责”的印章,一旦发生试验不合格情况,应立即通知监督该工程的建设工程质量监督机构和见证单位,有出现试验不合格而需要按有关规定重新加倍取样复试时,还需按见证取样送检程序来执行。

未注明见证人和无“有见证检验”专用章的试验报告,不得作为质量保证资料和竣工验收资料。

材料进场要登记台账,见证取样送检试验记录要登记台账。

4.4.3　旁站监理

旁站监理是指监理人员对关键部位、关键工序(质量控制点、见证点及停止点)的施工实施全过程现场跟班的监督活动。旁站监理是驻地监理人员的一种主要现场检查形式。监理单位在编制监理规划和监理细则时,应明确旁站监理的范围、内容和旁站监理人员的职责。施工单位根据监理规划和监理细则中的要求,在需要实施旁站监理的关键部位、关键工序进行施工前24小时,以书面的形式通知驻工地的项目监理机构(驻地监理),项目监理机构及时安排监理人员实施旁站监理。

旁站监理人员的主要职责如下:

(1)检查施工企业现场质检人员到岗,特殊工种人员持证上岗及施工机械、建筑材料准备情况。

(2)在现场跟班监督关键部位、关键工序的施工执行施工方案以及工程建设强制性标准情况。

(3)检查现场建筑材料、建筑构配件、设备和商品混凝土的质量检验报告等,并可在现场监督施工单位进行检验或者委托具有资格的第三方进行复验。

(4)做好旁站监理记录和监理日记,保存旁站监理的原始材料。

旁站监理人员对需要实施旁站监理的关键部位、关键工序在施工现场跟班监督,及时发现和处理旁站监理过程中出现的质量问题,如实、准确地做好旁站监理记录。凡施工单位现场质检人员和旁站监理人员未在旁站监理记录上签字的,不得进行下一道工序施工。旁站监理人员发现施工单位有违反工程建设强制性标准行为的,有权责令施工单位立即整改;发现其施工活动已经或者可能危及工程质量的,应当及时向监理工程师或者总监理工程师报告,由总监理工程师下达局部暂停施工指令或者采取其他应急措施。

旁站监理记录是监理工程师或者总监理工程师依法行使有关签字权的重要依据,对于需要旁站监理的关键部位、关键工序施工,凡没有实施旁站监理或者没有旁站监理记录的,监理工程师或者总监理工程师不得在相应文件上签字。工程竣工验收后,监理单位应当将旁站监理记录存档备查。

旁站监理记录要求如下:

(1)以单位工程为单位做好旁站监理记录,并以单位工程装订成册,保存旁站监理原始资料。

(2)对实施旁站监理的施工部位,监理人员应跟班监督,及时发现和处理旁站过程中出现的质量问题,如实、正确地做好旁站监理记录。

(3)根据旁站监理的部位和工序不同,可由1至2人或多人同时进行旁站监理,旁站监理人员应各自做好旁站监理记录,按要求填好旁站监理记录表(见表4-3)。

表4-3　旁站监理记录表

工程名称:　　　　　　　　　　　　　　　　　　　　　　编号:

日期及气候:	工程地点:
旁站监理的部位或工序:	
旁站监理开始时间:	旁站监理结束时间:
施工情况:	
监理情况:	
发现问题:	
处理意见:	
备注:	
施工企业:________ 项目经理部:________ 质检员(签字):________ 年　月　日	监理企业:________ 项目监理机构:________ 旁站监理人员(签字):________ 年　月　日

4.4.4 巡视监理

巡视监理是采用定期或不定期的巡视检查。在实施巡视检查时可用以下两种方法:

(1)巡视检查正在作业的部位或工序,随时发现问题随时处理。

(2)巡视检查已施工完毕的部位,如发现问题,可用量测或检测的方法进行检查。经量测或检测,如不符合要求,应按下列规定进行处理:经返工重做,重新进行验收;经有资质的检测单位检测鉴定能达到设计要求的,应予以验收;经有资质的检测单位检测鉴定达不到设计要求,但经原设计单位核算认可能够满足结构安全和使用功能的检验批,可予以验收;经返修或加固处理的分项、分部工程,虽然改变外形尺寸但仍能满足安全使用要求,可按技术处理方案和协商文件进行验收。

在执行巡视检查后,应按要求填好"巡视监理记录表"。必要时可由监理工程师或总监理工程师签发"巡视监理备忘录"。

4.4.5 平行检验

所谓平行检验,是指一方是承包单位对自己负责施工的工程项目进行检查验收,而另一方是监理机构,他是受建设单位的委托,在施工单位自检的基础上,按照一定的比例,对工程项目进行独立检查和验收。

项目监理机构利用一定的检查或检测手段,在承包单位自检的基础上,按照一定的比例独立进行检查或检测的活动。

4.4.6 第三方验证检测

第三方验证检测是指建设单位在工程按照现行国家有关规定进行见证取样检测的基础上,委托具有相应资质的检测单位对建筑材料、建筑构配件及工程实体质量进行的验证检测。

第三方验证检测单位应具备监督检测资格。建设单位应按照国家和省、市有关计费标准在项目设计概算中单独计列第三方验证检测费用。

建筑材料、建筑构配件的第三方验证检测内容包括国家有关质量验收规范规定需进场复试的所有检测项目,检测数量应不少于质量验收规范规定的30%。

第三方验证检测应包括地基基础、主体结构等重要部位,并按照国家有关规范标准和技术规程执行。

验证检测内容主要包括混凝土抗压强度、钢筋保护层厚度、现浇混凝土楼板厚度、钢筋数量及间距、植筋锚固力等。

(1)混凝土抗压强度检测应涵盖所有设计强度等级,以竖向构件为主,设计强度等级C50及以上的构件采用钻芯法检测,设计强度等级C45及以下的构件采用回弹(钻芯修正)法检测,工程地基与基础、首层和顶层必须检测,且每个混凝土强度等级至少检测一个楼层。

(2)钢筋保护层厚度检测时,悬挑构件所占比例不宜小于50%。

(3)现浇混凝土楼板厚度检测楼层数量不少于建筑总层数的30%,每楼层检测楼板数量不少于该层楼板构件总数的10%,且不少于3块。

(4)钢筋数量及间距主要检测楼板、墙类构件钢筋分布及梁、柱构件钢筋数量。

(5)植筋锚固力主要检测填充墙与承重墙、柱、梁采用化学植筋连接的钢筋。

验证检测结果不合格的,建设单位应委托政府指定的专家组进行技术论证,并根据有关规定对实体质量进行论证检测。

4.4.7 指令文件

指令文件是运用监理工程师指令控制权的具体形式。所谓指令文件,是指监理工程师对施工承包单位提出指示和要求的书面文件,用以向施工单位指出施工中存在的问题,提请施工单位注意,以及向施工单位提出要求或指示它做什么或不做什么等。监理工程师的各项指令都应是书面的或有文件记载方为有效,并作为技术文件资料存档。如因时间紧迫,来不及作出正式的书面指令,也可以用口头指令的方式下达给施工单位,但随即应按合同规定,及时补充书面文件对口头指令予以确认。

4.4.8 支付控制手段

支付控制是国际上较通用的一种重要的控制手段,也是业主或承包合同赋予监理工程师的支付控制权。从根本上讲,国际上对合同条件的管理主要是采用经济手段和法律手段。因此,质量监理是以计量支付控制权为保障手段的。所谓支付控制权就是:对施工承包单位支付任何工程款项,均需由监理工程师开具支付证书,没有监理工程师签署的支付证书,业主不得向承包方支付工程款。工程款支付的条件之一就是工程质量要达到规定的要求和标准。如果施工单位的工程质量达不到要求的标准,而又不能按监理工程师的指示承担处理质量缺陷的责任,予以处理使之达到要求的标准,监理工程师有权采取拒绝开具支付证书的手段,停止对施工单位支付部分或全部工程款,由此造成的损失由施工单位负责。显然,这是十分有效的控制和约束手段。

4.4.9 质量控制工作程序

质量控制工作程序是质量管理中为保证监理人员有效地控制工程质量,而将工程中承包人和监理工程师应做的工作按时间先后顺序确定下来的工作步骤。这个步骤一旦形成正式规定,承包人和监理人员都必须严格执行。工程质量控制工作程序包括基本程序和工序检查程序。

4.4.9.1　质量控制的基本程序

在开工前,监理工程师应向承包人及监理人员提出适用于所有工程项目质量控制的程序(基本程序)及说明,以供所有监理人员、承包人的自检人员和施工人员共同遵循,使质量控制程序化、规范化。质量控制的基本程序包括开工报告、工序自检报告、工序检查认可、中间交工报告、中间交工证书及中间计量。在上述质量控制程序中关键是控制"开工报告""质量验收单"和"中间交工证书"三个重点环节。

"开工报告"是监理工程师对该项工程(单位或单项)准备工作就绪的认可和批准。承包人开工前准备工作充分与否直接关系到工程的施工进度和质量,因此要求监理工程师对开工报告应认真、严格地审查,批准意见必须用书面形式通知承包人,承包人只有在接到批准开工的书面通知后方可开始施工。

"质量验收单"是各工序或各项工程完工后的专用验收单,是工序自检报告和抽检签认报告的汇总,是监理工程师对工序或分项工程质量的鉴定书。每道工序或分项工程一个部位完工后,承包人进行质量自检,合格后填写"质量验收单"报监理,监理接到验收单之后立即对申请验收的工序或分项工程进行检测和复验,并将检查结果填入"质量验收单"。若检查合格,则通知承包人继续下一道工序或另一个分项、分部工程施工;若检查不合格,则责令承包人改正或返工。

"中间交工证书"是在一个单项工程完工后签认的。签认的前提条件是:有监理工程师批准的"开工报告";有承包人对单项工程质量的自检结果;有该项工程各道工序或部位的"质量验收单";该项工程经监理现场验收合格。"中间交工证书"是监理工程师进行质量控制的最后手段,也是中间计量和支付的依据,所以这个环节十分重要。

在执行质量控制程序中要坚持"四不准"原则,即人力、材料、机械设备不足,不准开工;未经检查认可的材料,不准使用;未经批准的施工工艺在施工中不准采用;前一道工序或分项工程部位未经监理人员验收,下一道工序或另一分项工程不准施工。

4.4.9.2　工序检查程序

各专业监理工程师应在组成工程的各个单位、分部、单元工程开工之前,提出工序检查程序及说明,在这个程序中根据施工的进展,规定不同施工工序监理人员为保证工程质量应做的事情以及承包人应完成的工作。在技术规范中几乎每项工程都可以编制出相应的工序检查程序。

工序检查程序的编制原则:应与合同图纸和工程量清单的分项所含内容一致;应与技术规范及监理工程师批准采用的施工方法和工艺流程相协调;应与国家或合同规定的验收标准、检验频率和检验方法相配合;工序检查程序宜采用框图的形式表示,以便直观,并应与相应的检查记录、报表、证书等相配套。

质量控制的监理内容和监理程序如图4-1~图4-5所示。

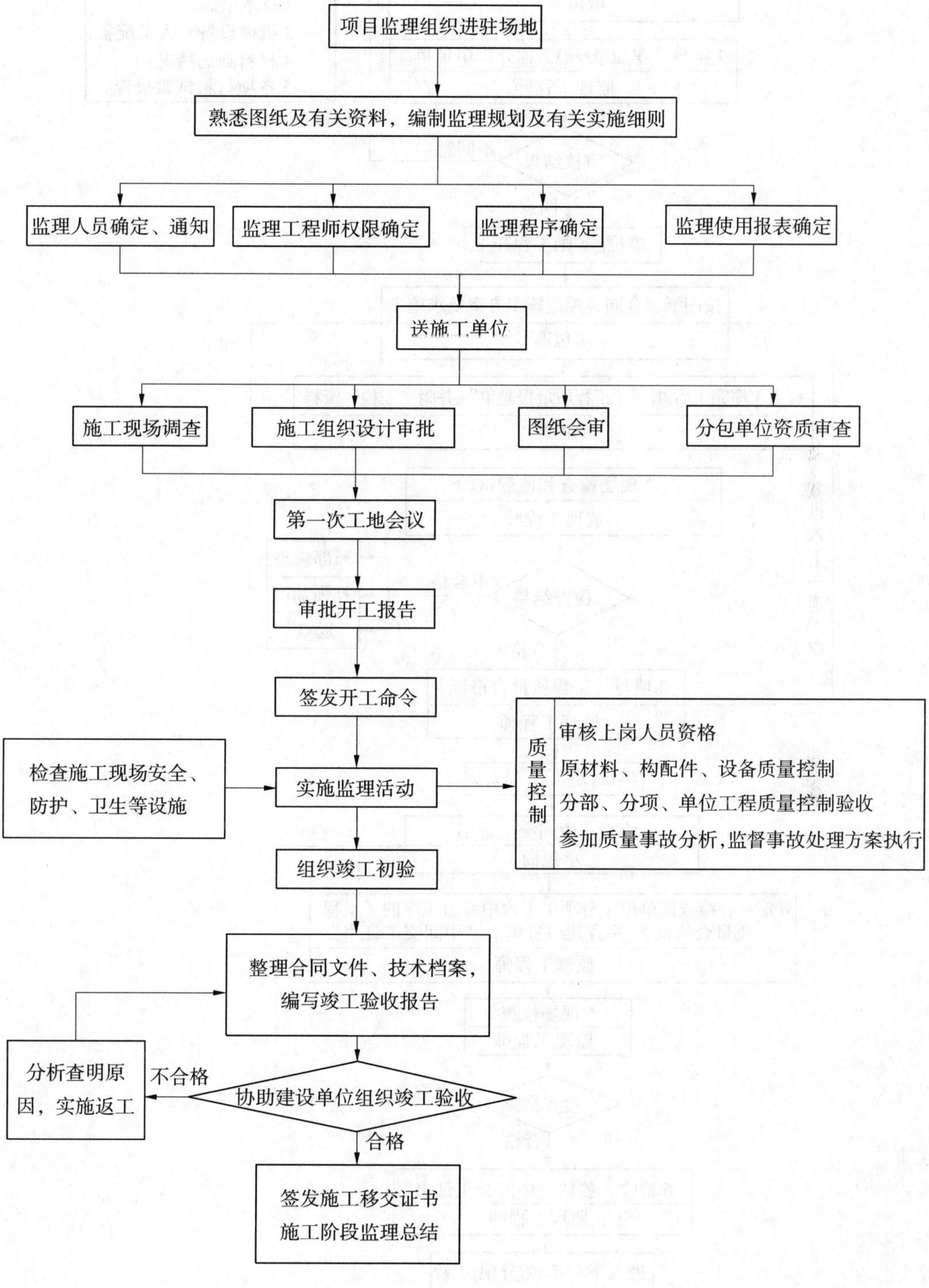

图4-1　施工阶段质量控制监理程序

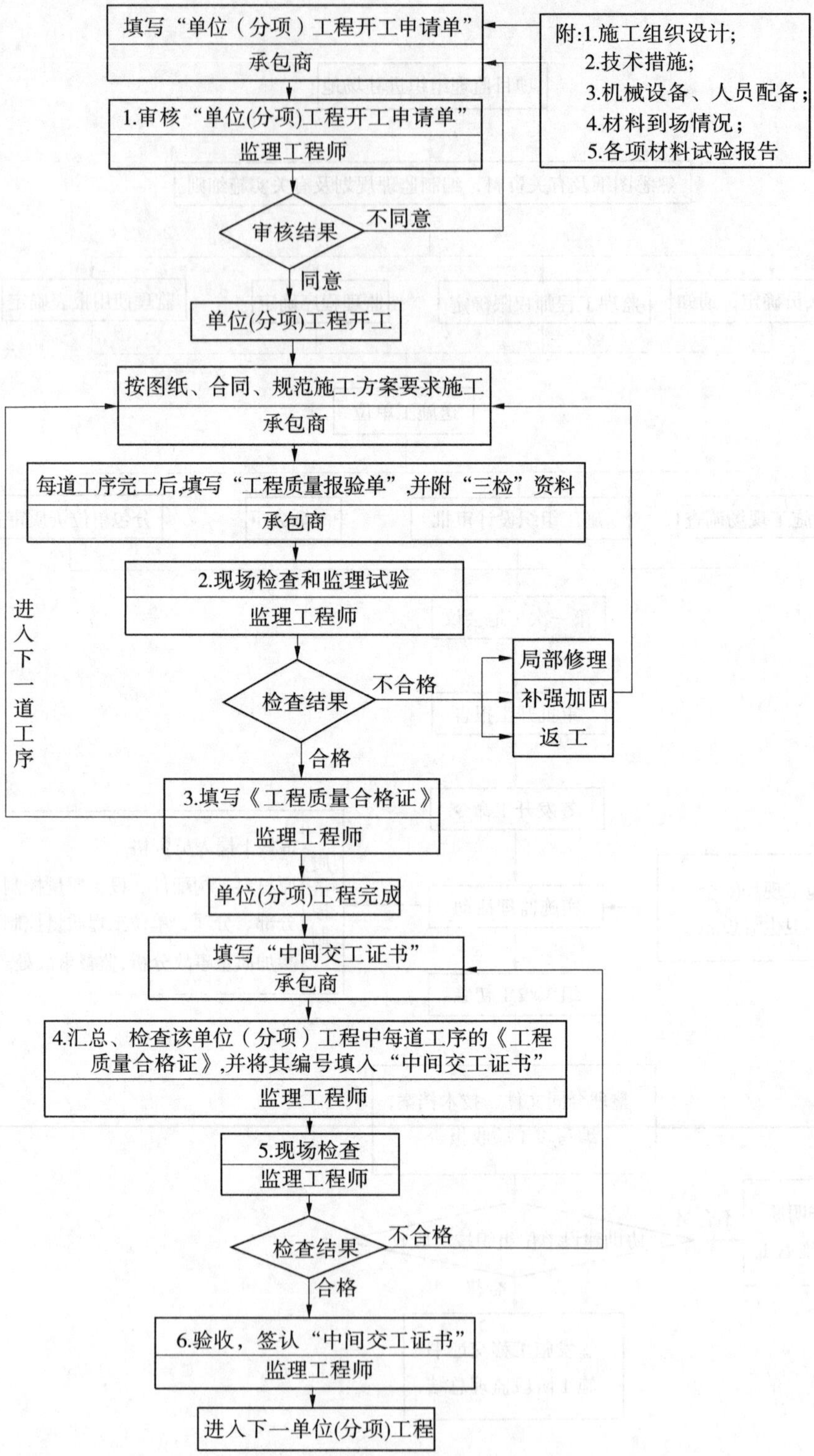

图4-2 单位(分项)工程监理程序

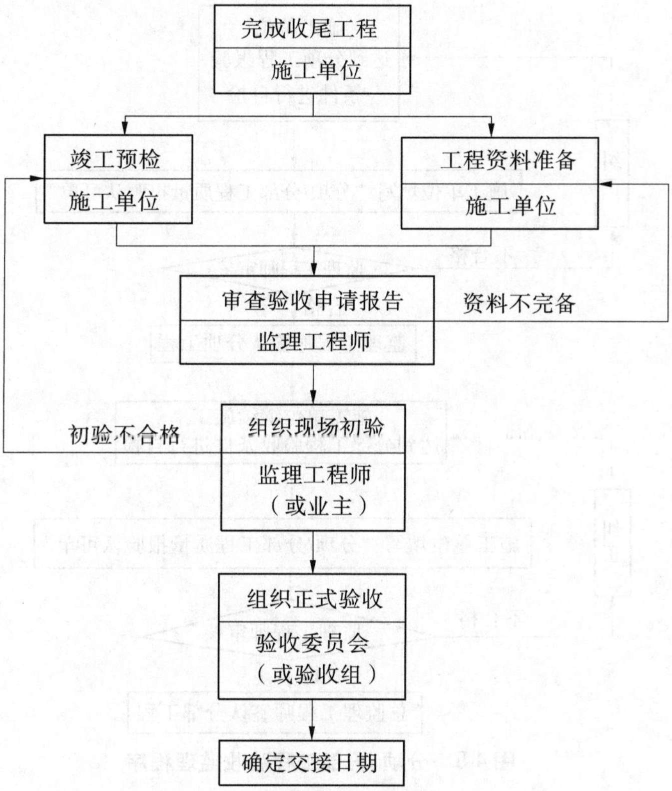

图 4-3　工程竣工验收监理程序

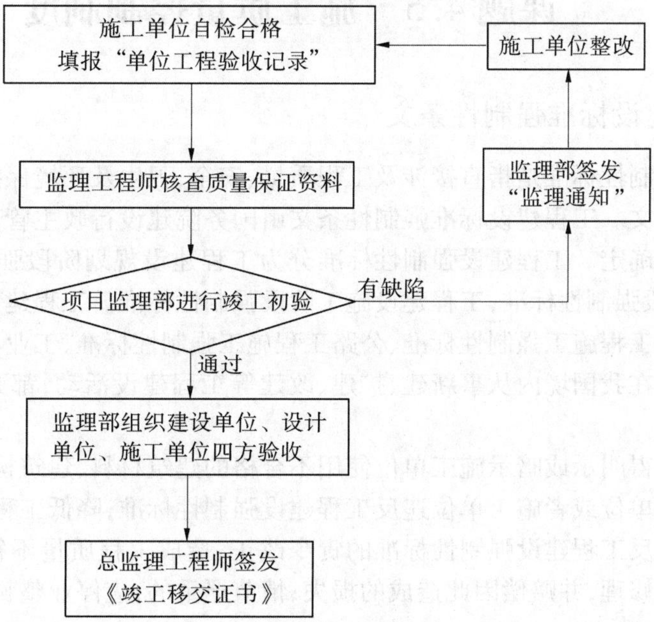

图 4-4　单位工程验收监理程序

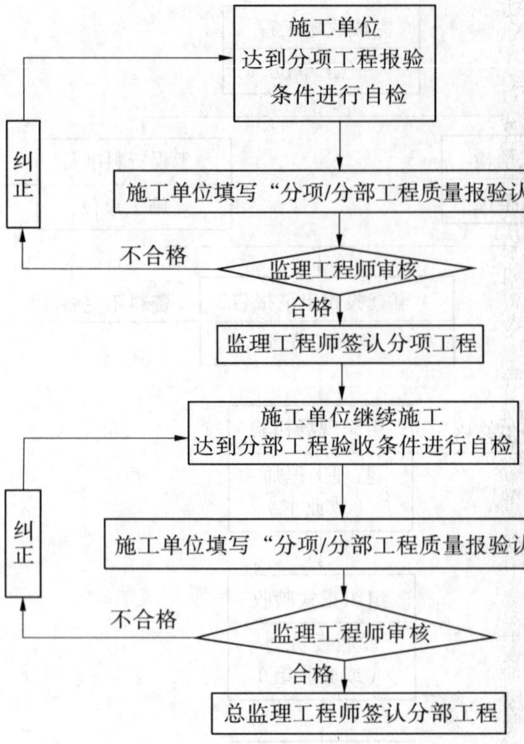

图4-5　分项、分部工程验收监理程序

课题4.5　施工质量控制制度

4.5.1　工程建设标准强制性条文

工程建设强制性标准是指直接涉及工程质量、安全、卫生及环境保护等方面的工程建设标准强制性条文。工程建设标准强制性条文由国务院建设行政主管部门会同国务院有关行政主管部门确定。工程建设强制性标准分为工程建设规划阶段强制性标准，工程建设勘察、设计阶段强制性标准，工程建设施工阶段强制性标准。工程建设施工阶段强制性标准又分为水利工程施工强制性标准、公路工程施工强制性标准、工业与民用建筑施工强制性标准等。凡在我国境内从事新建、扩建、改建等工程建设活动，都必须执行工程建设强制性标准。

建设单位不得明示或暗示施工单位使用不合格的建筑材料、建筑构配件和设备，不得明示或暗示设计单位或者施工单位违反工程建设强制性标准，降低工程质量。

施工单位违反工程建设强制性标准的责令改正，造成工程质量不符合规定的质量标准的，负责返工、修理，并赔偿因此造成的损失；情节严重的，应停业整顿，降低资质等级或者吊销资质证书。

工程监理单位违反强制性标准规定，将不合格的建设工程及建筑材料、建筑构配件和设备按照合格签字的责令改正，情节严重的，降低资质等级或者吊销资质证书；有违法所得的,予以没收;造成损失的,承担连带赔偿责任。

4.5.2 设计文件、图纸审查制度

图纸会审由总监理工程师主持,监理单位、设计单位、施工单位参加,有时建设单位也参加。未经图纸会审,工程不得开工。

施工过程中由施工单位负责设计的图纸,必须经过监理工程师审查批准,未经监理工程师批准的图纸不得用于工程。

4.5.3 设计技术交底制度

监理工程师督促、协助、组织设计单位向施工单位进行设计图纸的全面技术交底。不进行设计技术交底,工程不得开工。

4.5.4 施工组织设计和施工措施审核批准制度

施工单位必须在开工前至少7天向项目监理部提交施工组织设计和施工措施。项目监理部分别由负责投资、质量、进度控制的监理工程师进行审核,把审核意见提交总监理工程师。必要时施工单位必须按照监理工程师的要求修改,完善其施工组织设计和施工措施。施工组织设计和施工措施一经批准,不得轻易改变,并作为施工阶段“三控制”(质量控制、进度控制、费用控制)的依据。施工组织设计和施工措施未经批准,工程不得开工。

4.5.5 工程开工申请、审批制度

单项工程或单位工程开工,施工单位应编写单项工程或单位工程开工报告书,报送监理部审批。开工报告应包含以下基本内容:

(1)申请开工日期。

(2)进场施工机械一览表及维修调试情况。

(3)管理人员及劳动力到位情况。

(4)材料采购及试验情况。

(5)合同要求资金到位情况。

(6)施工图已经会审。

(7)施工组织设计已批准。

(8)工程定位及施工测量放线已报验。

以上内容由现场监理员逐项核实并提出审核意见,由监理工程师签批开工报告书和下达开工指令。

监理工程师未下达开工令的单项工程或单位工程不得开工。

4.5.6 设计图纸的变更处理制度

不论是建设单位、设计单位、监理单位、施工单位提出的设计变更,一般由设计单位完成,监理工程师审批,最后由监理工程师发布变更指令。未经监理工程师批准的图纸不得用于工程,监理工程师未发出工程变更指令,工程不得进行变更。

4.5.7 隐蔽工程检查制度

隐蔽工程一般应确定为质量控制点的停止点。隐蔽以前,施工单位应根据《工程质量评定验收标准》进行自检,并将评定资料报监理工程师。施工单位应将需检查的隐蔽工程在隐蔽前 3 日提出计划报监理工程师,监理工程师应排出计划,通知施工单位。监理工程师应按约定的时间派监理人员到现场进行检查,确定质量符合合同技术条款要求,并在检查记录上签字后,施工单位才能进行覆盖。

如果监理人员未及时到现场检查,施工单位不得将隐蔽工程进行覆盖。但由此造成的损失,可向业主提出索赔。

4.5.8 工程竣工验收制度

竣工验收的依据是批准的设计文件(包括变更设计)、有关设计施工规范、工程质量验收标准及合同与协议文件等。施工单位按规定编写和提出验收交接文件是申请竣工验收的必要条件,竣工文件不齐全、不正确、不清晰,不能验收交接。

施工单位应在验收前将编好的全部竣工文件及绘制的竣工图提供给监理工程师一份,审查确认完整无误后,报建设单位,其余分发有关接管、使用单位。

工程没有进行竣工验收,不得签发移交证书,不得交付使用,不支付保留金,不进行完工结算。

4.5.9 监理月报制度

监理月报由项目监理部总监理工程师组织编制,经总监理工程师签发后,报送建设单位和监理单位。编制监理月报的主要目的是使建设单位了解工程的全面状况,及时作出有关决策和计划。监理月报的编制周期宜为上月的 26 日到本月的 25 日,在下月的 5 日前发出。监理月报应真实反映工程现状和监理工作情况,做到数据准确、重点突出、语言简练,并附有必要的图表和照片。

监理月报的基本内容包括本月工程概况、本月工程形象进度、工程进度、工程质量、工程计量与支付、合同及其他事项的处理情况、本月监理工作小结。

课题 4.6 质量事故的分析与处理

4.6.1 质量事故的特点和分类

4.6.1.1 质量事故的特点

工程质量事故具有复杂性、严重性、可变性和多发性的特点。

1. 复杂性

影响工程质量的因素繁多,造成质量事故的原因错综复杂,即使是同一类质量事故,而原因却可能多种多样,所以使得对质量事故进行分析,判断其性质、原因及发展,确定处理方案与措施等都增加了难度。

2. 严重性

工程项目一旦出现质量事故，其影响较大。轻者影响施工顺利进行、拖延工期、增加工程费用，重者则会留下隐患，成为危险建筑物，影响使用功能或不能使用，更严重的还会引起建筑物的失稳、倒塌，造成人民生命、财产的巨大损失。

3. 可变性

许多建筑工程的质量问题出现后，其质量状态并非稳定于发现的初始状态，而是有可能随着时间进程而不断地发展、变化。因此，有些在初始阶段并不严重的质量问题，如不能及时处理和纠正，有可能发展成严重的质量事故。所以，在分析、处理工程质量事故时，一定要注意质量事故的可变性，并及时采取可靠的措施，防止事故进一步恶化，或加强观测与试验，取得数据，预测未来发展的趋向。

4. 多发性

建筑工程中有些质量事故在各项工程中经常发生，而成为多发性的质量通病。因此，应采取有效的预防措施。

4.6.1.2　质量事故的分类

根据《关于做好房屋建筑和市政基础设施工程质量事故报告和调查处理工作的通知》(建质〔2010〕111号)，按工程质量事故造成的人员伤亡或者直接经济损失，工程质量事故分为以下4个等级：

(1)特别重大事故，是指造成30人以上死亡，或者100人以上重伤，或者1亿元以上直接经济损失的事故。

(2)重大事故，是指造成10人以上30人以下死亡，或者50人以上100人以下重伤，或者5 000万元以上1亿元以下直接经济损失的事故。

(3)较大事故，是指造成3人以上10人以下死亡，或者10人以上50人以下重伤，或者1 000万元以上5 000万元以下直接经济损失的事故。

(4)一般事故，是指造成3人以下死亡，或者10人以下重伤，或者100万元以上1 000万元以下直接经济损失的事故。

4.6.2　质量事故的原因分析

工程质量事故的表现形式千差万别，类型多种多样，例如结构倒塌、倾斜、错位、不均匀或超量沉陷、变形、开裂、渗漏、破坏、强度不足、尺寸偏差过大等，但究其原因，归纳起来主要有以下几方面。

4.6.2.1　违背基本建设法规

1. 违背基本建设程序

基本建设程序是工程项目建设过程及其客观规律的反映，但有些工程不按基本建设程序办事，例如，未做好调查分析就拍板定案，未搞清地质情况就仓促开工，边设计、边施工，无图施工，不经竣工验收就交付使用等，常是导致重大工程质量事故的重要原因。

2. 违反有关法规和工程合同的规定

例如，无证设计，无证施工，越级设计，越级施工，工程招标投标中的不公平竞争，超常的低价中标，擅自转包或分包，多次转包，擅自修改设计等。

4.6.2.2　地质勘察原因

诸如未认真进行地质勘察或勘探时钻孔深度、间距、范围不符合规定要求,地质勘察报告不详细、不准确、不能全面反映实际的地基情况等,从而使得地下情况不清,或对基岩起伏、土层分布误判,或未能查清地下软土层、墓穴、孔洞等,它们均会导致采用不恰当或错误的基础方案,造成地基不均匀沉降、失稳,使上部结构或墙体开裂、破坏,或引发建筑物倾斜、倒塌等质量事故。

4.6.2.3　对不均匀地基处理不当

对软弱土、杂填土、冲填土、大孔性土或湿陷性黄土、膨胀土、红黏土、溶岩、土洞、岩层出露等不均匀地基未进行处理或处理不当也是导致重大事故的原因。必须根据不同地基的特点,从地基处理、结构措施、防水措施、施工措施等方面综合考虑,加以治理。

4.6.2.4　设计计算问题

诸如盲目套用图纸,采用不正确的结构方案,计算简图与实际受力情况不符,荷载取值过小,内力分析有误,沉降缝或变形缝设置不当,悬挑结构未进行抗倾覆验算以及计算错误等,都是引发质量事故的隐患。

4.6.2.5　建筑材料及制品不合格

诸如钢筋物理力学性能不良会导致钢筋混凝土结构产生裂缝或脆性破坏;骨料中活性氧化硅会导致碱骨料反应使混凝土产生裂缝;水泥安定性不良会造成混凝土爆裂;水泥受潮、过期、结块,砂石含泥量及有害物含量超标,外加剂掺量不符合要求,会影响混凝土强度、和易性、密实性、抗渗性,从而导致混凝土结构强度不足、裂缝、渗漏、蜂窝等质量事故。此外,预制构件断面尺寸不足、支承锚固长度不足、未可靠地建立预应力值、漏放或少放钢筋、板面开裂等,均可能出现断裂、坍塌事故。

4.6.2.6　施工与管理问题

(1)未经设计部门同意擅自修改设计,或不按图施工。例如,将铰接做成刚接、将简支梁做成连续梁、用光圆钢筋代替异形钢筋等,导致结构破坏;挡土墙不按图设滤水层、排水孔,导致压力增大,墙体破坏或倾覆。

(2)图纸未经会审即仓促施工,或不熟悉图纸,盲目施工。

(3)不按有关的施工规范和操作规程施工。例如,浇筑混凝土时振捣不良造成薄弱部位。

(4)不懂装懂,蛮干施工。例如,将钢筋混凝土预制梁倒置吊装、将悬挑结构钢筋放在受压区等均将导致结构破坏,造成严重后果。

(5)管理紊乱,施工方案考虑不周,施工顺序错误,技术交底不清,违章作业,疏于检查、验收等,均可能导致质量事故。

(6)自然条件影响。空气温度、湿度、暴雨、风、浪、洪水、雷电、日晒等均可能成为质量事故的诱因,施工中应特别注意并采取有效的预防措施。

(7)建筑结构或设施的使用不当。对建筑物或设施使用不当也易造成质量事故。例如,未经校核验算就任意对建筑物加层,任意拆除承重结构部位,任意在结构物上开槽、打洞,削弱承重结构截面等。

4.6.3　质量事故分析处理的基本程序

质量事故分析处理可分为下达工程施工暂停令、质量事故调查、分析事故原因、制订事故处理方案、质量事故处理和检查验收、下达复工令等基本步骤,如图4-6所示。

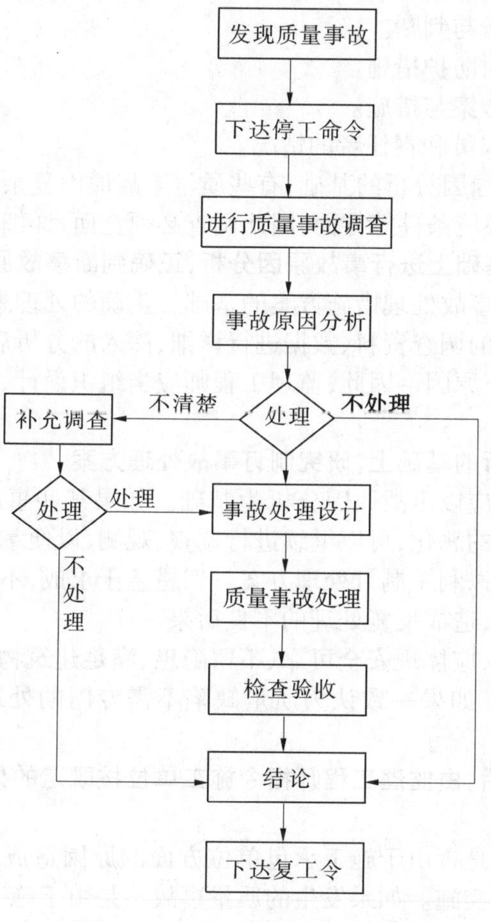

图4-6　工程质量事故处理监理程序

4.6.3.1　下达工程施工暂停令

监理工程师在发现质量事故后,应当依据事故的实际情况,首先向施工中的施工单位下达工程施工暂停令,通知施工单位立即停止有质量事故的工程施工;与质量事故有关的工程部位也要停工,以免造成更大的损失。需要时,还应要求施工单位采取防护措施。同时,要及时上报主管部门。

4.6.3.2　进行质量事故的调查

施工单位接到施工暂停令后,在监理工程师的参与下,尽快进行质量事故的调查,写出调查报告。

调查的主要目的是要明确事故的范围、缺陷程度、性质、影响和原因,为事故的分析处理提供依据。调查应力求全面、准确、客观。

调查报告的内容主要包括:

(1)与事故有关的工程情况。

(2)质量事故的详细情况,诸如质量事故发生的时间、地点、部位、性质、现状及发展变化情况等。

(3)事故调查中有关的数据、资料。

(4)质量事故原因分析与判断。

(5)是否需要采取临时防护措施。

(6)事故处理的建议方案与措施。

(7)事故涉及的有关人员和责任者的情况。

事故情况调查是事故原因分析的基础,有些质量事故原因复杂,常涉及勘察、设计、施工、材料、维护管理、工程环境条件等方面,因此调查必须全面、详细、客观、准确。

4.6.3.3 在事故调查的基础上进行事故原因分析,正确判断事故原因

事故原因分析是确定事故处理措施方案的基础。正确的处理来源于对事故原因的正确判断。只有对调查提供的调查资料、数据进行详细、深入的分析后,才能由表及里、去伪存真,找出造成事故的真正原因。因此,监理工程师应当组织设计、施工、建设单位等各方参加事故原因分析。

4.6.3.4 在事故原因分析的基础上,研究制订事故处理方案

事故处理方案的制订应以事故原因分析为基础。如果某些事故一时认识不清,而且事故一时不至于产生严重的恶化,可以继续进行调查、观测,以便掌握更充分的资料数据,做进一步分析,找出原因,以利于制订处理方案。切忌急于求成,不能对症下药,采取的处理措施不能达到预期效果,造成反复处理的不良后果。

制订的事故处理方案,应体现安全可靠、不留隐患、满足建筑物的功能和使用要求、技术可行、经济合理等原则。如果一致认为质量缺陷不需专门的处理,必须经过充分的分析、论证。

4.6.3.5 确定处理方案后,由监理工程师指令施工单位按既定的处理方案实施对质量缺陷的处理

发生的质量事故不论是否由于施工承包单位方面的原因造成,质量缺陷的处理通常都是由施工承包单位负责实施。如果发生的质量事故不是由于施工单位方面的原因造成的,则处理质量缺陷所需的费用或延误的工期,应给予施工单位补偿。

在质量事故处理完毕后,监理工程师应组织有关人员对处理的结果进行严格的检查、鉴定和验收,写出"质量事故处理报告",提交业主或建设单位,并上报有关主管部门。

4.6.4 质量事故处理的原则和方法

4.6.4.1 质量事故处理的原则

质量事故发生后,应坚持"四不放过"的原则:①事故原因没有查清不放过;②事故责任者没有严肃处理不放过;③广大职工没有受到教育不放过;④防范措施没有落实不放过。根据质量事故的严重程度,由施工单位立即召集有关施工队长、班组长和施工人员,共同分析质量事故发生的原因,查明责任,研究防范措施,对责任者按照有关规定进行批评教育或处罚,防止质量事故重复发生。

在施工过程中,如果发现工程质量事故,不管其属于何种类型,施工人员均应立即上报,并进行初步检查。若属于一般质量事故,班组应写出"质量事故报告",经专职质检员核实签字后,报施工单位技术负责人及监理工程师。若属于重大或特大质量事故,施工单位应立即向监理工程师、建设单位和质量监督部门提出书面报告,并通知设计单位,同时按规定向上级报告,及时填报"重大质量事故报告(表)"。

对因工程质量问题造成的经济损失,应坚持谁承担事故责任谁负担的原则。若是施工单位的责任,一切经济损失应由施工单位负责。如果质量事故的责任并非施工单位所负,一切经济损失不仅不能由施工单位承担,而且施工单位还有向建设单位提出索赔的权利。

4.6.4.2 质量事故处理的方法

对施工中出现的工程质量事故,一般有三种处理方法。

1. 返工

对于严重未达到规范或标准的质量事故,影响到工程正常使用的安全,且又无法通过修补的方法予以纠正时,必须采取返工的措施。

2. 修补

这种方法适用于通过修补可以不影响工程的外观和正常使用的质量事故。它是利用修补的方法对工程质量事故予以补救。这类工程质量事故在工程施工中是经常发生的。

3. 不作处理

有些工程质量问题虽超出了有关规范规定,已具有质量事故的性质,但可针对具体情况,通过分析讨论可不需专门处理,这样的情况包括:

(1)不影响结构的安全、生产工艺和使用要求。例如,有的建筑物在施工中发生错位事故,若进行彻底纠正,不仅困难很大,还会造成重大经济损失,经过分析论证后,只要不影响生产工艺和使用要求,可不作处理。

(2)较轻微的质量缺陷,通过后续工序可以弥补。例如,混凝土墙板出现了轻微的蜂窝、麻面质量问题,该缺陷可通过后续工序抹灰、喷涂进行弥补,则不需要对墙板缺陷作专门的处理。

(3)对出现的某些质量事故,经复核验算后,仍能满足设计要求。例如,结构断面尺寸比设计图纸稍小,经认真验算后,仍能满足设计承载能力,可不作处理。但必须注意,这种方法实际上是挖掘设计的潜力,对此需要格外慎重。

4.6.5 质量事故处理的鉴定验收

质量事故的处理是否达到了预期的目的,是否仍留有隐患,应当通过检查鉴定和验收做出确认。

事故处理的质量检查鉴定,应严格按施工验收规范及有关标准的规定进行,必要时还应通过实际量测、试验和仪表检测等方法获取必要的数据,才能对事故的处理结果作出确切的结论。检查和鉴定的结论可能有以下几种:

(1)事故已排除,可继续施工。

(2)隐患已消除,结构安全有保证。

(3)经修补、处理后,完全能够满足使用要求。

(4)基本上满足使用要求,但使用时应有附加的限制条件,例如限制荷载等。

(5)对耐久性的结论。

(6)对建筑物外观影响的结论等。

(7)对短期难以做出结论者,可提出进一步观测检验的意见。

对于处理后符合规定要求和满足使用要求的,监理工程师可予以验收、确认。

事故处理后,监理工程师须提出事故处理报告,其内容包括事故调查报告,事故原因分析,事故处理依据,事故处理方案、方法及技术措施,事故处理过程中的各种原始记录资料,检查验收记录,事故结论等。

复习思考题

1. 试述质量、工程质量和质量控制的概念。
2. 试述工程建设各阶段对质量形成的影响。
3. 质量控制的依据有哪些?
4. 质量控制的主要内容有哪些?
5. 施工阶段事前质量控制包括哪些主要内容?
6. 施工阶段事中质量控制包括哪些主要内容?
7. 施工阶段事后质量控制包括哪些主要内容?
8. 监理工程师在质量控制中应遵循的原则是什么?
9. 影响质量的主要因素有哪些?
10. 人的因素是影响质量的关键,应从哪些方面予以控制?
11. 试述材料质量控制的要点。
12. 材料质量检验的四种方法是什么?
13. 施工方案应满足哪些基本要求?
14. 如何选用施工机械设备?
15. 图纸会审的主要目的及内容是什么?
16. 施工文件的审查应注意哪几方面?
17. 简述施工准备的检查内容。
18. 简述施工过程质量管理的内容。
19. 什么是见证点和停止点? 在实施质量控制时,它们的主要区别是什么?
20. 简述工程质量检验的作用和方法。
21. 监理工程师进行质量监督控制的主要手段是哪六个方面?
22. 简要说明施工监理的质量控制程序及其要点。
23. 简述质量事故处理的基本程序。
24. 简述质量事故处理的原则和方法。

模块5　工程建设项目的投资控制

课题5.1　投资控制的作用和任务

5.1.1　工程建设项目投资

建设项目投资可以分为静态投资部分和动态投资部分。静态投资部分由建筑安装工程费、设备及工器具购置费、工程建设其他费用和基本预备费组成。动态投资部分,是指在建设期内,因建设期利息,建设工程需缴纳的固定资产投资方向调节税和国家新批准的税费,汇率、利率变动以及建设期价格变动引起的建设投资增加额,包括涨价预备费、建设期利息和固定资产投资方向调节税等。

建设工程投资控制,就是在投资决策阶段、设计阶段、发包阶段、施工阶段以及竣工阶段,把建设工程投资控制在批准的投资限额以内,随时纠正发生的偏差,以保证项目投资管理目标的实现,以求在建设工程中能合理使用人力、物力、财力,取得较好的投资效益和社会效益。

建设工程投资控制的目标,就是通过有效的投资控制工作和具体的投资控制措施,在满足进度和质量要求的前提下,力求使工程实际投资不超过计划投资。实际投资不超过计划投资可能表现为以下几种情况:

(1)投资目标分解的各个层次上,实际投资均不超过计划投资。这是最理想的情况,是投资控制追求的最高目标。

(2)在投资目标分解的较低层次上,实际投资在有些情况下超过计划投资,在大多数情况下不超过计划投资,因而在投资目标分解的较高层次上,实际投资不超过计划投资。

(3)实际总投资未超过计划总投资,在投资目标分解的各个层次上,都出现实际投资超过计划投资的情况,但在大多数情况下实际投资未超过计划投资。

后两种情况虽然存在局部的超投资现象,但建设工程的实际总投资未超过计划总投资,因而仍然是令人满意的结果。何况,出现这种情况,除投资控制工作和措施存在一定的问题,有待改进和完善外,还可能是投资目标分解不尽合理所造成的,而投资目标分解绝对合理又是很难做到的。

由建设工程投资控制的目标可知,投资控制是与进度控制和质量控制同时进行的,它是针对整个建设工程目标系统所实施控制活动的一个组成部分,在实施投资控制的同时需要满足预定的进度目标和质量目标。因此,在投资控制的过程中,要协调好与进度控制和质量控制的关系,做到三大目标控制的有机配合和相互平衡,而不能片面强调投资控制。

建设工程投资目标控制又是全过程控制。所谓全过程,主要是指建设工程实施的全过程,也可以是工程建设全过程。建设工程的实施阶段包括设计阶段(含设计准备)、招标阶段、施工阶段以及竣工验收和保修阶段。在这几个阶段中都要进行投资控制,但从投资控制的任务来看,主要集中在前三个阶段。

建设工程投资目标控制还是全方位控制。对投资目标进行全方位控制,包括两种含义:一是对按工程内容分解的各项投资进行控制,即对单项工程、单位工程,乃至分项工程的投资进行控制;二是对按总投资构成内容分解的各项费用进行控制,即对建筑安装工程费、设备及工器具购置费和工程建设其他费用等都要进行控制。通常,投资目标全方位控制是指对建筑安装工程费、设备及工器具购置费和工程建设其他费用等都要进行控制。

5.1.2 建设工程投资目标控制的任务

建设工程投资控制是建设工程监理的一项主要任务,投资控制贯穿于工程建设的各个阶段,也贯穿于监理工程的各个环节。在建设工程的实施阶段中,设计阶段、招标阶段、施工阶段的持续时间长,工作内容多,所以在各个阶段投资控制的任务不同。

(1)在建设前期阶段进行工程项目的机会研究、初步可行性研究,编制项目建议书,进行可行性研究,对拟建项目进行市场调查和预测,编制投资估算,进行环境影响评价、财务评价、国民经济评价和社会评价。

(2)设计阶段监理工程师投资控制的主要工作包括:通过收集类似建设工程投资数据和资料,协助业主拟订建设工程投资目标规划,对建设工程总投资进行论证,确认其可行性;组织设计方案竞赛或设计招标,开展技术经济分析等活动,协助业主确定对投资控制有利的设计方案;伴随着设计各阶段成果制定建设工程投资目标划分系统,为本阶段和后续阶段投资控制提供依据;在保障设计质量的前提下,协助设计单位开展限额设计工作,力求使设计投资合理化;编制本阶段资金使用计划,并进行付款控制;审查工程概算、预算,提出改进意见,优化设计,在保障建设工程具有安全可靠性、适用性的基础上,概算不超过估算,预算不超过概算;进行设计挖潜,节约投资;对设计进行技术经济分析、比较、论证,寻求一次性投资较少的设计方案,最终满足业主对建设工程投资的经济性要求。

(3)施工阶段。完成施工阶段投资控制的任务,监理工程师应做好以下工作:制订本阶段资金使用计划,并严格进行付款控制,做到不多付、不少付、不重复付;严格控制工程变更,力求减少变更费用;研究确定预防费用索赔的措施,以避免、减少对方的索赔数额;及时处理费用索赔,并协助业主进行反索赔;挖掘节约投资潜力来努力实现实际发生的费用不超过计划投资;根据有关合同的要求,协助做好应由业主方完成的、与工程进展密切相关的各项工作,如按期提交合格施工现场,按质、按量、按期提供材料和设备等工作;做好工程计量工作;审核施工单位提交的工程结算书等。

5.1.3 施工阶段工程投资控制目标

5.1.3.1 资金使用计划的编制

投资控制的目的是确保投资目标的实现。因此,监理工程必须编制资金使用计划,合理地确定投资控制目标值,包括投资的目标值、分目标值、各详细目标值。在确定投资控制目标时,应有科学的依据。如果投资目标值与人工单价、材料预算价格、设备价格及各项有关费用和各种取费标准不相适应,那么投资控制目标便没有实现的可能,则控制也是徒劳的。

编制资金使用计划过程中最重要的步骤,就是项目投资目标的分解。根据投资控制目标和要求的不同,投资目标的分解可分为按投资构成分解、按子项目分解、按时间进度分解三种类型。

1. 按投资构成分解的资金使用计划

工程项目的投资主要分为建筑工程投资、安装工程投资、设备购置投资、工器具购置投资及工程建设其他投资,工程建设其他投资由土地征用费用、建设单位管理费用、勘察设计费用等构成。建筑工程投资、安装工程投资、工器具购置投资可以进一步分解。另外,在按项目投资构成分解时,可以根据以往的经验和建立的数据库来确定适当的比例。必要时也可以做一些适当的调整。按投资构成来分解的方法比较适合于有大量经验数据的工程项目。

2. 按子项目分解的资金使用计划

大中型的工程项目通常是由若干单项工程构成的,而每个单项工程包括了多个单位工程,每个单位工程又是由若干个分部分项工程构成的。因此,首先要把项目总投资分解到单项工程和单位工程中。对各个单位工程的建筑安装工程投资还需要进一步分解到分部分项工程。

3. 按时间进度分解的资金使用计划

工程项目的投资总是分阶段、分期支出的,资金应用是否合理与资金的时间安排有密切关系。为了编制项目资金使用计划,并据此筹措资金,尽可能减少资金占用和利息支出,有必要将项目总投资按其使用时间进行分解。

编制按时间进度的资金使用计划,通常可利用控制项目进度的网络图进一步扩充而得。在编制网络计划时,应在充分考虑进度控制对项目划分要求的同时,还要考虑确定投资预算对项目划分的要求,要两者兼顾。

5.1.3.2 资金使用计划的形式

1. 按子项目分解得到的资金使用计划表

在完成工程项目投资目标分解之后,接下来就要具体地分配投资,编制工程分项的投资支出计划,从而得到详细的资金使用计划表。其内容一般包括:①工程分项编码;②工程内容;③计量单位;④工程数量;⑤计划综合单价;⑥本分项总计。

在编制投资支出计划时,要在项目总的方面考虑总的预备费,也要在主要的工程分项中安排适当的不可预见费,避免在具体编制资金使用计划时,可能发现个别单位工程或工程量表中某项内容的工程量计算有较大出入,使原来的投资预算失实,并在项目实施过程中对其尽可能地采取一些措施。

2. 时间—投资累计曲线

通过对项目投资目标按时间进行分解,在网络计划基础上,可获得项目进度计划的横道图,并在此基础上编制资金使用计划。其表示方式有两种:一种是在总体控制时标网络图上表示;另一种是利用时间—投资累计曲线(S形曲线)表示(见图5-1)。

时间—投资累计曲线绘制步骤如下:

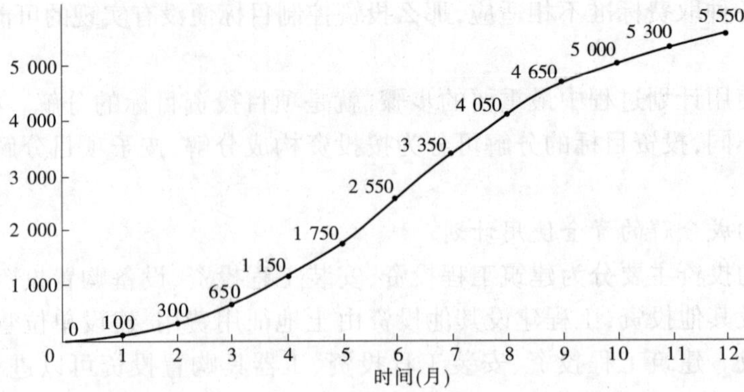

图5-1 时间—投资累计曲线(S形曲线)

(1)确定工程项目进度计划,编制进度计划的横道图。

(2)根据每单位时间内完成的实物工程量或投入的人力、物力和财力,计算单位时间(月或旬)的投资,在时标网络图上按时间编制投资支出计划(见图5-2)。

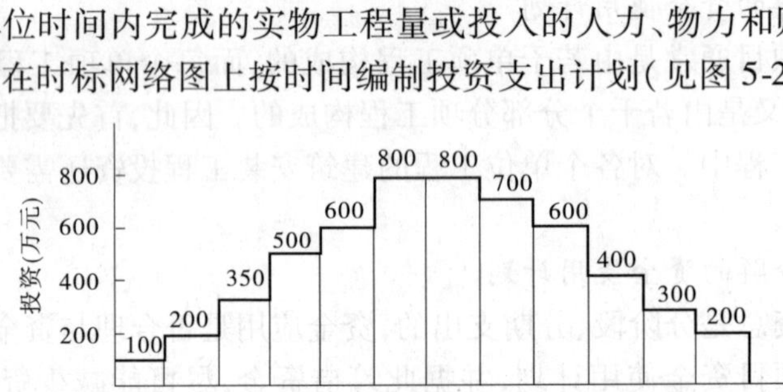

图5-2 时标网络图按月编制的资金使用计划

(3)计算规定时间 t 计划累计完成的投资额。其计算方法为:各单位时间计划完成的投资额累加求和,可按下式计算:

$$Q_t = \sum_{n=1}^{t} q_n$$

式中 Q_t——时间 t 计划累计完成投资额;

q_n——单位时间 n 的计划完成投资额;

t——规定计划时刻。

(4)按各规定时间的 Q_t 值,绘制S形曲线,如图5-1所示。

每一条S形曲线都对应某一特定的工程进度计划。因为在进度计划的非关键路线中存在许多有时差的工序或工作,因而S形曲线(投资计划值曲线)必然包络在由全部工作都按最早开始时间开始和全部工作都按最迟必须开始时间开始的曲线所组成的“香蕉图”内。建设单位可根据编制的投资支出预算来合理安排资金,同时建设单位也可根据筹措的建设资金来调整S形曲线,即通过调整非关键路线上的工作的最早或最迟开工时间,力争将实际的投资支出控制在计划的范围内。

一般而言,所有工作都按最迟开始时间开始,对节约建设单位的建设资金贷款利息是有利的,但同时也降低了项目按期竣工的保证率。因此,监理工程师必须合理地确定投资支出计划,达到既能节约投资支出,又能控制项目工期的目的。

3. 综合分解资金使用计划表

将投资目标的不同分解方法相结合,会得到比前者更为详尽、有效的综合分解资金使用计划表。综合分解资金使用计划表一方面有助于检查各单项工程和单位工程的投资构成是否合理,有无缺陷或重复计算;另一方面也可以检查各项具体的投资支出的对象是否明确和落实,并可校核分解的结果是否正确。

课题 5.2 影响投资控制的主要因素

投资控制贯穿于项目建设的全过程。建设工程实施各个阶段影响投资的程度是不同的。总的趋势是,随着各阶段设计工作的进展,建设工程的范围、组成、功能、标准、结构型式等内容一步步明确,可以优化的内容越来越少,优化的限制条件却越来越多,各阶段设计工作对投资的影响程度逐渐下降。其中影响项目投资最大的阶段,是约占工程项目建设周期 1/4 的技术设计结束前的工作阶段。在施工图设计阶段,影响项目投资的可能性则为 5% ~35%。很显然,项目投资控制的重点在于施工以前的投资决策和设计阶段,而在项目作出投资决策后,控制项目投资的关键就在于设计。设计阶段如能以经济效益为中心,精打细算,则节约投资的潜力要比施工阶段大得多。所以,搞好设计阶段的工程造价控制是有效控制"投资失控"的首要任务。

5.2.1 决策对投资控制的影响

建设项目的投资决策是投资行动的准则。项目一经决策就确定了项目的投资规模和建设方案。正确的决策是设计的依据,直接关系到整个建设项目的工程投资和投资效果。因此,正确的决策是控制工程投资的首要前提。决策影响工程投资的主要因素有以下几种:

(1)项目的建设规模。任何一个建设项目都应选择合理的建设规模。规模过小,资源得不到有效配置,建设和生产成本高,经济效益低下;规模过大,超过了产品的市场需求,导致销售不畅,也会使经济效益降低。合理的建设规模是决策阶段控制工程造价的关键。

(2)项目的建设水平。主要指建设规模、建筑标准、技术装备、配套工程等方面的标准。建设标准是编制、评价项目可行性研究和投资估算的重要依据。建设标准是否合理,对控制工程造价有很大影响。建设标准应根据技术进步和投资者的实际情况制定,标准定得过高,只能无谓地增加造价,浪费投资;标准定得过低,达不到先进高效、安全可行的技术标准,不利于技术进步。

(3)建设地点。建设地点的选择要考虑以下几个方面因素:一是国民经济的发展规划和地区经济的发展;二是项目的特点和需要;三是气象、地质、水文等自然条件。

(4)可行性研究及投资估算。项目的决策依据是可行性研究,投资估算是确定可行性研究阶段工程总投资的限额。可行性研究不仅要评价项目是否可行,更重要的是对方案进行优化认证。投资估算必须准确且能满足限额设计和控制概算的要求。初步设计概算必须控制在批准的可行性研究投资估算范围内,设计概算不允许突破可行性研究投资估算。因此,决策阶段保证投资估算的准确性。

5.2.2　设计对投资控制的影响

设计是建设项目进行全面规划和具体安排实施意图的过程,是工程建设的灵魂,是处理技术与经济关系的关键环节。设计是否合理对控制工程投资有重要影响。据资料统计,在初步设计阶段,影响项目投资的可能性为75% ~95%;在技术设计阶段,影响项目投资的可能性为35% ~75%。加强设计阶段的监理,确定合理的设计方案、成熟的工艺,减少在施工阶段重大设计变更和方案变化的发生,对有效控制工程造价将起到重要作用。

项目一经决策,设计就成了工程建设和控制造价的关键。初步设计决定工程建设的规模、方案、结构型式和建筑标准及使用功能,形成设计概算,确定了投资的最高限额;施工图设计完成后,就能准确地计算出工程造价。可见,工程设计是影响工程造价的关键环节。

一个建设项目或一个单项工程,可有多种不同的设计方案,因此在满足使用功能的前提下,要进行方案比较和优化设计,选用适度超前、经济合理、安全可靠的设计思想。设计方案优化可采用价值工程理论,在满足功能或尽量提高功能的前提下降低成本。因此,先进合理的设计是控制工程造价的关键环节。

5.2.3　施工阶段对投资控制的影响

(1)建设项目施工费用占整个工程造价的60%左右,因此施工阶段对工程投资的影响很大。据统计资料,在施工图设计阶段,影响项目投资的可能性为5% ~35%。施工阶段对项目的管理和工程投资的控制重点应放在招标投标活动和施工合同条款的确定上,招标评标实行合理低价中标。随着工程造价体制和管理模式的改革,大型建设项目在招标投标中采用工程量清单计价,即由招标人按统一的工程量计算规则,计算并提供工程量清单,投标人视自身的技术、管理水平和劳动生产率以及市场价格进行自主报价。为了中标,承包商会自觉提高技术和管理水平,降低工程造价。工程量清单计价对透明招标投标活动、减少施工合同纠纷、推行竞争和以市场定价、控制工程造价有着非常积极的作用。因此,施工阶段对工程造价的控制,应重点加强合同管理,规范招标投标活动。

(2)设计变更是施工阶段影响工程投资控制的又一个重要因素。设计变更是工程变更的一部分,因而也关系到进度控制、质量控制和投资控制。所以,加强设计变更的管理,对确保工程质量、工期和控制造价具有十分重要的意义。

设计变更应尽量提前,变更发生得越早则损失越小。若在设计阶段变更,则只需修改图纸,其他费用尚未发生,损失有限;若在采购阶段变更,不仅需要修改图纸,而且设备、材料还需重新采购;若在施工阶段变更,除上述费用外,已施工的工程还需拆除,势必造成重大变更损失。所以,要严格控制设计变更,尽可能把变更控制在设计阶段的初期,特别是对工程造价影响较大的设计变更,要先算账后变更。严禁通过设计变更扩大建设规模、增加建设内容、提高建设标准。

课题5.3 投资控制的方法和手段

5.3.1 设计阶段投资控制的主要方法

5.3.1.1 实行设计方案招标投标制度

在市场经济的今天,业主在委托设计时应大力引进竞争机制,加强管理工作。通过设计招标投标来选择优秀的设计单位,从而保证设计的先进性、合理性、准确性。同时,通过招标投标还可能选择到优秀的设计方案,促使设计单位采用先进技术,降低工程造价。

5.3.1.2 实行限额设计

项目设计的优劣将直接影响建设费用的多少和建设工期的长短,同样也影响建设项目以后的使用价值和经济效益,作为设计单位,在设计中凡是能进行定量分析的设计内容,均要通过计算,要用数据说话,充分考虑施工的可能性和经济性,在设计技术与经济分析上要改变设计完后再算账、功能决定造价的习惯做法。

5.3.1.3 开展价值工程的应用

价值工程是用来分析产品功能和成本关系的,是力求以最低的产品寿命周期成本实现产品的必要功能的一种管理方法。一般来说,提高产品价值的途径有五种:一是提高功能,降低成本,这是最理想的途径;二是功能不变,降低成本;三是成本不变,提高功能;四是功能略有下降,但带来成本大幅度降低;五是成本略有增加,但带来功能大幅度提高。运用价值工程原理,在科学分析的基础上,对方案实行科学决策,选择技术上可行、经济上合理的建设方案。价值工程的主要特点是以使用者的功能需求为出发点,对所研究对象进行功能分析,使设计工作做到功能与造价统一,在满足功能要求的前提下降低成本,一般成本可降低25%~40%,实现建设项目经济效益、社会效益和环境效益的最佳结合。

5.3.1.4 加强图纸会审工作

加强图纸会审,将工程变更的发生尽量控制在施工之前。在设计阶段,克服设计方案的不足或缺陷,所花费的代价最小,可取得的效果最好。

5.3.1.5 实行设计监理

现阶段,我国工程建设监理工作的中心是在施工阶段,而其重点仅局限于施工质量控制,这对于整个工程质量的控制来说是远远不够的。设计是施工的灵魂,是施工的依据。保证施工质量的一个重要前提就是确保设计质量。设计监理可以减少设计阶段工程设计的失误或错误,在施工阶段,施工单位才能更准确地贯彻业主和设计方的意图,保证施工质量。

5.3.2 施工阶段投资控制

5.3.2.1 投资控制流程

投资控制按投资控制流程进行控制,如图5-3所示。

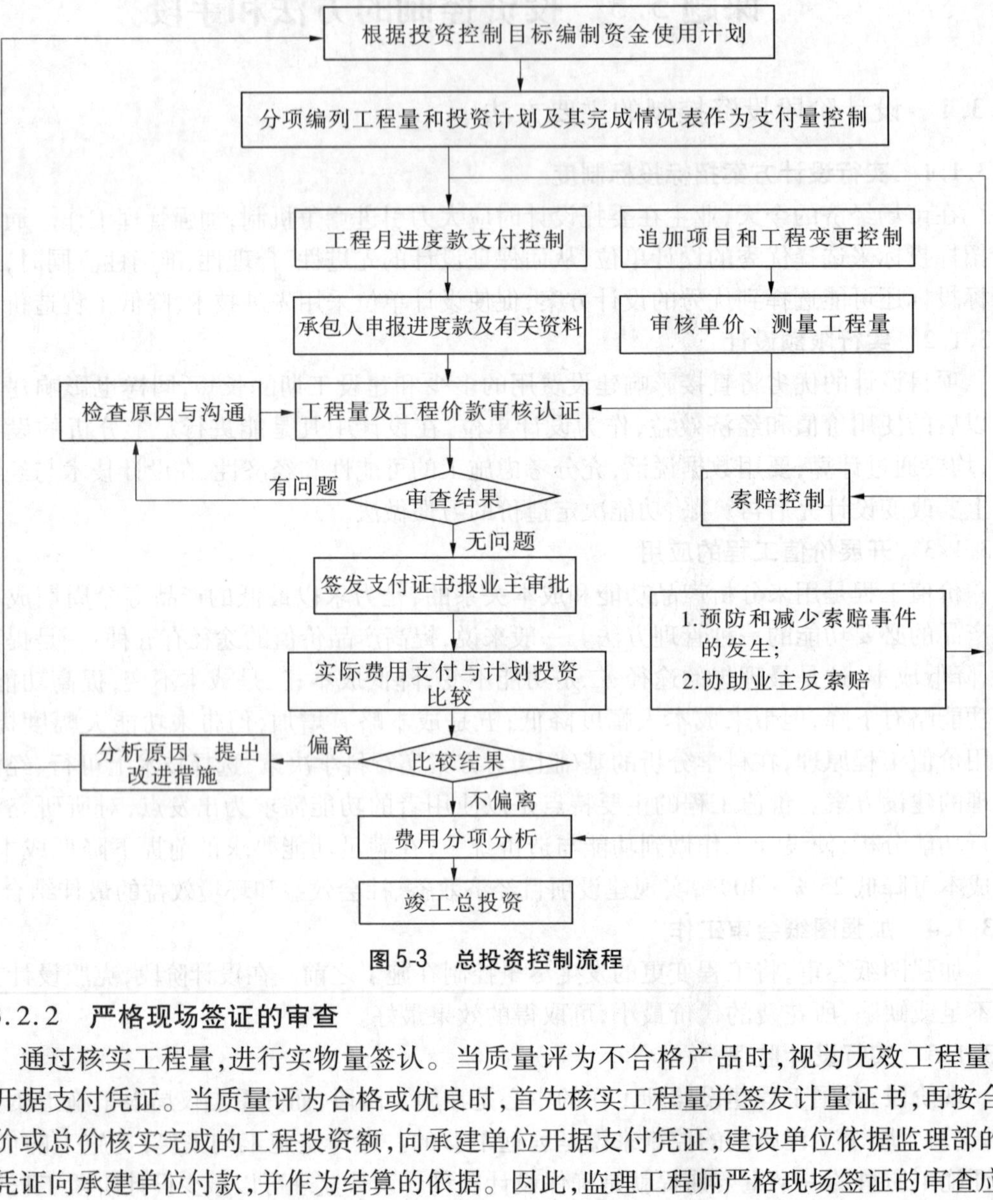

图5-3　总投资控制流程

5.3.2.2 严格现场签证的审查

通过核实工程量,进行实物量签认。当质量评为不合格产品时,视为无效工程量,则不开据支付凭证。当质量评为合格或优良时,首先核实工程量并签发计量证书,再按合同单价或总价核实完成的工程投资额,向承建单位开据支付凭证,建设单位依据监理部的支付凭证向承建单位付款,并作为结算的依据。因此,监理工程师严格现场签证的审查应注意:

(1)监理人员应熟悉和掌握工程造价知识,对不应该签证的项目不应盲目签证。对由施工单位填写的签证,一定要认真核实后方能签字盖章。

(2)对施工单位在签证上巧立名目,弄虚作假,以少报多,蒙哄欺骗,遇到问题不及时办理签证,结算时搞突击,互相扯皮的现象应严格审查。

(3)有的施工单位为了中标,自动压价,为了保住自己的利润对包干工程偷工减料,对非包干工程进行大量的施工现场签证,这类签证应严格审查。

1. 工程计量

工程量计量按照合同约定的工程量计算规则、图纸及变更指示等进行计量。工程量计算规则应以相关的国家标准、行业标准等为依据,由合同当事人在专用合同条款中约定。除专用合同条款另有约定外,工程量的计量按月进行。

1)单价合同的计量

《示范文本》规定,除专用合同条款另有约定外,单价合同的计量按照本项约定执行:

(1)承包人应于每月25日向监理人报送上月20日至当月19日已完成的工程量报告,并附具进度付款申请单、已完成工程量报表和有关资料。

(2)监理人应在收到承包人提交的工程量报告后7天内完成对承包人提交的工程量报表的审核并报送发包人,以确定当月实际完成的工程量。监理人对工程量有异议的,有权要求承包人进行共同复核或抽样复测。承包人应协助监理人进行复核或抽样复测,并按监理人要求提供补充计量资料。承包人未按监理人要求参加复核或抽样复测的,监理人复核或修正的工程量视为承包人实际完成的工程量。

(3)监理人未在收到承包人提交的工程量报表后的7天内完成审核的,承包人报送的工程量报告中的工程量视为承包人实际完成的工程量,据此计算工程价款。

2)总价合同的计量

《示范文本》规定,除专用合同条款另有约定外,按月计量支付的总价合同,按照本项约定执行:

(1)承包人应于每月25日向监理人报送上月20日至当月19日已完成的工程量报告,并附具进度付款申请单、已完成工程量报表和有关资料。

(2)监理人应在收到承包人提交的工程量报告后7天内完成对承包人提交的工程量报表的审核并报送发包人,以确定当月实际完成的工程量。监理人对工程量有异议的,有权要求承包人进行共同复核或抽样复测。承包人应协助监理人进行复核或抽样复测,并按监理人要求提供补充计量资料。承包人未按监理人要求参加复核或抽样复测的,监理人审核或修正的工程量视为承包人实际完成的工程量。

(3)监理人未在收到承包人提交的工程量报表后的7天内完成复核的,承包人提交的工程量报告中的工程量视为承包人实际完成的工程量。

总价合同采用支付分解表计量支付的,可以按照总价合同的计量约定进行计量,但合同价款按照支付分解表进行支付。

3)其他价格形式合同的计量

合同当事人可在专用合同条款中约定其他价格形式合同的计量方式和程序。

2. 工程变更

1)变更的范围

《示范文本》规定,除专用合同条款另有约定外,合同履行过程中发生以下情形的,应按照本条约定进行变更:

(1)增加或减少合同中任何工作,或追加额外的工作。

(2)取消合同中任何工作,但转由他人实施的工作除外。

(3)改变合同中任何工作的质量标准或其他特性。

(4)改变工程的基线、标高、位置和尺寸。

(5)改变工程的时间安排或实施顺序。

2)变更权

发包人和监理人均可以提出变更。变更指示均通过监理人发出,监理人发出变更指示前应征得发包人同意。承包人收到经发包人签认的变更指示后,方可实施变更。未经许可,承包人不得擅自对工程的任何部分进行变更。

涉及设计变更的,应由设计人提供变更后的图纸和说明。如变更超过原设计标准或批准的建设规模,发包人应及时办理规划、设计变更等审批手续。

3)变更程序

(1)发包人提出变更。发包人提出变更的,应通过监理人向承包人发出变更指示,变更指示应说明计划变更的工程范围和变更的内容。

(2)监理人提出变更建议。监理人提出变更建议的,需要向发包人以书面形式提出变更计划,说明计划变更工程范围和变更的内容、理由,以及实施该变更对合同价格和工期的影响。发包人同意变更的,由监理人向承包人发出变更指示;发包人不同意变更的,监理人无权擅自发出变更指示。

(3)变更执行。承包人收到监理人下达的变更指示后,认为不能执行,应立即提出不能执行该变更指示的理由。承包人认为可以执行变更的,应当书面说明实施该变更指示对合同价格和工期的影响,且合同当事人应当按照第10.4款“变更估价”约定确定变更估价。

(4)变更估价。

①变更估价原则。除专用合同条款另有约定外,变更估价按照本款约定处理:

a.已标价工程量清单或预算书有相同项目的,按照相同项目单价认定。

b.已标价工程量清单或预算书中无相同项目,但有类似项目的,参照类似项目的单价认定。

c.变更导致实际完成的变更工程量与已标价工程量清单或预算书中列明的该项目工程量的变化幅度超过15%的,或已标价工程量清单或预算书中无相同项目及类似项目单价的,按照合理的成本与利润构成的原则,由合同当事人按照《示范文本》第4.4款“商定或确定”确定变更工作的单价。

②变更估价程序。承包人应在收到变更指示后14天内,向监理人提交变更估价申请。监理人应在收到承包人提交的变更估价申请后7天内审查完毕并报送发包人,监理人对变更估价申请有异议的,通知承包人修改后重新提交。发包人应在承包人提交变更估价申请后14天内审批完毕。发包人逾期未完成审批或未提出异议的,视为认可承包人提交的变更估价申请。

因变更引起的价格调整应计入最近一期的进度款中支付。

4)承包人的合理化建议

承包人提出合理化建议的,应向监理人提交合理化建议说明,说明建议的内容和理由,以及实施该建议对合同价格和工期的影响。

除专用合同条款另有约定外,监理人应在收到承包人提交的合理化建议后7天内审查完毕并报送发包人,发现其中存在技术上的缺陷,应通知承包人修改。发包人应在收到监理人报送的合理化建议后7天内审批完毕。合理化建议经发包人批准的,监理人应及时发出变更指示,由此引起的合同价格调整按照《示范文本》第10.4款"变更估价"约定执行。发包人不同意变更的,监理人应书面通知承包人。

合理化建议降低了合同价格或者提高了工程经济效益的,发包人可对承包人给予奖励,奖励的方法和金额在专用合同条款中约定。

5)变更引起的工期调整

因变更引起工期变化的,合同当事人均可要求调整合同工期,由合同当事人按照《示范文本》第4.4款"商定或确定"并参考工程所在地的工期定额标准确定增减工期天数。

3.价格调整

1)市场价格波动引起的调整

《示范文本》规定,除专用合同条款另有约定外,市场价格波动超过合同当事人约定的范围,合同价格应当调整。合同当事人可以在专用合同条款中约定选择以下一种方式对合同价格进行调整。

第1种方式:采用价格指数进行价格调整。

(1)价格调整公式。因人工、材料和设备等价格波动影响合同价格时,根据专用合同条款中约定的数据,按下式计算差额并调整合同价格:

$$\Delta P = P_0\left[A + \left(B_1 \times \frac{F_{t1}}{F_{01}} + B_2 \times \frac{F_{t2}}{F_{02}} + B_3 \times \frac{F_{t3}}{F_{03}} + \cdots + B_n \times \frac{F_{tn}}{F_{0n}}\right) - 1\right]$$

式中 ΔP——需调整的价格差额;

P_0——约定的付款证书中承包人应得到的已完成工程量的金额,此项金额应不包括价格调整、不计质量保证金的扣留和支付、预付款的支付和扣回,约定的变更及其他金额已按现行价格计价的,也不计在内;

A——定值权重(不调部分的权重);

$B_1, B_2, B_3, \cdots, B_n$——各可调因子的变值权重(可调部分的权重),为各可调因子在签约合同价中所占的比例;

$F_{t1}, F_{t2}, F_{t3}, \cdots, F_{tn}$——各可调因子的现行价格指数,指约定的付款证书相关周期最后一天的前42天的各可调因子的价格指数;

$F_{01}, F_{02}, F_{03}, \cdots, F_{0n}$——各可调因子的基本价格指数,指基准日期的各可调因子的价格指数。

以上价格调整公式中的各可调因子、定值和变值权重,以及基本价格指数及其来源在投标函附录价格指数和权重表中约定,非招标订立的合同,由合同当事人在专用合同条款中约定。价格指数应首先采用工程造价管理机构发布的价格指数,无前述价格指数时,可采用工程造价管理机构发布的价格代替。

(2)暂时确定调整差额。在计算调整差额时无现行价格指数的,合同当事人同意暂用前次价格指数计算。实际价格指数有调整的,合同当事人进行相应调整。

(3)权重的调整。因变更导致合同约定的权重不合理时,按照《示范文本》第4.4款“商定或确定”执行。

(4)因承包人原因工期延误后的价格调整。因承包人原因未按期竣工的,对合同约定的竣工日期后继续施工的工程,在使用价格调整公式时,应采用计划竣工日期与实际竣工日期的两个价格指数中较低的一个作为现行价格指数。

第2种方式:采用造价信息进行价格调整。

合同履行期间,因人工、材料、工程设备和机械台班价格波动影响合同价格时,人工、机械使用费按照国家或省、自治区、直辖市建设行政管理部门、行业建设管理部门或其授权的工程造价管理机构发布的人工、机械使用费系数进行调整;需要进行价格调整的材料,其单价和采购数量应由发包人审批,发包人确认需调整的材料单价及数量,作为调整合同价格的依据。

(1)人工单价发生变化且符合省级或行业建设主管部门发布的人工费调整规定,合同当事人应按省级或行业建设主管部门或其授权的工程造价管理机构发布的人工费等文件调整合同价格,但承包人对人工费或人工单价的报价高于发布价格的除外。

(2)材料、工程设备价格变化的价款调整按照发包人提供的基准价格,按以下风险范围规定执行:

①承包人在已标价工程量清单或预算书中载明材料单价低于基准价格的:除专用合同条款另有约定外,合同履行期间材料单价涨幅以基准价格为基础超过5%时,或材料单价跌幅以在已标价工程量清单或预算书中载明材料单价为基础超过5%时,其超过部分据实调整。

②承包人在已标价工程量清单或预算书中载明材料单价高于基准价格的:除专用合同条款另有约定外,合同履行期间材料单价跌幅以基准价格为基础超过5%时,材料单价涨幅以在已标价工程量清单或预算书中载明材料单价为基础超过5%时,其超过部分据实调整。

③承包人在已标价工程量清单或预算书中载明材料单价等于基准价格的:除专用合同条款另有约定外,合同履行期间材料单价涨、跌幅以基准价格为基础超过±5%时,其超过部分据实调整。

④承包人应在采购材料前将采购数量和新的材料单价报发包人核对,发包人确认用于工程时,发包人应确认采购材料的数量和单价。发包人在收到承包人报送的确认资料后5天内不予答复的视为认可,作为调整合同价格的依据。未经发包人事先核对,承包人自行采购材料的,发包人有权不予调整合同价格。发包人同意的,可以调整合同价格。

前述基准价格是指由发包人在招标文件或专用合同条款中给定的材料、工程设备的价格,该价格原则上应当按照省级或行业建设主管部门或其授权的工程造价管理机构发布的信息价编制。

(3)施工机械台班单价或施工机械使用费发生变化超过省级或行业建设主管部门或其授权的工程造价管理机构规定的范围时,按规定调整合同价格。

第3种方式:专用合同条款约定的其他方式。

2)法律变化引起的调整

基准日期后,法律变化导致承包人在合同履行过程中所需要的费用发生除《示范文本》第11.1款"市场价格波动引起的调整"约定以外的增加时,由发包人承担由此增加的费用;减少时,应从合同价格中予以扣减。基准日期后,因法律变化造成工期延误时,工期应予以顺延。

因法律变化引起的合同价格和工期调整,合同当事人无法达成一致的,由总监理工程师按《示范文本》第4.4款"商定或确定"的约定处理。

因承包人原因造成工期延误,在工期延误期间出现法律变化的,由此增加的费用和(或)延误的工期由承包人承担。

4. 暂估价

《示范文本》规定,暂估价专业分包工程、服务、材料和工程设备的明细由合同当事人在专用合同条款中约定。

1)依法必须招标的暂估价项目

对于依法必须招标的暂估价项目,采取以下第1种方式确定。合同当事人也可以在专用合同条款中选择其他招标方式。

第1种方式:对于依法必须招标的暂估价项目,由承包人招标,对该暂估价项目的确认和批准按照以下约定执行:

(1)承包人应当根据施工进度计划,在招标工作启动前14天将招标方案通过监理人报送发包人审查,发包人应当在收到承包人报送的招标方案后7天内批准或提出修改意见。承包人应当按照经过发包人批准的招标方案开展招标工作。

(2)承包人应当根据施工进度计划,提前14天将招标文件通过监理人报送发包人审批,发包人应当在收到承包人报送的相关文件后7天内完成审批或提出修改意见;发包人有权确定招标控制价并按照法律规定参加评标。

(3)承包人与供应商、分包人在签订暂估价合同前,应当提前7天将确定的中标候选供应商或中标候选分包人的资料报送发包人,发包人应在收到资料后3天内与承包人共同确定中标人;承包人应当在签订合同后7天内,将暂估价合同副本报送发包人留存。

第2种方式:对于依法必须招标的暂估价项目,由发包人和承包人共同招标确定暂估价供应商或分包人的,承包人应按照施工进度计划,在招标工作启动前14天通知发包人,并提交暂估价招标方案和工作分工。发包人应在收到后7天内确认。确定中标人后,由发包人、承包人与中标人共同签订暂估价合同。

2)不属于依法必须招标的暂估价项目

除专用合同条款另有约定外,对于不属于依法必须招标的暂估价项目,采取以下第1种方式确定。

第1种方式:对于不属于依法必须招标的暂估价项目,按本项约定确认和批准。

(1)承包人应根据施工进度计划,在签订暂估价项目的采购合同、分包合同前28天向监理人提出书面申请。监理人应当在收到申请后3天内报送发包人,发包人应当在收到申请后14天内给予批准或提出修改意见,发包人逾期未予批准或提出修改意见的,视为该书面申请已获得同意。

(2)发包人认为承包人确定的供应商、分包人无法满足工程质量或合同要求的,发包人可以要求承包人重新确定暂估价项目的供应商、分包人。

(3)承包人应当在签订暂估价合同后7天内,将暂估价合同副本报送发包人留存。

第2种方式:承包人按照《示范文本》第10.7.1项"依法必须招标的暂估价项目"约定的第1种方式确定暂估价项目。

第3种方式:承包人直接实施的暂估价项目。

承包人具备实施暂估价项目的资格和条件的,经发包人和承包人协商一致后,可由承包人自行实施暂估价项目,合同当事人可以在专用合同条款约定具体事项。

因发包人原因导致暂估价合同订立和履行迟延的,由此增加的费用和(或)延误的工期由发包人承担,并支付承包人合理的利润。因承包人原因导致暂估价合同订立和履行迟延的,由此增加的费用和(或)延误的工期由承包人承担。

5.计日工

《示范文本》规定,需要采用计日工方式的,经发包人同意后,由监理人通知承包人以计日工计价方式实施相应的工作,其价款按列入已标价工程量清单或预算书中的计日工计价项目及其单价进行计算;已标价工程量清单或预算书中无相应的计日工单价的,按照合理的成本与利润构成的原则,由合同当事人按照《示范文本》第4.4款"商定或确定"确定变更工作的单价。

采用计日工计价的任何一项工作,承包人应在该项工作实施过程中,每天提交以下报表和有关凭证报送监理人审查:

(1)工作名称、内容和数量。

(2)投入该工作的所有人员的姓名、专业、工种、级别和耗用工时。

(3)投入该工作的材料类别和数量。

(4)投入该工作的施工设备型号、台数和耗用台时。

(5)其他有关资料和凭证。

计日工由承包人汇总后,列入最近一期进度付款申请单,由监理人审查并经发包人批准后列入进度付款。

6.工程进度款支付

1)付款周期

《示范文本》规定,除专用合同条款另有约定外,工程量的计量按月进行。

2)进度付款申请单的编制

《示范文本》规定,除专用合同条款另有约定外,进度付款申请单应包括下列内容:

(1)截至本次付款周期已完成工作对应的金额。

(2)根据《示范文本》第10条"变更"应增加和扣减的变更金额。

(3)根据《示范文本》第12.2款"预付款"约定应支付的预付款和扣减的返还预付款。

(4)根据《示范文本》第15.3款"质量保证金"约定应扣减的质量保证金。

(5)根据《示范文本》第19条"索赔"应增加和扣减的索赔金额。

(6)对已签发的进度款支付证书中出现错误的修正,应在本次进度付款中支付或扣除的金额。

(7)根据合同约定应增加和扣减的其他金额。

3)进度付款申请单的提交

(1)单价合同进度付款申请单的提交。单价合同的进度付款申请单,按照《示范文本》第12.3.3项"单价合同的计量"约定的时间按月向监理人提交,并附上已完成工程量报表和有关资料。单价合同中的总价项目按月进行支付分解,并汇总列入当期进度付款申请单。

(2)总价合同进度付款申请单的提交。总价合同按月计量支付的,承包人按照《示范文本》第12.3.4项"总价合同的计量"约定的时间按月向监理人提交进度付款申请单,并附上已完成工程量报表和有关资料。

总价合同按支付分解表支付的,承包人应按照《示范文本》第12.4.6项"支付分解表"及第12.4.2项"进度付款申请单的编制"的约定向监理人提交进度付款申请单。

(3)其他价格形式合同的进度付款申请单的提交。合同当事人可在专用合同条款中约定其他价格形式合同的进度付款申请单的编制和提交程序。

4)进度款审核和支付

(1)除专用合同条款另有约定外,监理人应在收到承包人进度付款申请单以及相关资料后7天内完成审查并报送发包人,发包人应在收到后7天内完成审批并签发进度款支付证书。发包人逾期未完成审批且未提出异议的,视为已签发进度款支付证书。

发包人和监理人对承包人的进度付款申请单有异议的,有权要求承包人修正和提供补充资料,承包人应提交修正后的进度付款申请单。监理人应在收到承包人修正后的进度付款申请单及相关资料后7天内完成审查并报送发包人,发包人应在收到监理人报送的进度付款申请单及相关资料后7天内,向承包人签发无异议部分的临时进度款支付证书。存在争议的部分,按照《示范文本》第20条"争议解决"的约定处理。

(2)除专用合同条款另有约定外,发包人应在进度款支付证书或临时进度款支付证书签发后14天内完成支付,发包人逾期支付进度款的,应按照中国人民银行发布的同期同类贷款基准利率支付违约金。

(3)发包人签发进度款支付证书或临时进度款支付证书,不表明发包人已同意、批准或接受了承包人完成的相应部分的工作。

5)进度付款的修正

在对已签发的进度款支付证书进行阶段汇总和复核中发现错误、遗漏或重复的,发包人和承包人均有权提出修正申请。经发包人和承包人同意的修正,应在下期进度付款中支付或扣除。

6)支付分解表

(1)支付分解表的编制要求。

①支付分解表中所列的每期付款金额,应为《示范文本》第12.4.2项"进度付款申请单的编制"第(1)目的估算金额。

②实际进度与施工进度计划不一致的,合同当事人可按照《示范文本》第4.4款"商定或确定"的约定修改支付分解表。

③不采用支付分解表的,承包人应向发包人和监理人提交按季度编制的支付估算分解表,用于支付参考。

(2)总价合同支付分解表的编制与审批。

①除专用合同条款另有约定外,承包人应根据《示范文本》第7.2款"施工进度计划"约定的施工进度计划、签约合同价和工程量等因素对总价合同按月进行分解,编制支付分解表。承包人应当在收到监理人和发包人批准的施工进度计划后7天内,将支付分解表及编制支付分解表的支持性资料报送监理人。

②监理人应在收到支付分解表后7天内完成审核并报送发包人。发包人应在收到经监理人审核的支付分解表后7天内完成审批,经发包人批准的支付分解表为有约束力的支付分解表。

③发包人逾期未完成支付分解表审批的,也未及时要求承包人进行修正和提供补充资料的,则承包人提交的支付分解表视为已经获得发包人批准。

(3)单价合同的总价项目支付分解表的编制与审批。除专用合同条款另有约定外,单价合同的总价项目,由承包人根据施工进度计划和总价项目的总价构成、费用性质、计划发生时间和相应工程量等因素按月进行分解,形成支付分解表,其编制与审批参照总价合同支付分解表的编制与审批执行。

7)支付账户

发包人应将合同价款支付至合同协议书中约定的承包人账户。

7.安全文明施工费

《示范文本》规定,安全文明施工费由发包人承担,发包人不得以任何形式扣减该部分费用。因基准日期后合同所适用的法律或政府有关规定发生变化,增加的安全文明施工费由发包人承担。

承包人经发包人同意采取合同约定以外的安全措施所产生的费用,由发包人承担。未经发包人同意的,如果该措施避免了发包人的损失,则发包人在避免损失的额度内承担该措施费。如果该措施避免了承包人的损失,由承包人承担该措施费。

除专用合同条款另有约定外,发包人应在开工后28天内预付安全文明施工费总额的50%,其余部分与进度款同期支付。发包人逾期支付安全文明施工费超过7天的,承包人有权向发包人发出要求预付的催告通知,发包人收到通知后7天内仍未支付的,承包人有权暂停施工,并按《示范文本》第16.1.1项"发包人违约的情形"执行。

承包人对安全文明施工费应专款专用,承包人应在财务账目中单独列项备查,不得挪作他用,否则发包人有权责令其限期改正;逾期未改正的,可以责令其暂停施工,由此增加的费用和(或)延误的工期由承包人承担。

8.索赔

1)承包人的索赔

《示范文本》规定,承包人认为有权得到追加付款和(或)延长工期的,应按以下程序向发包人提出索赔:

(1)承包人应在知道或应当知道索赔事件发生后28天内,向监理人递交索赔意向通知书,并说明发生索赔事件的事由;承包人未在前述28天内发出索赔意向通知书的,丧失要求追加付款和(或)延长工期的权利。

(2)承包人应在发出索赔意向通知书后28天内,向监理人正式递交索赔报告;索赔报告应详细说明索赔理由以及要求追加的付款金额和(或)延长的工期,并附必要的记录和证明材料。

(3)索赔事件具有持续影响的,承包人应按合理时间间隔继续递交延续索赔通知,说明持续影响的实际情况和记录,列出累计的追加付款金额和(或)工期延长天数。

(4)在索赔事件影响结束后28天内,承包人应向监理人递交最终索赔报告,说明最终要求索赔的追加付款金额和(或)延长的工期,并附必要的记录和证明材料。

2)对承包人索赔的处理

对承包人索赔的处理如下:

(1)监理人应在收到索赔报告后14天内完成审查并报送发包人。监理人对索赔报告存在异议的,有权要求承包人提交全部原始记录副本。

(2)发包人应在监理人收到索赔报告或有关索赔的进一步证明材料后的28天内,由监理人向承包人出具经发包人签认的索赔处理结果。发包人逾期答复的,则视为认可承包人的索赔要求。

(3)承包人接受索赔处理结果的,索赔款项在当期进度款中进行支付;承包人不接受索赔处理结果的,按照《示范文本》第20条"争议解决"约定处理。

3)发包人的索赔

根据合同约定,发包人认为有权得到赔付金额和(或)延长缺陷责任期的,监理人应向承包人发出通知并附有详细的证明。

发包人应在知道或应当知道索赔事件发生后28天内通过监理人向承包人提出索赔意向通知书,发包人未在前述28天内发出索赔意向通知书的,丧失要求赔付金额和(或)延长缺陷责任期的权利。发包人应在发出索赔意向通知书后28天内,通过监理人向承包人正式递交索赔报告。

4)对发包人索赔的处理

对发包人索赔的处理如下:

(1)承包人收到发包人提交的索赔报告后,应及时审查索赔报告的内容、查验发包人证明材料。

(2)承包人应在收到索赔报告或有关索赔的进一步证明材料后28天内,将索赔处理结果答复发包人。如果承包人未在上述期限内作出答复的,则视为对发包人索赔要求的认可。

(3)承包人接受索赔处理结果的,发包人可从应支付给承包人的合同价款中扣除赔付的金额或延长缺陷责任期;发包人不接受索赔处理结果的,按《示范文本》第20条"争议解决"约定处理。

5)提出索赔的期限

(1)承包人按《示范文本》第14.2款"竣工结算审核"约定接收竣工付款证书后,应被视为已无权再提出在工程接收证书颁发前所发生的任何索赔。

(2)承包人按《示范文本》第14.4款"最终结清"提交的最终结清申请单中,只限于提出工程接收证书颁发后发生的索赔。提出索赔的期限自接受最终结清证书时终止。

9. 竣工结算

1)竣工结算申请

《示范文本》规定,除专用合同条款另有约定外,承包人应在工程竣工验收合格后28天内向发包人和监理人提交竣工结算申请单,并提交完整的结算资料,有关竣工结算申请单的资料清单和份数等要求由合同当事人在专用合同条款中约定。

除专用合同条款另有约定外,竣工结算申请单应包括以下内容:

(1)竣工结算合同价格。

(2)发包人已支付承包人的款项。

(3)应扣留的质量保证金。已缴纳履约保证金的或提供其他工程质量担保方式的除外。

(4)发包人应支付承包人的合同价款。

2)竣工结算审核

(1)除专用合同条款另有约定外,监理人应在收到竣工结算申请单后14天内完成核查并报送发包人。发包人应在收到监理人提交的经审核的竣工结算申请单后14天内完成审批,并由监理人向承包人签发经发包人签认的竣工付款证书。监理人或发包人对竣工结算申请单有异议的,有权要求承包人进行修正和提供补充资料,承包人应提交修正后的竣工结算申请单。

发包人在收到承包人提交竣工结算申请书后28天内未完成审批且未提出异议的,视为发包人认可承包人提交的竣工结算申请单,并自发包人收到承包人提交的竣工结算申请单后第29天起视为已签发竣工付款证书。

(2)除专用合同条款另有约定外,发包人应在签发竣工付款证书后的14天内,完成对承包人的竣工付款。发包人逾期支付的,按照中国人民银行发布的同期同类贷款基准利率支付违约金;逾期支付超过56天的,按照中国人民银行发布的同期同类贷款基准利率的两倍支付违约金。

(3)承包人对发包人签认的竣工付款证书有异议的,对于有异议部分,应在收到发包人签认的竣工付款证书后7天内提出异议,并由合同当事人按照专用合同条款约定的方式和程序进行复核,或按照《示范文本》第20条"争议解决"约定处理。对于无异议部分,发包人应签发临时竣工付款证书,并按本款第(2)目完成付款。承包人逾期未提出异议的,视为认可发包人的审批结果。

3)甩项竣工协议

发包人要求甩项竣工的,合同当事人应签订甩项竣工协议。在甩项竣工协议中应明确,合同当事人按照《示范文本》第14.1款"竣工结算申请"及第14.2款"竣工结算审核"的约定,对已完合格工程进行结算,并支付相应合同价款。

4)最终结清

(1)最终结清申请单。

①除专用合同条款另有约定外,承包人应在缺陷责任期终止证书颁发后7天内,按专用合同条款约定的份数向发包人提交最终结清申请单,并提供相关证明材料。

除专用合同条款另有约定外,最终结清申请单应列明质量保证金、应扣除的质量保证金、缺陷责任期内发生的增减费用。

②发包人对最终结清申请单内容有异议的,有权要求承包人进行修正和提供补充资料,承包人应向发包人提交修正后的最终结清申请单。

(2)最终结清证书和支付。

①除专用合同条款另有约定外,发包人应在收到承包人提交的最终结清申请单后14天内完成审批并向承包人颁发最终结清证书。发包人逾期未完成审批,又未提出修改意见的,视为发包人同意承包人提交的最终结清申请单,且自发包人收到承包人提交的最终结清申请单后15天起视为已颁发最终结清证书。

②除专用合同条款另有约定外,发包人应在颁发最终结清证书后7天内完成支付。发包人逾期支付的,按照中国人民银行发布的同期同类贷款基准利率支付违约金;逾期支付超过56天的,按照中国人民银行发布的同期同类贷款基准利率的两倍支付违约金。

③承包人对发包人颁发的最终结清证书有异议的,按《示范文本》第20条"争议解决"的约定办理。

5.3.3 投资控制的偏差分析

5.3.3.1 投资偏差的概念

在投资控制中,把投资的实际值与计划值的差异叫作投资偏差,即

$$投资偏差 = 已完工程实际投资 - 已完工程计划投资$$

结果为正,表示投资超支;结果为负,表示投资节约。

$$进度偏差 = 已完工程实际时间 - 已完工程计划时间$$

为了与投资偏差联系起来,进度偏差也可表示为

$$进度偏差 = 拟完工程计划投资 - 已完工程计划投资$$

所谓拟完工程计划投资,是指根据进度计划安排在某一确定时间内所应完成的工程内容的计划投资,即

$$拟完工程计划投资 = 拟完工程量(计划工程量) \times 计划单价$$

在工程建设中为了对投资进行控制,常运用以下投资偏差的概念。

1. 局部偏差和累计偏差

所谓局部偏差,有两层含义:一是对于整个项目而言,指各单项工程、单位工程及分部分项工程的投资偏差;二是对于整个项目已经实施的时间而言,是指每一控制周期所发生的投资偏差。累计偏差是一个动态的概念,其数值总是与具体的时间联系在一起的,第一个累计偏差在数值上等于局部偏差,最终的累计偏差就是整个项目的投资偏差。

局部偏差的引入,可使项目投资管理人员清楚地了解偏差发生的时间、所在的单项工程,这有利于分析其发生的原因。而累计偏差所涉及的工程内容较多、范围较大,且原因也较复杂,因而累计偏差分析必须以局部偏差为基础。从另一方面来看,因为累计偏差分析是建立在对局部偏差进行综合分析的基础上,所以其结果更能显示出代表性和规律性,对投资控制工作在较大范围内具有指导作用。

2. 绝对偏差和相对偏差

绝对偏差是指投资实际值与计划值比较所得到的差额。绝对偏差的结果很直观,有助于投资管理人员了解项目投资出现偏差的绝对数额,并依此采取一定措施,制订或调整

投资支付计划和资金筹措计划。但是,绝对偏差有其不容忽视的局限性。如同样是1万元的投资偏差,对于总投资1 000万元的项目和总投资10万元的项目而言,其严重性显然是不同的,因此又引入相对偏差这一参数。

$$相对偏差=\frac{绝对偏差}{投资计划值}=\frac{投资实际值-投资计划值}{投资计划值}$$

与绝对偏差一样,相对偏差可正可负,且两者同号。正值表示投资超支,负值表示投资节约。两者都只涉及投资的计划值和实际值,既不受项目层次的限制,也不受项目实施时间的限制,因而在各种投资比较中均可采用。

3. 偏差程度

偏差程度是指投资实际值对投资计划值的偏离程度,其表达式为

$$投资偏差程度=投资实际值/投资计划值$$

偏差程度可参照局部偏差和累计偏差分为局部偏差程度和累计偏差程度。注意累计偏差程度并不等于局部偏差程度的简单相加。以月为一控制周期,则两者公式为

$$投资局部偏差程度=当月投资实际值/当月投资计划值$$

$$投资累计偏差程度=累计投资实际值/累计投资计划值$$

将偏差程度与进度结合起来,引入进度偏差程度的概念,则可得到以下公式:

$$进度偏差程度=已完工程实际时间/已完工程计划时间$$

或

$$进度偏差程度=拟完工程计划投资/已完工程计划投资$$

5.3.3.2 偏差分析的方法

偏差分析可采用不同的方法,常用的有横道图法、表格法和曲线法。

1. 横道图法

用横道图法进行投资偏差分析,是用不同的横道标识已完工程计划投资、已完工程实际投资和拟完工程计划投资,横道的长度与其金额成正比。横道图法具有形象、直观、一目了然等优点,它能够准确表达出投资的绝对偏差,而且能一眼感受到偏差的严重性。但是,这种方法反映的信息量少,一般在项目的较高管理层应用。

2. 表格法

表格法是进行偏差分析最常用的一种方法。它将项目编号、名称、各投资参数及投资偏差数综合归纳入一张表格中,并且直接在表格中进行比较。由于各偏差参数都在表中列出,投资管理者能够综合地了解并处理这些数据。用表格法进行偏差分析具有如下优点:灵活、适用性强,可根据实际需要设计表格,进行增减项;信息量大,可以反映偏差分析所需的资料,从而有利于投资控制人员及时采取针对性措施,加强控制;表格处理可借助于计算机,从而节约大量数据处理所需的人力,并大大提高速度。

3. 曲线法

曲线法是用时间—投资累计曲线(S形曲线)来进行投资偏差分析的一种方法,如图5-4所示。在用曲线法进行投资偏差分析时,首先要确定投资计划值曲线。投资计划值曲线是与施工进度计划联系在一起的。同时,也应考虑实际进度的影响,引入三条投资参数曲线,即已完工程实际投资曲线a、已完工程计划投资曲线b和拟完工程计划投资曲

线p,如图5-5所示。图中曲线a与曲线b的竖向距离表示投资偏差,曲线b与曲线p的水平距离表示进度偏差。

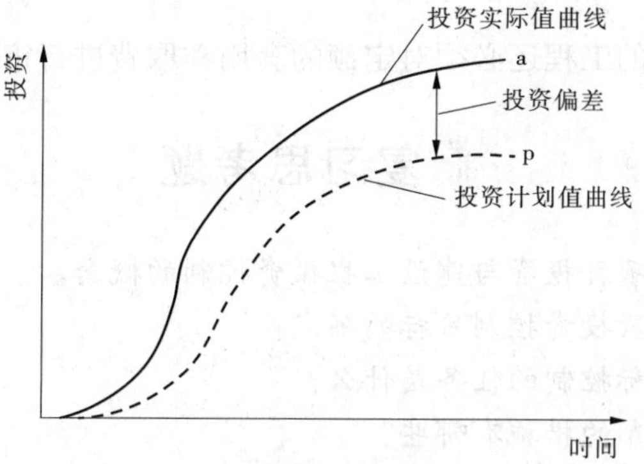

图5-4　投资计划值与投资实际值曲线

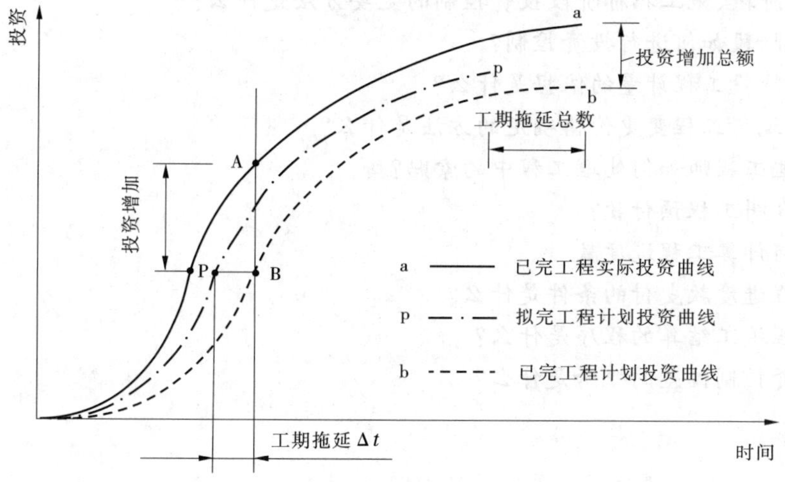

图5-5　三条投资参数曲线

图5-5反映的偏差为累计偏差。用曲线法进行偏差分析同样具有形象、直观的特点,但这种方法很难直接用于定量分析,只能对定量分析起一定的指导作用。

5.3.3.3　偏差原因分析

偏差分析的一个重要目的就是要找出引起偏差的原因,从而有可能采取有针对性的措施,减少或避免相同原因引起偏差的再次发生。在进行偏差原因分析时,首先应当将已导致和可能导致偏差的各种原因逐一列举出来。导致不同工程项目产生偏差具有一定共性,因而可以通过对已建项目的投资偏差原因进行归纳、总结,为该项目采取预防措施提供依据。

产生投资偏差的原因主要包括物价上涨、设计原因、业主原因、施工原因、法律法规变化等。

5.3.3.4　把好结算审查关

1. 工程量的审查

采用工程量清单计价的工程,结算时应重点审查工程量。结算的工程量应以招标文件和承包合同中的工程量为依据，考虑变更工程量。审查时要熟悉图纸、掌握工程量计算规则，并对整个工程的设计和施工有系统的认识。

2. 单价审查

对于仍用定额计价的工程还必须对定额的套用和取费进行审查。

复习思考题

1. 试解释工程建设项目投资与建设工程投资控制的概念。
2. 如何进行施工阶段投资控制目标的确定？
3. 建设工程投资目标控制的任务是什么？
4. 施工阶段投资控制的措施有哪些？
5. 投资控制的影响因素有哪些？
6. 设计阶段、施工招标阶段投资控制的主要方法是什么？
7. 施工阶段如何进行投资控制？
8. 施工阶段工程计量的依据是什么？
9. 我国现行工程变更价格确定的方法是什么？
10. 监理工程师如何处理工程中的索赔？
11. 什么叫工程预付款？
12. 如何计算工程进度款？
13. 工程进度款支付的条件是什么？
14. 工程竣工结算的程序是什么？
15. 投资控制偏差的概念是什么？

模块6 工程建设项目的合同管理

课题6.1 工程延期与工程延误的处理

6.1.1 工程延期与工程延误的概念

工程延期是指由于承包人以外的原因造成工期拖延。工程延误是指由于承包人自身的原因造成工期拖延。如果由于承包人以外的原因造成工期拖延，承包人有权提出延长工期的申请。监理工程师应根据合同规定，审批工程延期时间，并纳入合同工期，作为合同工期的一部分。即新的合同工期应等于原定的合同工期加监理工程师批准的工程延期时间。

6.1.2 承包单位提出工程延期（工期索赔）要求的前提

承包单位由于以下原因可以向监理单位提出工程延期（工期索赔）要求：

（1）建设单位未能按施工合同专用条款的约定提供施工图纸及其他开工所需的条件。

（2）建设单位未能按约定日期支付工程预付款、工程进度款，致使施工不能正常进行。

（3）监理工程师未能按施工合同的约定提供所需的指令、批准等，致使施工不能正常进行。

（4）由于设计发生重大变更，或工程量有大量增加。

（5）一周内非承包单位原因停水、停电、停气造成停工累计超过8小时。

（6）由于不可抗力造成停工。

（7）施工合同专用条款中约定或监理工程师同意工程延期的其他情况。

6.1.3 监理单位受理工程延期的条件

监理单位受理工程延期的条件如下：

（1）工程延期事件发生后，如该事件具有持续影响，承包单位应在施工合同规定的期限内提交“工程临时延期申请表”。

（2）承包单位在工程延期事件持续时间内向项目监理机构陆续报送有关的详细资料及证明材料。

（3）工程延期事件终结后，承包单位向项目监理机构提交最终的“工程延期申请表”。

6.1.4　工程延期事件处理工作步骤

工程延期事件发生后，监理单位应采取以下工作步骤：

(1)对承包单位最初提交的"工程临时延期申请表"，经初步审查同意后，由总监理工程师签发"工程临时延期审批表"。

(2)及时与建设单位协商，转交有关报告与资料。

(3)进行调查研究，收集有关资料，做好记录。

(4)对发生工程延期的原因进行分析，提出尽可能减少损失的建议，督促承包单位采取措施尽量减轻对工程的影响。

(5)审查承包单位提交的最终"工程延期申请表"及有关资料，在施工合同约定的时限内予以审批。

6.1.5　监理单位审核工程延期的原则

监理单位审核工程延期的原则如下：

(1)情况属实。

(2)施工合同中有明确的条款依据。

(3)工程延期事件必须发生在被批准的工程进度网络计划的关键线路上。

6.1.6　工程延期处理

工程延期事件终止后，监理单位与建设单位和承包单位协商一致，审定延期日数，向承包单位签发"工程最终延期审批表"。

承包单位编制新的总进度计划或修订原进度计划交监理单位审批，如涉及费用索赔则按有关规定办理。

当出现工程延误时，监理工程师有权要求承包单位采取有效措施加快施工进度。

如果经过一段时间后，实际进度没有明显改进，仍然落后于计划进度，而且将影响工程按期竣工时，监理工程师应要求承包单位修改进度计划，并提交监理工程师重新确认。

监理工程师对修改后的施工进度计划的确认，并不是对工程延期的批准，他只是要求承包单位在合理的状态下组织施工。因此，监理工程师对进度计划的确认，并不能解除承包单位应负的一切责任，承包单位需要承担赶工的全部额外开支和延误工期的损失赔偿。

监理工程师对于施工进度的拖延，是否批准为工程延期，对承包单位和业主都十分重要。如果承包单位得到监理工程师批准的工程延期，不仅可以不赔偿由于工期延长而支付的误期损失费，而且由业主承担由于工期延长所增加的费用。因此，监理工程师应按照合同的有关规定，公正区分工程延误和工程延期，并合理地批准工程延期时间。

课题6.2　工程暂停及复工

在施工过程中，有些情况会导致暂停施工。暂停施工当然会影响工程进度，作为监理工程师，应当尽量避免暂停施工。根据《建设工程监理规范》（GB/T 50319—2013）的规定,“工程暂停令”应由总监理工程师签发,总监理工程在签发“工程暂停令”时应根据工程暂停后的影响范围和影响程度,按照施工合同和委托监理合同的约定,征求建设单位同意后签发,或签发后向建设单位通报。

在发生下列情况下,总监理工程师可下达“工程暂停令”:

(1)应建设单位的要求暂停施工,且工程需要停工时。

(2)发现严重的质量隐患,或发生严重的工程质量事故,需要进行停工处理时。

(3)发现严重的安全隐患,或发生严重的安全事故,需要进行停工处理时。

(4)发现建筑材料、构配件、设备质量严重不合格。

(5)承包单位未经许可擅自施工,或拒绝项目监理机构管理。

(6)其他必须暂停施工的紧急事件。

总监理工程师在签发“工程暂停令”时,应根据停工的原因、影响范围和影响程度,明确指出工程项目的停工范围。

如由于承包单位原因暂停施工,承包单位应全力以赴,排除停工原因进行整改,争取尽早复工,建设、监理单位予以密切配合。如由于建设单位原因暂停施工,建设单位应全力以赴,排除停工原因,争取尽快复工,承包、监理单位予以密切配合。

如由于建设单位原因或其他非承包单位原因导致工程暂停,总监理工程师在签发“工程暂停令”之前应就有关工期和费用等事项与承包单位进行协商。暂停施工前及停工期间,项目监理机构应如实记录所发生的情况。在施工暂停原因被排除后具备复工条件时,总监理工程师应及时通知承包单位复工。

如果由于承包单位原因导致工程暂停,在具备复工条件时,项目监理机构应审查承包单位报送的“工程复工报审表”及有关资料,同意后总监理工程师签批“工程复工报审表”,指令承包单位复工。

在工程暂停期间,总监理工程师宜会同有关各方,按照施工合同的约定处理因工程暂停所引起的工期、费用等有关事项。

课题6.3　工程变更的管理

施工合同示范文本中将工程变更分为工程设计变更和其他变更两类。所谓其他变更,是指合同履行中发包人要求变更工程质量标准及其他实质性变更。发生这类情况后,由当事人双方协商解决。工程施工中经常发生设计变更,对此通用条款作出了较详细的规定。

监理工程师在合同履行管理中应严格控制变更,施工中承包人未得到监理工程师的同意不允许对工程设计随意变更。如果由于承包人擅自变更设计,发生的费用和由此而导致发包人的损失,应由承包人承担,延误的工期不予顺延。

6.3.1　监理工程师指示的设计变更

施工合同范本通用条款中明确规定,监理工程师依据工程项目的需要和施工现场的实际情况,可以就以下方面向承包人发出变更通知:

(1)更改工程有关部分的标高、基线、位置和尺寸。

(2)增减合同中约定的工程量。

(3)改变有关工程的施工时间和顺序。

(4)其他有关工程变更需要的附加工作。

6.3.2　设计变更程序

6.3.2.1　发包人要求的设计变更

施工中发包人需对原工程设计进行变更,应提前14天以书面形式向承包人发出变更通知。变更超过原设计标准或批准的建设规模时,发包人应报规划管理部门和其他有关部门重新审查批准,并由原设计单位提供变更的相应图纸和说明。

监理工程师向承包人发出设计变更通知后,承包人按照监理工程师发出的变更通知及有关要求,进行所需的变更。

因设计变更导致合同价款的增减及造成的承包人损失由发包人承担,延误的工期相应顺延。

6.3.2.2　承包人要求的设计变更

施工中承包人不得因施工方便而要求对原工程设计进行变更。

承包人在施工中提出的合理化建议被发包人采纳,若建议涉及对设计图纸或施工组织设计的变更及材料、设备的换用,则须经监理工程师同意。未经监理工程师同意承包人擅自更改或换用,承包人应承担由此发生的费用,并赔偿发包人的有关损失,延误的工期不予顺延。监理工程师同意采用承包人的合理化建议,所发生费用和获得收益的分担或分享,由发包人和承包人另行约定。

6.3.3　变更价款的确定

6.3.3.1　确定变更价款的程序

(1)承包人在工程变更确定后14天内,可提出变更涉及的追加合同价款要求的报告,经监理工程师确认后相应调整合同价款。如果承包人在双方确定变更后的14天内,未向监理工程师提出变更工程价款报告,视为该项变更不涉及合同价款的调整。

(2)监理工程师应在收到承包人的变更工程价款报告后14天内,对承包人的要求予以确认或作出其他答复。监理工程师无正当理由不确认或不答复时,自承包人的报告送达之日起14天后视为变更工程价款报告已被确认。

(3)监理工程师确认增加的工程变更价款作为合同价款,与工程进度款同期支付。监理工程师不同意承包人提出的变更价款,按合同约定的争议条款处理。

因承包人自身原因导致的工程变更,承包人无权要求追加合同价款。如由于承包人原因实际施工进度滞后于计划进度,使某工程部位的施工与其他承包人的施工发生干扰,监理工程师发布指示改变了他的施工时间和顺序导致施工成本的增加或效率降低,承包人无权要求补偿。

6.3.3.2　确定变更价款的原则

确定变更价款时,应维持承包人投标报价单内的竞争性水平。

(1)合同中已有适用于变更工程的价格,按合同已有的价格变更合同价款。

(2)合同中只有类似于变更工程的价格,可以参照类似价格变更合同价款。

(3)合同中没有适用或类似于变更工程的价格,由承包人提出适当的变更价格,与发包人协商,经监理工程师确认后执行。

课题6.4 违约管理

6.4.1 对发包人的违约管理

6.4.1.1 发包人的违约行为

发包人应当完成合同中约定的义务。如果发包人不履行合同义务或不按合同约定履行义务,则应承担相应的民事责任。发包人的违约行为包括以下几点:

(1)发包人不按时支付工程预付款。

(2)发包人不按合同约定支付工程款。

(3)发包人无正当理由不支付工程竣工结算价款。

(4)发包人其他不履行合同义务或者不按合同约定履行义务的情况。

同时,合同约定应当由监理工程师完成的工作,监理工程师没有完成或者没有按照约定完成,给承包人造成损失的,也应当由发包人承担违约责任。因为监理工程师是代表发包人进行工作的,其行为与合同约定不符时,应视为发包人的违约。发包人承担违约责任后,可以根据监理委托合同或者监理的管理制度追究监理工程师的相应责任。

6.4.1.2 发包人承担违约责任的方式

发包人承担违约责任的方式有以下几种:

(1)赔偿损失。赔偿损失是发包人承担违约责任的主要方式,其目的是补偿因违约给承包人造成的经济损失。承包人、发包人双方应当在合同专用条款内约定发包人赔偿承包人损失的计算方法。损失赔偿额应相当于因违约所造成的损失,包括合同履行后可以获得的利益,但不得超过发包人在订立合同时预见或者应当预见到的因违约可能造成的损失。

(2)支付违约金。支付违约金的目的是补偿承包人的损失,双方可在专用条款中约定违约金的数额或计算方法,并随当月工程款予以支付。

(3)顺延工期。对于因为发包人违约而延误的工期,应当相应顺延。

(4)继续履行。承包人要求继续履行合同,发包人应当在承担上述违约责任后继续履行。

6.4.2 承包人的违约管理

6.4.2.1 承包人的违约行为

承包人的违约行为主要包括以下几个方面:

(1)因承包人原因工程质量达不到协议书约定的质量标准。

(2)因承包人原因不能按照协议书约定的竣工日期或监理工程师同意顺延后的工期竣工。

(3)其他承包人不履行合同义务或不按约定履行义务的情况。

6.4.2.2 承包人承担违约责任的方式

(1)赔偿损失。承包人、发包人双方应当在合同专用条款内约定承包人赔偿发包人损失的计算方法。损失赔偿额应相当于违约所造成的损失,包括合同履行后发包人可以获得的利益,但不得超过承包人在订立合同时预见或者应当预见到的违约可能造成的损失。

(2)支付违约金。承包人、发包人双方可以在专用条款内约定承包人应当支付违约金的数额或计算方法。

(3)采取补救措施。对于施工质量不符合要求的违约,发包人有权要求承包人采取返工、修理、更换等补救措施。

(4)继续履行。如果发包人要求继续履行合同,承包人应当在承担上述违约责任后继续履行施工合同。

6.4.3 由担保方承担责任

在施工合同中,一方违约后,另一方可按双方约定的担保条款,要求提供担保的第三方承担相应责任。

6.4.4 违约的处理程序

(1)受损失一方提出书面文件通知项目监理机构。

(2)项目监理机构对违约事件进行调查研究,提出处理方案,组织双方进行协商。如能协商一致,双方签订书面协议,并执行协议;调解不成可按合同争议有关规定处理。

任何一方要求全部或部分解除合同时,监理工程师应慎重处理,以尽量减少经济损失为原则。

课题6.5 工程索赔的处理

6.5.1 索赔的概念

索赔是当事人在合同实施过程中,根据法律、合同规定及惯例,对不应由自己承担责任的情况造成的损失,向合同的另一方当事人提出给予赔偿或补偿要求的行为。在工程建设的各个阶段,都有可能发生索赔,但在施工阶段发生较多。

对施工合同的双方来说,都有通过索赔维护自己合法利益的权利,依据双方约定的合同责任,构成正确履行合同义务的制约关系。

6.5.2 索赔的特征

(1)索赔是双向的,不仅承包人可以向发包人索赔,发包人同样也可以向承包人索赔。由于实践中发包人向承包人索赔发生的频率相对较低,而且在索赔处理中,发包人始终处于主动和有利地位,对承包人的违约行为他可以直接从应付工程款中扣抵、扣留保留金或通过履约保函向银行索赔来实现自己的索赔要求。因此,在工程实践中大量发生的、处理比较困难的是承包人向发包人的索赔,也是监理工程师进行合同管理的重点内容之一。承包人的索赔范围非常广泛,一般只要因非承包人自身责任造成其工期延长或成本增加,都有可能向发包人提出索赔。有时发包人违反合同,如未及时交付施工图纸、合格施工现场、决策错误等造成工程修改、停工、返工、窝工,未按合同规定支付工程款等,承包人可向发包人提出赔偿要求;也可能由于发包人应承担风险的原因,如恶劣气候条件影响、国家法规修改等造成承包人损失或损害,承包人也会向发包人提出补偿要求。

(2)只有实际发生了经济损失或权利损害,一方才能向对方索赔。经济损失是指非自身原因造成合同外的额外支出,如人工费、材料费、机械费、管理费等额外开支;权利损害是指虽然没有经济上的损失,但造成了一方权利上的损害,如由于恶劣气候条件对工程进度的不利影响,承包人有权要求工期延长等。因此,发生了实际的经济损失或权利损害,应是一方提出索赔的一个基本前提条件。有时上述两者同时存在,如发包人未及时交付合格的施工现场,既造成承包人的经济损失,又侵犯了承包人的工期权利,因此承包人既要求经济赔偿,又要求工期延长;有时两者则可单独存在,如恶劣气候条件影响、不可抗力事件等,承包人根据合同规定或惯例则只能要求工期延长,不应要求经济补偿。

(3)索赔是单方面行为。合同当事人一方提出索赔要求,对对方尚未形成约束力,这种索赔要求能否得到最终实现,必须通过确认(如双方协商、谈判、调解或仲裁、诉讼)后才能实现。

许多人一听到"索赔"两字,很容易联想到争议的仲裁、诉讼或双方激烈的对抗,因此往往认为应当尽可能避免索赔,担心因索赔而影响双方的合作或感情。实质上索赔是一种正当的权利或要求,是合情、合理、合法的行为,它是在正确履行合同的基础上争取合理的补偿,不是无中生有,无理争利。索赔同守约、合作并不矛盾、对立,索赔本身就是市场经济中合作的一部分,只要是符合有关规定的、合法的或者符合有关惯例的,就应该理直气壮地、主动地向对方索赔。大部分索赔都可以通过协商谈判和调解等方式获得解决,只有在双方坚持己见而无法达成一致时,才会提交仲裁或诉诸法院求得解决,即使诉诸法律程序,也应当被看成是遵法守约的正当行为。

6.5.3　索赔事件

索赔事件是指那些合同规定一旦发生时承包商可向业主提出索赔的事实。根据《示范文本》的规定,在施工合同履行过程中,承包商可能提出的索赔事件有以下几种:

(1)业主没有按合同规定交付设计资料、设计图纸,致使工程延期。在施工合同履行过程中由于上述原因引起索赔的现象经常发生。例如,业主延迟交付上述有关资料、图纸,业主提供的资料与图纸有错误,合同规定应一次性全部交齐而业主分批交付等。

(2)业主未按合同规定的日期交付施工场地、行使的道路,未按时接通水、电、气等,使承包商的施工人员和设备不能进场,工程由此不能按期开工而延误工期。

(3)工程地质与合同规定不符,出现异常情况。例如,在施工过程中,地下发现图纸未标明的管线、古墓或其他文物、障碍等,而必须进行特殊处理或采取加固地基的措施时,承包商可援引不利现场的条款进行索赔。

(4)业主或监理工程师发布指令改变原合同规定的施工顺序,打乱施工部署。

(5)工程变更。在合同履行过程中,业主或监理工程师指令增加、减少或删除部分工程,或指令提高工程质量标准、提高装饰标准,可导致承包商索赔。

(6)附加工程。在施工合同履行过程中,业主指令增加附加工程项目,或要求承包商提供合同规定以外的服务项目。

(7)由于设计变更、设计错误、业主或监理工程师错误的指令造成工程修改、报废、返工、窝工等。

(8)由于非承包商的原因,业主或监理工程师指令暂停施工。

(9)由于业主或监理工程师的特殊要求,例如指令承包商进行合同规定以外的检查、试验,造成工程损坏或费用增加,而最终承包商的工程质量符合合同要求的。

(10)业主拖延合同责任范围内的工作,造成工程停工。例如,业主拖延图纸的批准、拖延隐蔽工程验收、拖延对承包商所提问题的答复,造成工程停工。

(11)业主未按合同规定的时间和数量支付工程款。

(12)物价大幅度上涨,造成材料、设备价格以及工人工资大幅度上涨。

(13)国家法令和计划修改,如提高税收等。

(14)在保修期间,由于业主使用不当或其他非承包商施工质量原因造成损坏,业主要求承包商修理。

(15)业主在验收前或交付使用前,使用已完或未完工程造成损坏。

除上述常见几种索赔事件外,承包商还可以援引其他事项向业主索赔,如进行道义索赔或非合同规定索赔等。

6.5.4　监理工程师处理索赔的原则

监理工程师处理索赔时应遵循以下原则:

(1)公正的原则。

(2)及时履行职责的原则。

(3)协商一致的原则。

(4)诚实信用的原则。

6.5.5　施工索赔的分类

6.5.5.1　按索赔的合同依据分类

1.合同中明示的索赔

合同中明示的索赔是指承包人所提出的索赔要求,在该工程项目的合同文件中有文字依据,承包人可以据此提出索赔要求,并取得经济补偿。这些在合同文件中有文字规定的合同条款,称为明示条款。

2.合同中默示的索赔

合同中默示的索赔,即承包人的该项索赔要求,虽然在工程项目的合同条款中没有专门的文字叙述,但可以根据该合同的某些条款的含义,推论出承包人有索赔权。这种索赔要求,同样有法律效力,有权得到相应的经济补偿或工期补偿。这种有经济补偿或工期补偿含义的条款，在合同管理工作中被称为默示条款或称为隐含条款。

6.5.5.2 按索赔目的分类

1. 工期索赔

由于非承包人责任的原因而导致施工进程延误，要求批准顺延合同工期的索赔，称为工期索赔。工期索赔形式上是对权利的要求，以避免在原定合同竣工日不能完工时，被发包人追究拖期违约责任。一旦获得批准合同工期顺延后，承包人不仅免除了承担拖期违约赔偿费的风险，而且可能提前工期得到奖励，最终仍反映在经济收益上。

2. 费用索赔

费用索赔的目的是要求经济补偿。当施工的客观条件改变导致承包人增加开支，要求对超出计划成本的附加开支给予补偿时，以挽回不应由他承担的经济损失。

6.5.5.3 按索赔事件的性质分类

1. 工程延期索赔

因发包人未按合同要求提供施工条件，如未及时交付设计图纸、施工现场、道路等，或因发包人指令工程暂停或不可抗力事件等非承包人原因造成工期拖延的，承包人对此提出索赔。这是工程中常见的一类索赔。

2. 工程变更索赔

由于发包人或监理工程师指令增加工程量或增加附加工程、修改设计、变更工程施工顺序等，造成工期延长和费用增加，承包人对此提出的索赔。

3. 合同被迫终止的索赔

由于发包人或承包人违约以及不可抗力事件等造成合同非正常终止，无责任的受害方因其蒙受经济损失而向对方提出的索赔。

4. 工程加速索赔

由于发包人或监理工程师指令承包人加快施工速度，缩短工期，引起承包人人、财、物的额外开支而提出的索赔。

5. 意外风险和不可预见因素的索赔

在工程实施过程中，因人力不可抗拒的自然灾害、特殊风险以及一个有经验的承包人通常不能合理预见的不利施工条件或外界障碍，如地下水、地质断层、溶洞、地下障碍物等引起的索赔。

6. 其他索赔

如因货币贬值、汇率变化、物价、工资上涨、政策法令变化等引起的索赔。

6.5.6 索赔程序

6.5.6.1 承包人提出索赔要求

1. 发出索赔意向通知

索赔事件发生后，承包人应在索赔事件发生后的28天内向监理工程师递交索赔意向通知，声明将对此事件提出索赔。该意向通知是承包人就具体的索赔事件向监理工程师和发包人表示的索赔愿望和要求。如果超过这个期限，监理工程师和发包人有权拒绝承包人的索赔要求。索赔事件发生后，承包人有义务做好现场施工的同期记录，监理工程师有权随时检查和调阅,以判断索赔事件造成的实际损害。

2. 递交索赔报告

索赔意向通知提交后的 28 天内,或监理工程师可能同意的其他合理时间,承包人应递送正式的索赔报告。索赔报告的内容应包括事件发生的原因、对其权益影响的证据资料、索赔的依据、此项索赔要求补偿的款项和工期展延天数的详细计算等有关材料。

如果索赔事件的影响持续存在,28 天内还不能算出索赔额和工期展延天数,承包人应按监理工程师合理要求的时间间隔(一般为 28 天),定期陆续报出每一个时间段内的索赔证据资料和索赔要求。在该项索赔事件的影响结束后的 28 天内,报出最终详细报告,提出索赔论证资料和累计索赔额。

承包人发出索赔意向通知后,可以在监理工程师指示的其他合理时间内再报送正式索赔报告,也就是说,监理工程师在索赔事件发生后有权不马上处理该项索赔。如果索赔事件发生时,现场施工非常紧张,监理工程师不希望立即处理索赔而分散各方抓施工管理的精力,可通知承包人将索赔的处理留待施工不太紧张时再去解决。但承包人的索赔意向通知必须在事件发生后的 28 天内提出,包括因对变更估价双方不能取得一致意见,而先按监理工程师单方面决定的单价或价格执行时,承包人提出的保留索赔权利的意向通知。如果承包人未能按规定时间提出索赔意向通知和索赔报告,则他就失去了就该项事件请求补偿的索赔权力。此时他所受到损害的补偿,将不超过监理工程师认为应主动给予的补偿额。

6.5.6.2　监理工程师审核索赔申请

1. 监理工程师审核承包人的索赔申请

接到承包人的索赔意向通知后,监理工程师应建立自己的索赔档案,密切关注事件的影响,在检查承包人的同期记录时,随时就记录内容提出他的不同意见或他希望应予以增加的记录项目。

在接到正式索赔报告以后,认真研究承包人报送的索赔资料。首先在不确认责任归属的情况下,客观分析事件发生的原因,重温合同的有关条款,研究承包人的索赔证据,并检查他的同期记录;其次通过对事件的分析,监理工程师再依据合同条款划清责任界限,必要时还可以要求承包人进一步提供补充资料。尤其是对承包人与发包人或工程师都负有一定责任的事件影响,更应划出各方应该承担合同责任的比例。最后审查承包人提出的索赔补偿要求,剔除其中的不合理部分,拟定自己计算的合理索赔款额和工期顺延天数。

《示范文本》规定,监理工程师收到承包人递交的索赔报告和有关资料后,应在 28 天内给予答复,或要求承包人进一步补充索赔理由和证据。如果在 28 天内既未予答复,也未对承包人作进一步要求,则视为承包人提出的该项索赔要求已经认可。

2. 监理工程师判定承包人索赔成立的条件

监理工程师判定承包人索赔成立的条件如下:

(1)与合同相对照,事件已造成了承包人施工成本的额外支出,或工期损失。

(2)造成费用增加或工期损失的原因,按合同约定不属于承包人的行为责任或风险责任。

(3)承包人按合同规定的程序提交了索赔意向通知和索赔报告。

上述三个条件没有先后主次之分,应当同时具备。只有监理工程师认定索赔成立后,才按一定程序处理。

3. 监理工程师索赔处理的原则

监理工程师索赔处理的原则如下:

(1)公正原则。

(2)及时履行职责原则。

(3)协商一致原则。监理工程师在处理和解决索赔问题时应及时与业主和承包人沟通,保持经常性的联系。在作出决定,特别是调整价格、决定工期和费用补偿,做调解决定时,应充分地与合同双方协商,最好达成一致,取得共识。这是避免索赔争执的最有效的办法。

(4)诚实信用原则。

4. 承包人的索赔依据资料

承包人的索赔依据资料主要有:合同文件、经监理工程师批准的施工进度计划、合同履行过程中的来往函件、施工现场记录、施工会议记录、工程照片、监理工程师发布的各种书面指令、中期支付工程进度款的支付证书、检查和试验记录、监理会议纪要、项目监理机构的监理日志和监理人员的监理日记、汇率变化表、各类财务凭证、其他有关资料。

6.5.6.3 确定合理的补偿额

监理工程师核查后初步确定应予以补偿的额度往往与承包人的索赔报告中要求的额度不一致,甚至差额较大。主要原因大多为对承担事件损害责任的界限划分不一致,索赔证据不充分,索赔计算的依据和方法分歧较大等,因此双方应就索赔的处理进行协商。

对于持续影响时间超过28天的工程延误事件,当索赔条件成立时,对承包人每隔28天报送的阶段索赔临时报告审查后,每次均应作出批准临时延长工期的决定,并于事件影响结束后28天内承包人提出最终的索赔报告后,批准顺延工期总天数。应当注意的是,最终批准的总顺延天数,不应少于以前各阶段已同意顺延天数之和。规定承包人在事件影响期间必须每隔28天提出一次阶段索赔报告,可以使监理工程师能及时根据同期记录批准该阶段应予顺延工期的天数,避免事件影响时间太长而不能准确确定索赔值。

在经过认真分析研究,与承包人、发包人广泛讨论后,监理工程师应该向发包人和承包人提出自己的"索赔处理决定"。监理工程师收到承包人送交的索赔报告和有关资料后,于28天内给予答复或要求承包人进一步补充索赔理由和证据。监理工程师在"工程延期审批表"和"费用索赔审批表"中应该简明地叙述索赔事项、理由和建议给予补偿的金额及延长的工期,论述承包人索赔的合理方面及不合理方面。通过协商达不成共识时,承包人仅有权得到所提供的证据满足监理工程师认为索赔成立那部分的付款和工期顺延。不论监理工程师与承包人协商是否达成一致,还是他单方面作出的处理决定,批准给予补偿的款额和顺延工期的天数如果在授权范围之内,则可将此结果通知承包人,并抄送发包人。补偿款将计入下月支付工程进度款的支付证书内,顺延的工期加到原合同工期中去。如果批准的额度超过监理工程师权限,则应报请发包人批准。

通常,监理工程师的处理决定不是终局性的,对发包人和承包人都不具有强制性的约束力。承包人或发包人对监理工程师的决定不满意,可以按合同中的争议条款提交约定的仲裁机构仲裁或诉讼。

6.5.6.4　发包人审查索赔处理

当工程师确定的索赔额超过其权限范围时,必须报请发包人批准。

发包人首先根据事件发生的原因、责任范围、合同条款审核承包人的索赔申请和监理工程师的处理报告,再依据工程建设的目的、投资控制、竣工投产日期要求以及针对承包人在施工中的缺陷或违反合同规定等有关情况,决定是否同意监理工程师的处理意见。索赔报告经发包人同意后,监理工程师即可签发有关证书。

6.5.6.5　承包人是否接受最终索赔处理

承包人接受最终索赔处理决定,索赔事件的处理即告结束。如果承包人不同意,就会导致合同争议。通过协商双方达成互谅互让的解决方案,是处理争议的最理想方式。如达不成谅解,承包人有权提交仲裁或诉讼解决。

6.5.7　发包人的索赔

《示范文本》规定,承包人未能按合同约定履行自己的各项义务或发生错误而给发包人造成损失时,发包人也应按合同约定向承包人提出索赔。FIDIC《施工合同条件》中,业主的索赔主要限于施工质量缺陷和拖延工期等违约行为导致的业主损失。

发生索赔事件后,监理人应及时书面通知承包人,详细说明发包人有权得到的索赔金额和(或)延长缺陷责任期的细节和依据。发包人提出索赔的期限和要求与约定相同,延长缺陷责任期的通知应在缺陷责任期届满前发出。

监理人按商定或确定发包人从承包人处得到赔付的金额和(或)缺陷责任期的延长期。承包人应付给发包人的金额可从拟支付给承包人的合同价款中扣除,或由承包人以其他方式支付给发包人。

6.5.8　工程索赔管理

6.5.8.1　工程索赔证据管理

任何索赔事件的确立,都必须有正当合理的索赔理由。而对正当索赔理由的说明必须具有证据,索赔证据应真实、全面、及时、相互关联和具有法律效力等。因此,对承包商而言,要索赔成功,对索赔证据的管理十分重要。常见的索赔证据如下:

(1)招标文件、施工合同文本及附件,其他各种签约(如备忘录、修正案等),经业主认可的工程实施计划、各种工程图纸(包括图纸修改指令)、技术规范等。承包人的报价文件,包括各种工程预算和其他作为报价依据的资料等。这些索赔证据可在索赔报告中直接引用。

(2)来往信件及各种会谈纪要。例如业主的变更指令、信件、通知。在合同履行过程中,业主、监理工程师和承包人定期或不定期的会谈所作出的决议或决定,是对合同的进一步补充,应作为合同的组成部分。一般会谈或谈话的纪要只有经过各方签署后才可作为索赔的依据。

(3)施工进度计划和实际施工的进度记录。总进度计划、开工后的具体进度安排是索赔的重要证据。

(4)施工现场的有关文件。如施工日志、施工纪录、备忘录、各种签证及各种工程统计资料,如周报、旬报、月报等,还有工程照片。

(5)气象资料、工程检查验收报告和各种技术鉴定报告,工程中送停水、送停电、道路开通和封闭的记录和证明。

(6)建筑材料和设备的采购、订货、运输、进场、使用方面的纪录、凭证和报表等。

(7)国家有关政策、法令、法律文件,官方的物价指数、工资指数,各种会计核算资料,只需引用文件号、条款号即可,在报告后附上复印件。

总之,索赔一定要有证据,证据是索赔报告的重要组成部分,证据不足或没有证据,索赔是不能成立的。施工索赔是利用经济杠杆进行项目管理的有效手段,对承包人、发包人和监理工程师来说,处理索赔问题水平的高低,反映了他们对工程项目管理水平的高低。由于索赔是合同管理的重要环节,也是挽回成本损失的重要手段,所以随着建筑市场的建立和发展,它将成为项目管理中越来越重要的问题。

6.5.8.2　索赔报告的编写

索赔报告是向对方提出索赔要求的书面文件,是承包人对索赔事件的处理结果,也是业主审议承包人索赔请求的主要依据。其具体内容将随着索赔事件的性质和特点而有所不同。索赔报告应充满说服力、合情合理、有理有据,逻辑性强,能说服工程师、业主、调解人、仲裁人,同时又应该是具有法律效力的正规书面文件。一个完整的索赔报告应包括以下四方面的内容。

1. 总论

总论主要包括序言、索赔事件概述、索赔要求、索赔报告编写及审核人员名单。总论部分应该是叙述客观事实,合理引用合同规定,说明要求赔偿金额及工期。所以,首先应言简意赅地论述索赔事件的发生时间与过程,施工单位为该索赔事件所付出的努力和附加开支,以及施工单位的具体索赔要求。最后,附上索赔报告编写组主要人员及审核人员的名单,注明有关人员的职称、职务及施工经验,以表示该索赔报告的严肃性和权威性。需要注意的是,对索赔事件的叙述必须清楚、明确,责任分析应准确,不可用含混的字眼及自我批评式的语言,否则会丧失自己在索赔中的有利地位。

2. 索赔理由

这部分主要是说明承包人具有的索赔权利,索赔理由主要来自该工程项目的合同文件,并参照有关法律规定。该部分中施工单位可以直接引用合同中的具体条款,说明自己理应获得经济补偿或工期延长,这是索赔能否成立的关键。

索赔理由因各个索赔事件的特点而有所不同。通常是按照索赔事件发生、发展、处理和最终解决的过程编写,并明确全文引用有关的合同条款或合同变更和补充协议条文,使业主和工程师能历史地、全面地、逻辑地了解索赔事件的始末,并充分认识该项索赔的合理、合法性。一般地说,应包括以下内容:索赔事件的发生经过,递交索赔意向书的时间、地点、人员,索赔事件的处理过程,索赔要求的合同根据,所附的证据资料等。

3. 索赔计算

承包人的索赔要求都会表现为一定的具体索赔款额,计算时,施工单位必须阐明索赔款的要求总额;各项索赔款的计算过程,如额外开支的人工费、材料费、管理费和利润损失;阐明各项开支的计算依据及证据资料,同时施工单位还应注意采用合适的计价方法。至于计算时采用哪一种计价方法,应根据索赔事件的特点及自己所掌握的证据资料等因素来选择。其次,还应注意每项开支款的合理性和相应的证据资料的名称及编号。

索赔计算的目的,是以具体的计算方法和计算过程,说明自己应得到经济补偿的款额或延长时间。如果说索赔理由的任务是解决索赔能否成立,则索赔计算就是要决定应得到多少索赔款额和工期补偿。前者是定性的,后者是定量的,所以计算要合理、准确,切忌采用笼统的计价方法和不实的开支款额。

4. 证据

证据包括该索赔事件所涉及的一切证据资料,以及对这些证据的详细说明。证据是索赔报告的重要组成部分,没有详实可靠的证据,索赔是不能成功的。应注意引用确凿的证据和有效力的证据。对重要的证据资料最好附以文字证明或确认件。例如,有关的纪录、协议、纪要必须是双方签署的;工程中的重大事件、特殊情况的纪录、统计必须由工程师签证认可。

6.5.8.3　索赔费用的计算

1. 索赔费用的组成

索赔费用的主要组成部分,与建设工程施工承包合同价的组成部分相似。按照我国现行规定,建筑安装工程合同价一般包括直接费、间接费、计划利润和税金。而国际上的惯例是将建筑安装工程合同价分为直接费、间接费、利润三部分。

从原则上说,凡是承包人有索赔权的工程成本的增加,都可以列入索赔的费用。但是,对于不同原因引起的索赔,索赔费用的内容将有所不同。按照国际惯例,索赔费用中主要包括以下项目:

(1)人工费。包括完成增加工作内容的人工费、停工损失费和工作效率降低的损失费等累计,但不能简单地采用计日工费计算。

(2)设备费。指由于完成额外工作增加的机械台班费、机械折旧费、设备租赁费等。

(3)材料费。主要是由于索赔事件而增加的材料费、客观原因导致的材料价格上涨。

(4)保函手续费。工程延期时,保函手续费相应增加,反之,取消部分工程且发包人与承包人达成提前竣工协议时,承包人的保函金额应相应折减,则计入合同价的保函手续费也要扣减。

(5)贷款利息。由于工程变更和工程延误增加的投资利息和施工过程中业主错误扣款的利息。计算时间可采用不同的标准,例如,可以按照当时银行贷款利率或按照双方协议的利率执行。

(6)利润。一般来说,由于工程变更和施工条件的变化引起的索赔;由于业主的原因终止或者放弃合同的,索赔时均可以列入利润。而对于工程延误的索赔,工程师很难同意在费用索赔中加进利润损失。

(7)管理费。分为现场管理费和公司管理费两部分,由于两者的计算方法不一样,所以在审核过程中应区别对待。

2. 索赔费用计算方法

常用的索赔费用计算方法有分项法、总费用法、修正总费用法等。

(1)分项法。是按照每个索赔事件所引起损失的费用项目分别分析计算索赔值，然后将各费用项目的索赔值汇总，得到总索赔费用值。这种方法的索赔费用主要包括该项工程实施中所发生的额外人工费、材料费、施工机械使用费、间接费和利润等。索赔的依据是承包人为某项索赔事件所支付的实际开支，所以施工过程中对第一手资料的收集整理就显得非常重要。计算时注意不要遗漏费用项目。

(2)总费用法。又称总成本法，是指当发生多起索赔事件后，重新计算出该工程的实际总费用，再从中减去投标报价时的估算总费用，得出索赔值。

索赔金额为实际总费用减去投资报价估算总费用。

此方法适用于施工中受到严重干扰，使多个索赔事件混杂在一起，导致难以准确地进行分项纪录和收集资料，也不容易分项计算出具体的损失费用的索赔。需要注意的是，承包人投标报价是合理的，能反映实际情况，同时必须出具详实的证据，证明其索赔金额的合理性。

(3)修正总费用法。这种方法是对总费用法的改进，即在总费用计算的原则上，去掉一些不确定和不合理的可能因素，对总费用进行相应的调整和修改，使其更加合理。修正时只计算受影响时段内的某项工作所受影响的损失，能相当准确地反映出实际增加的费用。

索赔金额为某项工作调整后实际总费用减去该项工作的报价总费用。

6.5.8.4 工期索赔的计算

在工程项目施工中，由于各种未能预见因素的影响，使承包人不能在合同规定的工期内完成工程，造成工期延长。

工期延长对合同双方都会造成损失：业主由于工程不能及时交付使用，投入生产，而失去盈利的机会；承包人因工期延长要增加支付现场工人的工资、机械停置费和其他附加费用开支等，最终还可能要支付合同规定的误期违约金。

工期索赔的计算主要有网络图分析法和比例分析法两种。

1. 网络图分析法

网络图分析法是利用施工进度计划的网络图，分析索赔事件对其关键线路的影响。如果延误的工作为关键工作，则总延误的时间为批准顺延的工期；如果延误的工作为非关键工作，当该工作由于延误超过时差限制而成为关键工作时，可以批准延误时间与时差的差值；若该工作延误后仍为非关键工作，则不存在工期索赔问题。

2. 比例分析法

在实际工程中，干扰事件常常仅影响某些单项工程、单位工程，或分部、分项工程的工期，要分析它们对总工期的影响，可以采用较简单的比例分析法。其计算公式为

$$\text{工程索赔值}=\frac{\text{受干扰部分工程的合同价}}{\text{原合同价格}}\times\text{该受干扰部分工期拖延时间}$$

对于已知额外增加工程量的价格：

$$\text{工程索赔值}=\frac{\text{额外增加的工程量价格}}{\text{原合同价格}}\times\text{原合同总工期}$$

比例分析法计算简单、方便,不需要做太复杂的网络分析,但有时不符合实际情况,不太合理。所以,比例分析法不适用于加速施工、变更施工顺序、删减工程量或分部工程等事件的索赔。

课题6.6　争议与仲裁

合同争议也称合同纠纷,是指合同当事人对合同规定的权利和义务产生了不同的理解。合同争议的解决方式有和解、调解、仲裁、诉讼四种。在这四种解决争议的方式中,和解和调解的结果没有强制执行的法律效力,要靠当事人的自觉履行。当然,这里所说的和解和调解是狭义的,不包括仲裁和诉讼程序中在仲裁庭和法院主持下的和解和调解。这两种情况下的和解和调解属于法定程序,其解决方法仍有强制执行的法律效力。仲裁亦称公断,是当事人双方在争议发生前或争议发生后达成协议,自愿将争议交给第三者作出裁决,并负有自动履行义务的一种解决争议的方式。这种争议解决方式必须是自愿的,因此必须有仲裁协议。如果当事人之间有仲裁协议,争议发生后又无法通过和解和调解解决,则应及时将争议提交仲裁机构仲裁。

6.6.1　仲裁的原则

根据我国《中华人民共和国仲裁法》的规定,仲裁的原则包括以下几点:

(1)自愿原则。《中华人民共和国仲裁法》第四条规定:"当事人采用仲裁方式解决纠纷,应当双方自愿,达成仲裁协议。没有仲裁协议,一方申请仲裁的,仲裁委员会不予受理。"

(2)或裁或审原则。《中华人民共和国仲裁法》第五条规定:"当事人达成仲裁协议,一方向人民法院起诉的,人民法院不予受理,但仲裁协议无效的除外。"

(3)协议管辖原则。《中华人民共和国仲裁法》第六条规定:"仲裁委员会应当由当事人协议选定。仲裁不实行级别管辖和地域管辖。"

(4)独立仲裁原则。《中华人民共和国仲裁法》第八条规定:"仲裁依法独立进行,不受行政机关、社会团体和个人的干涉。"

(5)公正、及时原则。《中华人民共和国仲裁法》第七条规定:"仲裁应当根据事实,符合法律规定,公平合理地解决纠纷。"《中华人民共和国仲裁法》第一条就提出要"公正、及时地仲裁经济纠纷。"

(6)不公开原则。《中华人民共和国仲裁法》第四十条规定:"仲裁不公开进行。"这是因为仲裁多涉及商业信誉,当事人往往不愿公开进行。

(7)一裁终局原则。《中华人民共和国仲裁法》第九条规定:"仲裁实行一裁终局的制度。裁决作出后,当事人就同一纠纷再申请仲裁或者向人民法院起诉的,仲裁委员会或者人民法院不予受理。"

(8)法院监督原则。《中华人民共和国仲裁法》规定,人民法院既对仲裁裁决予以执行,又对仲裁进行必要的监督。法院监督表现在对不合法的仲裁裁决撤销或强制当事人执行合法的仲裁裁决。

6.6.2　开庭与裁决

仲裁应当开庭进行。当事人协议不开庭的,仲裁庭应根据仲裁申请书、答辩书以及其他材料作出裁决。

仲裁不公开进行。当事人协议公开的,可以公开进行,但涉及国家秘密的除外。

仲裁委员会应当在仲裁规则规定的期限内将开庭日期通知双方当事人。当事人有正当理由的,可以在仲裁规则规定的期限内请求延期开庭。是否延期,由仲裁庭决定。

申请人经书面通知,无正当理由不到庭或者未经仲裁庭许可中途退庭的,可以视为撤回仲裁申请。被申请人经书面通知,无正当理由不到庭或者未经仲裁庭许可中途退庭的,可以缺席裁决。

当事人申请仲裁后,可以自行和解。达成和解协议的,可以请求仲裁庭根据和解协议作出裁决书,也可以撤回仲裁申请。

当事人达成和解协议,撤回仲裁申请后反悔的,可以根据仲裁协议申请仲裁。

仲裁庭在作出裁决前,可以先行调解。当事人自愿调解的,仲裁庭应当调解。调解不成的,应当及时作出裁决。调解达成协议的,仲裁庭应当制作调解书或者根据协议的结果制作裁决书。调解书与裁决书具有同等法律效力。

调解书经双方当事人签收后,即产生法律效力。在调解书签收前当事人反悔的,仲裁庭应当及时作出裁决。

6.6.3　申请撤销裁决

当事人提出证据证明裁决有下列情形之一的,可以向仲裁委员会所在地的中级人民法院申请撤销裁决:

(1)没有仲裁协议的。

(2)裁决的事项不属于仲裁协议的范围或者仲裁委员会无权仲裁的。

(3)仲裁庭的组成或者仲裁的程序违反法定程序的。

(4)裁决所根据的证据是伪造的。

(5)对方当事人隐瞒了足以影响公正裁决的证据的。

(6)仲裁员在仲裁该案时有索贿受贿,徇私舞弊,枉法裁决行为的。

人民法院经组成合议庭审查核实裁决有前款规定情形之一的,应当裁定撤销。

人民法院认定该裁决违背公共利益的,应当裁定撤销。

当事人申请撤销裁决的,应当自收到裁决书之日起6个月内提出。

6.6.4　执行

仲裁裁决的执行。仲裁委员会的裁决作出后,当事人应当履行。由于仲裁委员会本身并无强制执行的权力,因此当一方当事人不履行仲裁裁决时,另一方当事人可以依照《中华人民共和国民事诉讼法》的有关规定向人民法院申请执行。接受申请的人民法院应当执行。

一方当事人申请执行裁决,另一方当事人申请撤销裁决的,人民法院应当裁决中止执行。人民法院裁定撤销裁决的,应当裁定终结执行。撤销裁决的申请被裁定驳回的,人民法院应当裁定恢复执行。

课题6.7　合同争议的调解

合同争议的调解,是指当事人双方在第三者即调解人的主持下,在查明事实、分清是非、明确责任的基础上,对争议双方进行斡旋、劝说,促使他们相互谅解,进行协商,以自愿达成协议,消除纷争的活动。它有三个特征:一是有第三方(国家机关、社会组织、个人等)主持协商,与无人从中主持,完全是当事人双方自行协商的和解不同;二是第三方即调解人只是斡旋、劝说,而不作裁决,与仲裁不同;三是纠纷当事人共同以国家法律、法规为依据,自愿达成协议,消除纷争,不是行使仲裁、司法权力进行强制解决。

实践证明,用调解方式解决纠纷,程序简便,当事人易于接受,解决纠纷迅速及时,不至于久拖不决,从而避免经济损失的扩大。也有利于消除当事人双方之间的隔阂和对立,调整和改善当事人之间的关系,促进了解,加强协作。还由于调解协议是在分清是非、明确责任,在当事人双方共同提高认识的基础上自愿达成的,所以可以使纠纷得到比较彻底的解决,协议的内容也比较容易全面履行。

合同争议的调解,可以分为社会调解、行政调解、仲裁调解和司法调解。

6.7.1　社会调解

社会调解是指根据当事人的请求,由社会组织或个人主持进行的调解。

6.7.2　行政调解

行政调解是指根据一方或双方当事人的申请,当事人双方在其上级机关或业务主管部门主持下,通过说服教育、相互协商、自愿达成协议,从而解决合同纠纷的一种方式。

6.7.3　仲裁调解

仲裁调解是指根据当事人的请求,由仲裁庭主持进行的调解。

6.7.4　司法调解

司法调解是指由国家司法机关主持进行的调解。在诉讼开始以后到作出判决之前,当事人随时可以向人民法院申请调解,人民法院认为可以调解时也随时可以调解。也就是说,法院在对案件的审理过程中,不论是准备阶段,还是在庭审阶段都可以进行调解,一审程序、二审程序和再审程序,均是如此。申请调解是合同当事人的一项诉讼权利,人民法院在判决生效之前的任何阶段,都要注意贯彻"调解为主"的方针。

无论采用何种调解方法,都应遵守自愿和合法两项原则。

自愿原则具体包括两个方面的内容:一是纠纷的调解必须出于当事人双方自愿。合同纠纷发生后能否进行调解,完全取决于当事人双方的意愿。如果纠纷当事人双方或一方根本不愿用调解方式解决纠纷,就不能进行调解。二是调解协议的达成也必须出于当事人双方的自愿。达成协议,平息纠纷,是进行调解的目的。因此,调解人在调解过程中要竭尽全力,促使当事人双方互谅互让,达成协议。其中包括对当事人双方进行说服教育,耐心疏导,晓之以理,动之以情,还包括向当事人双方提出建议方案等。但是,进行这些工作不能带有强制性。调解人既不能代替当事人达成协议,也不能把自己的意志强加于人。纠纷当事人不论是对协议的全部内容有意见,还是对协议部分内容有意见而坚持不下的协议均不能成立。

合法原则是合同纠纷调解活动的主要原则。国家现行的法律、法规是调解纠纷的依据,当事人双方达成协议的内容,不得同法律、法规相违背。

调解成功,制作调解书,由双方当事人和参加调解的人员签字盖章。重要纠纷的调解书,要加盖参加调解单位的公章。调解书具有法律效力。但是,社会调解和行政调解达成的调解协议或制作的调解书没有强制执行的法律效力,如果当事人一方或双方反悔,不能申请人民法院予以强制执行,而只能再通过其他方式解决纠纷;仲裁调解达成的调解协议和制作的调解书,一经作出便立即产生法律效力,一方当事人不履行,对方即可申请人民法院强制执行。人民法院调解所达成的协议和制作的调解书,也具有与仲裁调解书相同的法律效力,但是其性质是一种司法文书。

课题6.8　合同的解除

合同订立后,当事人应当按照合同的约定履行。但是,在一定的条件下,合同没有履行或者没有完全履行,当事人也可以解除合同。

6.8.1　可以解除合同的情形

6.8.1.1　合同的协商解除

施工合同当事人协商一致,可以解除。这是在合同成立以后、履行完毕以前,双方当事人通过协商而同意终止合同关系的解除。当事人的这项权利是合同中意思自治的具体体现。

6.8.1.2　发生不可抗力时合同的解除

不可抗力或者非合同当事人的原因,造成工程停建或缓建,致使合同无法履行,合同双方可以解除合同。

6.8.1.3　当事人违约时合同的解除

(1)当事人不按合同约定支付工程款(进度款),双方又未达成延期付款协议,导致施工无法进行,《示范文本》规定,承包人停止施工超过56天,发包人仍不支付工程款(进度款),承包人有权解除合同。

(2)承包人将其承包的全部工程转包给他人,或者肢解以后以分包的名义分别转包给他人,发包人有权解除合同。

(3)合同当事人一方的其他违约致使合同无法履行,合同双方可以解除合同。

6.8.2　当事人一方主张解除合同的程序

《示范文本》规定,一方主张解除合同的,应向对方发出解除合同的书面通知,并在发出通知前7天告知对方,通知到达对方时合同解除。对解除合同有异议的,按照解决合同争议程序处理。

6.8.3　合同解除后的善后处理

合同解除后,当事人双方约定的结算和清理条款仍然有效。承包人应当妥善做好已完工程和已购材料、设备的保护和移交工作,按照发包人要求,将自有机械设备和人员撤出施工场地。发包人应为承包人撤出提供必要条件,支付所发生的费用,并按合同约定支付已完工程价款。已经订货的材料、设备由订货方负责退货或解除订货合同,不能退还的货款和退货、解除订货合同发生的费用,由发包人承担。但未及时退货造成的损失由责任方承担。此外,有过错的一方应当赔偿因合同解除给对方造成的损失。

复习思考题

1. 简述工程延期与工程延误的概念。
2. 简述监理工程师对工程延期和工程延误的处理。
3. 简述监理工程师对工程暂停及复工的处理。
4. 监理工程师如何处理设计变更?
5. 工程变更价款如何确定?
6. 简述监理工程师对承包人的违约管理。
7. 简述索赔的概念和特征。
8. 简述监理工程师处理索赔的原则、工程索赔的程序。
9. 什么是合同争议?
10. 什么是合同争议的和解、调解、仲裁和诉讼?
11. 简述仲裁的原则。
12. 什么情况下可申请撤销仲裁裁决?
13. 可以解除合同的情形有哪些?

模块7 工程建设项目的安全管理

课题7.1 安全监理任务

《建设工程安全生产管理条例》提出了监理单位在工程建设中应承担的安全监理责任以及相关法则。明确了监理单位对建设工程安全生产承担三大职责:审核查验职责、安全检查职责和督促整改职责。建设工程安全监理是建设工程监理的重要组成部分,也是建设工程安全生产管理的重要保障。建设工程安全监理的实施是提高施工现场管理水平的有效方法,也是建设管理体制改革中加强安全管理、控制重大伤亡事故的一种有效手段。

安全监理的具体工作包括以下几个方面:

(1)严格执行《建设工程安全生产管理条例》,贯彻执行国家现行的安全生产的法律、法规,建设行政主管部门的安全生产的规章制度和建设工程强制性标准。

(2)督促施工单位落实安全生产的组织保证体系,建立健全安全生产责任制。

(3)督促施工单位对工人进行安全生产教育及分部、分项工程的安全技术交底。

(4)审核施工方案及安全技术措施。

(5)检查并督促施工单位按照建筑施工安全技术标准和规范要求,落实分部、分项工程或各工序的安全防护措施。

(6)监督检查施工现场的消防、冬季防寒、夏季防暑、文明施工、卫生防疫等各项工作。

(7)进行质量安全综合检查。发现违章冒险作业的要责令其停止作业,发现安全隐患的应要求施工单位整改,情况严重的,应责令停工整改并及时报告建设单位。

(8)施工单位拒不整改或者不停止施工的,监理人员应及时向建设行政主管部门报告。

课题7.2 施工安全监理程序

施工安全监理程序包括以下几个方面:

(1)审查施工单位的有关安全生产的文件:

①营业执照。

②施工许可证。

③安全生产许可证。

④建筑施工安全监督书。

⑤安全生产管理机构的设置及安全专业人员的配备等。

⑥安全生产责任制及管理体系。

⑦安全生产规章制度。

⑧特种作业人员的上岗证及管理情况。

⑨各工种的安全生产操作规程。

⑩主要施工机械、设备的技术性能及安全条件。

⑪安全生产应急预案及现场处置方案。

(2)审核施工单位的安全生产许可证和证明文件(总承包单位要统一管理分包单位的安全生产工作)。

(3)审查施工单位的施工组织设计中的安全技术措施或者专项施工方案:

①审核施工组织设计中安全技术措施的编写、审批:

• 安全技术措施应由施工企业工程技术人员编写;

• 安全技术措施应由施工企业技术、质量、安全、工会、设备等有关部门进行联合会审;

• 安全技术措施应由具有法人资格的施工企业技术负责人批准;

• 安全技术措施应由施工企业报建设单位审批认可;

• 安全技术措施变更或修改时,应按原程序由原编制、审批人员批准。

②审核施工组织设计中安全技术措施或专项施工方案是否符合工程建设强制性标准:

• 土方工程:地上障碍物的防护措施是否齐全完整;地下隐蔽物的保护措施是否齐全完整;相邻建筑物的保护措施是否齐全完整;场区的排水防洪措施是否齐全完整;土方开挖时的施工组织及施工机械的安全生产措施是否齐全完整;基坑边坡的稳定支护措施和计算书是否齐全完整;基坑四周的安全防护措施是否齐全完整。

• 脚手架:脚手架设计方案(图)是否齐全完整可行;脚手架设计验算书是否正确齐全完整;脚手架施工方案及验收方案是否齐全完整;脚手架使用安全措施是否齐全完整;脚手架拆除方案是否齐全完整。

• 模板施工:模板结构设计计算书的荷载取值是否符合工程实际,计算方法是否正确;模板设计应包括支撑系统自身及支撑模板的楼、地面承受能力的强度等;模板设计图包括结构构件大样及支撑系统体系、连接件等的设计是否安全合理,图纸是否齐全;模板设计中安全措施是否周全。

• 高处作业:临边作业的防护措施是否齐全完整;洞口作业的防护措施是否齐全完整;悬空作业的安全防护措施是否齐全完整。

• 交叉作业:交叉作业时的安全防护措施是否齐全完整;安全防护棚的设置是否满足安全要求;安全防护棚的搭设方案是否齐全完整。

• 塔式起重机:地基与基础工程施工是否能满足使用安全和设计需要;起重机拆装的安全措施是否齐全完整;起重机使用过程中的检查维修方案是否齐全完整;起重机驾驶员的安全教育计划和班前检查制度是否齐全;起重机的安全使用制度是否健全。

• 临时用电:电源的进线、总配电箱的装设位置和线路走向是否合理;负荷计算是否正确完整;选择的导线截面和电气设备的类型规格是否正确;电气平面图、接线系统图是否正确完整；施工用电是否采用TN-S接零保护系统；是否实行“一机一闸”制，是否满足分级分段漏电保护；照明用电措施是否满足安全要求。

• 安全文明管理：检查现场挂牌制度、封闭管理制度、现场围挡措施、总平面布置、现场宿舍、生活设施、保健急救、垃圾污水、防火、宣传等安全文明施工措施是否符合安全文明施工的要求。

(4)审核安全管理体系和安全专业管理人员资格。

(5)审核新工艺、新技术、新材料、新结构的使用安全技术方案及安全措施。

(6)审核安全设施和施工机械、设备的安全控制措施；施工单位应提供安全设施的产地、厂址以及出厂合格证书。

(7)严格依照法律、法规和工程建设强制性标准实施监理。

(8)现场监督与检查，发现安全事故隐患时及时下达监理通知，要求施工单位整改或暂停施工：

①日常现场跟踪监理，根据工程进展情况，监理人员对各工序安全情况进行跟踪监督、现场检查、验证施工人员是否按照安全技术防范措施和操作规程操作施工，发现安全隐患，及时下达监理通知，责令施工企业整改。

②对主要结构、关键部位的安全状况，除日常跟踪检查外，视施工情况，必要时可做抽检和检测工作。

③每日将安全检查情况记录在《监理日记》中。

④及时与建设行政主管部门进行沟通，汇报施工现场的安全情况，必要时，以书面形式汇报，并做好汇报记录。

(9)施工单位拒不整改或者不停止施工，及时向建设单位和建设行政主管部门报告。

课题7.3 施工安全监理工作方法

7.3.1 施工安全危险源的分析和预控

建筑施工业是一个事故多发的行业，《中华人民共和国安全生产法》将建筑、矿山、化学危险品列为“三大高危”行业。

在整个生产安全事故统计中，建筑施工业占有相当高的比例，主要因为建设工程具有以下特点：作业环境的局限性、作业条件的恶劣性、施工作业的高空性、安全管理的难度性、个体劳动保护的艰巨性、安全技术措施和安全管理措施的保证性、多工种立体交叉性、拆除作业的不安全性、装修材料的有毒性等。施工安全生产的上述特点，决定了施工生产的不安全隐患多存在于高空作业、交叉作业、垂直运输、个体劳动保护以及使用电气工具上，伤亡事故也多发生在高处坠落、物体打击、机械伤害、起重伤害、触电、坍塌及拆除工程坍塌等方面。

针对上述施工安全生产的特点，监理人员应做好施工安全危险源的分析和预控。危险源既存在于施工活动场所，也存在于施工场所周围区域。其形成原因包括施工前期的勘察设计不符合的结果和施工过程的各种不符合的活动、物质条件(人、物、环境)。分析施工现场危险源的方法有以下几种：

(1)现场调查。通过询问交谈、现场观察、查阅有关记录来获取外部信息，并加以分析研究，可识别有关的危险源。

(2)工作任务分析。通过分析施工现场人员工作任务中所涉及的危害，可识别有关的危险源。

(3)安全检查表。运用编制好的安全检查表，对施工现场和工作人员进行系统的安全检查，可识别出存在的危险源。

(4)危险与操作性研究。它是一种对工艺过程中的危险源实行严格审查和控制的技术，通过指导语句和标准格式寻找工艺偏差，以识别系统存在的危险源，并确定控制危险源的对策。

(5)事件树分析。即时序逻辑分析判断方法，它是一种从初始原因事件开始，分析各环节事件正常或不正常的发展变化过程，并预测各种可能结果的方法。应用这种方法，通过对系统各环节事件的分析，可识别出系统的危险源。

(6)故障树分析。是根据系统可能发生的或已经发生的事故结果，去寻找与事故发生有关的原因、条件和规律。通过这样一个过程分析，可识别出系统中导致事故的有关危险源。

上述几种危险源识别方法都有各自的特点，也有各自的适用范围和局限性。所以，在识别危险源的过程中，往往使用一种方法还不足以全面地分析到其所存在的危险源，必须综合运用两种和两种以上的方法。

根据国务院《建设工程安全生产管理条例》相关规定，进行施工安全重大危险源的辨识，是加强施工安全生产管理，预防重大事故发生的基础性的、迫在眉睫的工作。对建设施工有关重大危险源进行辨识分析，应考虑从工程组成、工序、施工设施、施工机械和物质及其影响范围来进行。建设施工安全重大危险源初步可分为施工场所重大危险源、施工场所及周围地段重大危险源两类，其意外危害发生后，可造成人员死亡或重伤或重大物质损失。

存在于施工场所的可能造成危害的活动，主要与施工分部、分项(工序)工程，施工装置(设施、机械)及物质有关。

(1)脚手架(包括落地架、悬挑架、爬架等)、模板和支撑、起重塔吊、物料提升机、施工电梯安装与运行，人工挖孔桩(井)、基坑(槽)施工，局部结构工程或临时建筑(工棚、围墙等)失稳，造成坍塌、倒塌意外。

(2)高度大于2 m的作业面(包括高空、洞口、临边作业)，因安全防护设施不符合或无防护设施、人员未配系防护绳(带)等造成人员踏空、滑倒、失稳等意外。

(3)焊接、金属切割、冲击钻孔(凿岩)等施工及各种施工电器设备的安全保护(如漏电、绝缘、接地保护、一机一闸)不符合，造成人员触电、局部火灾等意外。

(4)工程材料、构件及设备的堆放与搬(吊)运等发生高空坠落、堆放散落、撞击人员等意外。

(5)工程拆除、人工挖孔(井)、浅岩基及隧道凿进等爆破，因误操作、防护不足等，发生人员伤亡、建筑及设施损坏等意外。

(6)人工挖孔桩(井)、隧道凿进、室内涂料(油漆)及粘贴等因通风排气不畅造成人员窒息或气体中毒意外。

(7)施工用易燃易爆化学物品临时存放或使用不符合、防护不到位,造成火灾或人员中毒意外;工地饮食卫生不符合,造成集体中毒或疾病。

存在于施工场所及周围地段可能危害周围社区的活动,主要与工程项目所在地区地址、工程类型、工序、施工装置及物质有关。

(1)邻街或居民聚集、居住区的工程深基坑、隧道、地铁、竖井、大型管沟的施工,因为支护、顶撑等设施失稳,坍塌,不但造成施工场所破坏,往往引起地面、周边建筑的坍塌、坍陷、爆炸与火灾等意外。

(2)基坑开挖、人工挖孔桩等施工降水,造成周围建筑物因地基不均匀沉降而倾斜、开裂、倒塌等意外。

(3)邻街施工高层建筑或高度大于2 m的临空(街)作业面,因无安全防护设施或不符合,造成外脚手架、滑模失稳等坠落物体(件)打击人员等意外。

(4)工程拆除、人工挖孔(井)、浅岩基及隧道凿进等爆破,因设计方案、误操作、防护不足等造成发生施工场所及周围已有建筑及设施损坏、人员伤亡等意外。

分析识别了工程项目的危险源后,即可对危险源进行安全风险评价,评价围绕可能性和后果两个方面综合进行,一般通过定量和定性相结合的方法进行危险源的评价,让每个监理人员充分参与,详细了解一般危险源和重大危险源的分布范围和存在时段,以便能有针对性采取有效措施予以防范。对危险源的预控,应按危险源的评价分级分别对待。一般危险源可督促施工单位按现有的安全控制措施,加强安全管理。对于重大危险源,监理工程师应要求施工单位具体制定相应的安全技术和安全管理控制措施,改善相应的计划。其后进行控制措施计划,其结果应形成书面记录,一般可与危险源识别、评价结果合并列表记录。在控制措施计划实施前还应进行充分性评审,其主要内容是计划的控制措施是否能使施工安全风险降低到可接受或可容许的水平,是否会产生新的危险源,安全防范资金是否能够保证,是否具有可操作性等。

7.3.2 监理人员控制施工安全的方法和手段

我国现行的安全生产方针是"安全第一、预防为主、综合治理";安全生产的基本原则是管生产必须管安全、安全一票否决权、职业安全卫生"三同时"、事故处理"四不放过"。

施工过程体现在一系列的现场施工作业和管理活动中,作业和管理活动的效果将直接影响到施工过程的安全,监理工程师对施工过程的安全监理应着重体现在对作业和管理活动的控制上。为确保建设工程施工安全,监理工程师要对施工过程进行全过程、全方位的控制,对整个施工过程要按事前、事中及事后进行控制,重点要突出事前和事中控制,这与安全生产方针所凸显的"预防"相符合。同时,要采取组织措施、技术措施、经济措施、合同措施等,加强对施工安全的控制,确保安全控制横向到边、纵向到底,贯穿、覆盖于整个工程项目。

监理人员对施工安全的控制主要体现在监理人员对施工安全所承担的三大监理职责:审核查验职责、安全检查职责和督促整改职责,即施工过程安全监理的方法和手段,具体阐述如下。

7.3.2.1　**审核技术文件、报告和报表**

对技术文件、报告和报表的审核,是监理工程师对建设工程施工安全进行全面监督检查和控制的重要手段。审核内容包括有关技术证明文件、专项施工方案、有关安全物资的检验报告、反映工序施工安全的图表、有关安全设施和施工机械验收核查资料等。

7.3.2.2　**现场安全检查和监督**

1. 现场安全检查的内容

(1)监督和检查在施工作业和管理过程中,施工人员、机械设备、材料、施工方法、施工工艺、施工操作以及施工环境条件等是否均处于良好的状态,是否符合保证工程施工安全的要求,若发现有问题要及时纠偏和加以控制。

(2)对于重要的和对工程施工安全有重大影响的工序、工程部位、作业活动,监理人员还应在现场对施工过程进行监控。

(3)对安全记录资料进行检查,确保各项安全管理制度有效落实。

2. 现场安全检查的类型

现场安全检查的类型有日常安全检查、定期安全检查、专业性安全检查、季节性及节假日后安全检查等。

3. 现场安全检查的方式

(1)旁站。旁站是指在关键部位或关键工序施工过程中,由监理人员在现场进行的监督活动。在施工阶段,许多建设工程安全事故隐患是现场施工或操作不当或不符合标准、规范、规程所致,违章操作或违章指挥往往带来安全事故的发生。一旦安全事故发生,就会造成人员伤亡或直接经济损失。通过监理人员有效的现场旁站监督和检查,及时发现存在的安全问题并及时解决,能有效地避免安全事故的发生。旁站的工程部位、工艺和作业活动,应根据每个建设工程的特点、重大危险源部位、施工单位安全管理水平等确定。一般而言,高空作业、爆破作业、深基础工程、地下暗挖工程、起重吊装工程、起重机械安装拆卸施工等高危作业应进行旁站监控。

(2)巡视。巡视是监理人员对正在施工的部位及工序现场进行的定期或不定期的监督活动。巡视不限于某一部位及工艺过程,其检查范围是施工现场的所有生产安全状况。

(3)平行检验。平行检验是监理人员利用一定的检查检测手段,在施工单位自检的基础上,按照一定的比例独立进行检查和检测的活动。平行检验在安全技术复核及复验工作中采用较多,是监理人员对安全设施、施工机械等进行安全验收核查,作出独立判断的重要依据之一。

7.3.2.3　**安全隐患的处理**

监理人员应按下列规定对安全事故隐患进行处理:

(1)监理人员应区别“通病”“顽症”、首次出现、不可抗力等类型,要求施工单位修订和完善安全隐患整改措施。

(2)监理人员对检查发现的安全事故隐患应立即发出安全隐患整改通知单,督促施工单位对安全隐患原因进行分析,制定纠正和预防措施。安全隐患整改措施经监理人员确认后实施。

(3)监理人员对检查发现的违章指挥和违章作业行为应立即向责任人当场指出,督促其立即纠正。

(4)监理人员对安全隐患整改措施的实施过程和实施效果进行跟踪检查,保存检查记录。

7.3.2.4　工地例会和安全专题会议

(1)工地例会是施工过程中参加建设工程各方沟通情况,解决分歧,形成共识,作出决定的主要渠道。通过工地例会,监理人员分析施工过程的安全状况,指出存在的安全问题,提出整改意见,要求施工单位限期整改完成。

(2)针对某些专门安全问题,监理人员还应组织专题会议,集中解决较重大或普遍存在的安全问题。

7.3.2.5　规定安全监理工作程序

规定双方必须遵守的安全监理工作程序,这也是监理人员按规定的程序进行安全控制的必要手段。

7.3.2.6　安全生产奖惩制

执行安全生产协议书中安全生产奖惩制,确保施工过程中的安全,促使施工生产顺利进行。

7.3.3　危险性较大的分部分项工程安全管理

7.3.3.1　危险性较大的分部分项工程

危险性较大的分部分项工程(简称危大工程),是指施工过程中容易导致人员群死群伤或者造成重大经济损失的分部分项工程。

根据建办质〔2018〕31 号文件规定,危大工程根据危险等级,分为危险性较大的分部分项工程和超过一定规模的危险性较大的分部分项工程,如表 7-1 和表 7-2 所示。

表 7-1　危险性较大的分部分项工程范围

序号	内容	具体要求
1	基坑工程	(1)开挖深度超过 3 m(含 3 m)的基坑(槽)的土方开挖、支护、降水工程。 (2)开挖深度虽未超过 3 m,但地质条件、周围环境和地下管线复杂,或影响毗邻建、构筑物安全的基坑(槽)的土方开挖、支护、降水工程
2	模板工程及支撑体系	(1)各类工具式模板工程:包括滑模、爬模、飞模、隧道模等工程。 (2)混凝土模板支撑工程:搭设高度 5 m 及以上,或搭设跨度 10 m 及以上,或施工总荷载(荷载效应基本组合的设计值,以下简称设计值)10 kN/m² 及以上,或集中线荷载(设计值)15 kN/m 及以上,或高度大于支撑水平投影宽度且相对独立无联系构件的混凝土模板支撑工程。 (3)承重支撑体系:用于钢结构安装等满堂支撑体系
3	起重吊装及起重机械安装拆卸工程	(1)采用非常规起重设备、方法,且单件起吊重量在 10 kN 及以上的起重吊装工程。 (2)采用起重机械进行安装的工程。 (3)起重机械安装和拆卸工程

续表 7-1

序号	内容	具体要求
4	脚手架工程	（1）搭设高度 24 m 及以上的落地式钢管脚手架工程（包括采光井、电梯井脚手架）。 （2）附着式升降脚手架工程。 （3）悬挑式脚手架工程。 （4）高处作业吊篮。 （5）卸料平台、操作平台工程。 （6）异型脚手架工程
5	拆除工程	可能影响行人、交通、电力设施、通信设施或其他建、构筑物安全的拆除工程
6	暗挖工程	采用矿山法、盾构法、顶管法施工的隧道、洞室工程
7	其他	（1）建筑幕墙安装工程。 （2）钢结构、网架和索膜结构安装工程。 （3）人工挖孔桩工程。 （4）水下作业工程。 （5）装配式建筑混凝土预制构件安装工程。 （6）采用新技术、新工艺、新材料、新设备可能影响工程施工安全，尚无国家、行业及地方技术标准的分部分项工程

表 7-2　超过一定规模的危险性较大的分部分项工程范围

序号	内容	具体要求
1	深基坑工程	开挖深度超过 5 m（含 5 m）的基坑（槽）的土方开挖、支护、降水工程
2	模板工程及支撑体系	（1）各类工具式模板工程：包括滑模、爬模、飞模、隧道模等工程。 （2）混凝土模板支撑工程：搭设高度 8 m 及以上，或搭设跨度 18 m 及以上，或施工总荷载（设计值）15 kN/m^2 及以上，或集中线荷载（设计值）20 kN/m 及以上。 （3）承重支撑体系：用于钢结构安装等满堂支撑体系，承受单点集中荷载 7 kN 及以上
3	起重吊装及起重机械安装拆卸工程	（1）采用非常规起重设备、方法，且单件起吊重量在 100 kN 及以上的起重吊装工程。 （2）起重量 300 kN 及以上，或搭设总高度 200 m 及以上，或搭设基础标高在 200 m 及以上的起重机械安装和拆卸工程
4	脚手架工程	（1）搭设高度 50 m 及以上的落地式钢管脚手架工程。 （2）提升高度在 150 m 及以上的附着式升降脚手架工程或附着式升降操作平台工程。 （3）分段架体搭设高度 20 m 及以上的悬挑式脚手架工程

续表 7-2

序号	内容	具体要求
5	拆除工程	(1)码头、桥梁、高架、烟囱、水塔或拆除中容易引起有毒有害气(液)体或粉尘扩散、易燃易爆事故发生的特殊建、构筑物的拆除工程。 (2)文物保护建筑、优秀历史建筑或历史文化风貌区影响范围内的拆除工程
6	暗挖工程	采用矿山法、盾构法、顶管法施工的隧道、洞室工程
7	其他	(1)施工高度 50 m 及以上的建筑幕墙安装工程。 (2)跨度 36 m 及以上的钢结构安装工程,或跨度 60 m 及以上的网架和索膜结构安装工程。 (3)开挖深度 16 m 及以上的人工挖孔桩工程。 (4)水下作业工程。 (5)重量 1 000 kN 及以上的大型结构整体顶升、平移、转体等施工工艺。 (6)采用新技术、新工艺、新材料、新设备可能影响工程施工安全,尚无国家、行业及地方技术标准的分部分项工程

7.3.3.2 危大工程专项施工方案

1. 专项施工方案编制要求

施工单位应当在危大工程施工前组织工程技术人员编制专项施工方案。实行施工总承包的,专项施工方案应当由施工总承包单位组织编制。危大工程实行分包的,专项施工方案可以由相关专业分包单位组织编制。

专项施工方案应当由施工单位技术负责人审核签字、加盖单位公章,并由总监理工程师审查签字、加盖执业印章后方可实施。危大工程实行分包并由分包单位编制专项施工方案的,专项施工方案应当由总承包单位技术负责人及分包单位技术负责人共同审核签字并加盖单位公章。

2. 专项施工方案内容

危大工程专项施工方案应当包括以下主要内容:

(1)工程概况:危大工程概况和特点、场地及周边环境情况、施工平面布置、施工要求和技术保证条件。

(2)编制依据:相关法律、法规、标准、规范、规范性文件及施工图设计文件、专项设计方案(仅针对实行专项设计的危大工程)、施工组织设计等。

(3)施工计划:包括施工进度计划、材料与设备计划等。

(4)施工工艺技术:技术参数、工艺流程、施工方法、操作要求、检查要求等。

(5)施工安全保证措施:组织和技术保障措施、监测监控措施等。

(6)施工管理及作业人员配备和分工:包括施工管理人员、专职安全生产管理人员、特种作业人员、其他作业人员等。

(7)验收要求:验收标准、验收程序、验收内容、验收人员等。

(8)应急处置措施。

(9)计算书及相关施工图纸等。

3. 专项施工方案审核

(1)达到一定规模的危大工程。

对达到一定规模危险性较大的分部分项工程专项施工方案,应由施工单位技术负责人组织施工技术安全、质量等部门的专业技术人员进行审核,经审核合格的。应由施工单位技术负责人签字确认。实行分包的,应由总承包单位和分包单位技术负责人共同签字确认。

不需专家论证的专项施工方案,经施工单位审核合格后应报监理单位,由项目总监理工程师审核签字,并报项目法人备案,如图7-1所示。

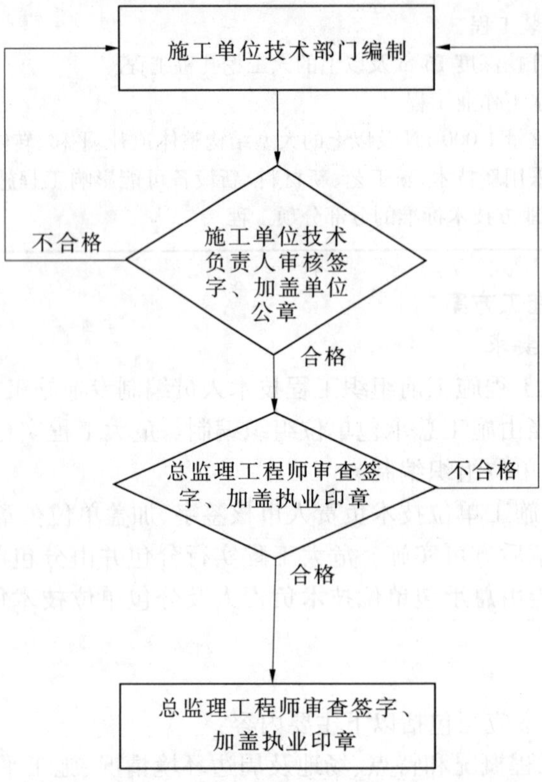

图7-1 达到一定规模的危大工程专项施工方案编审程序

(2)超过一定规模的危大工程。

对于超过一定规模的危大工程,施工单位应当组织召开专家论证会对专项施工方案进行论证。实行施工总承包的,由施工总承包单位组织召开专家论证会。专家论证前专项施工方案应当通过施工单位审核和总监理工程师审查。专家应当从地方人民政府住房和城乡建设主管部门建立的专家库中选取,符合专业要求且人数不得少于5名。与本工程有利害关系的人员不得以专家身份参加专家论证会。

专家论证会后,应当形成论证报告,对专项施工方案提出通过、修改后通过或者不通过的一致意见。专家对论证报告负责并签字确认。专项施工方案经论证需修改后通过的,施工单位应当根据论证报告修改完善后,重新履行编审程序,如图7-2所示。

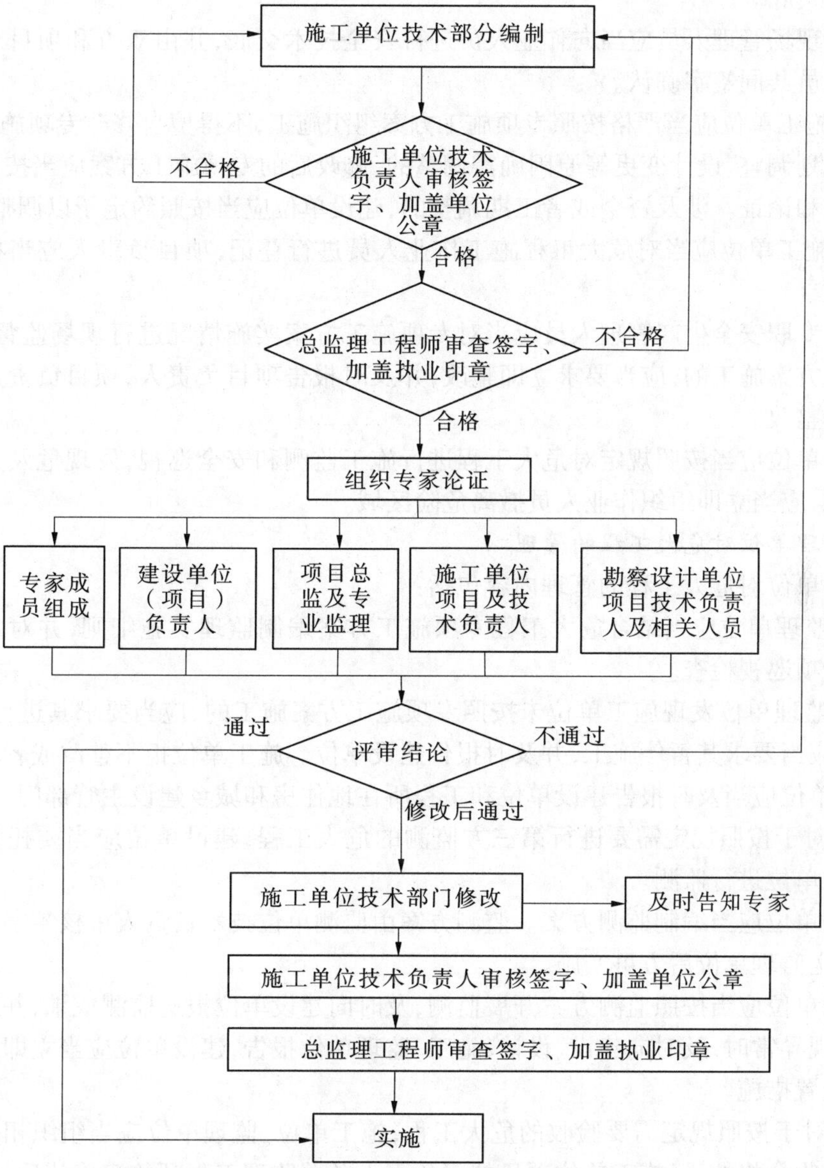

图7-2　超过一定规模的危大工程专项施工方案编审程序

专项施工方案经论证不通过的，施工单位修改后应当按照规定要求重新组织专家论证。

7.3.3.3　危大工程管理

1. 施工单位对危大工程的管理

施工单位对危大工程的管理内容包括：

(1)施工单位应当在施工现场显著位置公告危大工程名称、施工时间和具体责任人员，并在危险区域设置安全警示标志。

(2)专项施工方案实施前，编制人员或者项目技术负责人应当向施工现场管理人员进行方案交底。

施工现场管理人员应当向作业人员进行安全技术交底,并由双方和项目专职安全生产管理人员共同签字确认。

(3)施工单位应当严格按照专项施工方案组织施工,不得擅自修改专项施工方案。

因规划调整、设计变更等原因确需调整的,修改后的专项施工方案应当按照相关规定重新审核和论证。涉及资金或者工期调整的,建设单位应当按照约定予以调整。

(4)施工单位应当对危大工程施工作业人员进行登记,项目负责人应当在施工现场履职。

项目专职安全生产管理人员应当对专项施工方案实施情况进行现场监督,对未按照专项施工方案施工的,应当要求立即整改,并及时报告项目负责人,项目负责人应当及时组织限期整改。

施工单位应当按照规定对危大工程进行施工监测和安全巡视,发现危及人身安全的紧急情况,应当立即组织作业人员撤离危险区域。

2. 监理单位对危大工程的管理

监理单位对危大工程的管理内容包括:

(1)监理单位应当结合危大工程专项施工方案编制监理实施细则,并对危大工程施工实施专项巡视检查。

(2)监理单位发现施工单位未按照专项施工方案施工的,应当要求其进行整改;情节严重的,应当要求其暂停施工,并及时报告建设单位。施工单位拒不整改或者不停止施工的,监理单位应当及时报告建设单位和工程所在地住房和城乡建设主管部门。

(3)对于按照规定需要进行第三方监测的危大工程,建设单位应当委托具有相应勘察资质的单位进行监测。

监测单位应当编制监测方案。监测方案由监测单位技术负责人审核签字并加盖单位公章,报送监理单位后方可实施。

监测单位应当按照监测方案开展监测,及时向建设单位报送监测成果,并对监测成果负责;发现异常时,及时向建设、设计、施工、监理单位报告,建设单位应当立即组织相关单位采取处置措施。

(4)对于按照规定需要验收的危大工程,施工单位、监理单位应当组织相关人员进行验收。验收合格的,经施工单位项目技术负责人及总监理工程师签字确认后,方可进入下一道工序。

危大工程验收合格后,施工单位应当在施工现场明显位置设置验收标识牌,公示验收时间及责任人员。

课题 7.4　现场安全控制

7.4.1　做好现场安全控制的宣传工作

想要做好工地现场安全的控制工作,首先要有一个良好的工作条件和氛围。在这方面,现场的监理人员要通过主动、积极的工作来创造和争取。首先,监理应该向施工单位宣传《中华人民共和国建筑法》《建设工程安全生产管理条例》等国家法规,包括很多地方政府制定的安全生产法规,宣传施工安全的有关规定和重要性,说明施工安全与单位以及个人的关系,引起工程项目建设参与者的高度重视。

建设单位作为工程款的支付方,它在工地安全问题上是最具有权利及影响力的,监理单位必须争取业主对安全工作的支持。现在有不少项目业主想要工程以最低价格及在最快的时间内完工,这直接影响施工单位安全施工的开支和导致削减安全基本要求,甚至有些时候业主的要求是不利于工地施工的安全的。在这种情况下,监理人员应该及时、耐心地和业主说明当中的利弊,争取建设单位创造和提供施工安全的环境条件,如设立安全生产奖罚制度,对施工单位安全工作表现佳的给予一定的奖励,相反就给予处罚等。

在进行施工安全控制工作时,要注意形成书面文件。如召开安全生产专题会议形成的会议纪要、工程业务联系单、监理工作联系单、建设单位与总承包单位的安全生产协议书、总承包单位和分包单位的安全生产协议书等。

7.4.2 安全隐患的整改控制

《建设工程安全生产管理条例》规定:在实施监理过程中,监理单位发现存在安全事故隐患的,应当要求施工单位整改;情况严重的,应当要求施工单位暂时停止施工,并及时报告建设单位。

安全检查的方法如下:

(1)资料性审核。

①施工单位资质和管理层人员资质、特殊工种人员上岗审核。

②各种重要施工机械安装及整体提升脚手架、模板等自升式架设设施的合格性审核(施工单位应出具检测部门的合格性检测证明)。

③重要的施工安全制度及安全技术交底。

④施工单位安全管理、责任、检查、教育制度等。

(2)验收性检查。

①各种施工质量验收规范明文规定需要验收的事项,如模板工程、土方开挖工程等一些既涉及施工质量又涉及施工安全的项目。

②某些分项工程开工前的开工条件验收。

③为迎接政府或建设单位上级主管部门各种检查验收而由监理单位提前组织进行的内部验收等。

一般情况下,验收性检查后都会有书面验收意见或验收总结会议,对于发现的安全隐患可以通过验收记录或验收会议纪要的形式要求施工单位整改。

(3)定期检查。定期检查一般由建设单位、施工单位、监理单位三方共同参加,监理机构应规定定期现场检查的周期,通常有季节转换时的现场准备检查、每月评比检查、每周例行检查等。季节转换检查主要检查因季节转换可能导致的不安全因素的预防情况,如冬雨季的现场防滑设施检查、夏季预防高温措施检查等;每月评比检查适合于多施工单位的施工现场,通过评比能起到表扬先进、督促落后的作用;每周例行检查一般安排在周例会前进行,对检查中发现的问题便于及时在例会上提出改进要求。所有定期检查都应召开总结会议,并编制会议纪要。

(4)日常检查。日常检查通常与监理机构的现场日常巡查相结合,安全检查作为其中的一项内容。对日常检查中发现的安全隐患,及时填写“建筑工程施工安全自查表”(见表7-3),并及时报告总监理工程师,由总监理工程师及时发出整改通知。

表7-3　建筑工程施工安全自查表(监理单位用表)

检查时间:

建设项目名称			
监理单位		项目总监	
施工单位		项目经理	
质监部门		监督员	
序号	检查内容	检查情况	检查人
1	项目总监是否具有资格证书		
2	项目监理人员是否具有资格证书		
3	对施工企业的施工组织设计及专项方案是否进行审核批准		
4	对工程现场的安全生产检查记录		
5	对存在的安全隐患是否提出整改或停工的要求		
6	对施工单位提出整改后拒不整改或不停止施工时,是否及时向建设行政主管部门报告		
整改情况	监理员(签名):______　现场监理工程师(签名):______		
监理单位意见	总监理工程师(签名):______ 单位负责人(签名):______		

如遇到下列情况,监理人员要直接下达暂停施工令,并及时向项目总监和建设单位汇报:

(1)施工中出现安全异常,经提出后,施工单位未采取改进措施或改进措施不符合要求。

(2)对已发生的工程事故未进行有效处理而继续作业。

(3)安全措施未经自检而擅自使用。

(4)擅自变更设计图纸进行施工。

(5)使用没有合格证明的材料或擅自替换、变更工程材料。

(6)未经安全资质审查的分包单位的施工人员进入施工现场施工。

(7)出现安全事故。

7.4.3 施工单位拒不整改时及时向政府有关部门报告

在施工单位拒不整改或不停止施工时,监理单位应及时向有关部门报告。因此,监理机构应与各级质量安全监督站建立良好的工作关系和通畅的联系机制,这在实际操作中是不存在问题的。关键的问题是在必要时如何真正使用好这条沟通渠道。对一些理解上有争议的问题,还可以通过咨询他们来解决。

7.4.4 确立监理机构内部的安全控制责任制度

监理机构中各监理人员的工作将直接决定安全控制的效果。由于专业知识的限制,任何监理人员不可能样样精通,因此有必要进行安全控制的职责分工,建立监理机构内部的安全控制责任制度。

在确立安全控制责任制度时,可以由各专业监理工程师负责本专业施工范围内的安全控制工作,包括日常检查、定期检查、登记备案制度等,并及时向总监理工程师汇报检查结果。对所发现的问题应及时提醒总监理工程师注意。总监理工程师则负责全面的组织、协调及内部工作检查。对各专业所发生的安全事故,在监理机构内部,各专业监理工程师应负直接监理责任,总监理工程师负管理责任。对一些大型群体项目,总监理工程师应做好监理人员分工安排;而对某些可能同时涉及多个专业的检查项目,总监理工程师应明确其中的分工协作方法和相应的责任划分。

最后,针对现实中工程质量与施工安全事故时有发生,给国家和人民生命财产造成重大损失的状况,《建设工程安全生产管理条例》赋予了广大监理人员施工安全控制的责任和义务。为防止和减少工程质量、安全事故和维护好自身的合法权益,广大监理人员要努力完成好这项工作,有经验的多交流经验,取长补短;有些地方没有经验的,完全可以创造性地开展工作,积累工程安全控制监理经验,共同促进监理水平的提高。

复习思考题

1.建设工程施工安全监理的责任有哪些?

2.安全监理的具体工作有哪些?

3.试述施工安全监理的程序。

4.试述施工安全危险源的分析和预控方法。

5.监理人员控制施工安全的方法和手段有哪些?

6.安全检查的方法有哪些?

模块8 工程建设项目的信息管理

工程建设项目的信息管理，是指以工程建设项目作为目标系统的管理信息系统。它通过对工程建设项目建设监理过程的信息的采集、加工和处理为监理工程师的决策提供依据，对工程的投资、进度、质量进行控制，同时也作为确定索赔的内容、金额和反索赔提供确凿的事实依据。因此，信息管理是监理工作的一项重要内容。

信息管理是指信息的收集、加工整理、传递、存储、应用等工作的总称。根据工程建设投资大、工期长、工艺复杂、质量要求高、各分部分项工程合同多，以及使用机械设备、材料数量大、要求高的特点，信息管理采取人工决策和计算机辅助管理相结合的手段，特别是利用先进的信息存储、处理设备及时准确地收集、处理、传递和存储大量的数据，并进行工程进度、质量、投资的动态分析，达到工程监理的高效、迅速、准确。

课题8.1 工程建设信息管理的内容

建设项目信息管理主要包括以下四项内容，即明确项目信息流程、建立项目信息编码系统、建立健全项目信息收集制度、利用高效的信息处理手段处理项目信息。

8.1.1 明确建设项目监理工作信息流程

建设项目监理工作信息流程反映了工程建设项目建设过程中，各参与单位、部门之间的关系。为保证建设项目管理工作的顺利进行，监理人员应首先明确建设项目信息流程，使项目信息在建设项目管理机构内部上下级之间及项目管理组织与外部环境之间的流动畅通无阻。

建设项目信息流结构如图8-1所示，它反映了工程建设项目建设设计单位、物资供应单位、施工单位、建设单位和工程监理组织之间的关系。

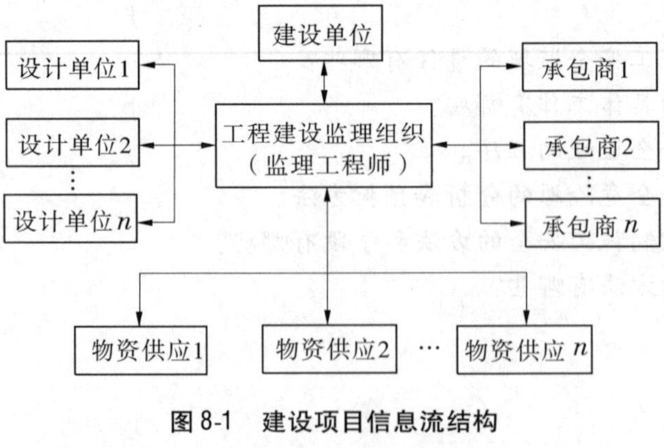

图8-1 建设项目信息流结构

建设项目管理组织内部存在着三种信息流,如图8-2所示。这三种信息流要畅通无阻,以保证项目管理工作的顺利实施。

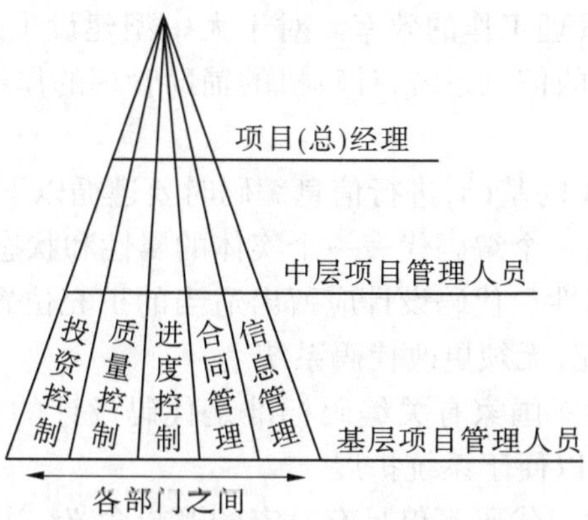

图8-2 建设项目管理组织信息流示意图

(1)自上而下的信息流。这类信息流主要指从项目(总)经理开始,流向中层项目管理人员和基层项目管理人员的信息。信息接收者是下级。这些信息主要包括项目建设管理目标、管理任务、管理制度、规范规定、指令、办法和业务指导意见等。

(2)自下而上的信息流。这类信息流是指从基层项目管理人员开始,流向中层项目管理人员及项目(总)经理的信息。信息接受者是上级。这些信息主要是建设项目实施情况和项目管理工作完成情况,包括进度控制、质量控制、投资控制和安全生产及管理工作人员的工作情况等,还包括基层项目管理人员对上级有关部门对工程管理和控制情况的意见和建议等。

(3)横向的信息流。这类信息流主要是指在建设项目管理工作中,处在同一层次上的职能部门和管理人员之间相互提供和接收的信息。这些信息是由于各部门之间,为了实现管理的共同目标,在同一层次上相互协作、互相配合、互通有无或补充而产生的信息。在一些特殊情况下,为节省信息流通时间,有时各部门之间也需要横向提供信息。

上述三种信息流都有明晰的流线,并都要畅通。但在实际工作中,往往是自下而上的信息流比较畅通,而自上而下的信息流流量不够。信息流不畅通,监理工程师将无法收集必要的信息,将会失去控制的基础、决策的依据和协调的媒介,监理工程师将无所作为。

信息流是双向的,在监理工作中,应做好信息反馈,同时应注意以下几点:

(1)信息反馈应贯穿于项目监理的全过程,仅依靠一次反馈不可能解决所有问题。

(2)反馈速度应大于客体变化速度,且修正要及时。

(3)力争做到超前反馈,即对客体的变化要有预见性。

8.1.2 建立建设项目信息编码系统

建设项目信息编码也称代码设计,它是给事物提供一个概念清楚的标识,用以代表事物的名称、属性和状态。代码有两个作用:一是便于对数据进行存储、加工和检索;二是可以提高数据的处理效率和精度。此外,对信息进行编码,还可以大大节省存储空间。

在建设项目管理工作中,会涉及大量的信息,如文字、报表、图纸、声像等,在对数据进行处理时,都需要建立数据编码系统。这不仅在一定程度上减少项目管理工作的工作量,而且大大提高建设项目管理工作的效率。对于大中型建设项目,没有计算机辅助管理是难以想象的,而没有适当的信息系统,计算机的辅助管理的作用也难以发挥。

8.1.2.1　信息编码原则

信息编码是管理工作的基础,进行信息编码时要遵循以下原则:

(1)唯一确定性。每一个编码代表一个实体的属性和状态。

(2)可扩充性和稳定性。代码设计应留出适当的扩充位置,当增加新的内容时,便于直接利用源代码进行扩充,无须更改代码系统。

(3)标准化和通用性。国家有关编码标准是代码设计的重要依据,要严格执行国家标准以及行业编码标准,以便于系统扩展。

(4)逻辑性和直观性。代码不仅具有一定的逻辑含义,以便于数据的统计汇总,而且要简明直观,便于识别和记忆。

(5)精练性。代码的长度不仅影响所占据的空间和处理速度,而且会影响代码输入时出错的概率及输入、输出速度,因而要适当压缩代码的长度。

8.1.2.2　信息编码方法

1.顺序编码法

顺序编码法是一种按对象出现的顺序进行排列编码的方法,例如土方工程01、基础工程02、外墙工程03、内墙与柱04、楼板与楼梯05、屋面工程06等。

顺序编码法简单易懂,用途广泛。但这种代码缺乏逻辑性,不宜分类。而且当增加新数据时,只能在最后进行排列,删除数据时又会出现空码。所以,此方法一般不单独使用,只用来作为其他分类编码后进行细分类的一种手段。

2.分组编码法

分组编码法是在顺序编码法的基础上发展起来的,它是先将数据信息进行分组,然后对每组的信息进行顺序编码。每个组内留有后备编码,便于增加新的数据。

3.十进制编码法

这种编码方法是先将数据对象分成十大类,编以0~9的号码,每类中再分成十小类,给以第二个0~9的号码,依次类推。这种方法可以无限地扩充下去,直观性能较好。国家目前要求执行的"设备材料标准编码"基本上是采用这种方法,不过是百进制的,而不是十进制,即整个编码8位,分成4段,前两位代表大类,次两位代表中类,再次两位代表小类,最后两位代表品种。当然,每一品种还有不同的规格,还可以通过附加顺序号码的方法加以区别。

4.文字数字码

这种方法是用文字表明数字属性,而文字一般用英文缩写或汉语拼音的声母。这种编码直观性好,记忆、使用方便,但数据较多时,单靠字母很容易使含义模糊,造成错误的理解。

5.多面码

一个事物可能有多个属性,如果在编码中能为这些属性各规定一个位置,就形成了多面码。例如,对于金属材料可作表8-1的规定。

表8-1　金属材料编码规定示例

来源	生产方式	种类	规格
		1－角铁	00－1/16″×20′
	1－热轧	2－平板	01－1/8″×20′
1－国产	2－冷拉	3－铁丝	02－1/4″×20′
2－进口	3－铸造	4－管子	

这样,11202编码就代表了国产热轧平板,规格为02－1/4″×20′。这种方法的优点是逻辑性能好,便于扩充。但这种代码位数较多,会有较多的空码。

上述几种编码方法各有其优、缺点,在实际工作中,要针对具体情况灵活应用,也可以结合具体情况结合使用。

8.1.2.3　建设监理信息的编码

以民用建筑投资为例说明编码方法。首先对总投资进行分块,本例先将其分成8块,即(1)建筑基地费、(2)建筑基地外围(红线外)开拓费、(3)建筑物造价、(4)设备费、(5)建筑物外围(红线内)设施费、(6)附加设施费、(7)建设单位管理费、(8)建设单位专项预留费。然后对子系统的每一块进行切块,以建筑物造价为例,将其分成5块,即(31)建筑工程造价、(32)设备安装工程造价、(33)预留费、(34)建筑设施费、(35)特殊施工费。这5块则称为投资子系统的组成项,如图8-3所示。

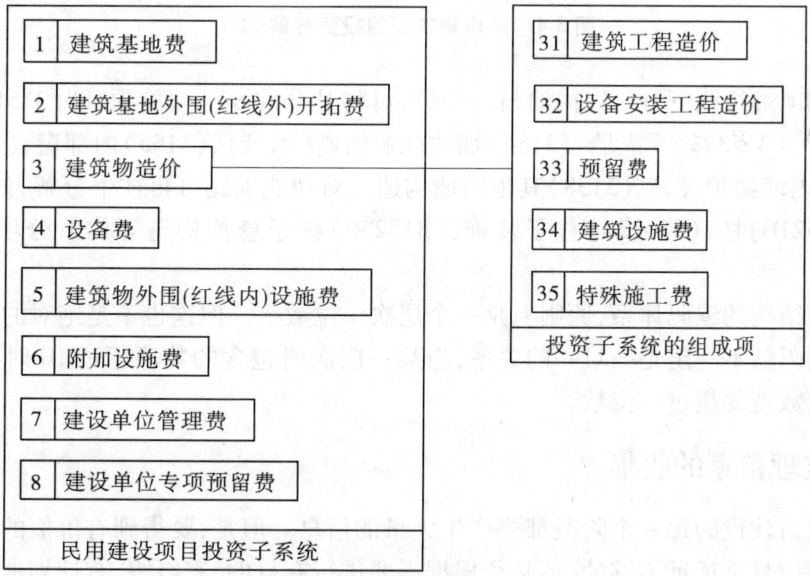

图8-3　民用建筑项目投资分解(1)

对投资子系统的组成项的每一块还可以继续往下分。如建筑工程造价可分成如下8条,即(311)土方工程、(312)基础工程、(313)±0.00以下外墙工程、(314)外墙工程、

(315)内墙与柱、(316)楼板与楼梯工程、(317)屋面工程、(318)大型临时设施。又如设备安装工程造价分成如下9条,即(321)排水工程、(322)上水工程、(323)供暖工程、(324)煤气工程、(325)供电工程、(326)通信工程、(327)通风工程、(328)运输工程、(329)其他工程。上述8条、9条可称投资的大类项,如图8-4所示。

图8-4　民用建筑项目投资分解(2)

对大类项继续往下分。以内墙与柱为例,可将其分成8个功能项,即(3151)承重墙、(3152)框架、(3153)轻质隔墙、(3154)墙体抹灰粉刷(墙纸)、(3155)内部窗、(3156)内部门、(3157)内墙防护设施、(3158)其他内墙构造。对功能项还可再往下分解,如框架可以分解成(315210)柱、(315220)柱子装饰、(315230)柱子悬挂构造等构造分项,如图8-5所示。

本投资结构的编码体系,原则上是一个层次一位数字。但这也不是绝对的,也就是说层次数与编码数不一定是一对一的关系,当某一层次所包含的数项超过10时,该层所对应的编码位数就要超过一位数。

8.1.3　监理信息的收集

工程项目建设的每一个阶段都要产生大量的信息。但是,要得到有价值的信息,只靠自发产生的信息是远远不够的,还必须根据需要进行有目的、有组织、有计划地收集,才能提高信息质量,充分发挥信息的作用。

收集信息是运用信息的前提。各种信息一经产生,就必然会受到传输条件、人们的思想意识及各种利益关系的影响。所以,信息有真假、虚实,有用、无用之分。监理工程师要取得有用的信息,必须通过各种渠道,采用各种方法收集信息,然后经过加工、筛选,从中

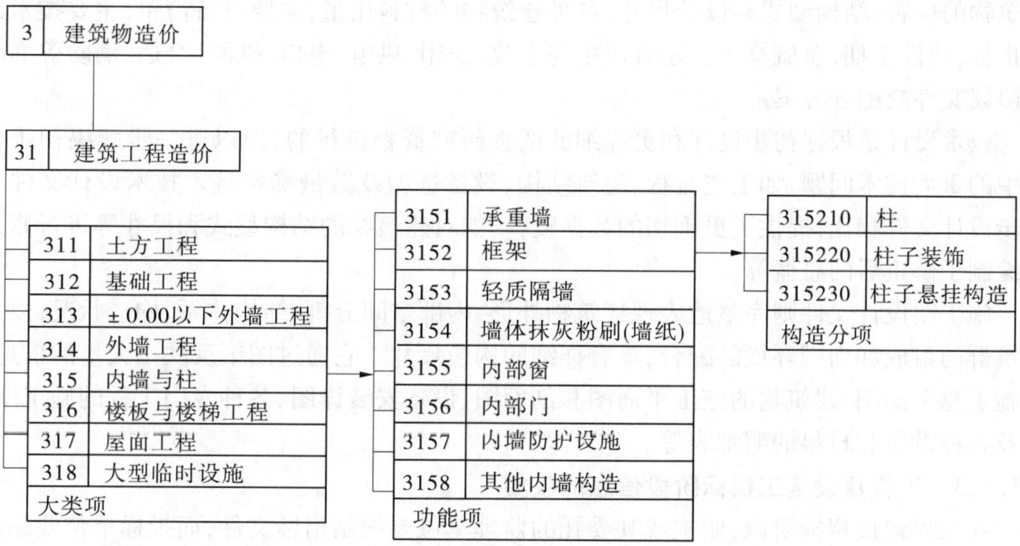

图 8-5 民用建筑项目投资分解(3)

选择出对决策有用的信息,没有足够的信息作依据,决策就会产生失误。

收集信息是进行信息处理的基础。信息处理是包括对已经取得的原始信息进行分类、筛选、分析、加工、评定、编码、存储、检索、传递的全过程。信息收集工作的好坏,直接决定着信息加工处理质量的高低。在一般情况下,如果收集到的信息时效性强、真实度高、价值大、全面系统,再经加工处理质量就更高,反之则低。

因此,建立一套完善的信息采集制度收集建设工程监理的各阶段、各类信息是监理工作所必需的。

8.1.3.1 工程建设前期信息的收集

如果监理工程师未参加工程建设的前期工作,在受业主的委托对工程建设设计阶段实施监理时,应向业主和有关单位收集以下资料,作为设计阶段监理的主要依据:

(1)批准的“项目建议书”“可行性研究报告”及“设计任务书”。

(2)批准的建设选址报告、城市规划部门的批文、土地使用要求、环保要求。

(3)工程地质和水文地质勘察报告、区域图、地形测量图、地质气象和地震烈度等自然条件资料。

(4)矿藏资源报告。

(5)设备条件。

(6)规定的设计标准。

(7)国家或地方的监理法规或规定。

(8)国家或地方有关的技术经济指标和定额等。

8.1.3.2 工程建设设计阶段信息的收集

在工程建设的设计阶段将产生一系列的设计文件,它们是监理工程师协助业主选择承包商,以及在施工阶段实施监理的重要依据。

建设项目的初步设计文件包含大量的信息,如建设项目的规模、总体规划布置,主要建筑物的位置、结构型式和设计尺寸,各种建筑物的材料用量,主要设备清单,主要技术经济指标,建设工期,总概算等。还有业主与市政、公用、供电、电信、铁路、交通、消防等部门的协议文件或配合方案。

技术设计是根据初步设计和更详细的调查研究资料进行的,用以进一步解决初步设计中的重大技术问题,如工艺流程、建筑结构、设备选型及数量确定等。技术设计文件与初步设计文件相比,提供了更确切的数据资料,如对建筑物的结构型式和尺寸等进行修正并编制了修正后的总概算。

施工图设计文件则完整地表现建筑物外形、内部空间分割、结构体系、构造状况,以及建筑群的组成和周围环境的配合,具有详细的构造尺寸。它通过图纸反映出大量的信息,如施工总平面图、建筑物的施工平面图和剖面图、设备安装详图、各种专门工程的施工图,以及各种设备和材料的明细表等。

8.1.3.3　工程建设施工招标阶段信息的收集

在工程建设招标阶段,业主或其委托的监理单位要编制招标文件,而投标单位要编制投标文件,在招标投标过程中及在决标以后,招标、投标文件及其他一些文件将形成一套对工程建设起制约作用的合同文件,这些合同文件是建设工程监理的具有约束力的法律文件,是监理工程师必须熟悉和掌握的。这些文件主要包括投标邀请书、投标须知、合同双方签署的合同协议书、履约保函、合同条款、投标书及其附件、标价的工程量清单及其附件、技术规范、招标图纸、发包单位在招标期内发出的所有补充通知、投标单位在投标期内补充的所有书面文件、投标单位在投标时随投标书一起递送的资料与附图、发包单位发出的中标通知书、合同双方在洽商合同时共同签字的补充文件等。除上述各种文件资料外,上级有关部门关于建设项目的批文和有关批示,有关征用土地、迁建赔偿等协议文件,都是十分重要的监理信息。

8.1.3.4　工程建设施工阶段信息的收集

在工程建设的整个施工阶段,每天都会产生大量的信息,需要及时收集和处理。因此,工程建设的施工阶段,可以说是大量的信息产生、传递和处理的阶段,监理工程师的信息管理工作也就主要集中在这一阶段。

1. 收集业主方的信息

业主作为工程建设的组织者,在施工过程中要按照合同文件规定提供相应的条件,并要不时发表对工程建设各方面的意见和看法,下达某些指令。因此,监理工程师应及时收集业主提供的信息。

当业主负责某些设备、材料的供应时,监理工程师需收集业主所提供材料的品种、数量、规格、价格、提货地点、提货方式等信息。例如,有一些项目合同约定业主负责供应钢材、木材、水泥、砂石等主要材料,业主就应及时将这些材料在各个阶段提供的数量、材质证明、检验(试验)资料、运输距离等情况告知有关方面,监理工程师也应及时收集这些信息资料。另外,业主对施工过程中有关进度、质量、投资、合同等方面的看法和意见,监理工程师也应及时收集,同时应及时收集业主的上级主管部门对工程建设的各种意见和看法。

2. 收集承包商提供的信息

在项目的施工过程中，随着工程的进展，承包商一方也会产生大量的信息，除承包商本身必须收集和掌握这些信息外，监理工程师在现场管理中也必须收集和掌握。这类信息主要包括开工报告、施工组织设计、各种计划、施工技术方案、材料报验单、月支付申请表、分包申请、工料价格调整申报表、索赔申报表、竣工报验单、复工申请，以及各种工程项目自检报告、质量问题报告、有关问题的意见等。承包商应向监理单位报送这些信息资料，监理工程师也应全面、系统地收集和掌握这些信息资料。

3. 建设工程监理的现场记录

现场监理人员必须每天利用特定的方式或以日志的形式记录工地上所发生的事情。所有记录应始终保存在工地办公室内，供监理工程师及其他监理人员查阅。这类记录每月由专业监理工程师整理成书面资料上报监理工程师办公室。监理人员在现场遇到的施工中不得不采取紧急措施而对承包商所发出的书面指令，应尽快通报上一级监理组织，以征得其确认或修改指令。

4. 工地会议记录

工地会议是监理工作的一种重要方法，会议中包含着大量的信息。监理工程师必须重视工地会议，并建立一套完善的会议制度，以便于会议信息的收集。会议制度包括会议的名称、主持人、参加人、举行会议的时间及地点等，每次会议都应有专人记录，会后应有正式会议纪要，由与会者签字确认。这些纪要将成为今后解决问题的重要依据。会议纪要应包括以下内容：会议地点及时间，出席者姓名、职务及他们所代表的单位，会议中发言者的姓名及主要内容，形成的决议，决议由何人何时执行，未解决的问题及其原因等。

工地会议一般每月召开一次，会议由监理人员、业主代表及承包商参加。会议主要内容包括确认上次工地会议纪要、当月进度总结、进度预测、技术事宜、变更事宜、财务事宜、管理事宜、索赔和延期、下次工地会议及其他事宜。工地会议确定的事宜被视为合同文件的一部分。

5. 计量与支付记录

计量与支付记录包括所有计量及付款资料。应清楚地记录哪些工程进行过计量，哪些工程没有进行过计量，哪些工程已经进行了支付，已同意或确定的费率和价格变更等。

6. 试验记录

除正常的试验报告外，实验室应由专人每天以日志形式记录实验室工作情况，包括对承包商的试验的监督、数据分析等。

7. 工程照片和录像

工程照片和录像能直观、真实地反映包括试验、质量、隐蔽工程、引起索赔的事件、工程事故现场等信息。

8.1.3.5　工程建设竣工阶段信息的收集

在工程建设竣工验收阶段，需要大量与竣工验收有关的各种信息资料，这些信息资料一部分是在整个施工过程中长期积累形成的，一部分是在竣工验收期间根据积累的资料整理分析得到的，完整的竣工资料应由承包商收集整理，经监理工程师及有关方面审查后，移交业主。

8.1.4　建设项目信息处理

8.1.4.1　建设项目信息处理的要求

建设项目信息处理必须符合及时、准确、适用、经济的要求。及时,就是信息传递的速度要快;准确,就是信息要真实地反映工程实际情况;适用,就是信息要符合实际需要,具有应用价值;经济,就是在信息处理时以符合经济效果的要求来确定处理方式。

8.1.4.2　建设项目信息处理的内容

建设项目信息处理一般包括信息的收集、加工整理、传输、存储、检索和输出六项内容。

1. 信息的收集

信息的收集就是收集原始信息,这是信息处理的基础。信息处理质量的好坏直接取决于原始信息资料的准确性、全面性和可靠性。

2. 信息的加工整理

所谓信息的加工整理,是对收集来的大量原始信息进行筛选、分类、排序、压缩、分析、比较、计算等的过程。监理工程师为了有效地控制工程建设的投资、进度和质量目标,提高工程建设的投资效益,应在全面、系统收集监理信息的基础上,加工整理收集来的信息资料。

信息的加工整理作用很大。首先,通过加工,将信息分类,使之标准化、系统化。收集到的原始信息只有经过加工,使之成为标准的、系统的信息资料,才能使用、存储,以及提供检索和传递。其次,经过收集的资料,真实程度、准确程度都比较低,甚至还混有一些错误,经过对它们进行分析、比较、鉴别,乃至计算、校正,使获得的信息准确、真实。另外,原始状态的信息一般不便于使用、存储、检索和传递,经加工后,可以使信息压缩,以便于进行以上操作。还有,信息在加工过程中,通过对信息的综合、分解、整理、增补,可以得到更多有价值的新信息。

总之,本着标准化、系统化、准确性、时间性和适用性等原则,通过对信息资料的加工整理,一方面可以掌握工程建设实施过程中各方面的进展情况,另一方面可直接或借助于数学模型来预测工程建设未来的进展状况,从而为监理工程师作出正确的决策提供可靠的依据。

在建设项目的施工过程中,监理工程师加工整理的监理信息主要有以下几个方面:

(1)现场监理日报。由现场监理人员根据每天的现场记录加工整理而成。

(2)现场监理工程师周报。是现场监理工程师根据监理日报加工整理而成的报告,每周向项目总监理工程师汇报一周内发生的所有重大事件。

(3)监理工程师月报。是集中反映工程实况和监理工作的重要文件。一般由项目总监理工程师组织编写,每月一次上报业主。大型项目的监理月报,往往由各合同段或子项目的总监理工程师代表组织编写,上报总监理工程师审阅后报业主。

3. 信息的传输

信息的传输是指信息借助于一定的载体(如纸张、胶片、U 盘、电子邮件等)在监理工作的各部门、各参加单位之间进行传播,通过传输,形成各种信息流,成为监理工程师工作和处理工程问题的重要依据。

4. 信息的存储

经收集和整理后的大量信息资料，应当存档以备将来使用。为了便于管理和使用监理信息，必须在监理组织内部建立完善的信息资料存储制度。

信息的存储，可汇集信息，建立信息库，有利于进行检索，可以实现监理信息资源的共享，促进监理信息的重复利用，便于信息的更新和剔除。

监理信息存储的主要载体是文件、报告报表、图纸、音像材料等。监理信息的存储，主要就是将这些材料按不同的类别进行详细的登录、存放，建立资料归档系统。该系统应简单和易于保存，但内容应足够详细，以便很快查出任何已归档的资料。因此，资料的文档管理工作(具体而微小，且烦琐)就显得非常重要。监理资料归档，一般按以下几类进行：

(1)一般函件。与业主、承包商和其他有关部门来往的函件及监理工程师主持或出席的所有会议记录按日期归档。

(2)监理报告。各种监理报告按次序归档。

(3)计量与支付资料。每月计量与支付证书，连同其所附资料每月按编号归档；监理人员每月提供的计量与支付有关的资料按月份归档；物价指数的来源等资料按编号归档。

(4)合同管理资料。承包商对延期、索赔和分包的申请，批准的延期、索赔和分包文件按编号归档；变更的有关资料按编号归档；现场监理人员为应急发出的书面指令及最终指令按项目归档。

(5)图纸。按分类编号归档。

(6)技术资料。现场监理人员每月汇总上报的现场记录及检验报表按月归档；承包商提供的竣工资料分项归档。

(7)试验资料。监理人员所完成的试验资料分类归档；承包商所报试验资料分类归档。

(8)工程照片。各类工程照片，诸如反映工程实际进度的、反映现场监理工作的、反映工程质量事故及处理情况的，以及其他照片，如工地会议和重要的监理活动都要按类别和日期归档。

以上资料在归档的同时，要进行登录，建立详细的目录表，以便随时调用、查询。

目前，信息存储的介质主要有各类纸张、胶卷、录音(像)带和计算机存储器等。用纸张存储信息的主要优点是便宜，永久保存性好，不易涂改；其缺点是占用大量的空间，不便于检索，传递速度慢。因此，应掌握各种存储介质的特点，扬长避短，将纸和计算机及其他存储介质结合起来使用。随着技术的不断发展，计算机的存储量越来越大，且成本越来越低，因此监理信息的存储应尽量采用计算机，以提高检索、传递和使用的效率。

5. 信息的检索

监理工作中虽然存储了大量的信息，但为了查找方便，需要拟定一套科学的、迅速的查找方法和手段，称为信息检索。完善的信息检索系统可以使报表、文件、资料、人事和技术档案既保存完好，又查找方便。

6. 信息的输出

处理好的信息，要按照需求编印成各类报表和文件，或通过计算机网络进行传输，以供监理工程师使用。

8.1.4.3　监理信息处理的方式

监理信息处理的方式一般有三种,即手工处理方式、机械处理方式和计算机处理方式。

(1)手工处理方式。在信息处理过程中,主要依靠人填写、收集原始资料;计算主要靠人工来完成;人工编制报表和文件;人工保存和存储资料;信息的输出主要靠人用电话、信函传输通知、报表和文件。

(2)机械处理方式。指用按键式计算器、穿孔卡数据处理器等进行数据加工。

(3)计算机处理方式。指利用计算机进行数据的处理。在建设监理工作中,不仅需要大量的信息,而且对信息的质量(如信息的正确性、及时性等)提出了更高的要求。要做好监理工作中的信息处理工作,单纯靠手工处理方式或机械处理方式是不能胜任的,必须借助于计算机来完成。运用计算机存储量大的特点,集中存储工程建设项目的有关信息;利用计算机计算速度快的特点,高速、准确地处理工程监理所需要的信息,快捷、方便地形成各种报表;运用计算机局域网络和 Internet 来传递各类信息。

8.1.4.4　建设项目信息的使用

建设项目信息管理的目的,就是更好地使用信息,为建设项目监理服务。经过加工处理的信息,要按照建设监理工作的要求,以各种形式,如报表、文字、图形、图像、声音等提供给各类项目管理人员。信息的使用效率和使用质量随着计算机的普及而提高。存储于计算机的信息,通过计算机网络技术,实现在各个部门、各个区域、各项工程管理组织中的共享。因此,运用计算机进行信息管理,已成为当前更好地使用建设项目信息的前提条件,同时也成为建设监理组织监理工作水平高低的重要标志。

课题 8.2　建设工程监理信息系统

计算机技术的飞速发展,使得监理工作信息的大量存储、快速处理和传递成为可能。监理信息系统就是管理信息系统(MIS)原理和方法在建设监理工作中的具体应用。

建设监理的信息管理系统一般由投资控制子模块、进度控制子模块、质量控制子模块、合同管理子模块、行政事务管理子模块等五个子模块和一个数据库管理系统组成。各子模块之间既相互独立,各有其自身目标控制的内容和方法,又相互联系,互为其他子模块提供信息。

8.2.1　投资控制子模块

建设项目的投资控制首要问题是对项目的总投资进行分解,也就是说,将项目的总投资按照项目的构成进行分解。例如水电工程,可以分解成若干个单项工程和若干个单位工程,每一个单项工程和单位工程均有投资数额要求,它们的投资数额加在一起构成项目的总投资。在整个控制过程中,要详细掌握每一项投资发生在哪一部位,一旦投资的实际值和计划值发生偏差,就应找出其原因,以便采取措施进行纠偏,使其满足总投资控制的要求。

投资控制子模块(见图 8-6)的主要功能有以下几个方面:

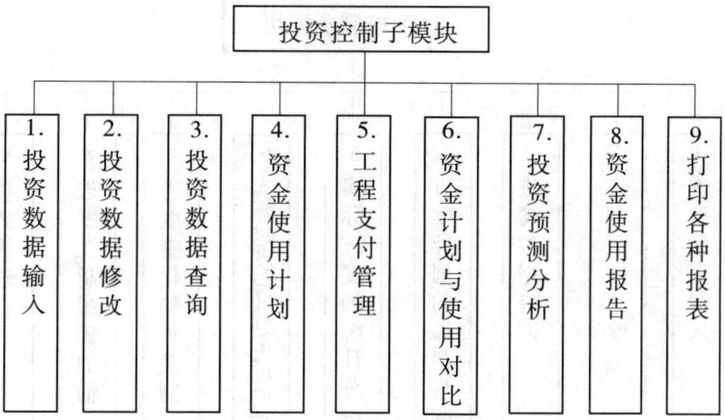

图8-6　投资控制子模块

(1)资金使用计划。

(2)概算和预算的调整。

(3)资金分配、概算的对比分析。

(4)项目概算与项目预算的对比分析。

(5)合同价格与投资分配、概算、预算的对比分析。

(6)实际费用支出的统计分析。

(7)实际投资与计划投资的动态比较。

(8)项目投资变化趋势预测。

(9)项目计划投资的调整。

(10)项目结算与预算、合同价的对比分析。

(11)项目投资信息查询。

(12)提供各种项目投资的管理报表。

8.2.2　进度控制子模块

进行进度控制的方法主要是定期地收集工程项目实际进度的数据,并与工程项目进度计划进行分析比较。如发现进度实际值与进度计划值有偏差,要及时采取措施,调整工程进度计划,才能确保工期目标实现。

进度控制子模块(见图8-7)的主要功能有以下几个方面:

(1)进度控制数据的存储、修改、查询。

(2)进度计划的编制与调整,包括横道图计划、网络计划、日历进度计划等不同形式。

(3)工程实际进度的统计分析。

(4)实际进度与计划进度的动态比较。

(5)工程进度变化趋势预测。

(6)计划进度的定期调整。

(7)工程进度的查询。

(8)各种进度控制图表的打印输出。

(9)各种资源的统计分析。

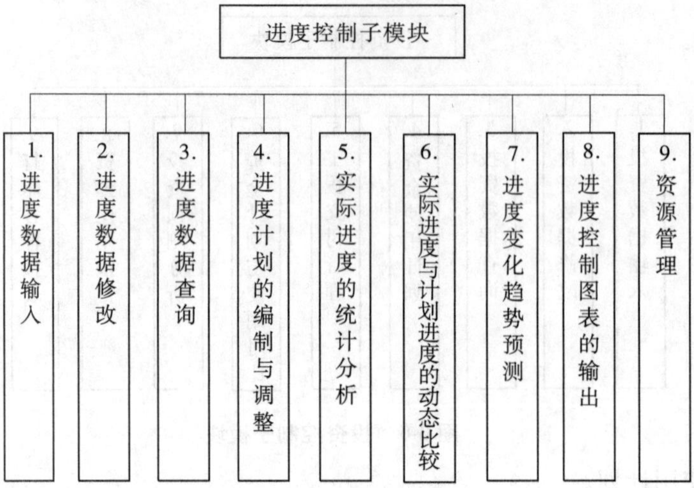

图 8-7　进度控制子模块

8.2.3　质量控制子模块

质量控制子模块(见图 8-8)的主要功能有以下几个方面:

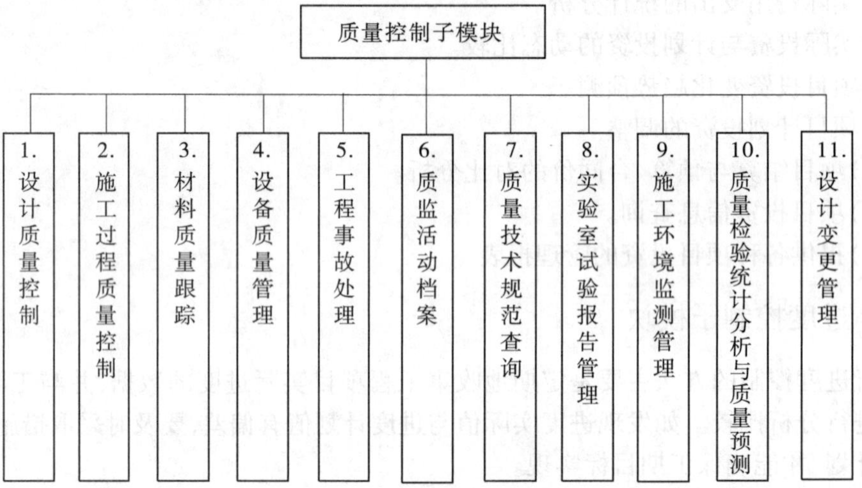

图 8-8　质量控制子模块

(1)设计质量控制。包括:存储设计文件;核查记录;技术规范、技术方案;计算机进行统计分析;提供有关信息;存储设计质量鉴定结果;存储设计文件鉴证记录,包括鉴证项目、鉴证时间、鉴证资料等内容;提供图纸资料交付情况报告;统计图纸资料按时交付率、合格率等指标;择要登录设计变更文件。

(2)施工过程质量控制。包括:质量检验评定记录;单元工程、分部工程、单位工程的检查评定结果及有关质量保证资料;进行数据的校验和统计分析;根据单元工程评定结果和有关质量检验评定标准,进行分部工程、单位工程质量评定,为建设主管部门进行质量评定提供参考依据;运用数据统计方法,对重点工序和重要质量指标的数据进行统计分析,绘制直方图、控制图等管理图表;根据质量控制的不同要求,提供各种报表。

(3)材料质量跟踪。对主要的建筑材料、成品、半成品及构件进行跟踪管理,处理信息包括材料入库或到货验收记录、材料分配记录、施工现场材料验收记录等。

(4)设备质量管理。指对大型设备及其安装调试的质量管理。大型设备的供应有两种方式,即订购和委托外系统加工。订购设备的质量管理包括开箱检验、安装调试、试运行三个环节;委托外系统加工的设备的质量管理包括设计控制、设备监造等环节,计算机存储各环节的记录信息,并提出有关报表。

(5)工程事故处理。包括存储重大工程事故的报告,登录一般事故报告摘要,提供多种工程事故统计分析报告。

(6)质监活动档案。包括记录质监人员的一些基本情况,如职务、职责等;根据单元工程质量检验评定记录等资料进行的统计汇总,提供质监人员活动月报等报表。

8.2.4 合同管理子模块

在施工监理信息管理中,除投资控制、进度控制、质量控制、行政事务管理等信息管理子模块外,以合同文件为中心,合同管理子模块(见图8-9)应具备如下功能:

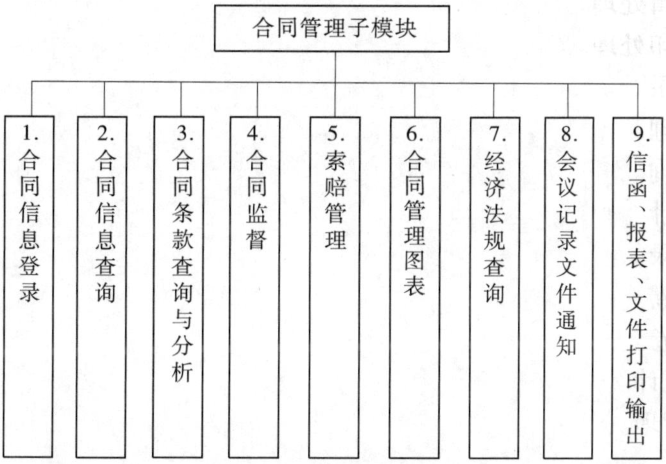

图8-9 合同管理子模块

(1)合同文件、资料、会议记录的登录、修改、删除、查询和统计。

(2)合同条款的查询与分析。

(3)技术规范的查询。

(4)合同执行情况的跟踪及其管理。

(5)合同管理信函、报表、文件的打印输出。

(6)法规文件的查询。

8.2.5 行政事务管理子模块

行政事务管理是监理工程中不可缺少的一项工作。在监理工作中,应将各类文件分别归类建档,包括对来自政府主管部门、项目法人、施工单位、监理单位等各个部门的文件进行编辑登录整理,并及时进行处理,以便各项工作的顺利进行。

行政事务管理子模块(见图 8-10)的功能有以下几个方面:

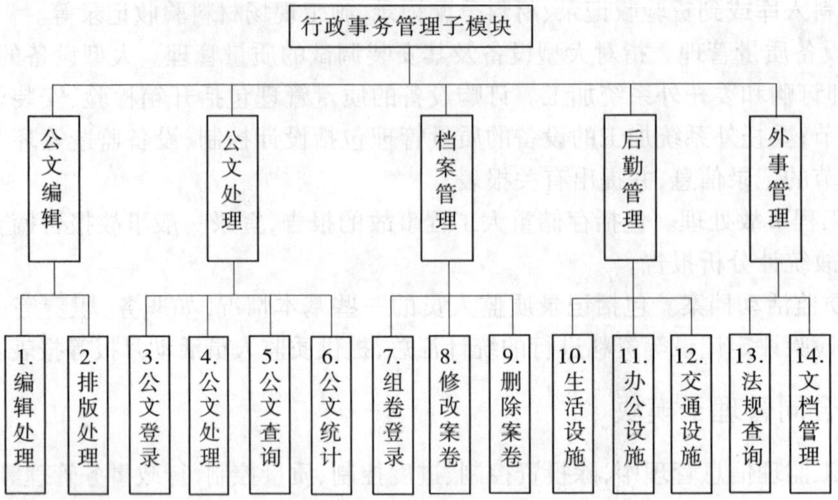

图 8-10　行政事务管理子模块

(1)公文编辑处理。
(2)排版打印处理。
(3)公文登录。
(4)公文处理。
(5)公文查询。
(6)公文统计。
(7)组卷登录。
(8)修改案卷。
(9)删除案卷。
(10)查询统计。
(11)后勤管理。

复习思考题

1. 建设项目信息管理主要包括哪些内容?
2. 建设监理信息一般是如何编码的?
3. 建设工程监理应收集哪些信息?
4. 建设项目信息处理一般包括哪些内容?
5. 建设监理的信息管理系统一般包括哪些模块?其各自功能是什么?

模块9　工程建设项目的组织协调

协调又称协调管理，它是指通过协商、沟通、调度，联合所有力量，使各项活动衔接有序地正常展开，以实现预定目标。

当前，随着我国社会主义市场经济体制的逐步完善和建筑市场的形成，建设领域建设项目投资形成了多元化的格局，工程建设项目建设中各方的责、权、利关系发生了较大变化，由此产生了大量的协调问题。如投资方的资金、投资比例、债务分摊、产品及利润分配、产权归属、宏观管理的职责分工等，都要通过协商并以协议形式规定下来。同时，由于招标投标制带来了新的甲乙方关系，建设单位和施工单位构筑了在经济合同基础上的新型关系，不属于行政隶属关系。因此，合同双方的责、权、利矛盾只能通过协商的方法来解决。特别是大中型建设项目，涉及面广、周期长、技术复杂、参与单位多，众多的合同本身不可能没有疏漏，合同履行难免不产生偏差，加之工程变更、施工条件变化，以及不可抗力的作用，都会不同程度地制约着合同履行，都要进行大量的协调工作。

在项目建设的不同阶段、不同部位和参加项目建设的不同单位、不同层次之间，存在着大量的界面和结合部，协调的作用就是沟通和理顺这些结合部的关系，化解各种矛盾，排除各种时空上的干扰，组织好各种工艺、工序之间的衔接，使工程总体建设活动能有机地交叉进行，实现质量高、投资省、工期短的建设目标。

课题9.1　组织协调的作用

9.1.1　组织协调可以纠偏和预控错位

在工程施工中，经常出现作业行为偏离合同和规范的标准，如工期超前和滞后、后续工序脱节、由于涉及修改和材料代用给下阶段施工带来影响的变更，以及水文、地质设计与实际出入较大带来的影响，或人为因素对工期和质量带来的影响等，都会造成计划与实际的偏离。监理协调的重要作用之一就是及时纠偏，或采取预控措施事前调整错位。

9.1.2　组织协调是控制进度的关键

在建设工程施工中，有许多单位工程或单项工程是由不同的专业化的施工队伍完成的，这就存在着不同专业施工队伍间的相互衔接和相互协调的问题。无论哪一专业施工队伍出现工程延误，都会直接影响建设总工期，这就需要监理工程师进行组织与协调。由此可以看出，进度控制的关键是协调。

9.1.3　组织协调是平衡的手段

在工程施工中，一些大中型的建设项目，往往由许多施工队伍进行施工，加上设计单位、土建单位、安装单位、设备材料供应单位等,既有纵向的串接又有横向的联合,各自又有不同的作业计划、质量目标,这就存在着上述单位之间的协调问题。监理工程师应当从工程内部分析,既要进行各子系统之间的平衡协调,又要进行队伍之间、上下之间和内外之间的协调,发挥监理工程师的核心作用,突出协调功能。

多年的工程监理实践证明,一个工程建设项目的顺利完成,是多方配合、相互合作的共同成果。参与建设管理的有关部门,包括建设单位、设计单位、施工单位、设备供应单位、材料生产单位、地方政府有关部门、交通运输部门、水电供应单位等,需要多方配合和合作,这就必然要求监理工程师具有良好的人际关系和较强的组织协调能力。

课题9.2 组织协调的内容

协调工作贯穿于工程建设项目的全过程,渗透到工程建设项目的每一个环节。工程建设的每个过程、每个环节,都存在着不同程度的矛盾和干扰,甚至会产生冲突,需要不同层次的人员去协调。协调的内容小到短时间的停工停电,大到不可抗力的破坏和重大设计变更而引起的资金、施工方案的调整。归纳起来,协调的主要内容有:协调日常施工干扰和相关单位或层次的协作配合;平衡调配资源供给;协调设计变更引起的施工组织、施工方案的调整;协调工程建设外部条件及其他重大问题等。

根据上述内容,协调可分为项目系统内部的协调和项目系统外部的协调。

9.2.1 项目系统内部的协调

项目系统内部的协调主要包括项目系统内部人际关系的协调、项目系统内部组织关系的协调、项目系统内部需求关系的协调和建设各方之间关系的协调。

9.2.1.1 项目系统内部人际关系的协调

工程建设项目系统是由人组成的工作体系。工作效率如何,很大程度上取决于人际关系的协调程度,监理工程师应首先抓好人际关系的协调工作。

(1)人员安排要量才录用。对各种人员,要根据每个人的专长进行安排,做到人尽其才。人员的搭配要注意能力和性格的互补,少而精干。

(2)工作分工要职责分明。对组织内的每一个岗位,都应定立明确的目标和岗位责任,使管理职能不重不漏,做到事事有人管、人人有专责。

(3)效率评价要实事求是。每个人员都希望自己的工作作出成绩,并得到组织肯定。但工作成绩的取得不仅需要主观努力,而且需要有一定的工作条件和相互配合。评价一个人的成绩应实事求是,以免无功自傲或有功受委屈,这样才能使每个人热爱自己的工作,并对工作充满信心和希望。

(4)矛盾调解要恰到好处。人员之间的矛盾是难免的,一旦出现矛盾就应当进行调解。调解要注意工作方法,如果通过及时沟通、个别谈话和必要的批评,还无法解决矛盾,应采取必要的岗位变动措施。对上下级矛盾要区别对待,是上级的问题就作自我批评,是下级的问题应启发引导,对无原则的争论应当批评制止,这样才能使人们处于团结、和谐、热情的气氛中。

9.2.1.2 项目系统内部组织关系的协调

项目系统内部组织关系的协调主要从以下几个方面入手：

(1)要在职能和分工的基础上设置组织机构。

(2)要明确规定每个机构的目标职责、权限,形成制度。

(3)要事先确定各个机构在工作中的相互关系,防止出现脱节等贻误工作的现象。

(4)建立信息沟通制度,如通过工作例会、业务碰头会、发会议纪要、采用工作流程图、计算机网络信息传递等方式来沟通信息,这样才能使局部了解全局,服从全局的需要。

(5)及时消除工作中的矛盾和冲突,解决矛盾的方法应根据具体情况而定。如配合不佳导致的矛盾和冲突,应从配合关系入手来消除;争功要利导致的矛盾和冲突,应从考核评价标准入手来消除;奖罚不公导致的矛盾和冲突,应从明确奖罚制度入手来解决;过高要求导致的矛盾和冲突,应从领导的思想方法和工作方法入手来消除等。

9.2.1.3 项目系统内部需求关系的协调

工程建设项目实施中有人员需求、材料需求、能源动力需求等,然而资源是有限的,因此内部需求平衡至关重要。

内部需求关系的协调主要应抓好以下几个关键环节：

(1)抓计划环节,平衡人、财、物的需求。工程建设项目实施的不同阶段,往往有不同的需求,同一工程的不同部位在同一时间往往有相同的需求。这不仅是个供求平衡问题,而且是个均衡配置问题。解决的关键在于计划。抓计划环节,要注意抓住期限上的及时性、规格上的明确性、数量上的准确性、质量上的规定性。这样才能体现计划的严肃性,发挥计划的作用。

(2)对建设力量的平衡,要抓住“瓶颈”环节。施工现场千变万化,有些项目的进度往往受到人力、材料、设备、技术、自然条件的限制或人为因素的影响而成为“卡脖子”的环节。这样“瓶颈”环节,就会成为阻碍全局的拦路虎。一旦发生这样的“瓶颈”环节,就应通过资源、力量的调整,集中力量攻破“瓶颈”,为整个工程建设项目建设的均衡推进创造条件。抓关键、抓主要矛盾,网络计划技术关键路线法是一种有效的工具。

(3)对专业工种配合,要抓住调度环节。一个工程建设项目施工,往往需要机械化施工、土建、机电安装等专业工种交替配合进行。交替有个衔接问题,配合有个步调问题,这些都需要抓好调度协调工作。

9.2.1.4 建设各方之间关系的协调

建设项目各方的关系,主要是指建设单位与施工单位、建设单位与设计单位、设计单位与施工单位、各施工单位之间的关系等。这些关系在合同签订和履行过程中,由于各方的理解、认识、做法的不同以及变更和外部环境的影响,会不可避免地产生误解、纠纷、施工干扰以致冲突。监理工程师应站在公正的立场上,本着实事求是的原则,认真细致地处理各种矛盾。

1. 建设单位与施工单位关系的协调

建设单位与施工单位对工程承包合同负有共同履约的责任,工作往来频繁,在往来中对一些具体问题产生某些意见的分歧是常有的事。在这个层次的协调中,由于工程进展的各个阶段的不同,建设单位与施工单位的关系也不尽相同,协调工作随着工程进展阶段的变化而变化。

1)招标阶段的协调

中标后建设单位与施工单位的合同洽谈与签订是协调的主要内容。首先,要对双方的法人资格和履约能力进行复核。其次,合同中要明确双方的权、责、利,如建设单位要保证资金,材料,设计,建设场地,外部水、电、通信线路的"五落实";施工单位要实行"五包",即包工期、包质量、包单价或总价、包材料和包配套竣工。"五落实"未落实而影响"五包"或"五包"未按合同兑现,均应受到处罚。双方处罚条件应当对等。

2)施工准备阶段的协调

施工准备是顺利组织施工的先决条件。施工准备工作包括必要的劳动力、材料、机具、技术和场地准备,这就需要建设单位和施工单位双方协作,共同完成,为开工和顺利施工创造条件。

开工的条件是:有完整的施工图纸;有政府管理部门签发的施工许可证;资金和材料已经落实,能按工程进度需要拨款、供料;施工组织计划已经批准;加工订货设备已经落实;施工条件已经基本落实,现场已"五通一平"(水、电、路、气、电信通和场地平整)。

建设单位和施工单位双方应有明确的约定和分工。对一些习惯性的做法和问题应事先沟通,以便协调行动。

3)施工阶段的协调

这个阶段的协调工作包括解决进度、质量、中间计量和支付签证、合同纠纷等一系列问题。主要有下列协调问题:

(1)进度问题的协调。影响进度的因素错综复杂,协调工作也十分复杂。实践证明,有两项协调工作很有效:一是建设单位和施工单位双方共同商定一级网络计划,并由双方负责人在一级网络计划上签字,作为工程承包合同的附件;二是设立提前竣工奖。监理按一级网络计划节点考核,让施工单位设立施工进度奖,调动施工单位职工的积极性。

(2)质量问题的协调。实行监理工程师质量签字制度,对没有出厂证明,不符合使用要求的原材料、设备和构件,不准使用;对于不合格的工程部位不予验收签证,也不予工程计量,不予支付进度款。

(3)签证协调。设计变更和工程建设项目的增减是不可避免的,是合同签订时无法预料的。对于这种变更,监理工程师要仔细研究,合理计算价格,与有关方面充分协商,达成一致意见。

(4)合同争议的协调。对合同纠纷,首先应协商解决,协商不成时再向合同管理机关申请调解和仲裁。当合同约定由法院裁决时,应按照《中华人民共和国合同法》和《中华人民共和国民法通则》的有关规定向人民法院提起诉讼。若为国际工程,应按 FIDIC 条款执行。一般合同争议切忌诉讼,尽量协商解决,避免伤害感情,贻误工作。只有当对方严重违约而使自己的利益受到重大损失而不能得到补偿时,才用诉讼手段保护自己的利益。如果遇到非常棘手的问题,不妨暂时搁置,等待时机,另谋良策。

4)交工验收阶段的协调

建设单位在交工验收中可能提出这样那样的问题,施工单位应根据技术文件、合同、中间验收签证和验收规范作出详细的解释,对不符合要求的工程要采取补救措施,使其达到设计、合同、规范要求。

2. 建设单位与设计单位关系的协调

建设单位与设计单位关系的协调，主要涉及设计进度、设计质量、工程概算、设计变更、设计标准、技术条件及新技术、新工艺、新材料的采用等方面。

3. 设计单位与施工单位关系的协调

设计单位与施工单位关系的协调，主要涉及设计交底、领会设计意图以及设计与施工配合问题，如设计要方便施工，施工必须符合设计要求等。

4. 施工单位之间关系的协调

施工单位之间关系的协调，包括总包与分包之间关系的协调，以及分别直接发包情况下各施工单位之间关系的协调。总包与分包之间关系的协调，主要由总包负责。各施工单位之间关系的协调，主要有施工协作配合、施工干扰、施工安全、工程进度、计划的统筹安排等事项。

9.2.2　项目系统外部的协调

参与项目建设的单位和部门，除作为建筑市场主体的建设、设计、施工、制造、供应和监理单位外，还有国家主管部门、各级地方政府、当地有关部门、金融机构、新闻媒体及其他社会团体。协调好项目系统外部的关系，争取各方面的支持，改善建设环境，对于实现项目目标具有十分重要的意义。

争取各级地方政府支持，是改善建设环境的重要环节。征地、拆迁、移民安置是政策性很强、涉及千家万户的利益、实施起来比较困难的工作，只有争取各级地方政府的支持，充分发挥他们的作用，才能做好这项工作。同样，对外交通保障、大构件运输要求的桥梁加固、抗洪救灾、工地治安、建筑材料的调配供应等问题的妥善解决，都离不开地方政府的支持，都需要地方政府做好协调工作。

协调好与金融机构的关系，如与投资公司、银行的关系，及时报告工程进展和资金使用情况，接受金融系统对建设资金的监督，按期归还建设贷款，建立良好的信誉，实事求是地反映资金供应上的困难，对于确保建设资金按时到位，都具有十分重要的意义。

协调好新闻媒体及其他社会团体的关系，争取新闻机构的支持，利用广播、报纸、电视等大众宣传媒介，宣传项目建设的意义、建设进度、取得的成绩、项目建设对地方经济发展的贡献等，有利于得到社会各界的支持，鼓舞建设者的士气，顺利实现建设目标。

课题 9.3　组织协调的方法和方式

9.3.1　组织协调的方法

协调作为项目管理的一种重要职能，在项目建设中发挥着重要作用。协调的方法和艺术是协调是否富有成效、发挥作用的关键。在建设项目的实践中，不少建设单位和监理工程师对协调工作进行了有益的探索，逐步形成了条块结合、多层次、全方位、全过程的协调模式和经济调控、思想工作、行政干预相结合的协调方法。这里主要介绍以下三种

方法:

(1)坚持以合同契约为依据,以经济调控为手段。建筑业走向市场的一个重要特征是建设领域实行招标承包制。承包方、发包方双方通过签署具有法律效力的经济合同,明确各自在建设项目中的责、权、利关系。因此,项目实施中的一些矛盾、干扰和协作配合问题,都必须以合同契约为依据,以经济调控为主要手段,通过平等协商,协调处理好各单位、各部门、各环节之间的关系,以维护合同双方的合法权益,确保项目目标的实现。

(2)坚持思想工作领先原则。在社会主义市场经济条件下,虽然各方都带着自己的利益参加项目建设,但全面完成建设目标是各单位的共同目标。因此,在项目协调中,要坚持讲大局,兼顾国家、集体和个人三者利益的统一。从不同角度把各方的利益和项目建设的总目标结合起来,在履行经济合同的基础上,讲团结、强调协作和风格,把全体建设者的思想统一到建设项目的大局上来,一切以是否有利于建设项目为出发点判断、分析和解决问题。

(3)必要的行政干预。在当前市场经济体制还不完备的情况下,完全依靠经济手段和思想工作,还难以协调所有问题,有些较大的关系调整和工作协作超出了建设单位、设计单位、施工单位和监理单位的权限或能力。在这种情况下,必须采用行政手段,依靠上级政府部门,给予必要的行政干预和协调帮助,以进一步完善经济合同,理顺相互间的关系,促进各方面严格履行合同,保证项目建设快速、高效的完成。

在项目协调中,要将上述三种协调方法有机地结合起来,形成一套以经济调控为主体、思想工作为先导、行政干预为补充的综合协调方法。

9.3.2　组织协调的方式

项目协调最常用的方式是召开协调会议,在工程建设项目的施工中,工地会议就成为项目协调的主要方式。

通过工地会议,便于监理工程师对施工进度和质量的矛盾进行协调,同时方便各种信息在建设单位、施工单位之间传递,有利于工程的顺利进行。工地会议可以用来协调建设单位、监理工程师、施工单位之间的矛盾,也可以协调工程施工中的一些矛盾,使矛盾和问题及时得到解决,避免对工程建设项目三大目标产生影响。工地会议是监理工程师对工程施工进度、质量、投资情况进行经常性的检查,通过对执行合同的情况和施工技术问题的讨论,及时发现问题,为监理工程师决策提供依据。工地会议还可以集思广益,对施工中出现的各种问题采取建设性的措施。因此,工地会议是监理工程师的一项重要工作。

课题9.4　工地会议

9.4.1　第一次工地会议

第一次工地会议是施工单位、监理工程师进入工地后的第一次会议,是建设单位、施工单位、监理工程师建立良好合作关系的一次机会。第一次工地会议的目的,在于监理工程师对工程开工前的各项准备工作进行全面检查,确保工程实施有一个良好的开端。第一次工地会议宜在正式开工前召开,并应尽早举行。会议的组织由监理工程师负责,监理工程师应事前将会议议程及有关事项通知建设单位、施工单位和其他有关单位,必要时可以先召开一次预备会议,使参加会议的有关方面做好资料准备。在会议进行中,如果某些问题得不到解决,形不成一致意见,可以暂时休会,待条件具备时再行复会。

9.4.1.1　第一次工地会议人员的组成

第一次工地会议由监理单位主持,建设单位、施工单位的授权代表必须出席会议,各方将要担任职务的项目负责人及指定的分包人参加会议。会议纪要由项目监理机构负责整理并经与会各方代表签认,监理单位作为资料存档。

9.4.1.2　会议的主要内容

1. 介绍人员及组织机构

建设单位或其代表应就其实施工程建设项目期间的职能机构、职责、范围及主要人员名单提出书面文件,并就有关细节进行说明。

总监理工程师向总监理工程师代表和专业监理工程师授权,并声明自己保留的权利,书面将授权书、组织机构图、职责范围及全体监理人员名单提交施工单位及建设单位。

施工单位应书面将项目经理或工地代表授权书、主要人员名单、职能机构框图、职责范围及有关人员资质材料提交监理工程师,以取得监理工程师的批准。监理工程师应在本次会议上进行审查并口头批准(或有保留的批准),会后正式予以书面确认。

2. 介绍施工进度计划

施工单位的施工进度计划应在中标通知发出后合同规定的时间内提交监理工程师。在第一次工地会议上,监理工程师就施工进度计划作出如下说明:施工进度计划可于何日批准或哪些分项已获得批准;根据批准或将要批准的施工进度计划,施工单位何日进行哪些施工,有无其他条件限制,有哪些重要的或复杂的分项工程还应单独编制进度计划提交批准。

3. 施工单位介绍施工准备情况

施工单位应就施工准备情况按如下内容提出陈述报告,监理工程师应逐项予以澄清、检查和评述。

(1)主要施工人员,包括项目负责人、主要技术人员、主要机械操作人员,是否进场或将何日进场。

(2)用于工程的进口材料、机械、仪器和设备、设施是否进场或将何日进场,是否会对施工产生影响,并提交进场计划和清单。

(3)用于工程的本地材料来源是否落实,并提交进场计划和清单。

(4)施工驻地及临时工程建设进展情况如何,并提交施工驻地及临时工程建设计划和分布图。

(5)工地实验室、流动实验室及设备是否准备就绪,将于何日安装,并提交实验室布置图、流动实验室分布图及仪器设备清单。

(6)施工测量的基础资料是否已经落实并通过复核,施工测量是否进行或将何日完成,并应提供施工测量计划及有关资料。

(7)履约保函、动员预付款保函和各种保险是否已办理或将何日办理完毕,提交有关已办理的手续副本。

(8)为监理工程师提供的住房、交通、通信、办公等设备和服务设施是否具备或将何日具备,并提交有关安排计划和清单。

(9)其他与开工条件有关的内容和事项。

4. 建设单位说明开工条件

建设单位代表就工程占地、临时用地、临时道路、拆迁以及其他开工条件有关的问题进行说明。监理工程师应根据批准或将要批准的施工进度计划的安排,对上述事项提出建议和要求。

5. 明确施工监理例行程序

监理工程师应疏通与施工单位之间的联系渠道,明确工作例行程序并提出有关表格及说明。一般包括:质量控制的主要程序、表格及说明,进度控制的主要程序、图表及说明,投资控制的主要程序、表格及说明,工程计量的程序、报表及说明,索赔的主要程序、报表及说明,工程变更的主要程序、图表及说明,工程质量事故及安全事故的报告程序、报表及说明,函件的往来传递交接程序、报表及说明,施工过程中工地会议举行的时间、地点及程序,以及其他有关的制度规定等。

9.4.2 工地例会

9.4.2.1 工地例会的重要性

工地例会也叫例行现场会议,召开例行现场会议的主要目的是对在施工中发现的工程质量问题、工程进度延误以及承包人提出工期延长或费用索赔的申请或与上述有关的一些重要事项进行讨论,并作出决定。

会议每月召开1~2次。例行现场会议必须先准备一个议程,目的是使有关方面尽早准备好会议所需的资料等,以便开会时不会有任何遗漏。例行现场会议由监理工程师主持,并将会议上讨论的事项和决议记录下来,分发给各方。会议记录经监理工程师及承包人认可,就成为正式记录,对双方均具有约束力,并可能成为解决延期索赔的重要证据。会议记录必须记录会议的地点及时间、参加者的姓名及他们所代表的单位、会议的主持人、会议中发言者的姓名及所发表的内容、讨论的事项及决议。

9.4.2.2 参加工地例会的人员

(1)监理工程师。一般由监理工程师代表及其他有关的监理人员参加。

(2)承包人。一般由承包人的项目经理及其他有关人员参加。

(3)应邀的业主代表及有关人员。

(4)根据会议内容的需要,可另外邀请其他人士参加。

9.4.2.3 工地例会的议程

1. 检查上次会议决议的执行情况

出席会议的人员应汇报执行上次会议决议情况,如哪项未执行或认为记录中有不正确或不清楚的问题,应对提出的问题进行讨论,必要时修改记录,否则应申明上次会议决议是正确的,已获得所有与会人员的同意。

2. 汇报进度情况

审阅所有进度情况的报告及主要工程细目，特别是处于关键线路上的工程的进度。找出拖延进度的各种因素，提出解决的措施，定出下一阶段进度计划。

3. 承包人的人员、材料和施工机械情况

(1)现场人员是否正如承包人计划所列的一样；工程是否因某种管理人员不足而受到影响；专业技术人员中是否有技术不能胜任的现象；如果发现任何有不称职的承包人的人员，承包人建议如何处理。

(2)工程材料是否已安排如期运送；是否采取措施保证到达工地的材料的质量是合格的。

(3)工地使用的施工机械是否与承包人填列的一样；工程是否受到任何机械不足的影响；机械的技术完好状况是否令人满意；保养及维修设施是否足够；易损配件是否储存充足；机械的利用率如何。

4. 技术和质量方面的问题

凡施工中已经出现的有关技术和质量问题，例如工艺水平、工程缺陷、材料质量、放样误差、补充图纸等，都应分项列出，供会议研究讨论，并提出双方同意的解决方案。

5. 财务方面

计量支付是否及时；价格调整是否合理；期中支付是否按时收到。可根据各财务细目分别进行讨论，并作出决定。

6. 合同管理事项

合同管理事项包括如下方面：

(1)现场的移交情况。

(2)公用设施及附近的房地产主和使用者的干扰问题。

(3)分包问题。

(4)工程变更问题。

(5)工程意外问题。

(6)暂时停工问题。

(7)监理工程师和承包人之间在各层次之间的联系，以及有关要求工程的检验及证书的签发等事项。

(8)其他有关合同管理事项。

7. 延期与索赔要求

对承包人提出的延期和费用索赔问题，应作出详细记录，这些记录将作为以后处理索赔的重要资料。

(1)承包人有没有打算提出延期或索赔的要求。

(2)承包人已经提交的延期与索赔情况。

会议最后应对以上议程中未提到但需讨论的问题进行讨论，并确定下次工地例会的地点及时间。

9.4.3 现场协调会

在整个建设工程施工期间，应根据具体情况，不定期地召开不同层次的施工现场协调会。现场协调会的目的在于监理工程师对日常或经常性的施工活动进行检查、协调和落实,使监理工作和施工活动密切配合。会议由监理工程师主持,施工单位派代表出席,有关监理工程师及施工技术人员酌情参加。会议只对近期建设工程施工中的问题进行证实、协调和落实,对发现的施工质量问题及时予以纠正,对其他重大问题只提出而不进行讨论,另安排专门会议或在工地例会上进行研究处理。会议的主要内容包括:施工单位报告近期的施工活动,提出近期的施工计划安排,简要陈述发生或存在的问题;监理工程师就施工进度和施工质量予以简要评述,并根据施工单位提出的施工活动计划,安排监理工程师或监理人员进行旁站、巡视、平行检验、抽样试验、检测验收等监理工作,对执行施工合同有关的其他问题交换意见。

现场协调会以协调工作为主,讨论和证实有关问题,及时发现工程施工中的问题,一般对出现的问题不作出决议,重点对日常工作发出指令。监理工程师和施工单位通过现场协调会彼此交换意见,交流信息,促使监理工程师和施工单位双方保持良好的关系,以利于工程建设活动的开展。

复习思考题

1. 简述工程建设项目组织协调的作用。
2. 简述项目系统内部协调的内容。
3. 简述项目系统外部协调的内容。
4. 简述组织协调的方法。
5. 何为第一次工地会议?
6. 简述第一次工地会议的主要内容。
7. 何为工地例会?
8. 简述工地例会的议程。

模块 10　工程建设监理系列文件

课题 10.1　监理大纲

10.1.1　监理大纲的作用

10.1.1.1　争取监理业务

监理大纲又称监理方案，它是监理单位投标取得监理业务而编写的监理方案性文件。监理大纲是项目监理规划编写的直接依据。建设单位在进行监理招标时，一般要求投标监理单位提交监理技术标书和监理费用标书两部分，其中监理技术标书即监理大纲。工程监理单位要想在投标中显示自己的技术实力和监理业绩，获得建设单位的信任中标，必须写出自己以往监理的经验和能力，以及对本项目的理解和监理的指导思想，拟派驻现场的主要监理人员的资历、业绩情况等。建设单位通过对所有投标单位的监理大纲和监理费用的评比，最终评出中标监理单位。建设单位评定监理投标书的重点在监理大纲。

10.1.1.2　为编制监理规划提供依据

工程监理单位一旦中标，在签订建设工程委托监理合同后，监理单位就要求项目总监理工程师着手编制项目监理规划。而监理规划的编制必须依据工程监理单位投标时的监理大纲。因为监理大纲是建设工程委托监理合同的重要组成部分，也是工程监理单位对建设单位所提技术要求的认同和答复，所以工程监理单位必须以此编写监理规划，来进一步指导工程项目的监理工作。

10.1.2　监理大纲的编写

监理大纲的编写应表明工程监理单位与监理项目有关的经验和能力，以及对监理范围内提出的任务的理解，特别要提出自己认为能够给建设单位节约投资、缩短工期、保证工程质量的具体建议和自己承担本工程的优势，这些内容往往是工程监理单位长时间监理工作经验积累的具体体现，因此对建设单位往往具有较强的说服力。

10.1.2.1　监理大纲编写的依据

监理大纲编写的依据如下：

(1)国家有关建设工程方面的法律、法规。

(2)建设单位提供的勘察、设计文件。

(3)建设单位的工程监理招标文件。

(4)工程监理单位监理人员的资历及资质情况。

(5)工程监理单位的质量保证体系认证资料。

(6)工程监理单位的技术装备和经营业绩。

10.1.2.2 监理大纲的内容

监理大纲的内容一般包括:监理单位根据业主所提供的和自己初步掌握的工程信息制订准备采用的监理方案(监理组织方案、各目标控制方案、合同管理方案、组织协调方案等);监理单位拟派往项目上的主要监理人员及其资质情况;明确说明将提供给业主的、反映监理阶段性成果的文件。

监理大纲的内容应当根据监理招标文件的具体要求制定,主要内容如下:

(1)项目概况。

(2)监理工作的指导思想和监理目标。

(3)拟派往项目上的主要监理人员及其资质情况。

(4)现场监理组织及其职责。

(5)各阶段监理工作目标及其措施。

(6)合同管理的任务与方法。

(7)组织协调的任务与方法。

(8)拟派驻项目监理部的技术装备。

(9)拟提供给建设单位的监理报告目录及主要监理报表格式。

(10)对本项目建设单位、设计单位、施工单位的建议。

(11)投标书要求的其他资料。

课题 10.2 监理规划

监理规划是监理单位签订了项目监理合同之后,由项目总监理工程师主持,根据委托监理合同,在监理大纲的基础上,结合项目的具体情况,制定的指导整个项目监理组织开展监理工作的技术组织文件。监理大纲与监理规划都是围绕着整个项目监理组织所开展的监理工作来编写的,但监理规划的内容要比监理大纲翔实、全面。

10.2.1 监理规划编写的作用

10.2.1.1 指导项目监理组织全面开展工作

工程监理的中心任务是协助建设单位实现项目监理目标。而实现监理目标需要制订计划、建立组织、配备人员并进行有效的指导。在实施项目监理的过程中,监理单位要集中精力做好目标控制工作。但是,若不事先对计划、组织、人员配备、制度建立等项工作进行科学的安排,就无法实现对目标的有效控制。因此,项目监理规划需要对项目监理组织开展的各项监理工作作出全面、系统的组织和安排,包括确定监理目标,制订监理计划,安排目标控制、合同管理、信息管理、组织协调等各项工作,并确定各项工作的方法和手段。

监理规划是在监理大纲的基础上编制的,因此应当更加明确地规定项目监理组织在工程监理实施过程中应当重点做的工作,各部门、各层次的监理人员具体工作分工,各阶段各施工部位具体监理工作等。只有全面确定了这些工作,项目监理组织才能真正开展工作,做到有条有理。

10.2.1.2 监理规划是建设单位检查监理单位履行监理合同的重要依据

监理单位如何履行建设工程委托监理合同？如何落实建设单位委托工程监理单位所承担的各项监理服务工作？作为监理的委托方，建设单位需要而且有权了解和掌握工程监理单位执行建设工程委托监理合同的情况。而监理规划正是建设单位加以了解和掌握这些问题的第一手资料，也是建设单位确认工程监理单位是否履行工程委托监理合同内容的主要说明性文件。

10.2.1.3 监理规划是建设行政管理部门对工程监理单位监督管理的主要依据

国家法律规定，建设行政管理部门依法对工程监理单位实施监督、管理和指导，对其管理水平、人员素质、监理业绩、专业配套和技术装备等进行核查和考评，以确认它的资质和资质等级，同时建设行政管理部门还对工程监理单位实行资质年检制度。这些检验、考评都要针对工程监理单位已完和在建监理工程建设项目进行，其中一项重要的内容就是通过对工程监理单位的项目监理规划和它在工程监理过程中的实施效果检查，来核定工程监理单位的监理资质。因此，它是建设行政管理部门监督、管理和指导工程监理单位监理活动的主要内容。

10.2.2 监理规划编写的依据

监理规划编写的依据有：工程项目自然条件、社会条件和经济条件等外部环境调查研究资料；工程建设方面的有关法律、法规；政府批准的工程建设文件；建设工程委托监理合同；项目业主的正当要求；项目监理大纲；工程实施过程中输出的有关信息。

10.2.3 监理规划编写的要求

10.2.3.1 监理规划的基本内容构成应力求统一

项目监理规划的基本内容包括目标规划、项目组织、监理组织、合同管理、信息管理和目标控制。要力求将监理规划的内容统一起来。监理规划统一的内容要求应在建设监理法规文件或建设工程委托监理合同中明确下来。

10.2.3.2 监理规划的具体内容应具有针对性

监理规划基本构成内容应当统一，但各项内容要有针对性。因为监理规划是指导一个特定工程项目监理工作的技术组织文件，它的具体内容要适用于这个特定的工程项目。每一个监理单位和每一位项目总监理工程师对一个具体项目在监理思想、方法和手段上都应有独到之处。

由于工程项目的实施是一个长期的过程，在这个过程中有许多难以预料的问题，工程项目的动态性要求监理规划与工程的运行相适应，应具有可变性，只有这样才能实施对工程项目的有效监理。

10.2.4 监理规划的内容

监理规划通常包括以下七个方面的内容：

(1)工程项目概况。应反映工程项目的名称、地点、工程项目组成及建设规模、主要建筑结构类型、预计工程投资总额、工程项目计划工期、工程质量等级、工程项目设计单位及施工承包商的名称。

(2)工程项目建设监理阶段、范围和目标。工程项目建设监理阶段是指监理单位所承担的监理任务的工程项目建设阶段,可按委托监理合同中确定的监理阶段划分。一般可划分为立项阶段的监理、设计阶段的监理、招标阶段的监理、施工阶段的监理和保修阶段的监理。工程项目建设监理的范围是指监理单位承担监理任务的范围。它要根据业主的委托,在监理合同规定的范围内展开监理活动。工程项目建设监理的目标是指监理单位所承担的工程项目的监理目标。通常以工程项目的建设投资、进度、质量三大控制目标来表示。

(3)施工项目建设监理工作内容。包括:①施工阶段进度控制;②施工阶段质量控制;③施工阶段投资控制。

(4)主要的监理控制目标与措施。应重点围绕进度控制、质量控制、投资控制三大目标制定。

(5)监理组织。监理规划要明确监理组织机构的形式、监理人员名单、监理组织职能部门的职责分工及各类监理人员的职责分工。

(6)施工项目监理工作制度。包括:①施工图纸会审及设计交底制度;②施工组织设计审核制度;③工程开工申请制度;④工程材料、半成品质量检验制度;⑤隐蔽工程分项(部)工程质量验收制度;⑥技术复核制度;⑦单位工程、单项工程中间验收制度;⑧技术、经济签证制度;⑨设计变更处理制度;⑩现场协调会及会议纪要签发制度;⑪施工备忘录签发制度;⑫施工现场紧急情况处理制度;⑬工程款支付签审制度;⑭工程索赔签审制度等。

(7)项目监理组织内部工作制度。包括:①监理组织工作会议制度;②对外行文审批制度;③监理工作日志制度;④监理周报、月报制度;⑤技术、经济资料及档案管理制度;⑥监理费用预算制度等。

10.2.5 监理规划示例

某建筑工程监理规划

1 工程概况

1.1 项目名称:(略)
1.2 建设地点:(略)
1.3 建设规模:(略)
1.4 工程投资:(略)
1.5 目标工期:(略)
1.6 工程项目建设相关单位:(略)

2 监理工作依据

监理工作的主要依据是国家工程建设的法律、政策、法规和项目工程的有关技术文件等,主要包括:

2.1 《中华人民共和国建筑法》《中华人民共和国招标投标法》《建设工程质量管理条例》《建设工程监理规范》(GB/T 50319—2013)及住房和城乡建设部、地方有关建设法规文件。

2.2 现行国家施工质量验收规范和建筑施工质量验收统一标准。

2.3 工程项目有关的项目审批文件,设计文件、技术资料、图纸会审纪要,设计变更,岩土工程勘察报告。

2.4 委托监理合同文件以及与建设工程项目相关的合同文件。

3 监理工作范围

3.1 根据我公司与建设单位签定的工程建设监理委托合同的约定,对本工程的监理范围是:土建工程及水电安装、暖通、智能化的施工全过程监理工作。

3.2 在监理范围内对工程的质量进行控制,并在业主的配合下进行项目的进度控制,协助业主进行项目的投资控制和工程的文明、安全施工管理工作。

3.3 《建设工程监理规范》(GB/T 50319—2013)中规定的监理的全部职责范围和工程建设监理合同中约定的监理工程范围内的监理业务。

4 监理工作内容

施工阶段进行投资、质量、进度控制及合同、技术资料、数据管理以及现场施工协调。主要监理业务内容有:

4.1 施工准备阶段及施工中对施工文件的审核,制订施工总体规划,审查施工单位的施工组织设计。

4.2 审查承包单位提出的建筑材料和设备的采购清单,检查工程使用的材料、设备规格的质量。

4.3 检查完成的工程量,验收分部、分项工程,签署工程付款凭证,根据施工合同审查工程结(决)算。

4.4 检查施工技术措施和安全防护措施,主持协商设计单位、施工单位或监理单位自身提出的设计变更。

4.5 做好相关单位的关系协调工作。

4.6 参与工程竣工验收,向业主提交完整的施工监理档案资料,并签署监理意见。

4.7 在规定的工程质量保修期内,负责工程保修期施工质量验收。

5 监理工作目标

5.1 工程质量目标:达到设计、规范要求的合格标准。

5.2 工程进度目标:不超过施工合同约定的工期。

5.3 工程投资目标:工程造价控制在施工合同承包价以内。

5.4 工程安全目标:达到《建筑施工安全检查标准》(JGJ 59—2011)合格标准。

6 项目监理结构的组织形式(略)

7 项目监理结构人员配备计划

7.1 项目监理结构人员配备以确保工程需要为原则,及时配备各专业监理人员到位。

7.2 项目监理结构配备人员遇特殊情况变动,将提前申报业主核准变更,做到确保工程需要。

7.3 项目监理结构人员配备本着科学、合理原则,根据工程需要时,将增加计划外各项专业监理人员到位,确保工程顺利进行。

7.4　现场监理人员(略)

8　项目监理机构的人员岗位职责

8.1　总监理工程师的职责(略)

8.2　总监理工程师代表的职责(略)

8.3　各专业监理工程师的职责(略)

8.4　监理员的岗位职责(略)

8.5　见证员的岗位职责(略)

8.6　资料信息员的岗位职责(略)

9　监理工作程序

在开展监理工作时,项目监理人员不但要公正、科学、独立、自主的开展工作,而且要按照规定的监理工作程序办事,避免随意性。

项目监理机构将始终按照如下的监理工作程序开展监理工作:

9.1　施工阶段监理工作总程序(略)

9.2　监理工作联系程序图(略)

9.3　协调会议纪要签发流程图(略)

9.4　设计交底及图纸会审一般流程图(略)

9.5　施工组织设计审批流程图(略)

9.6　工程质量控制的基本程序

(1)工程材料、构配件和设备质量控制基本程序(略)

(2)分包单位资料审查基本程序(略)

(3)分项、分部工程签认基本程序(略)

(4)单位工程验收基本程序(略)

9.7　质量事故处理流程图(略)

9.8　工程进度控制的基本程序(略)

9.9　工程延期审批流程图(略)

9.10　索赔处理流程图(略)

9.11　工程竣工结算的基本程序(略)

10　监理工作方法及措施

10.1　质量控制的原则

工程质量是整个监理工作的重点环节,与投资控制、进度控制相互制约,所以监理工程师必须贯彻以质量为中心,按照施工合同、委托监理合同、技术规范、设计图纸以及有关文件,坚持严格要求、实事求是、公正、科学、合理、热情服务的原则,通过超前监理、预防为主、动态管理、跟踪监控,实现工程质量总目标。

监理工作方法是依靠自身的专业技术知识管理工程建设的实施,具有公正、独立、自主的特点;质量控制是监理工作中的重中之重,如何使工程质量处于受控状态,是有经验的监理工程师的基本技术素质。贯彻“预防为主”的指导方针,重视对工程质量进行事前控制和事中控制,是确保工程质量目标的前提。

10.2 质量事前控制

10.2.1 质量事前控制内容

事前控制，首先从自身做起，即以总监为首的监理部中要树立起高度责任心和使命感，具体工作有：

(1)具体熟悉和掌握质量控制的技术依据，即图纸、合同、施工验收规范、规程和质量验评标准等。消化图纸设计意图，检查图纸中问题并及时在施工前请示设计单位。

(2)严格审查施工管理人员资质，监督协助施工单位建立完善的质量保证体系。

(3)协助承包单位完善质量管理制度(包括现场会议制度、质量检验制度、质量统计报表制度和质量事故处理制度)。

(4)主动与当地质量监督部门联系，汇报质量计划、措施，并且取得其配合、支持与帮助。

(5)参加设计交底和图纸会审。

(6)审查施工单位提交的施工组织设计(方案)，保证工程质量具有可靠的技术措施。

(7)审核工程中采用的新材料、新工艺、新技术的技术签定书。

(8)对工程所需的原材料构配件的质量进行检查与控制。

(9)对施工现场进行检查验收，复核承包单位引测的原始基准点、基准线和参考标高等控制点，复测施工测量控制网。

(10)隐蔽工程检查验收。隐蔽工程完成后，先由施工单位自检，初检合格后填报隐蔽工程质量验收单，报现场监理工程师检查验收。

(11)把好开工关，对现场各准备工作检查合格后，发开工令，停工的工程未发复工令者不得开工。

10.2.2 开工或复工申请管理程序流程图(略)

10.3 质量事中控制

10.3.1 质量事中控制内容

事中控制关键是对工序设置质量控制点，进行旁站监理。具体而言：

(1)协助承包单位完善工序控制。工程质量是在工序中产生的，工序控制对工程质量起着决定性作用，应把影响工序质量的因素都纳入管理状态中，建立质量管理点，及时检查和审核承包单位提交的质量统计分析资料和控制图表。

(2)严格工序间检查。主要工序作业(包括隐蔽工程)按有关验收规定，经现场监理人员检查验收后方可进行下道工序的施工。

(3)进行试验或技术复核并实行旁站监理。主要工程部位或专业工程部位将派“重兵”进行旁站监理，例如混凝土工程浇捣，必须24小时跟班，对坍落度、配合比混凝土试块的操作程序进行控制，发现异常及时制止，并予以纠正，旁站完毕后做好旁站记录。

(4)对完成的分项、分部工程按相应的质量评定标准和办法进行检查验收。

(5)定期组织质量现场会议(每周一次监理例会)及时向业主及有关单位通报工程质量情况，协调有关单位间的业务活动。

10.3.2 工程质量事故处理

包括质量事故原因、责任的分析，质量事故处理措施的商定，批准处理工程质量事故的技术措施或方案，处理措施效果检查。审查质量事故处理方案，并对处理结果进行检查。

10.3.3 行使质量监督权，下达停工令

为保证工程质量，出现下述情况之一者，监理工程师报总监同意后，有权指令施工单位立即停工整改。

(1)未经检验即进行下道工序作业。

(2)工程质量下降经指出，未采取有效改正措施，或采取了一定措施，但效果不好，继续作业。

(3)擅自采用未经认可或批准的材料。

(4)擅自变更设计图纸的要求。

(5)擅自将工程转包。

(6)擅自让未经同意的分包单位进场作业。

(7)没有可靠的质量保证措施贸然施工,已出现质量下降征兆。

10.4 质量事后控制

(1)严格按照国家现行的施工质量验收规范,对完成的分项工程、子分部工程、分部工程进行验收。

(2)重点检查工程建设标准强制性条文的执行情况,是否有违反强制性条文的现象,如有,必须责令承包单位返工。

(3)按规定的质量评定标准和办法,对完成分部工程、单位工程进行检查验收。

(4)组织竣工预验收。

(5)竣工验收。监理单位在审核承包商自验报告与有关的技术资料,经承包商整改合格后,监理单位向业主单位提出建议。总监参加由业主组织的正式竣工验收。监理单位的主要任务是配合建设单位、质量监督站等有关单位进现场检查和竣工资料的审核。

10.5 旁站监理

本工程实行旁站监理的项目有:独立承台基础全过程、基坑土方开挖,梁、柱、板混凝土浇捣;混凝土试块、钢筋试件等材料取样;墙体拉结筋埋设;混凝土施工缝;预埋件、预埋管线规格、位置、质量,通电试验,通水试验等。

10.6 见证取样送样

见证取样送样是工程质量检测工作中的重要环节,能确保建设工程原材料、半成品试验取样的真实性和代表性,是确保工程实体质量的一项重要措施。本工程监理将配备5名见证员,对见证取样项目进行严格把关。

11 进度控制的主要手段和措施

11.1 进度控制的工作流程(略)

11.2 进度控制的方法和措施

11.2.1 事前控制

(1)项目监理机构应根据施工合同的有关条款、设计文件及经过批准的施工组织设计制订进度控制计划和控制措施,对进度目标进行风险分析,并制订风险防范措施。

(2)根据工期目标审核总承包单位报送的施工总进度计划及控制性网络图,并提出意见。审查施工组织设计时重点审查其保证工期的组织措施、技术措施和经济措施。

(3)监理工程师在审核进度计划时重点审查如下内容:

①进度计划的安排是否符合工程项目建设总进度计划中总目标和分目标的要求,是否符合施工合同中开工、竣工时间的规定。

②施工进度计划中项目是否有漏项。

③人、机、料等资源供应计划能否保证进度计划的实现,资源供应计划与资源需求量计划是否一致。

④施工顺序和工序搭接的安排是否符合施工程序的要求,审核网络计划,还要仔细审查各网络结点的逻辑关系是否正确。

⑤建设单位的资金供应能否满足进度计划的需求。

如果监理工程师在审查施工进度计划中发现了问题,应及时向承包单位提出书面审查意见,并协助承包单位修改,重大问题还应及时向建设单位报告。

(4)根据已审定的施工进度计划,审核本项目的设备、材料采购计划,使各方供货的设备、材料到场时间满足总进度计划的要求。

(5)协助建设单位与承包单位做好开工前的准备工作,及时发布开工令。

11.2.2　事中控制

事中控制是在施工过程中,进行进度检查,动态控制和调整以保障进度目标的实施,并在实施过程中及时进行工程计量,为给承包单位拨付进度款提供依据。

(1)建立反映工程进度状况的监理日记。逐日记载工程形象进度、工程量以及影响工程进度的人、机、料和环境因素(含气象及现场停水、停电的时间等)。

(2)根据审定的施工总进度计划,审查承包单位编制的季、月、旬施工计划。

(3)审核承包单位报送的当月(旬)工程进度报告,审核其实际完成的形象进度和实物工作量,与当月(旬)施工进度计划进行比较,发现差异,分析原因,调整下月(旬)的施工进度计划。并对承包单位完成月(旬)计划的情况进行考核。

(4)在施工过程中,对进度控制进行动态管理,经常检查进度计划的实施,发现实际进度与计划进度有偏差时,应分析产生的原因,提出进度调整的措施和方案,并及时通知承包单位。督促承包单位按拟订的调整措施实施进度计划,确保总工期目标的实现。

(5)在单位工程较多,施工单位也多的情况下,其交叉作业也较多,为此监理人员将按照施工总进度计划的要求,督促有关单位及时办理中间交接,并协调交、接两方的关系,有利进度的控制。

(6)定期召开现场协调会及时解决施工过程中出现的影响工程进度的各种问题,考核承包单位的计划完成情况,确保工程施工正常进行。

(7)及时正确签发工程进度款的支付凭证;发现工程延误时,督促承包单位采取措施,加快施工进度,正确处理工程延期,定期向业主提交工程进度情况报告。

(8)工期延误的处理。当出现工程延期或工程延误时,监理人员应按下列要求进行处理:

①当承包单位提出工程延期要求符合施工合同文件的规定条件时,项目监理部应予以受理。

②当影响工期事件具有持续性时,项目监理部可在收到承包单位提交的阶段性工程延期申请表并经过审查后,先由总监理工程师签署工程临时延期审批表,并通报建设单位。当承包单位提交最终的工程延期申请表后,项目监理部复查工程延期及临时延期情况,并由总监理工程师签署工程最终延期审批表。

③项目监理部在作出临时工程延期批准或最终的工程延期批准之前,均应与建设单位和承包单位进行协商。

④项目监理部在审查工程延期时,应依据下列情况确定批准工程延期的时间:

a. 施工合同中有关工程延期的约定。

b. 工期拖延和影响工期事件的事实和程度。

c. 影响工期事件对工程影响的量化程度。

⑤当承包单位未能按照施工合同要求的工期竣工交付造成工期延误时,项目监理部应按照施工合同规定从承包单位应得的工程款中扣除误期损失赔偿费以补偿建设单位的损失。

11.2.3　事后控制

(1)当实际进度与计划进度发生偏差时,在分析原因的基础上督促承包单位制定保证总工期不突破的对策。

①采取技术措施。如缩短工艺时间,减少技术间歇期,实行平行作业或流水作业等。

②采取组织措施。如增加机械设备、作业队数、人数或班次等。

③采取经济措施。如实行包干奖金、提高计件单价等。

④采取其他措施。如改善外部条件、劳动条件、加强管理等。

(2)在单位工程竣工验收前,项目总监理工程师应及时组织建设单位、承包单位和监理单位对单位工程进行竣工前预验收,对查出的未完项目和存在的问题,要求承包单位在限定的时间内整改到位,为竣工验收一次成功创造条件。

(3)督促承包单位及时整理工程竣工资料;工程完工时及时审批竣工申请报告,协助建设单位组织竣工验收。

(4)处理好争议和索赔,整理完进度资料,做好工程移交。在保修期结束无争议时,进度控制任务完成。

12 投资控制的主要手段和措施

12.1 投资控制的工作流程(略)

12.2 投资控制的方法和措施

投资控制是管理过程中的工作重点,在施工阶段进行投资控制的基本原则是把计划投资额作为工程项目投资的目标值,把工程项目建设进展情况的实际支出额与工程投资目标进行比较,通过比较,找出实际支出额与投资控制目标值之间的偏差,并提出切实有效的措施加以控制。

(1)项目监理机构将专门安排投资控制工程师,确定投资目标,并针对本工程的特点制订投资控制计划,对工程项目投资目标进行风险分析,制订相应的防范对策。

(2)监理人员将结合本工程的特点,掌握投资控制的基本因素,确定工程费用最易突破的环节及投资控制的重点。并根据项目施工总进度计划,编制工程项目施工阶段的年、季度和月份资金使用计划,并控制其使用。

(3)工程开工后,总监理工程师将组织监理部的监理人员对每一份施工合同的每一条款进行学习,特别是合同价款的承包范围、合同价款的计算、合同价款的调整、工程进度款的付款方式以及工程决算的方式等条款,要求投资控制人员必须熟悉,以便有效地开展投资控制工作。

(4)严格工程计量。按甲、乙双方签订的《建设工程施工合同》中的有关条款,认真复核已完成的实物工程量,做好投资控制的基础工作。

(5)严格控制设计变更的工程造价。

①对设计变更进行技术经济比较,严格控制设计变更,并通过设计挖潜,寻求节约工程造价的可能性。

②根据《建设工程施工合同》中合同价款的调整条款,确定其设计变更是否在合同价款的调整范围内。

③若在调整范围内,总监必须根据实际情况对设计变更的费用作出评估,并就评估的情况与承包单位和建设单位进行协调。

④根据三方协商意见,总监签发工程变更单,明确工程变更要求和工程变更费用。

⑤在建设单位和承包单位未能就工程变更的费用等方面达成协议时,项目监理部应提出一个暂定价格,作为临时支付工程进度款的依据。该项工程最终结算时,应以建设单位和承包单位达成的协议为依据。

(6)严格审查承包单位报送的工程进度付款申报表。投资控制工程师应严格审查其完成的实物工程量是否准确,合同计价是否无误,然后由总监理工程师根据《建设工程施工合同》的有关条款,签署工程进度款付款凭证作为建设单位付款的依据。

(7)严格控制经费签证。凡涉及经济费用支出的停工、窝工、计时工、机械台班、材料代用、材料调价的签证等,监理人员必须严格按照《建设工程施工合同》的条款,会同建设单位的现场代表签字,并由总监理工程师审核后才能生效。

(8)在施工过程中进行投资跟踪控制,每月对投资计划值与实际完成值进行比较和分析,画出S形曲线图，找出发生偏差的原因，并针对其偏差采取纠偏措施。同时，每月定期向建设单位呈报项目投资控制情况及存在问题的报告。

(9)协助建设单位全面履行《建设工程施工合同》，防止索赔事件的发生。特别是场地“三通一平”要及时完成；设计文件和建设单位供应的设备、材料等应及时交付给承包单位，避免造成承包单位的停工索赔，并协助建设单位及时进行反索赔。

(10)严格审查工程竣工结算。单位工程竣工验收后，项目监理部应督促承包单位编制工程竣工结算书，监理投资控制工程师在收到承包单位报送的结算书后，依据已完成实物工程量的原始计量凭证以及设计变更的费用增减，按照《建设工程施工合同》的有关条款进行认真审查，经总监理工程师审核后，将审核后的结算书及单位工程结算书的审核意见一并报送建设单位，由建设单位最终审定。

13　合同管理的方法和措施

与本工程有关的各类合同是监理工程师开展监理工作的重要依据之一，监理工程师应根据《中华人民共和国合同法》和与本工程有关的各类合同加强对工程建设单位与承包单位之间合同条款的管理，正确公正地处理合同履行过程中的有关问题。为此，监理工程师将重点加强对以下合同条款的管理。

13.1　工程暂停与复工的管理

(1)总监理工程师在下列情况下签发工程暂停施工令时，应先征求业主的意见，紧急情况下可先签发后向业主汇报：

①由于施工质量问题必须停工处理时。

②由于存在质量或安全隐患，总监理工程师认为必须停工以消除隐患时。

③发生其他必须暂时停止施工的紧急事件时。

(2)总监理工程师在签发工程暂停施工令时，应视其原因和影响范围及程度，明确暂停施工的具体范围和内容。

(3)由于非承包单位的原因暂停施工时，监理工程师应如实记录所发生的实际情况，在暂停原因消失具备复工条件时，总监理工程师应及时签发工程复工令，并就工期及费用与承包单位进行协商。

(4)由于承包单位的原因暂停施工，在具备复工条件时，监理工程师应及时审批承包单位报送的复工申请，符合要求时由总监理工程师签发工程复工令。

13.2　工程设计变更的管理

(1)设计变更或工程洽商均由总监理工程师进行审核并签发工程变更指令后，承包单位才能实施。

(2)工程变更前，监理工程师应就工程变更费用、工期、质量要求等与业主和承包单位进行协商，并达成一致意见。

(3)当业主和承包单位未能就变更费用达成一致意见时，总监理工程师可提出一个暂定价格作为支付工程进度款的依据，并在实施过程中进一步协商。

13.3　费用索赔处理

(1)项目监理部处理费用索赔必须依据下列内容：

①国家有关的法律、法规和工程项目所在地的地方法规。

②本工程的《建设工程施工合同》及合同附件。

③国家、行业部门及地方的有关标准、规范和定额。

④施工合同履行过程中与索赔事件有关的凭证。

(2)当承包单位提出费用索赔的理由同时满足以下条件时，项目监理部才予以受理：

①索赔事件造成了承包单位的直接经济损失。

②索赔事件是由于非承包单位的责任发生的。

③承包单位已按照施工合同规定的期限和程序提出费用索赔申请表,并附有索赔凭证材料。

(3)承包单位向建设单位提出费用索赔,项目监理部按下列程序进行处理:

①承包单位在施工合同规定的期限内向项目监理部提交对建设单位的费用索赔意向通知书。

②总监理工程师指定专业监理工程师收集与索赔有关的资料。

③承包单位在施工合同规定的期限内向项目监理部提交对建设单位的费用索赔申请书。

④总监理工程师初步审查费用索赔申请表,符合规定的条件时予以受理。

⑤总监理工程师进行详细的费用索赔审查,并在初步确定一个索赔额度后,与承包单位和建设单位进行协商。

⑥总监理工程师应在施工合同规定的期限内签署费用索赔审批表,或在施工合同规定的期限内发出要求承包单位提交有关索赔报告的进一步详细资料的通知,待收到承包单位提交的详细资料后,按本条第④、⑤、⑥款的程序进行。

(4)由于承包单位的原因造成建设单位的额外损失,建设单位向承包单位提出费用索赔时,项目总监在审查索赔报告后,应公正地与建设单位和承包单位进行协商,并及时作出答复。

13.4　工程延期及工程延误的处理

(1)只有在承包单位提出工程延期申请要求且符合《建设工程施工合同》规定条件时,监理工程师才予以受理。

(2)项目监理机构在作出临时工程延期批准或最终工程延期批准之前,均应同业主和承包单位进行协商。

(3)审批工程延期前,监理机构要了解和确定各影响工期时间的事实和程度,以及对工期影响的量化程度。

(4)属于承包单位的原因造成工程延期时,项目监理机构应按照施工合同的约定,从承包单位应得的款项中扣除误期赔偿费。

13.5　合同纠纷的调解处理

(1)当合同履行过程中产生争议,争议一方提出调解要求后,监理机构应及时进行调解工作。

(2)监理调解争议时,要了解争议的全部情况,进行调查取证,和争议双方积极磋商,力求达成一致意见。

(3)在调解过程中,未取得新的调解协议前,争议双方不得中断对原合同的履行。

(4)双方不同意调解或调解不成功时,可按合同提出仲裁或诉讼,监理机构应公正地、实事求是地向仲裁机构或人民法院提供有关证据。

13.6　合同解除的处理

由于业主或承包单位的原因或者不可抗力导致合同不能继续履行而需解除合同时,监理机构应当按照《中华人民共和国合同法》的有关规定和《建设工程施工合同》有关条款的约定,处理好合同解除后的有关事宜,切实保障业主和承包单位双方的合法权益。

14　信息管理的方法和措施

(1)根据本工程特点,建立本工程项目的信息管理系统,并按不同的单位工程进行编码分类管理。

(2)信息可按质量控制信息、进度控制信息、费用控制信息、安全控制信息和合同管理信息进行分类管理。

(3)根据工程进展情况负责本工程项目各类信息的收集、鉴别、整理和保存,并利用信息调整目标控制的方法和内容,以保障控制目标的实现。

(4)运用计算机对本工程项目的质量信息、投资信息、进度信息、安全信息、合同信息及设计文件等进行科学管理,便于监理人员迅速查阅、检索各类文档。并向建设单位提供有关项目管理信息服务,定期提供监理月报和其他信息。

(5)建立严格的收文、发文制度,并利用计算机辅助管理,同时给现场监理部配备足够的收文、发文本,分别登记建设单位、承包单位及监理公司总部的来文和发文,并要求有齐备的签字手续。

(6)对各种外来文件实施收文处理登记制度,收文后总监要明确处理要求(传阅、回函、审批或签证等)、处理时限和责任人,并用计算机跟踪管理,登记处理结束时间、处理结果。确保各类施工信息及时完善地得以处理。

(7)在施工过程中,督促承包单位及时整理工程技术资料,要求承包单位在工程质量报验时,及时填写分项工程及检验批的验收记录和隐蔽工程记录,监理工程师在检查分项工程及检验批质量时,还应在分项工程及检验批验收记录上签署验收意见,只有资料与工程进度同步整理,才允许承包单位进入下道工序施工。

(8)监理部在实施监理过程中,要严格做好监理资料的归档工作,具体归档的资料范围如下:

①工程准备阶段资料:建设项目计划立项批文、建设用地规划许可证、建设工程规划许可证、施工图设计文件审查批准书、建设工程质量监督登记表、建设工程安全监督登记表、建设工程消防许可证、建设工程施工许可证、建设工程施工合同和建设工程委托监理合同等。

②工程技术管理资料:本工程的监理规划和安全监理规划、本工程的监理实施细则和旁站监理方案、施工组织设计、施工技术方案及报审表、工程开工报告及开工指令、工程部分暂停施工指令、复工指令及复工申请表、监理专题报告及备忘录、工地监理例会纪要、监理月报及监理日记、监理通知及通知落实情况的回复、工程质量整改通知及整改情况的回复、工程质量缺陷与质量事故的处理意见、工程竣工结算审核意见书等。

③工程质量控制资料:设计交底及图纸会审纪要,设计变更通知单,工程定位测量及测量放线报验单,材料、构配件报验单附材料出厂合格证及试验报告,工程设备报验单附设备出厂合格证和装箱清单,地基验槽记录,隐蔽工程验收记录,施工试验报告和见证检测报告(如混凝土试块、砂浆试块等),各种管道的系统清洗、灌水、通水及水压试验记录,设备安装、调试及运转记录,接地电阻、绝缘电阻测试记录,检验批、分项、分部工程质量验收记录,混凝土浇筑申报表,旁站监理记录表等。

④工程质量验收评定资料:主要分部工程的质量评估报告、单位工程质量评估报告、单位工程监理工作总结、单位工程竣工验收备案表、单位工程竣工质量验收报告、单位工程观感质量检查记录、单位工程安全和功能检验资料核查及主要功能抽查记录等。

(9)单位工程完工,项目监理部在组织单位工程竣工预验收的同时,要认真审查承包单位的竣工资料,审查其竣工资料是否齐全或漏项,签字是否规范等问题,并要求承包单位编写单位工程竣工验收报告。同时,监理部开始编制单位工程质量评估报告和监理工作总结。

(10)工程竣工验收后,项目监理部将整理一套完整的监理资料报建设单位。如监理日记、监理通知、监理工作总结、工程质量评估报告、工程结算审核意见书等监理资料。

15 组织协调的工作方法和措施

(1)监理协调工作的主要对象是建设单位、承包单位和设计单位。所以,监理工作的运行,在很大程度上取决于与他们的协调程度,只有与他们保持良好的工作关系,才能保证监理机构正常运行。

(2)充分利用合同赋予的权利,依据合同条款,运用监理书面指示对承包单位进行协调管理。

监理工程师的各种决定、意见和要求均应以书面形式发出指示,补充和完善合同条件的不足,纠正承包单位各种不符合合同条件的行为。承包单位必须对这些书面指示都应严格遵守和执行。所有的书面指示在发给承包单位之前均报送建设单位。书面指示包括:监理通知、工程质量整改通知、不合格工程项目通知、工程部分暂停施工指令和复工指令、拒绝和恢复计量支付的指令、修改进度计划的指令等。

(3)利用监理例会及专题会议等手段,组织协调本项目各参建单位之间的关系。

①每周召开工地监理例会,检查上次会议的决议落实情况,分析未完成事项的原因;检查本周工程计划完成的情况,分析未完成的原因;确定下阶段进度目标及落实措施;检查本阶段工程质量情况,针对存在的质量问题提出改进措施;检查本阶段施工现场安全文明施工的现状,针对存在的问题提出整改意见;协调解决多家承包单位之间的中间交工及交叉施工问题。

②对技术方面或合同管理方面比较复杂的文件,以及重大安全、质量事故预防问题,监理部将组织有关人员召开专题会议进行专项研究和解决。

③邀见承包商。当承包单位项目经理部无视监理工程师的指令和合同条款,违反合同进行施工时,监理工程师在要求建设单位制裁承包单位之前,邀见承包单位主要负责人,提出黄牌警告。邀见纪要报送建设单位。

(4)协助建设单位处理各种与本工程项目有关的纠纷事宜,如合同纠纷、工期纠纷、费用纠纷等。

16　安全文明施工的监督管理措施

(1)贯彻执行"安全第一、预防为主"的方针。严格遵守国家规定的安全生产的法律、法规和建设行政主管部门的安全生产的规章制度。

(2)在本工程开工前,项目总监理工程师将组织编制安全监理规划,针对本工程的特点,制定详细的安全监理措施,并配备1名安全监理工程师。

(3)审查承包单位的安全资格证(安全生产许可证)和安全生产保证体系,督促承包单位落实安全生产的组织保证体系,建立健全安全生产责任制。

(4)在审查承包单位报送的施工组织设计和施工方案时,重点审查施工组织设计中的安全生产技术措施和专项施工方案是否符合工程建设标准强制性条文的要求,提出审查意见,并督促承包单位按审查意见完善。

(5)督促承包单位对新入场的工人进行三级安全生产教育及分部、分项工程的安全技术交底。

(6)对进入施工现场的钢管、扣件实行报验制,只有经监理人员验收合格的钢管、扣件,才能用于脚手架的搭设。

(7)施工现场的临时设施在投入使用前,监理人员要对其安全使用功能进行严格验收,未经验收的临时设施一律不许使用。

(8)督促承包单位做好安全文明施工,封闭管理,在施工现场设立统一的施工标志牌和安全警示牌,并绘制现场安全标志平面布置图,且按照红、黄、蓝、绿四种颜色将安全标志分类标示。

(9)检查并督促承包单位按照《建筑施工安全检查标准》(JGJ 59—2011)和规范要求落实分部、分项工程以及关键部位的安全防范措施。

(10)监督检查施工现场的消防、冬季防寒、夏季防暑、文明施工、卫生防疫等工作。

(11)项目监理部将不定期的组织安全综合检查,可按《建筑施工安全检查标准》(JGJ 59—2011)规定进行评价,提出处理意见并限期整改。

(12)发现违章冒险作业的要责令其停止作业,发现安全隐患的要责令停工整改。如承包单位拒不整改或者不停止施工,监理工程师必须及时向当地安全监督部门报告。

(13)督促承包单位现场实行封闭管理,施工现场的道路应当平整、硬化,并有交通指示标志。危险地带应设置安全通道,并悬挂警示标志。

(14)监控以下"十不准":

①不戴安全帽,不准进入施工现场作业。

②工作期间不准酗酒。

③井架垂直运输设施不准乘人。

④不准打赤脚、穿拖鞋、穿高跟鞋、穿硬底鞋、穿裙子上班。

⑤外架高空作业应挂安全带,铺设好安全网。无防护措施不准高空作业。

⑥不准从高空向下抛掷物品,不准同一作业面上下垂直作业。

⑦塔吊吊物须专人指挥,不准未经指定的人乱指挥。

⑧未经培训取得操作证的职工不准操作机械。

⑨不准将电源线乱搭乱拆,必须经专业人员规范架设。

⑩不准闲杂人员进入施工现场。

(15)施工现场用电实行三相五线,三级配电两级保护。末级开关箱实行"一机、一闸、一漏、一箱"制度。

(16)检查施工现场职工生活设施的安全卫生和场地防火设施的配置。

(17)定期检查承包单位安全技术档案,做到及时完整及专人管理。

(18)经常提醒和要求承包单位对职工安全常识进行教育,召开班前会、安全总结会,安全技术培训,教育职工对待安全工作应认真做到在工作中不仅有效保护自己不受伤害,还要注意防范他人安全受到威胁。决不允许任何人忽视安全,盲目施工。

(19)督促各参建单位做好各种传染性疾病的防治工作,加强对外来人员登记报告和疫情检测工作,做到早发现、早报告、早隔离、早治疗。

17 保修阶段的监理工作方法和措施(略)

18 向建设单位呈报反映监理阶段性成果的文件

(1)开工前呈报监理规划、监理实施细则、安全监理规划及旁站监理方案。
(2)监理月报。
(3)施工组织设计审查意见。
(4)施工总进度控制计划审查意见。
(5)各类监理通知和监理专题报告。
(6)主要分部工程的监理小结及质量评估报告。
(7)单位工程的监理总结、质量评估报告以及单位工程竣工预验收的监理意见。
(8)单位工程竣工决算书的审核意见。
(9)本工程项目监理工作总结和质量评估报告。

19 监理工作制度

19.1 设计交底和施工图会审制度

(1)本项目监理范围内的施工图纸和其他设计文件,均应由建设单位交我监理部后,签发给承包单位执行。

(2)凡未经监理部签发的施工图纸和设计文件而实施的工程项目,监理人员有权不予计量,并拒绝工程款支付签证。

(3)施工图纸会审的依据是国家颁布的有关技术规程、规范和标准,经审查通过的施工图纸及所有设计文件。

(4)在设计交底前,总监理工程师应组织监理人员熟悉设计文件,充分理解设计意图,并对图纸中存在的问题通过建设单位向设计单位提出书面意见和建议。

(5)项目监理人员应参加建设单位组织的设计技术交底会,并对施工图进行会审,解决图纸中存在的问题,最终形成图纸会审纪要。

19.2 施工组织设计和施工方案的审查制度

(1)工程开工前,承包单位必须编制施工组织设计和施工方案,在自审合格后,填写施工组织设计(方案)报审表,报监理部进行审查。

(2)在收到报送的施工组织设计和施工方案后,在约定的时间内,总监理工程师要组织有关监理人员认真审查其科学性、合理性及对保证工程质量所采取的技术措施和组织措施的可靠性。要求承包单位编制重点分部工程的施工方法,并要求承包单位提交为保证工程质量而制定的质量预控措施,提出审查意见,经总监理工程师审核签认后,答复承包单位,并上报建设单位。

(3)对比较复杂的工程或关键部位的施工,应要求承包单位提出详细的施工技术方案,经专业监理工程师审查认可后方可施工。

(4)承包单位应按审定的施工组织设计文件组织施工。如需对其内容做较大的变更,应在实施前将变更内容书面报送项目监理部重新审查。

19.3 工程开工制度

(1)建设单位应做好施工现场的"三通一平"工作,同时办理好施工许可证,为承包单位进场开工创造条件。

(2)承包单位开工前应向监理部提供如下资料:

①开工申请报告。

②施工组织设计及施工总平面布置图。

③项目经理部管理人员及特种作业人员的名单及上岗证件。

④施工设备进场报审表。

⑤材料采购进场计划及材料报验单(附出厂合格证和复试报告)。

(3)监理部应对承包单位资质等级、质量保证体系、项目经理部主要管理人员和特种作业人员的上岗证进行审查。

(4)监理部会同建设单位审查承包单位报送的施工组织设计,使工程的"四大目标"具有可靠的保证措施。

(5)对进场施工设备的状况及原材料的合格证、复试报告等进行审查。

(6)对承包单位报送的开工申请报告,经监理人员审查具备开工条件的,由总监理工程师签发工程开工报审表,并报建设单位备案。

19.4 工程设备、工程材料、构配件及半成品报验制度

(1)工程材料、构配件及半成品进场必须有出厂合格证等,由承包单位收集后,填写报验单送专业监理工程师审查。

(2)对规定必须进行复试的工程材料,如钢筋、水泥、砖等,必须采取见证取样的方式进行抽样送检,并将复试结果报专业监理工程师审查。

(3)对无出厂合格证、技术性能不符合设计要求或复试结果不合格的工程材料、构配件及半成品严禁在工程中使用,并应签发监理工程师通知单,书面通知承包单位限期将不合格的工程材料、构配件及半成品撤出现场。

(4)对部分工程材料、制品等还需审查其样品后方可订货。

(5)凡采用新材料、新型制品,应重点审查其技术鉴定文件。

(6)对重要的结构构件,应审查其生产厂家的生产许可证,并实地考查其生产工艺和质量保证体系。

(7)所有工程设备进场时必须有出厂合格证等,并在安装前严格按其技术说明书的要求进行质量

检查。

19.5 隐蔽工程、分部(项)工程质量验收制度

(1)隐蔽工程验收制度。

①隐蔽工程的验收检查是防止质量隐患,避免质量事故发生的重要措施,监理人员必须严格把关。

②隐蔽前,承包单位应根据有关规范和标准进行自检和专检,合格后,在隐蔽前48小时以书面形式通知监理人员,并向监理人员提交隐蔽工程自查记录及隐蔽工程报验申请表。经专业监理工程师现场检查验收合格,并签认后,承包单位可进行隐蔽和继续施工。验收不合格的,承包单位应在监理人员限定的时间内整改后重新报验。

③监理人员不能按时进行隐蔽工程验收,应在验收前24小时以书面形式向承包单位提出延期要求,但延期不能超过48小时。监理人员未能按以上时间提出延期要求,也不进行验收,承包单位可自行组织验收,监理人员应承认验收记录。

(2)分项工程质量验收制度。当某个检验批或分项工程完成后,承包单位应按施工质量验收规范和质量验收统一标准的要求进行自评,并填写分项工程质量报验单报送监理人员。经现场专业监理工程师检查验收,质量合格的经专业监理工程师签认后并下达分项工程质量检验认可书后,方可进入下道工序。质量不合格的必须整改直至合格。

(3)分部工程质量验收制度。

①分部工程完工后,承包单位应进行自检自评,并填写分部工程质量报验单,附上完整的质量控制资料,质量验收资料报送监理部,由项目总监理工程师组织承包单位项目负责人和承包单位技术、质量负责人等进行验收。合格后由总监理工程师签证并下达分部工程质量检验认可书后,方可进行下道工序。

②对于地基与基础、主体结构部分工程,承包单位还应编写施工总结报告。组织勘察设计单位项目负责人、质量监督部门的监督员、业主代表和承包单位技术、质量部门负责人进行验收,验收合格经验收各方签字盖章后方可进入下道工序施工。

19.6 单位工程验收制度

(1)单位工程完工后,承包单位必须自行检查评定,并整理完善工程竣工资料(质量控制资料、质量验收资料、工程管理资料及单位工程施工总结报告),填写单位工程竣工验收报告送监理部。

(2)项目总监理工程师应同时组织有关人员编写单位工程质量评估报告和监理工作总结,并上报公司,经公司总工程师审核批准后,方可报送参加竣工验收的各单位。

(3)监理部在收到承包单位的验收报告后,应组织建设单位、承包单位等有关人员进行单位工程预验收,对查出的问题,责成承包单位限期整改。

(4)在单位工程竣工验收前,建设单位应及时组织规划、消防、环保和城建档案等专项验收,由上述管理部门出具认可文件或准许使用文件后,方可组织单位工程竣工验收。

(5)在预验收合格的基础上,建设单位应及时组织勘察、设计、施工、监理及人防质量监督等单位的项目负责人进行单位工程竣工验收,验收合格后,由验收各方的项目负责人签字。

(6)单位工程质量验收合格后,建设单位应在规定时间内将工程竣工报告、工程竣工验收备案表等有关文件报人防行政管理部门备案机构进行备案。

19.7 工程变更的管理制度

(1)凡需工程变更的,必须由原设计单位出具书面的设计变更文件。

(2)建设单位或承包单位提出的工程变更,应提交总监理工程师,由总监理工程师组织专业监理工程师审查。审查同意后,应由建设单位转交原设计单位编制设计变更文件。

(3)当工程变更涉及安全、消防、规划、环保、人防等内容时,应按规定报有关部门审定。

(4)监理部在收到设计变更文件后,总监理工程师必须根据实际情况,按照施工合同的有关条款,对工程变更的费用和工期作出评估。并就评估的情况与承包单位和建设单位进行协调。

(5)根据三方协商意见,总监理工程师签发工程变更单,明确工程变更要求、工程变更说明、工程变更费用和工期等并附设计变更文件。

(6)在建设单位和承包单位未能就工程变更的费用等方面达成协议时,项目监理部应提出一个暂定的价格,作为临时支付工程进度款的依据。该项工程款最终结算时,应以建设单位和承包单位达成的协议为依据。

(7)在总监理工程师签发工程变更单之前,承包单位不得实施工程变更。

(8)未经总监理工程师审查同意而实施的工程变更,项目监理部不得予以计量。

19.8　工程暂停及复工制度

(1)在施工过程中,发生下列情况之一的,总监理工程师可签发工程暂停令:

①建设单位要求暂停施工,且工程需要暂停施工。

②为了保证工程质量而需要进行停工处理。

③施工出现了安全隐患,总监理工程师认为有必要停工以消除隐患。

④发生了必须暂停止施工的紧急事件。

⑤承包单位未经许可擅自施工,或拒绝接受监理部的管理。

(2)总监理工程师在签发工程暂停令时,应根据停工原因的影响范围和影响程度,按照施工合同和委托监理合同的约定签发,并明确工程项目的停工范围。

(3)由于非承包单位的原因,总监理工程师在签发工程暂停令之前,应就有关工期和费用等事宜与承包单位和建设单位进行协商。

(4)由于建设单位的原因,或其他非承包单位的原因导致工程暂停时,项目监理部应如实记录所发生的实际情况。总监理工程师应在施工暂停原因消失、具备复工条件时,及时签署工程复工报审表,指令承包单位继续施工。

(5)由于承包单位原因导致工程暂停,在具备恢复施工条件时,项目监理部应审查承包单位报送的复工申请及有关材料,同意后由总监理工程师签署工程复工报审表,指令承包单位继续施工。

(6)总监理工程师在签发工程暂停令到签发工程复工报审表之间的时间内,应会同有关各方按照施工合同的约定,处理因工程暂停引起与工期、费用有关的问题。

19.9　工地例会制度

(1)在施工过程中,总监理工程师应定期主持召开工地例会。会议纪要应由项目监理部负责起草,并经与会各方代表会签。

(2)工地例会应包括以下主要内容:

①检查上次例会议定事项的落实情况,分析未完事项原因。

②检查分析工程项目进度计划完成情况,提出下一阶段进度目标及其落实措施。

③检查分析工程项目质量状况,针对存在的质量问题提出改进措施。

④检查工程量核定及工程款支付情况。

⑤解决需要协调的有关事项等。

(3)除工地例会外,总监理工程师或专业监理工程师应根据需要及时组织专题会议,解决施工过程中的各种专项问题。

19.10　工程延期及工程延误的处理制度

(1)当承包单位提出工程延期要求符合施工合同文件的规定条件时,项目监理部应予以受理。

(2)当影响工期事件具有持续性时,项目监理部可在收到承包单位提交的阶段性工程延期申请表并经过审查后,先由总监理工程师签署工程临时延期审批表并通报建设单位。当承包单位提交最终的工程延期申请表后,项目监理部应复查工程延期及临时延期情况,并由总监理工程师签署工程最终延期审批表。

(3)项目监理部在作出临时工程延期批准或最终的工程延期批准之前,均应与建设单位和承包单位进行协商。

(4)项目监理部在审查工程延期时,应依下列情况确定批准工程延期的时间:

①施工合同中有关工程延期的约定。

②工期拖延和影响工期事件的事实和程度。

③影响工期事件对工期影响的量化程度。

(5)工程延期造成承包单位提出费用索赔时,项目监理部应按《费用索赔的处理制度》进行处理。

(6)当承包单位未能按照施工合同要求的工期竣工交付造成工期延误时,项目监理部应按照施工合同规定从承包单位应得款项中扣除误期损害赔偿费以补偿建设单位的损失。

19.11 监理月报制度

(1)施工阶段的监理月报应包括以下内容:

①本月工程施工概况。

②本月工程的形象进度,本月实际完成情况与计划进度的比较,以及对完成进度计划而采取措施的效果分析。

③本月工程质量情况分析,以及为保证工程质量采取措施的效果分析。

④工程计量情况及工程进度款支付情况分析。

⑤合同执行过程中其他事项的处理情况。

⑥本月监理工作小结。

⑦下月监理工作的重点及提请建设单位应注意的事项。

(2)监理月报应由项目总监理工程师组织编制,由总监理工程师签认后于每月25日至30日内报建设单位和公司综合办公室。

20 监理使用设备(略)

21 对业主、设计、施工或监理单位的合理化建议(略)

课题10.3 监理实施细则

项目监理细则又称项目监理(工作)实施细则。监理细则是在项目监理规划的基础上,由项目监理组织的各有关部门,根据监理规划的要求,在部门负责人主持下,针对所分担的具体监理任务和工作,结合项目具体情况和掌握的工程信息制定的指导具体监理业务实施的文件。

项目监理细则在编写时间上总是滞后于项目监理规划。编写主持人一般是项目监理组织的某个部门的负责人。其内容具有局部性,是围绕着某个部门的主要工作来编写的。它的作用是指导具体监理业务的开展。项目监理大纲、监理规划、监理细则是相互关联的,它们都是构成项目监理规划系列文件的组成部分,它们之间存在着明显的依据性关系:在编写项目监理规划时,一定要严格根据监理大纲的有关内容来编写;在制定项目监理细则时,一定要在监理规划的指导下进行。

10.3.1 监理实施细则的作用

项目监理实施细则是在监理规划的基础上,根据项目实际情况对各项监理工作的具体实施和操作要求的具体化、详细化。它是根据工程建设项目的特点,由项目总监理工程师组织各专业监理工程师编制,并经总监理工程师批准后执行。监理实施细则一般应重点写明控制目标、关键工序、特殊工序、重点部位、质量控制点及相应的控制措施等。对于技术资料不全或新的施工工艺、新材料应用等,应在充分调查的基础上,单独列出章节予以细化明确。监理实施细则对工程建设项目的监理工作具有如下作用。

10.3.1.1 项目监理工作实施的技术依据

在项目监理工作实施过程中,由于工程建设项目的单件性和一次性及周围内外环境条件变化,即使同一施工工序在不同的项目上也存在影响工程质量、投资、进度的各种因素。因此,为了做到防患于未然,专业监理工程师必须依据相关的标准、规范、规程及施工检评标准,对可能出现偏差的工序写出监理实施细则,以便做到事前控制,防止可能出现的偏差。

10.3.1.2 落实实施项目计划,规范项目施工行为

在项目施工过程中,不同专业间有不同的施工方案。作为专业监理工程师,如果没有一个详细的监督实施方案,要想使各项施工工序做到规范化、标准化,要想达到预期的监理规划目标是难以做到的。因此,对于较复杂的和大型工程,专业监理工程师必须编制各专业的监理实施细则,以规范专业施工过程。

10.3.1.3 明确专业分工和职责,协调各类施工过程中的矛盾

对于专业工种较多的工程建设项目,各个专业间相互影响的问题往往在施工过程中逐渐出现,如施工面相互交叉、施工顺序相互影响等,产生这些问题当然是在所难免的,但若专业监理工程师在编制监理实施细则时就考虑到可能影响不同专业工种间的各种问题,那么在施工中就会尽可能减少或避免,使各项施工活动能够连续不断地进行,减少停工、窝工等事件的发生。

10.3.2 监理实施细则的编写依据

监理实施细则的编写有以下依据:

(1)国家有关的法律、法规。

(2)勘察、设计等技术文件。

(3)合同文件。

(4)已批准的监理规划。

(5)施工组织设计。

(6)专业施工验收规范及检验评定标准。

10.3.3 监理实施细则编写要求

10.3.3.1 严格执行国家的标准、规范、规程并考虑项目的自身特点

国家的标准、规范、规程及施工技术文件等,是开展监理工作的主要依据。但是,对于

国家非强制性的规范、规程，可以结合项目当地专业施工的自身特点和监理目标，有选择地采纳部分适合项目自身特点的部分，决不能照抄、照搬。

10.3.3.2 对技术指标量化、细化，使其具有可操作性

编写监理实施细则的目的是指导项目实施过程中的各项活动，并对各专业的实施活动进行监督和对结果进行评价。因此，专业监理工程师必须尽可能地依据技术指标来进行检验评定。在监理实施细则编写中，要明确国家规范、规程和规定中的技术指标及要求。只有这样，才能使监理实施细则更具针对性和可操作性。

10.3.3.3 统筹兼顾，突出本专业特点，但要兼顾其他专业的施工

监理实施细则虽然是具体指导各专业开展监理工作的技术性文件，但一个项目的目标实现，必须靠各专业间相互配合协调。如果各管各的专业特点而不考虑别的专业，那么整个项目的有序实施就会出现混乱，甚至影响到目标的实现。

10.3.4 监理实施细则的主要内容

监理实施细则的编写应突出专业监理工作的特点和目标控制的重点，其主要内容包括监理项目的特点、监理工作的流程、监理工作控制的要点及目标值、监理工作的方法及措施。具体到各个阶段的监理实施细则的编写，应有各自的侧重点。

施工阶段监理实施细则的编写主要内容如下。

10.3.4.1 工程进度控制

(1)要求施工单位根据合同要求提交工程总进度计划，项目总监理工程师提出审查意见，要求施工单位修正。

(2)在总的进度计划前提下，审查施工单位的季、月各工种的具体计划与安排，组织各专业监理工程师就计划能否落实提出意见，经项目总监理工程师审核后督促施工单位调整计划。

(3)现场监理部应建立工程监理日志制度，详细记录工程进度、质量、设计变更、洽商等问题和有关施工过程中必须记录的问题。

(4)组织工程进度协调会，听取施工单位的问题汇报，对其中有关进度问题提出监理意见。

(5)督促施工单位按月提出施工进度报表，由各专业监理工程师审查认定，最后由项目总监理工程师汇编出监理月报，报送监理单位和建设单位。

10.3.4.2 工程质量控制

(1)各专业监理工程师应认真熟悉施工图纸及有关设计说明资料，了解设计要求，明确土建与设备、安装相关部位及工序之间的关系，审查图纸有无差错和表达不清楚的地方，对工程关键部位和施工难点做到心中有数，并做好设计图纸会审工作。

(2)图纸会审要求施工单位做好会审纪要的记录、整理及各方的签认工作，经建设单位、设计单位、监理单位、施工单位签字后成为设计文件的补充资料，作为施工单位的施工技术资料。

(3)要求施工单位严格按照施工安装规范、验收标准、设计图纸进行施工，并经常深

入现场检查施工质量和保证质量措施的落实情况。

(4)执行国家、部门和地方政府有关施工安装的质量检验报表制度,严格要求施工单位按照施工质量检验程序的规定,认真填报,各专业监理工程师对施工单位交验的有关施工质量报表,应进行核查或认定。对于隐蔽工程,未经总监理工程师核查签字,不能开始施工。

10.3.4.3　**审查设计变更、洽商**

(1)对各方提出的设计修改应通过项目总监理工程师,报请建设单位后由设计单位研究确定并提出修改通知,经专业监理工程师会签后交施工单位施工。

(2)对有关设计变更、洽商经监理工程师签字并经建设单位同意后,由施工单位向设计单位办理设计变更、洽商。

(3)监理工程师会签有关各种设计变更时,应侧重审查对工程质量、进度、投资是否有不利影响。如发现影响监理目标的实现,应明确提出监理意见,必要时向建设单位提出书面意见。

10.3.4.4　**监督检查施工安全防护措施**

(1)审查施工单位提出的安全防护措施方案,并监督其实现,但施工安全防护的责任仍由施工单位承担。

(2)施工过程中的安全防护措施,应由施工单位负责定期检查,监理部配合监督。如发现施工中存在重大安全隐患,可直接提出停止施工通知,并写出书面监理意见,且向建设单位及政府主管部门反映。

10.3.4.5　**审查主要建筑材料、设备的订货和核定其性能**

(1)主要建筑材料、构配件及设备在订货前,施工单位应提供样品(或看样)和有关订货厂家资质证明以及单价等资料,向专业监理工程师申报。经专业监理工程师会同设计、建设单位研究同意后方可订货。

(2)主要设备订货,在订货前施工单位应向监理部提出申请,由专业监理工程师会同设计、建设单位研究同意后方可订货。设备到货后应及时向项目监理部报送出厂合格证及有关设备的技术参数资料,由监理工程师核定是否符合设计要求。

(3)对用于工程的主要材料,进场时必须具备正式的出厂合格证和材质化验单。如不具备或对检验证明有疑问,应向施工单位说明原因并要求施工单位补做检验。所有材料检验合格证必须经专业监理工程师验证,否则一律不准用于工程。

(4)工程中所用各种构配件必须具有生产厂家、批号和出厂合格证。由于运输安装等原因出现的构配件质量问题,应进行分析研究。采取措施处理后经专业监理工程师同意方能使用。

(5)专业监理工程师应检查工程上所采用的主要设备是否符合设计文件或标书所规定的厂家、型号、规格和标准。

(6)对进口设备必须具有海关商检证书。

10.3.4.6　**认定工程数量,签发(或会签)付款凭证**

(1)对施工单位工程进度月报所反映的完成工程数量,专业监理工程师应进行认真核实。

(2)按照建设单位与施工单位签订的承包合同规定的工程付款办法,根据核实的完成工程数量,在扣除预付款和保修金等后,签发(或会签)付款凭证。

(3)对超出承包合同外的设计变更、洽商,由施工安装单位作出预算,项目监理部可根据建设单位委托审查预算由此而引起的追加合同价款,并于当月付款时予以调整。

10.3.4.7　工程验收

(1)现场监理部根据施工单位有关阶段的、分部工程的以及单位工程的竣工验收申请报告,负责组织初验。工程的各阶段、各分部和单位工程的正式验收由建设单位组织完成。

(2)监理部接到施工单位有关竣工验收申请报告后,项目总监理工程师负责组织有关专业监理工程师进行初验,并将初验意见书面提交施工单位。

(3)项目总监理工程师应严格掌握阶段的或部位的工程正式验收,通过正式验收合格后,方可同意继续下阶段施工。单位工程正式竣工验收合格后方可办理移交手续。

(4)经初验全部合格后,由项目总监理工程师在相应的工程竣工验收报告单上签认,然后向建设单位提出竣工验收报告,要求建设单位组织有关部门和人员参加相应阶段的正式验收工作。

10.3.4.8　整理工程有关文件并归档

(1)督促检查施工单位完成各阶段的竣工图和最后全套竣工图的工作。

(2)检查施工过程中各种设计变更、洽商和监理文件等的整理工作,并交建设单位存档。

10.3.4.9　组织工程质量事故的处理

(1)监理工程师对工程质量事故,负责组织有关方面进行事故原因分析,并责成事故责任方及时写出事故报告和提出处理方案。

(2)责任方提出的质量事故处理方案,经监理工程师同意后,由责任方提出事故处理文件并对处理技术负责,监理工程师监督检查实施情况。

10.3.5　工程监理实施细则示例

某工程监理实施细则

1　工程概况

1.1　项目名称:(略)

1.2　建设地点:(略)

1.3　建设规模:(略)

1.4　目标工期:(略)

1.5　工程项目建设相关单位:(略)

2　编制监理实施细则的依据

(1)已批准的监理规划。

(2)设计施工图纸、会审纪要、设计变更、技术联系单等有关技术资料。

(3)现行的国家建筑施工操作规程和建筑工程施工质量验收规范。

(4)政府部门下达的有关工程建设的法令、条例和文件。

3　专业工程的特点

本工程均为框架结构,结构安全等级二级,框架抗震烈度为六度。承台基础采用独立柱;根据设计要求及合同工期时间的限制,要保证工期的施工的特点,由于柱施工时规格型号不一致,数量多,工程量大,工期长;这就需要监理人员既要精通业务,又要有吃苦耐劳的拼搏精神和熟练的技术管理素质,以确保桩基施工的工程质量及预定工期的实施。

4　监理工作的流程

4.1　监理工作计划总流程图(略)

4.2　监理工作联系流程图(略)

4.3　设计交底及图纸会审一般流程图(略)

4.4　施工组织设计审批流程图(略)

4.5　协调会议纪要签发流程图(略)

4.6　工序交接检验流程图(略)

4.7　单位、单项工程验收流程图(略)

4.8　质量事故处理流程图(略)

4.9　竣工验收流程图(略)

4.10　进度控制工作流程(略)

4.11　工程款支付核签流程图(略)

5　监理工作的控制要点及目标值

5.1　质量控制要点

质量控制是监理工作中的重中之重,如何使工程质量处于受控状态,如何确定关键控制点,只有经验的监理工程师的凭着过硬的技术素质,贯彻"预防为主,安全第一""质量第一,百年大计"的指导方针,重视对工程质量进行事前控制和事中控制,是确保工程质量目标的前提。

5.1.1　开工前质量控制工作

(1)基本熟悉和掌握质量控制的技术依据。即图纸、地质报告、合同、施工验收规范、规程和质量验评标准。

(2)严格审查施工管理人员资质,监督协助施工单位完善质量保证体系。

(3)严格审查各专业特种技术工人上岗操作证,检查施工单位机械设备状况。

(4)协助承包单位完善质量管理制度(包括现场会议制度、质量检验制度、质量统计报表制度和质量事故处理制度、安全检查监督落实制度)。

(5)参加设计交底和图纸会审。

(6)审查施工单位提交的施工组织设计(方案),保证工程质量具有可靠的技术措施和组织措施。

(7)对工程所需的原材料、构配件的质量进行检查与控制,实行准入制度。

(8)审核工程中采用的新材料、新工艺、新技术的技术鉴定书和可行性方案及合格证。

(9)对施工现场测量放线进行复核验收。

(10)把好开工关。

(11)每道工序施工前和施工单位做好技术交底及安全交底,再由施工单位交底到班组及至每个操作人员,明确各个工序质量难点、要点、关键部位或易发生质量事故、安全事故的地方。做到有文字记录,以备日后查阅。

5.1.2 确定本工程施工监理时的关键工序、部位和质量控制要点

工程监理实施细则是监理单位协助建设单位实现项目总目标,具有可以指导监理业务的可操作文件。本细则根据有关规范、规定、设计和施工要求,结合该工程具体情况编制,能对实际施工起到应有的积极作用,促使建设、施工、监理单位的现场人员共同执行,确保安全施工、保证质量。

5.2 测量监理

5.2.1 建筑施工测量控制的监理要点

建筑施工测量监理任务,就是要监督承包人将建筑总平面上所设计的建筑物、构造物的位置,按照设计要求,测设到施工现场,正确地定到地面上。为防止测量放线发生差错,给工程带来损失,监理工程师首先要审查测量放线方案,提出预防性要求,恰当地给予指导。其次,要求承包人一切定位放线工作要先自检、互检,合格后再报请监理人员验线。

就一般房屋建筑而言,如果它的起始依据是临近的原有建筑或构造物,只要业主、承包人、设计院、监理人员到现场确认以后,承包人即可据此进行房屋定位放线,挖基槽,监理工程师也按此程序进行监理。

5.2.2 建筑施工测量质量监理工作流程

首先,要对红线桩位进行实地校测,并将校测资料提交监理工程师审核。证实红线桩位无误后,监理工程师签证认可,准予使用。若发现有差错或误差超限,监理工程师应会同承包人重新校测。当确认有差错时,应和测绘单位联系,妥善处理,办好手续后,方可允许使用。

建筑施工测量质量监理工作流程为:仪器检定、检校→校测起始依据→场地平整测量→场地控制网测设→建筑物的定位放线→基础放线→建筑物的竖向控制→建筑物的沉降观测。

5.2.3 监理工作内容

(1)施工单位根据业主提供的坐标等相关数据,准确地将建筑物定位于设计位置上,施工单位放出建筑每根轴线和控制点,并建立好施工控制图,监理单位要认真对施工单位的测量结果进行复核校对,并要有测量复核校对记录,且将复核记录提交给业主和施工单位。

(2)高程控制及沉降观测。根据业主提供的水准高程,在建筑物四周布设水准点,并将原黄海高程系统换算成以底层屋内地坪 ±0.000 的相对高程。现场监理要认真复核 ±0.000 相对高程的准确性,以确保测量的精度、控制误差。要检查施工单位的沉降观测布置图,准确地将观测点埋设于建筑物内,观测点布置要坚固,要进行保护,利于观测。监理要认真检查沉降观测的原始记录,对其结果复测校核,并及时向业主提供沉降观测的结果。

(3)建筑物的定位放样和建筑物主轴线的引测。按温州市规定:建筑物外包线的定位放样一律由市规划局委托持证专业测绘单位执行,向业主和施工单位交桩,在基础浇筑前再由市规划局核查。

(4)在施工中对重要的控制部位,现场监理要亲自复核抽查,以确保偏差在允许范围之内。

(5)检查基坑土方开挖底标高的准确性。

(6)现场监理要检查建筑物主轴线的测设和引测情况。

(7)检查基础底、垫层、基础顶、各楼层、屋顶面的抄平的高程引测和层高。

(8)检查建筑物的沉降、竖向倾斜、位移测量情况。

(9)检查施工塔吊、施工电梯的沉降与倾斜情况。

5.3　材料监理

5.3.1　水泥

(1)水泥生产厂家的生产许可证或产品质量认证证书或地方建设主管部门核发的水泥准用认证证书。

(2)水泥生产厂家提供的该批产品编号的质量试验报告单。

(3)由施工企业提交监理现场见证取样送检的水泥抽验、复试报告单。

①散装水泥:对同一水泥厂生产的同期出厂的同品种、同强度等级水泥,以一次进场,同一出厂编号的水泥为一批,但同一批总量不得超过500 t,取样时应随机从不少于3个车罐中各取等量水泥混拌均匀后,再从中称取不少于12 kg水泥作为这一批的试样。

②袋装水泥:对同一水泥厂出产的同期出厂的同品种、同强度等级的水泥,以一同进场,同一出厂编号的水泥为一批,但一批的总量不得超过200 t,取样时应随机地从不少于20袋中各采取等量水泥混拌均匀后,再从中称取不少于12 kg水泥作为这一批的试样。

③对已进场存放期超过3个月的水泥,尽管刚进场时已经复试,在使用前还必须进行再复试,并按复试结果酌情使用。

④不同品种、不同强度等级、不同厂家的水泥不能混合使用。

5.3.2　钢筋

(1)每月进入现场的钢筋必须有出厂质量证明书,并要现场抽样去实验室进行机械性能复验,各项技术指标合格后方准使用,必要时还要进行化学成分分析。

(2)钢筋应按批进行检查和验收,要求进入现场的钢筋表面洁净,无损伤、铁锈、油污,如有缺陷,则要求施工单位进行处理。

(3)钢筋的焊接,施工单位必须预先制作同条件的焊接试件,通过试验检测合格后,方能进场电焊操作。

焊拉件的取样,闪光对焊在同一班内,由同一焊工完成300个同级别,同直径钢筋焊接头应作为一批,如累计不足300个接头也作一批计算,每批成品中切取6个试件,3个做拉伸试验,3个做弯曲试验;电弧焊以300个同类型接头作为一批,从每批成品中切取3个接头做拉伸试验;电渣压力焊以每300个同类型接头为一批(每一楼层中以300个同类型接头作为一批),从每批成品中切取3个接头作拉伸试验;监理要现场随机抽样,不得弄虚作假,监理人员必须对试样进行监护。

取样方法:拉伸2个,长度取值 $10d+250$ mm;弯曲2个,长度取值 $10d+150$ mm。

5.3.3　砂、石、砂浆、混凝土

(1)审查砂、石进场后抽验的复试报告。

(2)取样方法。

①砂、石试验应以同一产地、同一规格,同一进场时间,每400 m^3 或600 t为一验收批,不足400 m^3 或600 t亦为一验收批。

②每一验收批砂取样30 kg,石取样80 kg,如同时申请混凝土配合比,则需要每申请一个配合比,砂另取样20 kg,石另外再取样40 kg。

③取样方法:应从每个单位工程的料堆上取样,取样部位均匀分,取样时先将取样部位表层铲除,然后取样:

砂子—由8个部位抽取大致相等的数量,搅拌均匀后取一个样。

石子—从料堆上、中、下三层,每层均选5个点,等量抽取,搅拌均匀后组成一个试样。

5.3.4　外加剂

(1)混凝土掺用的外加剂及水泥搅拌桩所掺加木质钙、石膏等,应有产品合格证,使用时要与水泥成分、水及其物质的相容性,以保证混凝土质量。

(2)现场取样要按国家《混凝土外加剂》(GB 8076—2008)标准规定方法与项目进行试验;如有疑问,交国家指定的检验机构进行复检。

5.3.5　墙体材料

(1)多孔砖砌块的品种、规格和强度等级都必须符合规范和设计要求。

(2)凡所用的多孔砖砌块都必须经监理随机取样送实验室检测,若检验不合格,应清退出场或降级使用处理。

(3)检验的取样方法:以用同一种工艺制成的同等级的5万块为一批,数量不足5万块时亦为一批,由外观合格的样品中随机抽取10块做抗压强度检验。

审查的资料有生产厂的产品生产合格证或当地建筑材料质量监督检测站的产品质量检测报告,进场后或从生产随机按规定抽验的复试报告。

5.3.6　防水材料

(1)生产厂家产品合格证。

(2)产品使用说明书。

(3)京津等城市地建设主管部门核发的"建筑材料使用认证"证书。

(4)防水施工专业队伍的资质等级证书。

(5)防水队员工上岗证。

(6)以现场抽验的防水材料复试报告。

取样方法如下:

(1)石油沥青油毡:将取样的一卷切除,距外层头卷250 mm后顺纵向截取长度为500 mm的全幅卷材两块。

(2)高聚物改性沥青防水卷材:同石油沥青油毡取样方法与数量一样。

(3)取氯乙烯防水卷材:在经外观检查的卷材中位取一卷,在距端300 m处截取3 m。

5.3.7　饰面材料

(1)材料的品种、规格、图案及颜色应符合设计要求。

(2)按国家、行业或地方标准的饰面板、饰面砖进行外观质量检查,同时应审查出厂合格证及当地建筑材料质检部门所做的检测报告。

5.4　基础工程施工监理

(1)全面了解周围建筑物的地质资料、地下管线以及地面荷载情况,并做好记录,基底土质,开挖范围和深度要符合设计要求。

(2)认真审核施工的支护方案和排水措施,使支护桩能起到挡土止水的作用,达到排水和降水施工;开挖前对边坡稳定降水措施和挖土方案、运土路线、堆叠位置应编制方案,经审查批准后才能开工。

(3)不将弃土堆在槽坑附近,不得向基桩挠动、加压。

(4)回填土应排除积水,清除含水率高的浮土和建筑垃圾,并分层对称压实。

(5)禁止超挖,超挖的补救措施须经设计单位同意。

(6)垫层和找平层按设计要求设置,垫层必须夯实,片石最好小头朝上。

(7)允许偏差:槽坑标高0,长、宽度 $-50\sim0$ mm,回填土标高 $0\sim50$ mm,表面平整度20 mm。

(8)标出基础挖土界线,基坑(槽)开挖时,在坑顶两边一定距离(一般为0.8 mm)内不得堆放弃土,在此距离外堆土高度不超过1.5 m,否则,应验边坡的稳定性。挖土时应在基底标高以上保留 $150\sim300$ mm厚的土层,待基础施工时再行挖去。

(9)软土地区开挖基坑(槽)时,要符合以下规定:

①施工前必须做好地面排水和降低地下水位工作,地下水位应降低至基坑以下0.5~1.0 m后,方可开挖,并保持至回填完毕。

②施工机械行驶道路应填筑适当厚度的碎石或砾石,必要时应铺设工具路基箱或梢排等。

③相邻基坑(槽)开挖时,应遵循先深后浅同时进行的施工顺序,并应及时做好基础。

④挖出的土不得堆放在坡顶或建筑物附近。

⑤深基坑土方开挖时,按实际情况多设置些沉降、位移观测点,定时、定人地对其进行观测,并且做好记录,以便分析研究,发现情况及时酌情处理;严重时还应停工处理。

5.5　主体钢筋混凝土结构施工监理

(1)要认真审核施工单位模板的施工组织方案,检查模板的强度和刚度,保证施工安全;检查模板的标高、尺寸、位置是否符合设计要求,检查预留孔和预埋件的准确性。要对模板本身的质量进行检查,不能再次使用的坚决不准使用。

(2)要检查模板的轴线位置、板底标高、垂直度和垂直交角、平整度、刚度,要检查楼梯模板的标高和角度,模板安装完成后,在施工单位自检合格的基础上,监理还应对柱模的垂直度进行垂吊检查核验,做好隐蔽工程的验收工作。不符要求时,坚决令其返工改正。

(3)钢筋隐蔽质量的检查和验收:

①熟悉图纸,对各构件的配筋情况,监理内部进行技术交底,施工时,到现场依照图纸认真核对。

②经常到钢筋加工现场检查加工情况,发现问题时,立即明确指出。

③钢筋焊接质量要严格把关,焊接接头位置,搭接长度、宽度及焊接与焊缝质量、焊渣清除情况要满足施工规范要求。

④经常到钢筋安装现场检查安装情况,对不符合设计和规范的行为要求其立即改正。照图核查,检查施工时是否有遗漏。

⑤梁柱节点钢筋的检查,避免节点处钢筋的箍筋遗漏或间距过大。

⑥加强巡视和旁站力度,对施工现场质量和安全进行仔细检查。

⑦查阅《混凝土结构施工图平面整体表示方法制图规则和构造详图(现浇混凝土框架、剪力墙、梁、板》(16G101-1)和设计图纸,作为检查的依据。

⑧认真检查受力钢筋的保护层、规格直径、钢筋间距、锚固长度、弯折等情况。

⑨熟悉图纸,协助核查水电安装的孔洞预留和隐蔽预埋。

(4)检查水泥出厂合格证、质量保证单,施工单位事先应将混凝土配合比化验单及浇筑方法提交监理审查,并以此标准进行检查。

(5)现场监理应对现浇、现捣、搅拌时间、间歇时间、施工试块、坍落度、水灰比等做好认真检查和抽查。经常抽查混凝土厚度,对板厚和振捣时间及频率进行有效监控。

(6)柱子混凝土的浇筑:浇筑前底部应先填以5~10 cm厚与混凝土配合比相同的减半石子混凝土,柱混凝土应分层振捣。

(7)梁板混凝土浇筑:肋形楼板的梁应同时浇筑,浇筑时应顺方向。浇筑大梁时,应从梁的两端向中间浇筑,或由一端开始用"赶浆法",不允许从中间向两端中间浇筑。

(8)楼梯混凝土的浇筑:楼梯段混凝土应自下而上浇筑,先振实底板混凝土,在达到踏步位置时与混凝土一起浇捣,连续向上推进。

(9)施工缝的位置:柱的施工缝应留在梁下面,梁板沿着梁方向浇筑,施工缝应留在次梁跨中间三分之一范围内,应留垂直缝,不准留斜楼,施工缝要用木板挡牢,如沿主梁浇筑,施工缝应留置在主梁跨度的中间三分之一范围内,单向板留置在平行于板的短边的任何位置,双向板按设计要求设置;楼梯应留置在楼梯段三分之一的部位,且应为垂直缝。

(10)施工缝的处理,在浇筑的混凝土,其抗压强度不应小于1.2 N/mm^2,在已硬化的混凝土,先用水泥等湿润,再加与混凝土配合比相同的水泥砂浆。

(11)要认真掌握拆模时间,拆模时间必须符合施工规范规定。

(12)拆模后发现蜂窝、麻面等不良缺陷时,施工单位应及时通知现场监理实地查看,并提出补强方案,由监理主认可实施,如果问题严重,必须请设计院、质监站到现场共同研究加固处理方案。

(13)拆除模板后,监理要检查轴线、标高、垂直度、平整度的质量情况。

5.6　砌体工程施工监理

(1)每批砖砌块的品种、规格、强度等级及外观必须符合设计要求,并有质量证明书及市建设主管部门颁发的准用证。

(2)水泥砂浆、混合砂浆要严格按设计配合比拌制,所用水泥、砂、石灰膏要按质量要求,并按规定制作试块,检验其强度。砂浆随拌随用。

(3)砌体的轴线、标高,砌筑前先立好皮数杆,立杆的位置应合理、垂直。监理要随时检查墙体轴线,砌前要清除基底尘土,并要湿润基底,砖要先浇水湿透(灰砂砖当天不能浇水)。

(4)墙与构造柱连接处要砌成马牙槎,并留拉结筋,门洞、窗边及转角外要实砌。

(5)砌体砂浆灰缝要饱满,砖缝要横平竖直。

(6)内外墙宜同时砌筑,不能同时砌的必须砌成斜槎,砌筑高差不宜大于一步脚手架高,并要注意构造柱与墙体拉结筋的距离、根数、长度等必须符合规定。拉结筋部分要用混凝土浇筑。

(7)砌体完成要抽查墙体垂直度、表面平整度、灰缝饱满度。

5.7　楼地面工程施工监理

(1)地坪应平整,地坪标高符合设计要求,有排水要求的坡度应与排水方向一致,不应有倒坡。

(2)垫层、构造层的材料强度应符合设计要求和施工规范的规定。

(3)各种面层的材质、强度、外观质量应符合设计与施工规范要求。

(4)所有管道预埋件、预留孔洞,必须经检查符合设计要求后方可浇筑。

(5)面层与基层、垫层、找平层等施工,必须捣实牢固以防空鼓。

(6)细石混凝土面层,施工前应清除基底垃圾,先洗水湿润,作出标高标志,铺设后用纯水泥浆扫面,随铺随拍实,拍平后进行分块抹平压光。

(7)所有楼地面,屋面完工后应保持清洁、美观。

(8)混凝土(水泥砂浆)整体面层施工工艺流程:清理基层→弹面层水平线→湿润基层→刷素水泥浆→铺混凝土(铺水泥砂浆)→振捣(刮尺刮平、木抹子搓平、压实)→三遍压密、抹光→养护。

①施工前的质量监理。

②审批施工方案,重点是工艺流程、原材料及混凝土配合比、人员组织及技术措施。

③水泥要有出厂合格证及试验报告,砂、石应试验。

(9)施工过程中的质量监理,严把材料质量关:要用中砂或粗砂,含泥量不大于3%。石子粒不应大于15 mm和面层厚度的2/5。水泥宜用硅酸盐水泥或普通硅酸盐水泥,强度等级不低于32.5,安定性要合格。严禁使用过期水泥或将不同品种、强度等级的水泥混用。严格控制水泥砂浆和混凝土的水灰比,切忌水灰比过大。混凝土强度等级应符合设计要求,配合比要经过试配。

(10)防止楼、地面空鼓。要监督承包人严格处理好底层(垫层或基层),使底层具有清洁、湿润、粗糙的表面,并在铺设面层时,刷素水泥浆,随刷随铺。

(11)压光工序时间安排要适当。压光过早,水泥的水化作用刚开始,凝胶尚未全部形成,游离水分较多,对面层砂浆的强度和抗磨能力不利;压光过晚,水泥已终凝硬化,无法消除面层表面的毛细孔及抹痕,且会扰动已硬结的表面,降低面层砂浆的强度和抗磨能力。

(12)严格养护制度。水泥地面压光后,一般在12小时后进行洒水养护,连续养护的时间不应少于7天。浇水次数应使地面始终保持润湿状态。不养护或养护天数不够,水泥的水化作用都会受到影响,减缓硬化速度,甚至停止硬化,导致面层表面不耐磨,起砂。

5.8 门窗施工质量的监理

(1)各种门、窗及其附件质量必须符合设计和有关质量标准的规定,并有产品质量合格书。

(2)安装前逐个检查,核对其规格、型号。安装时开放方向及气密性、水密性必须符合设计和规范要求,若因搬运和堆放造成的质量问题,应处理合格后方可安装。

(3)门窗安装位置、开启方向、标高必须符合设计要求,安装必须牢固,预埋件的数量、位置、埋设、连接方法必须符合设计要求。

(4)门窗框与墙体等主体结构之间的填塞材料必须符合规范要求:坚决不能用水泥砂浆作窗框与墙体之间的填塞材料,填塞缝隙只能在10~20 mm,宜采用砂棉或玻璃棉毡分层填塞缝隙(目前都采用发泡剂),外表要留5~8 mm深槽口填嵌缝油膏。填嵌材料应饱满密实,表面平整。

(5)门窗与墙体连接固定的方法应符合设计要求,门窗框与墙体固定一般采用不锈钢或经防腐处理的软件连接,严禁用电焊直接与框架焊接。

(6)窗、框、扇的标准槽必须嵌合严密,以胶料胶结,并用胶楔夹紧。胶料品种必须符合施工规范的规定。

(7)检查门窗小五金安装情况,应当位置适宜,边缘整齐,尺寸正确、零件安装齐全,插销关启灵活。

5.9 装饰工程施工质量的监理

5.9.1 抹灰工程施工监理

(1)一般抹灰工程施工前,监理工程师应参加施工方技术交底会,根据质量等级提出注意事项和检查标准。砂浆的和易性取决于砂浆的稠度和保水性能。通常底层的稠度为10~12 cm,砂的最大粒径为2.8 mm;中层稠度为7~9 cm,砂的最大粒径为2.6 mm;面层稠度为7~8 cm,砂的最大粒径为1.2 mm。检查基体表面的平整度。基体表面应清除干净。对局部凹凸处应提前凿平或用1:3水泥砂浆找平。阳角处,应用1:2水泥砂浆做护角,每侧宽度不小于50 mm。

检查验收钢、木门窗框位置是否正确,与墙连接应牢固,连接处的缝隙应分层嵌塞密实。

木结构与砖石结构、混凝土结构等相接处应在基体表面铺钉金属网,金属网搭接宽度应满足要求,并应绷紧牢固。

(2)协调好与安装工程的配合。上下水、煤气等管道安装应在抹灰前进行;散热器和密集管道等背后的墙面抹灰,宜在散热器和管道安装前进行。

(3)基体应在抹灰前充分湿润。

(4)一般抹灰工程施工过程中的质量监理:

①抹灰砂浆应在配比和稠度等检查合格后,方可使用。水泥砂浆及掺有水泥或石膏拌制的砂浆,应控制在初凝前用完,超过初凝时间的不允许再使用。

②按规范要求督促承包人控制抹灰层的平均厚度并应严格控制每遍的厚度,水泥砂浆宜为5~7 cm,石灰砂浆和水泥石灰砂浆每遍厚度宜为7~9 cm。

③水泥砂浆和水泥石灰砂浆应等前一层抹灰层凝结后,方可涂抹后一层;石灰砂浆应等前一层7~8成干发白后,方可涂抹后一层。

④检查外墙的窗台、窗楣、雨篷、阳台、压顶和突腰线等处,上面做流水坡度,下面做滴水线或滴水槽。滴水槽的宽度和深度均不应小10 mm,并整齐一致。

⑤检查底层砂浆与中层砂浆的配合比是否基本相同。中层砂浆不能高出底层,底层砂浆不能高于基层墙体,以免在层间产生较强的收缩应力,造成空鼓、裂缝等质量问题。

⑥门窗框边要认真塞缝,确保与墙体连接牢固;安装钢窗,窗台抹灰应不低于钢窗框下 1 cm,以防止渗漏水。

⑦抹灰完成后,应普遍检查是否有空鼓、裂缝情况。如有,达到 20 cm×20 cm 的空鼓必须返工。

(5)检查抹灰层与基层之间黏结牢固程度,严禁有空鼓、脱层、面层爆灰、裂缝等。

(6)抹灰表面应光滑、平整、洁净、颜色均匀、无抹纹,线角和灰线应平直、方正,滴水线进出深一致,整齐美观。

(7)门窗框四周咬灰整齐一致,窗口门套光滑,四周镶嵌密实,外窗泛水要合适,不得有倒泛水,内窗盘必须高于外窗盘,窗盘两端出进必须对称。

5.9.2 瓷砖贴面的监理

(1)瓷砖的品种、规格、颜色必须符合设计要求,并先做样板墙面,经业主检查满意后,再大面积全面展开施工。

(2)瓷砖镶贴必须牢固,无歪斜、缺棱掉角和紧缝、空鼓和脱落等缺陷。

(3)检查饰面板表面质量应符合以下规定:表面平整、洁净、颜色一致,无变色、污痕和明显的光泽受损,无空鼓现象。接缝嵌密实、平直、宽窄一致,颜色一致,阴阳角处的板(砖)压向正确,非整砖的使用部位适宜。用整砖套割场全,边缘整齐,墙裙、贴脸等突出墙面的厚度要一致。

(4)检查流水坡向和滴水线的质量情况:流水坡向正确,滴水线顺直。

5.10 屋面工程施工监理

5.10.1 屋面水泥砂浆找平层的监理

(1)检查制作层面的原材料出厂合格证,配合比必须符合设计和施工规范的规定。

(2)屋面找平层的坡度必须符合设计要求。

(3)检查水泥砂浆找平层表面的质量情况,要求无胶皮和起砂等缺陷。

(4)检查找平层与突出层面结构的连接处和转角处的质量。

(5)检查表面平整度,用 2 m 靠尺和塞尺检查,其偏差不能超过 5 m。

(6)检查找平层的养护情况,7 天内保持表面湿润。

(7)找平层施工完毕,量测验收满足设计和施工验收规范要求,由监理工程师在承包人填写的报表上签认后,承包人方可进行下道工序的施工。

5.10.2 屋面保温(隔热)层的监理

(1)检查保温层材料的强度、表观密度、导热系数和含水率,以及配合比,粒径、堆积密度(散粒型),密度、厚度、板的形状和强度(板状型)。同一批材料至少抽检一次。保温材料的质量标准应符设计要求和施工规范的要求。

(2)铺设的保温层的基层,应干燥、平整、干净并经检查验收合格。

(3)对松散粒状保温层应分段分层铺设,应控制其适度的密实性;每层铺设厚度不宜大于 150 mm,压实程度及厚度应根据设计和试验确定。

(4)检查保温层表面平整度和厚度,用 2 m 靠尺和楔形塞尺检查,偏差不能超过 5 mm。保温层厚度用钢钉插入和尺量,检查偏差必须符合施工规范要求。

(5)保温层施工完成后,应及时铺抹水泥砂浆找平层,以减少受潮和进水,尤其在雨季施工,更要及时采取措施。

5.10.3 屋面防水卷材工程的监理

(1)油毡卷材和胶结材料的品种、强度等级及玛琋脂配合比,必须符合设计要求及施工规范规定,要严格检查产品出厂合格证、配合比或有关试验报告。施工作业人员必须持证上岗。

(2)基层必须干净、平整、牢固、干燥。

检查方法:目测无杂物、渣粒;用防水卷材覆盖基层 1 m^2 面积,3 ~ 4 小时后揭开,被覆盖部分未见水印,或与其余部分颜色基本一致,说明已达干燥;如颜色明显深,说明含水率较多。

(3)卷材防水材料在女儿墙或其他垂直于屋面的墙面上收口的处置,必须可行可靠。

(4)内排水落水口配件及其他预埋件,应安置稳妥,并作除锈、防锈处理。

(5)排气槽与大气连通的排气孔应设置稳固,排气通畅。

(6)穿过屋面与防水层的管道、设备或预埋件,应在防水层施工前安装好,并做好防水措施。

(7)卷材铺贴前,应将卷材上的云母片或滑石粉清刷干净。

(8)使用新型防水卷材,应充分掌握其标准、性能、使用说明,并严格遵照执行。

(9)在防水卷材的铺设过程中,监理人员应监督承包人严格执行施工技术方案中的施工程序、措施及操作,并跟踪检查。

(10)卷材屋面防水工程的验收,验收工作应在防水卷材铺贴完毕,容许上人和注水的情况下进行。

竣工屋面应表面平整度符合排水要求,无渗漏水、积水现象。检查屋面防水效果可在雨天后观察屋面积水情况。蓄水检查时,蓄水深度应使有坡度的屋面最高处浸没在水中,持续 24 小时后检查渗漏水情况。检查时,蓄水工作由承包人承担,检查工作由监理工程师、承包人双方在场进行,发现渗漏水及屋面积水现象,由承包人承担返修处理工作,直至达到质量标准。经试水检验后,未出现渗漏水及屋面积水,监理工程师签署卷材屋面防水分项工程质量验收的书面意见。

(11)检查卷材铺贴的质量,冷底子油涂刷要均匀,铺贴方法、压接顺序、搭接长度必须符合施工规范规定,黏结牢固,无滑移、翘边、起泡皱折等缺陷。

(12)检查泛水,檐口及变形缝的做法是否符合设计和施工规范规定,黏结必须牢固,封盖严密,附加层及泛水立面收头等处,做法要严格按规范检查。

(13)检查卷材搭接宽度不能小于 10 cm,玛帝脂,软化点为 5 ℃,沥青胶结材料使用湿度允许偏差 -10 ℃。

5.10.4　细石混凝土(刚性)屋面工程的监理

通常把现浇混凝土(包括细石混凝土和补偿收缩混凝土)防水块体作为防水层的屋面定作刚性防水屋面。这种屋面主要适用于防水等级为Ⅲ级的屋面,也可作Ⅰ、Ⅱ级屋面多道防水设防中的一道。刚性防水屋面不适用于设有松散材料作为保温层的屋面以及受较大震动或冲击的建筑屋面。

(1)施工工艺流程为:清理屋面基层→作找平层→铺设隔离材料→绑扎钢筋网片→设置分隔缝木条→浇筑细石混凝土→养护、直至干燥→取出分格缝木条→清缝→分隔缝用油膏嵌封。

当采用补偿收缩混凝土做防水层时,可不作隔离层。

(2)检查原材料、外加剂、混凝土防水性能及强度,必须符合规范的规定。

(3)检查钢筋网的规格,间距及保护层厚度必须符合设计要求。

(4)水泥掺和量、水灰比、外加剂应严格按照设计图纸及施工规范进行。

(5)检查混凝土厚度,必须符合设计要求。

细石混凝土(包括补偿收缩混凝土)的配合比,在施工前,承包人应进行试配,并提交试配报告,监理工程师作出认可的书面意见后,承包人方可按此配合比实施。

(6)刚性防水层施工过程中的质量监理。

(7)严格执行混凝土浇捣签证制,由承包人填写混凝土浇捣申请单,监理工程师作全面检查,隐蔽验收签证后,签署混凝土开盘认可签证,承包人方可搅拌混凝土。

(8)监理人员应经常检查承包人对混凝土配合比的实施情况。抽查发现未执行混凝土配合比或有违反施工规范的做法,监理人员应及时向承包人提出,督促其纠正。

(9)检查督促承包人控制好下述关键问题:

①分格缝的设置和处理。分格缝应按设计要求设置，所有分格缝应互相连通，如有间断应凿通；分格缝内，缝壁和缝两外侧 50～60 mm 内的水泥浆等杂物应清除干净，用密封材料嵌缝；嵌缝工作必须在混凝土养护完毕，表面干燥发白（表面含水率不大于6%）后进行；雾天及混凝土表面有冰雪、雾露时不得施工。

②钢筋网的设置。钢筋需调直，按设计要求布置钢筋网，分格缝处钢筋网要断开，两端必须弯钩；钢筋网与屋面基层的距离约为防水层厚度的2/3，不得贴靠基层，也不得露筋。

③混凝土面层的浇灌质量。混凝土防水层施工缝应留在分格缝的位置上，混凝土厚度及坡度应符合设计要求。

④混凝土防水层浇筑完毕，要做好养护工作，尤其对补偿收缩混凝土更需加强养护，并检查其养护所需的天数。

⑤最终质量标准：按设计要求和施工规范的规定，表面应平整，通过压光后，细石英钟混凝土防水层的表面无裂缝、起壳、起砂等缺陷。

5.10.5 屋面接缝密封防水施工质量监理

（1）检查填嵌密封材料接缝的宽、深度。宽度不应大于40 mm，且不小于10 mm；深度控制在0.5～0.7的宽度。

（2）检查基层处理是否达到要求：表面平整、密实、干净、干燥。

（3）背衬材料应选与密封材料不黏结或少黏结的材料。

（4）需跟踪检查嵌缝质量。检查密封材料的施工度，以保证填嵌严密，黏结牢固；还应检查成品保护手段，以确保成品的功能。

6 监理工作的方法及要点

6.1 监理工作方法

6.1.1 巡视、旁站

根据钻孔灌注桩的工艺特点，对施工全过程进行监理跟踪巡视和旁站，并明确规定旁站监控点，对下钢筋笼和水下混凝土的灌注等关键工序的质量进行严格的旁站监理。

6.1.2 严格检查验收程序

本桩基工程存在总、分包及其下属的劳务队伍，质量管理和质量控制应严格按照班组自检→分包自查→总包复查→监理验收的程序进行。

6.1.3 监理指令

监理指令如表6.1所示。

表6.1 监理指令

存在问题	监理方法	监理指令
准备工作和施工过程中存在问题	巡视	口头通知、“监理巡视通知单” “监理工作联系单”
关键质量控制点存在问题	旁站	口头通知、“监理工程师通知单”、质量专题会
工序验收节点存在问题	检查、验收	口头通知、“监理工作联系单”“监理通知单”
进度方面存在问题	人、机、物工作效率统计	“监理工作联系单”、进度专题会
安全文明施工存在问题	巡视、检查	口头通知、“安全监理联系单”

6.1.4　质量会议

每周主持召开工程例会,针对重要质量问题召开专题会议。

6.2　监理措施

6.2.1　组织措施(人员分工)

6.2.1.1　总监理工程师

项目监理部实行总监理工程师负责制,总监理工程师负责全面履行项目监理合同业务。

6.2.1.2　总监理工程师代表

负责总监理工程师指定或交办的监理工作,按总监理工程师的授权,行使总监理工程师的部分职责和权力。

6.2.1.3　土建监理工程师

负责编写监理实施细则;负责监理工作的具体实施;组织、指导、检查和督促监理员的工作,当人员需要调整时,向总监理工程师提出建议;审查承包单位提交的计划、方案、申请、变更,并向总监理工程师提出报告;负责分项工程验收及隐蔽工程验收;定期向总监理工程师提交监理工作实施情况报告,对重大问题及时向总监理工程师汇报和请示;做好监理日记;负责监理资料的收集、汇总及整理,参与编写监理月报;核查进场材料、设备、构配件的原始凭证、检测报告等质量证明文件及其质量情况,根据实际情况认为有必要时对进场材料、设备、构配件进行平行检验,合格时予以签认;负责工程计量工作,审核工程计量的数据和原始凭证。

6.2.1.4　土建监理员

在专业监理工程师的指导下开展现场监理工作:检查承包单位投入工程项目的人力、材料、主要设备及其使用、运行状况,并做好检查记录;复核或从施工现场直接获取工程计量的有关数据并签署原始凭证;对承包单位的工艺过程或施工工序进行检查和记录,对加工制作及工序施工质量检查结果进行记录;担任旁站工作,发现问题及时指出并向专业监理工程师报告;做好监理日记和有关的监理记录。

6.2.1.5　资料员

负责图纸资料保管及技术档案的管理,制定收、发文件编号及存档办法;记录每天的现场天气情况及人员考勤;登记监理台账。

6.2.2　技术措施

(1)组织所有监理人员全面地阅读图纸等技术文件,提出书面意见,参加设计交底,制定详细的监理细则。

(2)详细审核施工方提交的组织设计。

(3)严格审查施工总包的质量管理和质保体系的建立、健全和实施。

(4)研究分析各工序施工质量风险点,合理确定质量控制关键点。

(5)注重质量、进度、安全文明综合监控,参与管理,促进良性循环的形成。

6.2.3　安全、文明施工监理措施

6.2.3.1　安全监理工作措施

(1)对施工单位的安全生产责任制、安全生产保证体系进行检查审核,并督促其建立完善。对施工单位在施工过程中制定的各项安全描述措施进行检查、审核,并对其具体的实施情况进行监理。

(2)依照安全生产的法规、规定、标准及监理合同要求,督促协调施工单位从管理入手,全面在施工中执行各种规范,对可能发生的事故,采取预防措施,实施施工全过程的安全生产。及时制止和纠正各种违章作业,及时发现各种隐患,督促其整改。对其重大隐患和问题有权责令施工单位停工整改。

(3)对施工单位施工机械设备的数量、性能、检修证及特种工种作业人员操作证等进行审核、监督,确保机械设备的正常运转,消除不安全隐患。

(4)审查施工单位提交的施工现场平面布置;督促施工单位定期或不定期检查用电,机械设备,临边防护、消防安全等。

(5)每日巡视,并做好安全监理日记,每周对施工现场的安全用电、运用明火、防护设施、消防器材的设置、设备安装、防火、防事故措施的落实情况进行一次综合性的检查。每月书面向建设单位工程项目管理组反馈安全监理情况,重大信息及时汇报。

(6)检查施工单位特殊工种的上岗操作证。

(7)五级风以上严禁高空作业,有关设备或设施应装设防雷装置,以防雷击。

6.2.3.2 文明施工监理工作措施

(1)检查督促施工单位按规定做好施工区域与非施工区域之间分隔、路拦的设置。

(2)检查本工地的排水设施,督促封堵排水管道的申报手续,以及检查督促对公用设施的不良影响。

(3)管线的保护措施和其他应急设施(包括防污设施)的落实。

(4)由于红线桩在公路上,检查督促施工单位保持施工沿线单位居民的出入口和道路的畅通、整洁,凡在施工道路的交叉口要按规定设置交通标志牌,夜间设示警示灯,防止事故发生。

(5)检查督促施工单位按规定落实各类材料及土方的堆放,做到整齐有序,不侵占人行道、车行道、消防通道。

(6)检查督促施工单位在施工中防止渣土洒落,泥浆废水流溢,粉尘飞扬,减少施工对市容环境和绿化的污染。严格控制噪声。

(7)检查督促施工单位按规定做到工地"五小"设施齐全,建立各项管理制度,落实卫生包干责任制,搞好施工区域和生活区域的环境卫生。

(8)工程竣工后,检查督促施工单位在规定期限内完成现场的清场工作。

(9)对检查中发现存在的问题,要以书面通知施工单位,落实整改并及时向建设单位反馈。

6.3 监理旁站内容、方法和要求

6.3.1 旁站工序

确定钢筋笼下放和水下混凝土灌注为关键工序,要求当班监理人员必须实施旁站监理。

6.3.2 工作要求

(1)检查施工单位管理人员的到位情况。

(2)检查施工执行施工方案以及工程建设强制标准情况。

(3)严格按照监理工作的控制要点和目标值中相应工序的质量要求进行过程检验。

(4)认真、准确地做好旁站监理记录。

(5)发现异常问题,当班监理员应及时向专业监理师或总监进行报告,经妥善处理后方可进行下道工序施工。

6.3.3 主体工程(框架)施工监理

6.3.3.1 模板施工监理

(1)检查模板的标高尺寸、立模位置是否符合设计要求。

(2)立模后在施工单位自检,监理抽检预留孔(洞)预埋件的位置,并参与隐蔽工程的验收,督促施工单位检查模板垂直度、垂直交角等事项。

6.3.3.2 钢筋施工监理

检查钢筋的规格、焊接工艺和焊接质量是否符合现行的规定,钢筋型号、根数、搭接长度、锚固弯钩形状等,经监理抽验签证合格后方可进行下道工序施工。同时会同质监部门给予验收。

6.3.3.3 现浇混凝土施工监理

(1)水泥出厂合格证质保单予以验证,施工单位事先应将混凝土配合比、级配化验报告及浇筑方法提交监理审查,并以此标准予以检查。

(2)现浇混凝土时监理员做到跟踪监理,对现浇、振捣、搅拌时间,间歇施工、试块、坍落度要随时抽查。梁和板的一端向另一端推进,不允许从中间向两端浇捣。严格掌握模板拆模时间,使混凝土达到一定强度(75%以上,悬挑部位混凝土强度一定要达到100%)才允许拆模,拆模要经监理同意后按规定的顺序拆除,顶柱支撑模板一定要严格控制。模板拆除后现场监理及时查看,混凝土面是否有麻面、露筋、空、孔洞等质量问题,若发现有上述问题,立即向施工单位提出补救措施。

(3)施工单位在拆模后应进行轴线、层高、垂直度测量检查。

6.3.4　砌体工程施工监理

(1)每批砖的品种、规格及外观必须符合要求,并有质保单、复检报告。

(2)水泥砂浆、混合砂浆要严格按设计配合比拌制,所用的水泥、砂、石灰膏要符合质量要求(事先送样化验),并按规定制作试块,检查其强度。砂浆随拌随用。

(3)砌体的轴线及标高,砌前应测量核对轴线,搭好脚手架,立好皮数杆,立杆的位置应合理、垂直。现场监理经常检查墙体轴线和皮数杆的使用情况。砌前要清除基底尘土,并要湿润基底。灰砂砖不能当天浇水湿润砌墙,灰砂砖砌体应按市建设局颁发“灰砂砖砌体施工技术规定”执行。

(4)砌体砂浆灰缝要饱满,砖缝要做到横平竖直。

(5)内外墙应同时砌筑,并要检查构造柱(或框架柱)与墙体拉接筋的距离、根数、长度等必须符合规定。拉接筋部位要用水泥砂浆砌筑。

(6)砌体完成后应抽查墙体垂直度与砂浆饱满度,做到表面平整、水平缝平直、竖缝饱满、残浆及时清除、达到安全生产、文明施工。

6.3.5　楼地面工程施工监理

(1)地坪标高应符合设计要求,地面要平整,有排水要求的坡度应与排水方向一致,不应有倒坡倒流。

(2)垫层、构造层的材料强度应符合设计要求与施工规范的规定。

(3)各种面层的材质、强度、外观质量也应符合设计与施工规范的规定。

(4)所有管道预埋件、预留孔洞,必须经检查合格后方可浇筑。

(5)面层与基层、垫层、找平层等施工,必须要捣实牢固,以防空鼓起皮。

(6)细石混凝土面层,施工前应彻底清除基底垃圾、尘土,先浇水湿润,作出标高标志,铺设后用水泥浆扫面,随铺随拍实,刮平后进行分块抹平。

(7)所有楼地面完工后应保持清洁、美观。

6.3.6　门窗工程施工监理

(1)安装前逐个检查,核对其规格、型号、颜色。安装时开启方向及气密性、水密性必须符合设计和施工规范要求,并对基线进行复核,以确保安装正确。若在搬运和堆放时造成质量问题,处理合格后方可安装。

(2)铝合塑钢窗与墙体结构连接固定的方法应符合设计要求,门窗框与墙体固定一般采用不锈钢或经防腐处理。

(3)框与墙体间缝填嵌的矿棉柔性材料应符合规范的规定,并要填嵌饱满密实。表面要平整、光滑、无裂缝。若设计未注明,宜在外表面留5~8 mm深槽口缝,填嵌油膏,以免框边收缩而产生缝隙导致渗漏水。表面打胶,以确保平直圆滑。

6.3.7　装饰工程施工监理

6.3.7.1　一般抹灰工程的监理

(1)工艺流程为:浇水湿润→做灰饼→设置标筋→阳角做护角→抹底层灰→中层灰→抹窗台板踢脚

板(或墙裙)→抹面层灰→清理残留灰。

(2)各灰层之间及抹灰与基层之间必须黏结牢固,无脱层、空鼓,面层无爆灰和裂缝等现象。

(3)抹灰表面应光滑、平整、洁净、颜色均匀、无抹纹,线角和灰线应平直、方正。

(4)孔洞、槽、盒和管道后面的抹灰应认真做好,位置正确、边缘整齐光滑、尺寸准确,不得有漏抹的粗糙施工。

(5)护角应符合要求,表面光滑平顺、角线清楚、门窗框与墙间缝隙填塞严实、表面平整。

(6)分格条的宽度、深度要均匀、平整光滑,棱角整齐,横平竖直通顺。

(7)滴水线顺直,流水坡向正确,滴水槽深度、宽度不少于10 mm,整齐一致。

(8)楼梯间滴水线应连续,即两梯滴水线通过休息平台梁下侧连成一体,不得断开,以确保使用效果,楼梯间外休息平台应设地漏及落水管,平台水泥砂浆面层应做成向内泛水并在内下侧做鹰嘴滴水线。

6.3.7.2 油漆、刷浆、玻璃工程施工监理

(1)油漆色调一致,严禁脱皮、漏刷和反锈等现象。

(2)室内刷浆,严禁掉粉、起皮、漏刷和透底等现象。

(3)玻璃裁割尺寸正确、安装平整、牢固、无松动。

6.3.7.3 外墙(或防水装饰)饰面工程施工监理

外墙装饰的规格、颜色必须符合总体规划要求。且做到横平竖直、深浅相当,颜色一致。

6.3.8 屋面工程施工质量监理

(1)检查材料出厂合格证、质保单,配合比按设计要求施工。

(2)按找平层面积每100 m^2 抽查一次,每次10 m^2,抽查不少于3处。

(3)水泥砂浆表面每处脱皮和起砂的累计面积不超过0.5 m^2。

(4)连接的转角处应做成圆弧形或钝角。

(5)屋面落水口应做成喇叭状,并有半圆形挡网。

(6)屋面防水层要按设计要求做好,不应有鼓包、起皮,接茬要严格施工、必须符合规范要求,并要做好闭水试验,检查有否渗漏现象。若采用隔热层,要按设计要求施工,架空隔热板混凝土强度一定要达到设计要求,安装整齐均匀、平稳牢固,线条均匀美观。

7 监理工作的方法及措施

7.1 监理方法

超前监理、预防为主、跟踪监理、动态管理、加强验收、严格把关。

7.2 监理措施

7.2.1 超前监理

(1)建立健全各项规章制度。

(2)综合分析工程状况,找出工程重点、难点。

(3)加强管理,对工程重点、难点做好布控。

(4)做好监理工作交底,使监理工作有序、高效的进行。

(5)调动各方力量,发挥全员效应,努力使工程始终处于受控状态。

(6)热情服务,经常听取有关方面的各种意见。做到相互沟通、相互理解、相互支持。

(7)定期或不定期召开有关会议,分析工程进度情况,布置下步工作。做到有计划、有措施、有落实。

7.2.2　预防为主

(1)明确岗位责任制,调动人的积极性。

(2)审查施工组织设计及施工方案,并在工程施工中加以落实。

(3)认真检查各项专项方案的计划、组织的落实情况。

(4)加强工程技术交底工作,减少工作失误和工程返工。

(5)发挥质保体系作用,加强工程管理工作。

(6)编制监理细则,做好计划与预防工作的有机结合,达到预控目的。

(7)利用各种会议,贯彻预防为主的思想方针,并监督问题的落实情况。

7.2.3　跟踪监理

(1)制定有关制度,落实人员职责,安排专人对工程进展进行跟踪监理。

(2)实行旁站监理,制订旁站监理方案,对主要工程部位或专业工程部位将派"重兵"进行旁站监理。

(3)坚持现场巡视,及时发现工程中存在的问题,并加以解决,加快进度。

(4)项目部定期组织有关人员对工程进行人检查,并将检查结果通报有关单位,对存在的问题督促落实整改。

(5)经常走访业主与承包商,听取他们的意见,掌握工程进展状况,使工程达到受控状态。

7.2.4　动态管理

(1)建立信息系统,收集各种工程信息,为工程动态管理创造条件。

(2)定期或不定期召开工程分析会。计划与实际状况相比较,确定影响工程进度的因素,并加以整改。

(3)对工程计划进行纠偏、调整,确定新的目标,并进行管理,确保工程处于受控状态。

(4)安排专人对影响工程因素进行控制监理。

(5)积极与有关单位进行沟通,确保动态管理可行、顺利。

7.2.5　加强验收

(1)制定有关验收制度,落实人员职责。

(2)向承包商进行监理交底,规定验收程序,加强工序控制。

(3)重点部位旁站监理。

(4)工程实行平行检验,即项目监理部利用一定的检测手段,在承包商自检的基础上按照一定的比例独立进行检查或检测活动。

(5)做好检验批验收工作。

7.2.6　严格把关

(1)确定工程监理严格把关的工作思想,监理人员要统一认识,百年大计,质量第一。要对工程负责,对自己负责。

(2)建立严格把关工作程序,按程序办事。

(3)努力钻研业务,熟悉国家有关规范、标准,理解设计意图及要求。

(4)建立监督机制,确实做到严把工程关。

7.3　进度控制

(1)审查施工单位施工进度计划及工期保证措施。

(2)检查督促施工单位人员、设备到位情况。

(3)要求施工单位报每周进度计划,并检查其完成情况。

(4)协助施工单位实施进度计划,检查施工单位工期保证措施的落实情况。

(5)将工程实际进度与计划进度相比较,如工期滞后,要及时采取措施,适当增加投入,确保合同工期的实现。

(6)组织现场协调会。

(7)签发工程进度款支付凭证。

(8)审批工程延期。

(9)向业主提供进度报告。

(10)打桩施工速度要与工程质量相联系。尽量避免工程质量事故出现且给后续工作带来不便,影响总工期。

7.4　资金控制

(1)认真理解合同中有关资金条款内容。

(2)做好工程计量工作。

(3)严格审查有关方案中的技术措施,减少不必要的技术措施费。

(4)认真控制现场签证,确保每笔费用支出合理。

(5)认真做好每月工程进度款审核批复工作,确保每笔支付经济合理。

(6)协助业主处理承包商提出的索赔要求,审核索赔金额,向业主提供索赔处理意见和建议,避免业主的不合理支出。

(7)参与工程竣工决算。重点参与索赔、变更处理、结算审价等。

7.5　安全监理

施工中安全监理重点做好以下几方面工作:

(1)加强安全思想工作,提高安全思想认识及自我保护意识。

(2)认真审核承包商制定的安全生产管理制度,并督促其落实。

(3)定期检查安全情况,对查出的安全隐患,要组织有关责任人立即整改,并进行复检。

(4)要督促承包商对进场的机械设备加强安全管理,定期检查、保养、维修;特殊设备如吊车、电焊机、桩机,操作人员必须持证上岗,并制定安全操作规程,做好安全技术交底。

(5)加强现场临时用电管理的检查,用电要有可靠的保护(三级保护)及专人操作,发现隐患及时整改。

某工程项目旁站监理实施细则

1　工程概况(略)

2　编写依据

本旁站监理方案的编写主要依据我国的法律、法规和行政规章、现行建筑工程规范、工程建设强制性技术标准、本工程合同、勘察设计文件等,主要有:《中华人民共和国建筑法》《建设工程质量管理条例》《中华人民共和国合同法》《建设工程旁站监理管理规定》《建设工程监理人员岗位职责管理规定》《建设工程监理规范》(GB/T 50319—2013)、《建筑工程施工质量验收统一标准》(GB 50300—2013)以及适用于本工程项目的相关规范;《房屋建筑工程施工旁站监理管理办法(试行)》;本项目《监理规划》《监理细则》;本项目《施工组织设计》《施工方案》;建设单位与监理单位签订的建设工程监理合同;建设单位与施工单位签订的建筑工程施工合同;本工程地质勘察资料,企业已通过有资质的审图机构审查并作出"通过审查记录"的施工图设计文件(图纸、设计说明、设计指定的标准图集、设计交底会议纪要、设计变更文件、建设单位提出的并由原设计确认的工程变更文件等)。

3 旁站监理的范围、内容

旁站监理的范围、内容如表3.1所示。

表3.1 旁站监理的范围、内容

序号	旁站监理的范围	旁站监理工作的具体内容
1	土方回填	1. 检查基底处理质量:土方回填前应清除基底的垃圾、树根等杂物,抽除坑穴积水、淤泥,验收基底标高。如在耕植土或松土上填方,应在基底压实后再进行。 2. 对回填土料按设计要求进行检查、验收(宜优先利用基槽中挖出的土,但不得含有有机杂质)。 3. 填方施工过程中应检查排水措施,每层填筑厚度、含水量、压实遍数。填筑厚度及压实遍数应根据土质、压实系数及所用机具确定。填方工程的施工参数如每层填筑厚度、压实遍数及压实系数对重要工程均应做现场试验后确定或由设计提供。 4. ①回填前混凝土应达到一定的强度,不致因填土而受损伤。②注意回填土施工应在相对两侧或四周同时进行回填。③管沟的回填,应在完成上下水道的安装或墙间加固后再进行,并将沟槽、地坪上的积水和有机物等清除干净,为防止管道中心线位移或损坏管道,应用人工先在管道周围填土夯实,并应以管道两边同时进行。管道下部应按要求填夯回填土,漏夯或不实易造成管道下方空虚,使管道折断、渗漏。④如必须分段填夯,交接应填成阶梯形,上下层错缝距离不小于1 m。⑤雨天回填应连续进行,尽快完成,防止地面水流入坑(槽)内,现场应有防雨排水措施。 5. 填方施工结束后检查标高、压实程度
2	混凝土浇筑(含防水混凝土浇筑)	1. 施工前应对水泥、砂、石子、钢材等原材料进行检查,对施工组织设计中制定的施工顺序、监测手段(包括仪器、方法)也应检查。混凝土配合比应进行设计,不得采用经验配合比。 2. 在混凝土的浇筑地点随机抽取用于检查结构构件混凝土强度的试件,取样频次应符合相应要求,每次取样应至少留置一组标准养护试件,同条件养护试件的留置组数应根据实际需要确定(同一强度等级同条件养护试件的留置数量不宜少于10组,不应少于3组,分别用统计法和非统计法进行混凝土强度评定)。 3. 施工缝的留设应按混凝土浇筑前根据设计要求和施工技术要求确定的方案进行留设。 4. 检查混凝土开盘鉴定资料和验证混凝土配合比的混凝土标养试块。 5. 首车商品混凝土有1 m^3 润管砂浆是不符合结构混凝土要求的,必须放到外面,千万不可用于结构体。

续表3.1

序号	旁站监理的范围	旁站监理工作的具体内容
2	混凝土浇筑（含防水混凝土浇筑）	6. 抽查混凝土实际配料单，核对混凝土原材料的品种、规格、用量及实际配合比，每班至少三次。 7. 应在混凝土界面剂涂刷后1.5小时内完成该部位的混凝土浇筑。检查混凝土界面剂涂刷质量，应满刷。 8. 抽查混凝土初凝时间控制情况。 9. “二缝一带”处的施工旁站。施工缝的留设审批及监督施工缝的处理。 10. 浇筑质量检查。分层浇筑时分层厚度、洞口处对称浇筑。 11. 混凝土振捣质量检查。梁柱节点处进行全程旁站，其他部位进行抽查。不能漏振、过振、欠振。不得直接振动钢筋、不得用振动器具赶动混凝土。 12. 检查模板浇水湿润、清渣情况，控制混凝土结合面用同配合比砂浆铺垫厚度，以防止混凝土构件烂根。 13. 注意模板、钢筋的位置和牢固度，是否有变形、移位、漏浆的情况；检查插筋、预埋件的位置；检查混凝土保护层垫块有无掉落、破坏情况；监督看模、看筋工在岗检查、巡视。 14. 监督浇筑施工顺序、施工间隙、浇筑速度的控制。 15. 检查混凝土标高、面筋保护层的控制情况，监督在终凝前进行收光、压实。 16. 检查混凝土养护措施的落实情况和养护开始时间。 17. 检查夏季高温施工措施的执行情况。 18. 注意当遇雨天或含水率有显著变化时，应检查配合比的调整情况。 19. 监督安全施工。包括使用工器具的完好性、安全性，施工用电的安全性，操作人员的安全防护，未封闭的“四口”“五临边”的安全防护等。 20. 防水混凝土施工： (1)防水混凝土工程的施工，应尽可能做到一次浇筑完成。对于大体积防水混凝土工程，可采取分区浇筑、使用发热量低的水泥或掺外加剂等相应措施，以减少温度裂缝。 (2)施工期间，应做好基坑降排水工作，使地下水面低于施工底面30 cm以下，严防地下水及地面水流入基坑造成积水，影响混凝土正常硬化，导致防水混凝土强度及抗渗性降低。在主体混凝土结构施工前，必须做好垫层混凝土，使其起到辅助防线作用。 (3)模板固定不得采用螺栓拉杆或铁丝对穿，以免在混凝土内造成引水通路。如固定模板用的螺栓必须穿过防水混凝土结构时，应采取止水措施。 (4)钢筋不得用铁丝或铁钉固定在模板上，必须采用同配合比的细石混凝土或砂浆块作垫层，并确保钢筋保护层的厚度不小于30 mm，绝不允许出现负误差。 (5)在防水混凝土前，应将施工缝处的混凝土表面凿毛，清除浮粒和杂物，用水冲洗干净，保持湿润，再铺一层20～25 mm厚与原混凝土配合比相同的水泥砂浆。 (6)固定设备用的锚栓等预埋件，应在浇筑混凝土前埋设。如必须在混凝土中预留锚孔，预留孔底部须保留至少150 mm厚的混凝土。 (7)防水混凝土的养护对其抗渗性能影响极大，因此当混凝土进入终凝（约浇筑后4～6小时）时即应开始浇水养护，养护时间不少于14天。防水混凝土不宜采用蒸汽养护，冬期施工时可采取保温措施。

续表 3.1

序号	旁站监理的范围	旁站监理工作的具体内容
2	混凝土浇筑(含防水混凝土浇筑)	(8)防水混凝土不宜过早拆模,拆模时混凝土表面温度与周围气温之差不得超过15~20 ℃,以防混凝土表面出现裂缝。 (9)防水混凝土浇筑后严禁打洞,所有预埋件、预留孔都应事前埋设准确。 (10)防水混凝土工程的地下结构部分,拆模后应及时回填,以利于混凝土后期强度的增长并获得预期的抗渗性能。回填土前,亦可在结构外侧铺贴一道柔性附加防水层或抹一道刚性防水砂浆附加防水层
3	梁柱节点钢筋绑扎	1. 钢筋应有出厂质量证明和检验报告单,并按有关规定分批抽取试样做机械性能试验,合格后方可使用。 2. 冷拉钢筋表面不得有裂纹和局部缩颈,冷弯后不得有裂纹、断裂或起层等现象,机械性能应符合设计和规范的要求。 3. 铁丝采用20~22号镀锌铁丝,铁丝不应有锈蚀和过硬情况。 4. 水泥砂浆垫块,50 mm见方,厚度等于保护层,Φ6~Φ10 mm支撑筋等设置情况。 5. 现浇柱与基础连接用的插筋下端,用90°弯钩与基础钢筋进行绑扎,箍筋比柱箍筋缩小一个柱筋直径,以便连接,插筋位置应用木条或钢筋架成“井”字形固定牢固,以免造成柱子轴线偏移。 6. 柱子钢筋绑扎: (1)检查箍筋间距和数量是否符合设计要求,箍筋是否按弯钩错开要求套在下层伸出的搭接筋上,绑扣是否向里。 (2)框架柱及剪力墙暗柱的纵向钢筋接头采用电渣压力焊焊接接头,相邻接头间距应大于500 mm,接头的最低点距楼板面的距离应大于柱截面的长边尺寸且距楼板面的距离应大于500 mm及35d,在同一截面上钢筋连接的根数不得超过截面钢筋总数的50%。 (3)抗震设计时纵向受拉钢筋的最小锚固长度应符合设计及规范的要求。 (4)抗震设计时纵向受拉钢筋的最小绑扎搭接长度应符合设计及规范要求。 (5)箍筋应与主筋垂直,箍筋与主筋交点均要绑扎,主筋与箍筋非转角部分的相交点成梅花或交错绑扎,但箍筋的平直部分与纵向钢筋交叉点可成梅花式交错扎牢,以防骨架歪斜,箍筋的接头(弯钩叠合处)应沿柱子竖向交错布置,并位于箍筋与柱角主筋交接点上,但在有交叉式箍筋的大截面柱子,其接头可位于箍筋与任何一根中间主筋的交接点上。在有抗震要求的地区,柱箍筋端头应弯成135°,平直长度不应小于10d,柱基、柱顶、梁柱交接处,箍筋间距应按设计要求加密。 (6)框架梁、牛腿及柱帽中的钢筋,应放在柱的纵向钢筋内侧。 (7)如设计要求箍筋设有拉筋,拉筋应钩住箍筋。 (8)柱箍控制保护层可用水泥砂浆垫块(非在柱主筋外皮上,间距一般为1 000 mm),以确保主筋保护层厚度的正确。

续表 3.1

序号	旁站监理的范围	旁站监理工作的具体内容
3	梁柱节点钢筋绑扎	7. 梁钢筋绑扎： (1)梁中箍筋与主筋垂直，箍筋的接头应交错设置，箍筋转角与纵向钢筋的交叉点应扎牢，箍筋弯钩的叠合处，在梁中应交错绑扎，有抗震要求的结构，箍筋弯钩应为135°，如果做成封闭箍时，单面焊缝长度应为(6～10)d。 (2)弯起钢筋与负弯矩位置要正确，梁与柱交接处，梁钢筋错入柱内长度应符合设计要求。 (3)梁的受拉钢筋直径等于或大于25 mm时，不应采用绑扎接头，梁的受拉钢筋小于25 mm时，可采用绑扎接头，搭接长度按设计要求进行，搭接长度的末端与钢筋弯曲处的距离不得小于10d，接头不宜设在梁最大弯矩处，受拉区域内HPB235钢筋绑扎接头的末端应做成弯钩，搭接处应在中心和两端扎牢，接头位置应相互错开，在受力钢筋30d区段范围内(且不小于500 mm)，有绑扎接头的受力钢筋截面面积占受力钢筋总截面面积的百分率，在受拉区不得超过25%，在受拉区不得超过50%。 (4)纵向受拉钢筋为双排或三排时，两排钢筋之间应垫以直径25 mm的短钢筋，如纵向钢筋直径大于25 mm，短钢筋直径规格宜与纵向钢筋规格相同，以保证设计要求。 (5)主梁的纵向受力钢筋在同一高度遇有垫梁时，必须支撑在垫梁或边梁受力钢筋之上，主筋两端的搁置长度应保持均匀一致，次梁的纵向受力钢筋应支撑在主梁的纵向受力钢筋之上
4	卷材防水层细部构造处理	1. 天沟、檐沟、泛水、水落口、檐口、变形缝、伸出屋面管道等部位，是屋面工程中最易渗透的薄弱环节。这些部位应进行防水增强处理，并作重点旁站质量检查。 2. 用于细部构造的防水材料，由于品种多、用量少而作用大，因此对此部分的防水材料应按照有关材料标准进行检查验收。 3. 女儿墙泛水铺贴泛水处的卷材应采取满粘法；砖墙上的卷材收头可直接压在女儿墙压顶下，压顶应做防水处理；也可压入砖墙凹槽内固定密封，凹槽距屋面找平层不应小于250 mm，凹槽上部的墙体应作防水处理。 4. 水落口杯上口的标高应设置在沟底的最低处，防水层贴入水落口杯内不应小于50 mm，水落口周围直径500 mm范围内的坡度不应小于5%，并采用防水涂料或密封材料涂封，其厚度不应小于2 mm，水落口杯与基层接触处应留宽 mm、深20 mm的凹槽，并嵌填密封材料。 5. 伸出屋面管道的防水构造：管道根部直径500 mm范围内，找平层应抹出高度不小于30 mm的圆台；管道周围与找平层或细石混凝土防水层之间，应预留20 mm×20 mm的凹槽，并用密封材料嵌填密实；管道根部四周应增设附加层，宽度和高度均不应小于300 mm；管道上的防水层收头处应用金属箍紧固，并用密封材料封严

4　旁站监理的工作程序

依据《房屋建筑工程施工旁站监理管理办法(试行)》的规定,旁站监理的工作程序按图4.1执行。

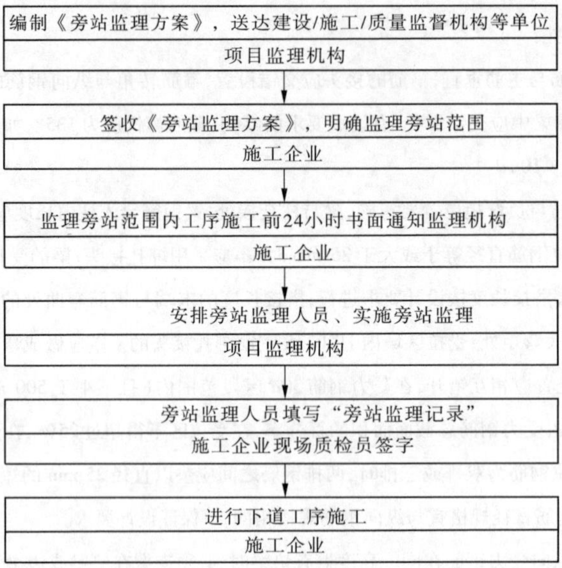

图4.1　旁站监理的工作程序

注:"监理旁站范围内工序施工前24小时书面通知监理机构"中的"书面通知",在武汉地区使用监理规范用表中A13(承包单位通用申报表)进行书面通知。

5　旁站监理人员的职责

(1)检查施工企业现场质量保证体系的运行情况。

(2)在施工现场跟班监督关键部位、关键工序的施工执行施工方案及工程建设强制性标准情况。

(3)核查进场建筑材料、建筑构配件、设备和商品混凝土的质量检验报告等,并可在现场监督施工企业进行检验或者委托具有资格的第三方进行复验并签署有关见证取样、施工试验的记录。

(4)认真做好旁站监理记录和监理日记,保存旁站监理的原始资料。

(5)监督、检查施工企业施工日记/记录的填写。

(6)检查投入的人力、材料、主要设备及其使用、运转情况。

(7)对施工企业违反施工规范、施工方案、工程建设强制性标准的行为,旁站监理人员应及时制止,并责令和监督施工企业立即整改;对发现的已经或者可能危及工程质量的施工活动,要按规定及时向监理工程师或总监理工程师报告。

6　安全施工、文明施工

(1)督促施工方做好现场标准化管理工作,营造文明施工环境。

(2)督促承包商落实安全生产的组织保证体系,落实安全生产责任制。

(3)督促承包商对工人进行安全生产教育,对分项工程进行技术交底。

(4)监督检查施工现场的消防,冬季防寒、夏季防暑、文明施工、卫生防疫等工作。

(5)日常现场跟踪监理,根据工程进展,安全监理人员对现场脚手架、模板施工、高处作业、塔吊、临时用电、交叉作业进行跟踪监督,现场检查,验证施工人员是否按照安全生产技术防范措施和规范进行操作。

(6)发现以下问题,及时向总监报告,由总监下达暂时停工指令,控制安全管理工作质量:

①施工安全出现问题、异常,经提出后,施工单位未采取改进措施或改进措施不符合要求时;

②对已发生的工程事故未经有效处理而继续作业时;

③安全措施未经自检而擅自使用时;

④擅自变更设计图纸进行施工时;

⑤使用没有合格证书的材料或擅自更换、变更工程材料时。

7 旁站监理记录的填写要求

(1)"施工情况"栏:应填写的内容包括关键部位或关键工序的施工过程情况,试验/检验情况,人、材、机的实际投入和使用情况,质量保证体系运行情况和关于施工情况的结论。记录必须内容详细、真实,标识清楚、完整。

(2)"监理情况"栏:应填写的内容包括旁站过程中监理人员发出的指令,施工企业提出的问题及监理人员的回复,各方对旁站监理工作的指示等。

课题10.4 监理记录

10.4.1 监理记录的作用

监理记录是监理工作的各项活动、决定、问题及环境条件的全面记载,是监理过程中的重要基础工作,在很大程度上反映出监理工作的质量。

监理记录可以用来在任何时间对工程进行评估或作为判断依据,解决各种纠纷和索赔,给施工单位定出公平的报酬,还有助于为设计人员及工程验收人员提供翔实的资料。总之,监理记录既是项目监理部门行政管理、内部管理的工具,又是监督施工单位按合同要求施工的重要依据。

如果监理记录不全或不准确,就是监理工程师对总监理工程师和建设单位的失职。

10.4.2 监理记录的种类

监理记录可分为四大类:

(1)历史性记录。根据工程计划及实际完成的工程,逐步说明工程的进度及其相关事项,例如:气象记录与天气报告;工程量计划与完成情况;所使用的人力、材料与机械设备;工程事项的讨论与决议记录;影响工程进展的其他事项。

(2)工程计量及工程款支付记录。包括所有计量及付款资料,如计量结果、变更工程的计量、价格调整、索赔、计日工、月付款等方面的表格及基础资料。

(3)质量记录。包括材料检验的记录、施工记录、工序验收记录、试验记录、隐蔽工程检查记录等。

(4)竣工记录。包括工程所有部分的验收资料和竣工图,绘出其完成时的状态,按实际说明其原有状态和有关操作的指示。

10.4.3　监理记录的内容

10.4.3.1　历史性记录

1. 会议记录

会议记录是各类会议的记录,如第一次工地会议、经常工地会议、每日工地协调会、工地碰头会及其他非例行会议的记录。

2. 监理员日报表

监理员日报应报告每天的监理情况,包括:当天的施工内容;当天参加施工的人员(工种、数量、施工单位等);当天施工用的机械的名称和数量等;当天发现的施工质量问题;当天的施工进度和计划进度的比较(若发生进度拖延,应说明原因);当天天气综合评语;其他说明及应注意的事项等。监理员日报表应采用标准表格进行填写上报,并依次编号。监理员日报表应交给监理工程师一份。

监理员要做好现场记录,现场记录通常记录以下内容:

(1)现场监理人员对所监理工程范围内的机械、劳力的配备和使用情况做详细记录。如承包人现场人员和设备的配备是否同计划所列的一致;工程质量和进度是否因人员或设备不足而受到影响,受到影响的程度如何;是否缺乏专业施工人员或专业施工设备,承包商有无替代方案;承包商施工机械完好率和使用率是否令人满意;维修车间及设施如何,是否存储有足够的备件等。

(2)记录气候及水文情况:每天的最高、最低气温,降雨和降雪量,风力,河流水位;有预报的雨、雪、台风及洪水到来之前对永久性或临时性工程所采取的保护措施;气候、水文的变化影响施工及造成损失的细节,如停工时间、救灾的措施和财产的损失等。

(3)记录承包商每天工作的范围,完成工程数量,以及开始和完成工作的时间;记录出现的技术问题,采取了怎样的措施进行处理,效果如何,能否达到技术规范的要求等。

(4)对工程施工中每步工序完成后的情况作简单描述,如此工序是否已被认可,对缺陷的补救措施或变更情况等做详细记录。监理人员在现场对隐蔽工程应特别注意记录。

(5)记录现场材料供应和储备情况:每一批材料的到达时间、来源、数量、质量、存储方式和抽样检查情况等。

(6)对于一些必须在现场进行的试验,现场监理人员进行记录并分类保存。

3. 监理工程师日志

监理工程师日志是监理工程师的个人笔记,应记录每天作业的重大决定、对施工单位的指示、发生的纠纷及解决的办法、与工程有关的特殊问题、参观工地及有关细节、与施工单位的口头协议、工程师的指示或商协、对下级的指示、工程主要进度或问题。

4. 监理日志

监理日志是项目监理部日常记录,动态地反映出监理工程的实际施工全貌和监理部工作成效,监理日志填写前就要做好相关信息的收集工作,将全部工作内容草拟后整理入册。填写时用词要简洁达意,书写清楚工整。监理日志填写时要注意以下几点:

(1)气候方面。主要包括:当日最高、最低气温;当日降雨(雪)量;当天的风力;因气候原因损失的施工工时。在气候方面,既要根据当地气象预报又要做现场测定,如现场设置温度计进行实地测量。气候条件不仅影响工程进度而且也影响工程质量(如同条件养护试块检测评定),因此监理人员一定不要小看气候条件的记录情况。

(2)进度方面。主要包括:当日的施工内容、部位、进度,施工人员工种、数量等,施工投入使用的机械设备名称、数量等,以及当日实际施工进度与计划施工进度的比较。若发生施工延期或暂停施工应说明原因,如停电、停水、不利气候条件等。一般情况下,即使施工单位再有详细的进度计划都是纸上谈兵,因为在每日的施工过程中都存在不同的干扰因素对进度计划的实施造成影响。监理工程师要深入施工现场对每天的进度计划进行跟踪检查,检查施工单位各项资源的投入和施工组织情况,并详细记录进监理日志。

(3)当日进场的原材料名称、数量、产地、拟用部位及见证取样情况。对进场的原材料应根据其外包装标识,对照产品合格证、使用说明书、质保书等核实无误后,登记入监理日志。在数量方面,必要时进行复核;需要进行见证取样的,应及时取样送检,并将取样数量、部位及取样送检人记录清楚。该部分内容应与材料/设备/构配件报验单闭合。

(4)混凝土、砂浆试块的留置、数量、取样部位,配合比检查结果。混凝土的养护情况,混凝土、砂浆试块涉及结构安全性能,因此试块制取工作必须在监理方见证下进行,该部分内容记录务必真实、详细;混凝土试块取样要记录清楚取样部位、组数、取样人;在记录时要强调监理日志中的试块取样日期、部位,必须做到与旁站记录、平行检测和试验报告单相吻合。

(5)分部、分项检验批验收情况。要记录清楚验收参加人员、验收时间及结果。及时记录验收、巡视中发现的问题,以及处理意见和处理结果。工序验收情况是监理日志中可记载内容最丰富的部分;分部工程记录参验的建设、勘察、设计、施工、监理各方人员到位情况及验收结论;分项检验批工程验收应记录监理方、施工方参加人员及验收中发现的问题。对于发现的问题无论是下达了口头通知或书面通知都应记录进日志,并应与监理通知单(回复单)相闭合。

(6)记录当日签发的工程报验表、监理工作联系单、监理通知等,汇总概括收、发文情况。

(7)记录当日处理设计变更、费用索赔、工程款支付内容。设计变更可以由工程参建方任一方提出,经设计方认可后必须由总监理工程师签发至施工方执行;对索赔处理记录索赔事件发生的时间及原因,施工方提出索赔意向和索赔报告的时间与概要内容及监理部作出的答复。

(8)监理例会、专题会议的主要议题摘要。

(9)施工现场安全施工检查情况以及对安全隐患的处理意见。

(10)有关口头洽商、指示,包括监理方与建设单位的洽商意见。对施工方的口头指示,以及项目总监对监理部人员的指示等。

监理日志在记录中要注意时效性,每日完成的监理工作要在当日记录,不能拖延。有些同志把日志变成周记、月记,那样的日志就无法反映实际施工监理情况,更淡不上能全面到位。监理日志记录还要注意不能空洞、泛泛而谈,如记录中有些只记砌筑墙体,而未记录砌筑部位、施工质量、试块制取等。充实日志的内容就要求监理人员不光手勤还要笔勤,把当日实际完成的内容作全面记载。在填写日志时还要注意闭合问题,日志的内容不仅要与监理通知、旁站记录、平行检测记录及相关报验资料等闭合,自身也要闭合。以日志为核心结点可以放射延伸到监理资料的方方面面。

监理日志应力求客观真实,由专人每日填写,总监理工程师每日阅示。应妥善保管日志,待工程竣工后统一装订存档。

5. 监理月(季)报表

监理月(季)报表是监理工程师为总监理工程师(和建设单位)准备的工程报告。应包括工程进度情况、工程价款及支付情况、工程延误及主要原因、遇到的重要问题或困难、重要纠纷和争议、异常天气情况等内容。

6. 监理工程师巡视记录

本表记录工程师巡视工程现场时发现的主要问题及对问题的处理意见。

7. 天气记录

本表记录每天的温度变化、风力、雨雪情况及其他特殊天气情况,还应记录因天气变化而损失的工作时间。

如果工地范围较大,则应多选择几个有代表性的施工单位进行天气观察记录。

8. 对施工单位的指示

监理工程师或总监理工程师对施工单位的指示应以正式函件表达为主。此外,工地指示和口头指示也较为常用,均应做好记录,同时应记录口头指示得到正式确认的方式和时间。还有许多指示体现在各种监理表格中,对此也要留意。

口头指示必须得到书面确认方才有效。

9. 给施工单位的图纸

经审核的图纸和补充图纸的发送均应全面记录,以免遗漏而延误工程和施工单位提出索赔。

10. 施工单位的报告或通知

施工单位除正式例行报告和报表外,日常工作中的各种正式函件、口头通知、报告均应做记录。

10.4.3.2 工程计量及工程款支付记录

1. 工程量记录

工程量记录是为了核对财务支出数额,因而必须以计量结果为标准,根据计量结果进行统计和分析。

工程量记录往往表现在系列计量表格中,这些表格可以参照标准表格格式。

工程量记录的数值必须是工程师和施工单位双方同意认可的数据。

归档的工程量记录可以另编表格累计,也可以直接复制有关的计量单和计量汇总表。

2. 工程款支付记录

本记录主要记录工程款支付情况,包括每月净支付数额以及各类款项的支出额,这些数据都体现在月付款证书中,当然月付款证书也可以事后由工程师修改,应予注意。计日工、设计变更、洽商、索赔、材料预付款等项目都可以单独编制统计表。

工程款支付记录表可以单独成册归档,有些项目还需编制专门的工程款支付月报。记录与报表,应分类编号后归档。

10.4.3.3　质量记录

质量记录可分为以下三类：

(1)试件、试样、样品抽样记录。

(2)试验、检验结果与分析记录。

(3)各种质量验收记录。可以集中各种工序验收单，分类归档。

试验、检验结果与分析记录，应对每一工作阶段分别建立档案。在通常情况下应包括土工试验、地下勘探、材料试验、骨料试验及混凝土试验。

应对每一个结构物进行登记，包括下列各项的核对表：规定必须进行的试验；实际已进行的试验；试验已得到认可或被拒绝的记录；遗漏的试验及已采取的措施。

保持完整的试验结果记录，有助于工程师对工程质量做到心中有数。

样品抽样记录，是指对样品、试件与试样所做的检验与试验记录。其目的是保证试验工作能严格进行，并为复验、复核创造有利条件。

工程质量记录具体内容如下：

(1)工作内容的简单叙述。如进行了哪些试验，结果如何等。

(2)承包商试验人员配备情况。如试验人员配备与承包商计划所列是否一致，数量和素质是否满足工作需要，增减或更换试验人员的建议。

(3)对承包商试验仪器、设备配备、使用和调动情况记录，需增加新设备的建议。

(4)监理实验室与承包商实验室所做同一试验，其结果有无重大差异，原因如何。

10.4.3.4　竣工记录

竣工记录既有助于施工过程的控制，也有利于最后的竣工验收工作。如果验收工作包含在质量控制的每一个环节中，每一个环节都按要求完成了，则竣工验收就有了基本的保障，并且工作量会大为减少。有许多工作必须在施工期间及时把好验收关，如确定埋于地下的管道和基础的位置、高度、几何形状等。

竣工记录应包括施工过程中的验收记录和竣工验收阶段的记录两部分。竣工验收阶段的记录应包括验收检查、验收试验、验收评定及验收资料各方面的内容。

施工单位负责完成竣工图绘制，竣工图应包括修正的施工图及在现场绘制的图。

课题10.5　监理报告

10.5.1　监理报告的内容

监理报告是建设单位、监理工程师、施工单位之间的表格或报告的总称。这是监理工程师执行管理监督工作的主要工具，主要包括下列内容：

(1)监理工程师与施工单位之间的来往表格。这一类监理表格在“三大控制”中用得较多。

(2)每月(季)进度报告。由项目总监理工程师编制，报送建设单位，反映工程状况和监理工程师的工作情况。

(3)内部报告。由项目监理班子内部使用的下级向上级的报告，如监理工程师编制的周报或月报。

(4)特别技术报告。由监理工程师向建设单位就专项技术问题提供的报告。

(5)其他报告。如施工单位的索赔报告、事故报告、监理工程师的财务报告等。这类报告也常列入监理表格系列中。

(6)最后综合报告。在内容上比月报告更全面,但这种报告用于工程完成时,由总监理工程师向建设单位汇报工程的全面情况。

10.5.2　监理月报

监理月报由总监理工程师组织编制,送交建设单位,以便建设单位了解工程的全面状况,及时做出有关的决策和计划。

10.5.2.1　监理月报编制要求

(1)项目监理部总监理工程师组织编制监理月报,经总监理工程师签发后,报送建设单位和监理单位。

(2)监理月报的编制周期宜为上月26日到本月25日,在下月的5日前发出。

(3)监理月报应真实反映工程现状和监理工作情况,做到数据准确、重点突出、语言简练,并附必要的图表和照片。

10.5.2.2　监理月报的基本内容

(1)本月工程概况。

(2)本月工程形象进度。

(3)工程进度。描述工程进度情况、工程形象进度和累计完成的比例。若拖延了计划,应分析其原因,以及这种原因是否已经消除,就此问题承包商、监理人员所采取的补救措施等。包括:①本月实际完成情况与计划进度比较;②对进度完成情况及采取措施效果的分析。

(4)工程质量。用具体的测试数据评价工程质量,如实反映工程质量的好坏,并分析原因。承包商和监理人员对质量较差工作的改进意见;如有责令承包商返工的项目,应说明其规模、原因及返工后的质量情况。包括:①本月工程质量情况分析;②本月采取的工程质量措施及效果;③质量事故及处理措施,如质量事故发生的时间、地点、原因、损失估计(经济损失、时间损失、人员伤亡情况)等,事故发生后采取了哪些补救措施,在今后工作中避免类似事故发生的有效措施,由于事故的发生,影响了单项或整体工程进度情况。

(5)工程计量与工程款支付。给出本期支付、累计支付,以及必要的分项工程的支付情况,形象地表达支付比例,实际支付与工程进度对照情况等;承包商是否因流动资金短缺而影响了工程进度,并分析造成资金短缺的原因(如是否未及时办理支付等);有无延迟支付、价格调整等问题,说明其原因及由此而产生的增加费用。包括:①工程量审核情况。②工程款审批情况及月支付情况(月支付汇总表)。③本月采取的措施及效果。

(6)合同其他事项的处理情况。包括:①工程变更;②工程延期;③费用索赔。

(7)本月监理工作小结。包括:①对本月进度、质量、工程款支付等方面情况的综合评价;②本月监理工作情况;③有关本工程的意见和建议;④下月监理工作的重点。

课题10.6　监理工作总结

在监理工作结束时，监理单位应向建设单位提交一份反映监理单位履行委托监理合同，反映监理实际效果和业绩的总结性材料——监理工作总结。监理工作总结应包括以下内容：

(1)工程概况。

(2)监理组织机构、监理人员和投入的监理设施。

(3)监理合同履行情况。

(4)监理工作成效。

(5)施工过程中出现的问题及其处理情况和建议。

(6)工程照片。

复习思考题

1. 工程项目监理的文件一般包括哪些？
2. 监理大纲的作用有哪些？
3. 监理规划的作用有哪些？监理规划包括哪些主要内容？
4. 监理实施细则有何作用？其重点应放在哪些方面？
5. 监理大纲、监理规划、监理实施细则有何联系和区别？
6. 监理月报的主要内容有哪些？

模块11　工程建设监理招标与投标

课题11.1　监理招标

11.1.1　工程建设监理的范围

建设工程监理范围可以分为实体性的工程范围和程序性的建设阶段范围。

11.1.1.1　工程实体范围

为了有效发挥建设工程监理的作用,加大推行监理的力度,根据有关法律、法规对实行强制性监理的工程范围做了原则性的规定。

下列建设工程必须实行监理:

(1)国家重点建设工程。依据《国家重点建设项目管理办法》所确定的对国民经济和社会发展有重大影响的骨干项目。

(2)大中型公用事业工程。项目总投资额在3 000万元以上的供水、供电、供气、供热等市政工程项目;科技、教育、文化等项目;体育、旅游、商业等项目;卫生、社会福利等项目;其他公用事业项目。

(3)成片开发建设的住宅小区工程。建筑面积在5万m^2以上的住宅建设工程。

(4)利用外国政府或者国际组织贷款、援助资金的工程。包括使用世界银行、亚洲开发银行等国际组织贷款资金的项目;使用国外政府及其机构贷款资金的项目;使用国际组织或者国外政府援助资金的项目。

(5)国家规定必须实行监理的其他工程。项目总投资额在3 000万元以上关系社会公共利益、公众安全的交通运输、水利建设、城市基础设施、生态环境保护、信息产业、能源等基础设施项目,以及学校、影剧院、体育场馆项目。

11.1.1.2　工程程序范围

根据基本建设程序的各个阶段,建设工程监理可以适用于工程建设投资决策阶段和实施阶段,但目前主要是建设工程施工阶段。

在建设工程施工阶段,建设单位、勘察单位、设计单位、施工单位和工程监理企业等工程建设的各类行为主体均出现在建设工程当中,形成了一个完整的建设工程组织体系。在这个阶段,建筑市场的发包体系、承包体系、管理服务体系的各主体在建设工程中会合,由建设单位、设计单位、施工单位和工程监理企业各自承担工程建设的责任和义务,最终将建设工程建成投入使用。在施工阶段委托监理,其目的是有效地发挥监理的规划、控制、协调作用,为在计划目标内建成工程提供更好的管理。

11.1.2　项目监理招标应当具备的条件

项目监理招标应当具备下列条件:

(1)项目可行性研究报告或者初步设计已经批复。

(2)监理所需资金已经落实。

(3)项目已列入年度计划。

11.1.3　招标方式

项目监理招标的方式有以下两种:

(1)公开招标。这是一种无限竞争性招标,招标单位可以通过报刊、网络或其他方式发布招标公告。

(2)邀请招标。这是一种有限竞争性招标,由招标单位发出招标邀请书,邀请三个以上(含三个)有能力承担相应监理业务的单位参加投标。

对监理业务服务费不足100万元人民币、有保密性要求或者有特殊专业性、技术性要求,不宜采用公开招标和邀请招标的工程项目,经管理该工程招标的建设行政主管部门负责人批准,可以进行比选确定。

11.1.4　监理的招标、投标程序

招标是招标人选择中标人并与其签订合同的过程,而投标则是投标人力争获得实施合同的竞争过程。招标人和投标人均需遵循招标投标法律和法规的规定进行招标投标活动。监理招标应按下列程序进行:

(1)招标单位自行办理招标事宜的,到当地招标办办理备案手续。

(2)编制招标文件。

(3)发布招标公告或发出邀标通知书。

(4)向投标单位发出投标资格预审通知书,对投标单位进行资格预审。

(5)向投标单位发出招标文件。

(6)组织必要的答疑、现场勘察,解答投标单位提出的问题,编写答疑文件或补充投标文件等。

(7)接受投标书。

(8)组织开标、评标、决标。

(9)招标单位自确定中标单位之日起15日内向当地招标办提交招标投标情况的书面报告。

(10)向投标单位发出中标或未中标通知书。

(11)与中标单位订立书面委托监理合同。

课题11.2　监理招标文件

按《中华人民共和国招标投标法》第十九条的规定,招标人应当根据招标项目的特点和需要编制招标文件。

招标文件的主要内容包括以下部分:

(1)投标邀请书。投标邀请书的具体格式由招标人确定,内容一般包括:招标单位名

称,建设项目资金来源,工程项目概况和本次招标工作范围的简要介绍,购买资格预审文件的地点、时间和价格,投标单位考察现场的时间,投标截止时间,投标文件递送时间,开标时间、开标地点等有关事项。

(2)投标人须知。应当包括招标项目概况,监理范围、内容和监理服务期,招标人提供的现场工作及生活条件(包括交通、通信、住宿等)和试验检测条件,对投标人和现场监理人员的要求,投标人应当提供的有关资格和资信证明文件,投标文件的编制要求,提交投标文件的方式、地点和截止时间,开标日程安排,投标有效期等。

(3)书面合同书格式。大、中型项目的监理合同书应当使用《工程建设监理合同示范文本》,小型项目可参照使用。合同的标准条件部分不得改动,结合委托监理任务的工程特点和项目地域特点,双方可针对标准条件中的要求予以补充、细化或修改。在编制招标文件时,为了能使投标人明确义务和责任,专用条件的相应条款内容均应写明。然而招标文件专用条款的内容只是编写投标书的依据,如果通过投标、评标和合同谈判,发包人同意接受投标书中的某些建议,双方协商达成一致修改专用条款的约定后再签订合同。

(4)投标报价书、投标保证金和授权委托书、协议书和履约保函的格式。

(5)工程技术文件。是投标人完成委托监理任务的依据,应包括以下内容:①工程项目建议书;②工程项目批复文件;③可行性研究报告及审批文件;④应遵守的有关技术规定;⑤必要的设计文件、图纸和有关资料。

(6)投标报价要求及其计算方式。

(7)评标标准与方法。

(8)投标文件格式。包括投标文件格式、监理大纲的主要内容要求、投标单位对投标负责人的授权书格式、履约保函格式。

(9)其他辅助资料。拟用于本工程监理工作的主要人员汇总表,拟用于本工程的主要监理人员简历表,拟用于本工程的办公、检测设备及仪器清单。

课题 11.3　监理投标人的资格审查

国家有关规定对投标人资格条件或者招标文件对投标人资格条件有规定的,投标人应当具备规定的资格条件,对于一些大型建设项目,要求供应商或承包商有一定的资质,如水利、交通等行业主管部门对承揽重大建设项目都有一系列的规定,对于参加国家重点建设项目的投标人,必须达到甲级资质。当投标人参加这类招标时必须满足相应的资质要求。

资格审查应主要审查潜在投标人或者投标人是否符合下列条件:

(1)具有独立合同签署及履行的权利。

(2)具有履行合同的能力,包括专业、技术资格和能力,资金、设备和其他物质设施能力,管理能力,类似工程经验,信誉状况等。

(3)没有处于被责令停业,投标资格被取消,财产被接管、冻结等状态。

(4)在最近3年内没有骗取中标和严重违约及重大质量问题。

资格审查时,招标人不得以不合理的条件限制、排斥潜在投标人或者投标人,不得对潜在投标人或者投标人实行歧视待遇。任何单位和个人不得以行政手段或者其他不合理方式限制投标人的数量。

11.3.1 资格审查文件

不论是公开招标还是邀请招标进行资格审查比较,都要考察投标人的资格条件、经验条件、资源条件、公司信誉和承接新项目的监理能力几个方面。

11.3.1.1 资格条件

(1)资质等级证书。

(2)营业执照、注册范围。

(3)隶属关系。

(4)公司的组成形式,以及总公司和分公司的所在地。

(5)法人条件和公司章程。

11.3.1.2 经验条件

(1)已监理过的工程项目。

(2)已监理过与招标工程类似的工程项目。

11.3.1.3 资源条件

(1)公司人员。

(2)开展正常监理工作可采用的检测方法和手段。

(3)使用的计算机软件管理能力。

11.3.1.4 公司信誉

(1)监理单位在专业方面的名望、地位。

(2)在以往服务的工程项目中的信誉。

(3)是否能全心全意地与发包人和承包人合作。

11.3.1.5 承接新项目的监理能力

(1)正在进行监理工作工程项目的数量、规模。

(2)正在进行监理工作各项目的开工和预计竣工时间。

11.3.2 资格审查的方法和分类

11.3.2.1 资格审查的方法

监理招标对投标人的资格审查方法与其他招标的资格预审方法是有所区别的,施工和供货招标是发出资格预审表格,由投标人填写后进行审查比较,而监理招标可以首先以会谈的形式对监理单位的主要负责人或拟派驻的总监理工程师进行考察,然后让其报送相应的资格材料。

招标前,招标人可以分别邀请每一家公司来进行委托监理任务的意向性洽谈。首先向对方介绍拟建项目的简单情况,监理服务的要求、工作范围,拟委托的权限和要求达到的目的等情况,并听取对方就该公司业务情况的介绍,然后针对所提供的该监理公司资质证明文件中的有关内容,请其作进一步的说明。这种做法,一方面是由于初选名单范围较宽,没有必要让监理单位做更多的准备工作,以便节约时间和费用;另一方面,通过当面洽谈,有助于更全面、详细地了解对方的资质情况,以及听取他们对完成该项目监理工作的建议。与初选各家公司会谈后,再对各家的资质进行评审和比较,确定邀请投标的监理公司名单。

初选审查还只限于对邀请对象的资质、能力是否与拟实施项目特点相适应的总体考查,而不是评定他准备实施该项目监理工作的建议是否可行、适用。为了能够对监理单位有较深入、全面的了解,应通过以下方法收集有关信息:索取监理公司的情况介绍资料,向他们已监理过的工程的发包人咨询,考查他们已监理过的工程项目。

11.3.2.2　资格审查的分类

资格审查分资格预审和资格后审。资格预审是指在投标前对潜在投标人进行的资格审查;资格后审是指在开标后,招标人对投标人进行资格审查,提出资格审查报告,经参审人员签字由招标人存档备查,同时交评标委员会参考。目前,采用较多的是资格预审。

资格预审一般按照下列原则进行:

(1)招标人组建的资格预审工作组负责资格预审。

(2)资格预审工作组按照资格预审文件中规定的资格评审条件,对所有潜在投标人提交的资格预审文件进行评审。

(3)资格预审完成后,资格预审工作组应提交由资格预审工作组成员签字的资格预审报告,并由招标人存档备查。

(4)经资格预审后,招标人应当向资格预审合格的潜在投标人发出资格预审合格通知书,告知获取招标文件的时间、地点和方法,并同时向资格预审不合格的潜在投标人告知资格预审结果。

课题 11.4　监理投标文件的编制

11.4.1　监理投标文件的组成

监理投标文件一般包括下列内容:

(1)投标报价书。

(2)投标保证金。

(3)委托投标时,法定代表人签署的授权委托书。

(4)投标人营业执照、资质证书以及其他有效证明文件的复印件。

(5)监理大纲。

(6)项目总监理工程师及主要监理人员的简历、业绩、学历证书、职称证书以及监理工程师资格证书和岗位证书等证明文件。

(7)拟用于本工程的办公、检测设施、设备、仪器。

(8)近3~5年完成的类似工程、有关方面对投标人的评价意见以及获奖证明。

(9)投标人近3年的财务状况。

(10)投标报价的计算和说明。

(11)招标文件要求的其他内容。

11.4.2 监理投标文件的编制

《中华人民共和国招标投标法》第二十七条规定,投标人应当按照招标文件的要求编制投标文件。投标人要到指定的地点购买招标文件,并准备投标文件。投标人在编制投标文件时必须按照招标文件的要求编写。投标人应认真研究、正确理解招标文件的全部内容,并按要求编制投标文件。投标文件应当对招标文件提出的实质性要求和条件作出响应。实质性要求和条件是指招标文件中有关招标项目的价格、项目的计划、技术规范、合同的主要条款等,投标文件必须对这些条款作出响应。这就要求投标人必须严格按照招标文件填报,不得对招标文件进行修改,不得遗漏或者回避招标文件中的问题,更不能提出任何附带条件。投标文件通常可分为技术标(技术建议书)和商务标(财务建议书)两大部分。这两部分可以分别考虑,也可以同时综合考虑,采用哪种方法要根据委托监理工作的项目特点和工作范围要求的内容等因素来决定。技术建议书主要分为监理单位的经验、拟完成委托监理任务的实施方案(监理大纲)和人员配备方案三个主要方面;财务建议书则主要是报价的合理性内容。

监理投标文件的编制内容有以下几个方面。

11.4.2.1 监理经验

监理经验有以下两个方面:

(1)监理一般经验。投标人提供的最近几年所承担的工作项目一览表,内容包括数量、规模、专业性质、监理工作内容、监理效果等。

(2)特殊工程项目经验。对此应根据工程项目的专业特点,看其是否具有所要求的监理经验。一方面其所监理过的工程是否有与本工程同类的项目;另一方面还要根据本工程特殊要求的专业特点,如复杂地基的处理、特殊施工工艺要求(特殊焊接工艺、大型专业设备安装)等,看其监理经验是否能满足要求。

11.4.2.2 监理实施方案

监理实施方案(监理大纲)包括以下几个方面内容:

(1)监理工作的指导思想和工作目标。理解发包人对该项目的建设意图,工作目标在内容上包括了全部委托的工作任务,监理目标与投资目标和建设意图一致。

(2)项目监理班子的组织结构。在组织形式、管理模式等方面合理,结合了项目实施的具体特点,与发包人的组织关系和承包人的组织关系相协调等。

(3)工作计划。在工程进展中各个阶段的工作实施计划合理、可行,在每个阶段中如何控制项目目标,以及组织协调的方法。

(4)对工期、质量、投资进行控制的方法。应用经济、合同、技术、组织措施保证目标的实现,方法科学、合理、有效。

(5)计算机的管理软件。所拥有和准备使用的管理软件的类型、功能满足项目监理工作的需要。

(6)提出的管理方案有创造性。监理服务的技术手段独特先进,既有对替代方案有独特实用价值的详细说明,又有技术转让的内容及其采用价值分析等。

11.4.2.3 派驻人员计划

1. 项目监理机构的人员结构

项目监理机构应具有合理的人员结构,包括以下两方面内容。

1)合理的专业结构

项目监理机构应由与监理工程的性质(民用项目、专业性强的生产项目)及业主对工程监理的要求(全过程监理或是某一阶段如设计或施工阶段的监理,是投资、质量、进度的多目标控制或某一目标的控制)相适应的各专业人员组成,也就是各专业人员要配套。应根据项目特点和准备委托监理任务的工作范围,考虑包括经济师、土建工程师、机械工程师等是否能够满足开展监理工作的需要,专业是否覆盖了项目实施过程中的各种专业,以及高、中级职称和年龄结构组成的合理性。

一般来说,项目监理机构应具备与所承担的监理任务相适应的专业人员。但是,当监理工程局部有某些特殊性,或业主提出某些特殊的监理要求而需要采用某种特殊的监理手段时,如局部的钢结构、网架、罐体等质量监控需采用无损探伤、X 光及超声探测仪,水下及地下混凝土桩基需要用遥测器探测等,此时,将这些局部的专业性的监控工作另行委托给有相应资质的咨询机构来承担,也应视为保证了人员合理的专业机构。

2)合理的技术职务、职称结构

为了提高管理效率和经济性,项目监理机构的监理人员应根据建设工程的特点和建设工程监理工作的需要确定其技术职务、职称结构。合理的技术职称结构表现在高级职称、中级职称和初级职称有与监理工作要求相称的比例。

(1)总监理工程师人选。工程项目建设监理,我国实行的是总监理工程师负责制。因此,总监理工程师人选合适,是执行监理任务成功的关键。主要根据项目本身的特点,看其学历、专业、现任职务、年龄、健康状况、以往的工作成就等一般条件是否符合要求。此外,要看他在以往所监理工程中担任的职务,与本项目类似工程的工作经验,对项目的理解和熟悉程度,应变与决策能力,对项目实施监理的具体设想,专业水平和管理能力,责任心,以及能否与发包人顺利交流及是否善于与被监理单位交往等。

(2)从事监理工作的其他人员。参与监理工作的人员除总监理工程师外,还包括专业监理工程师和其他监理人员。从投标书中所提供的拟派驻项目人员名单中,看主要监理人员的学历、专业成就、责任职称或职务,参与过哪些工程的监理工作。

2. 项目监理机构监理人员数量的确定

根据工程建设强度、建设工程复杂程度、监理单位的业务水平等配备具体的监理人员。专业类别较多的工程,派驻人员数量可适当增加。项目监理机构的监理人员数量和专业配备应随工程施工进展情况作相应的调整,从而满足不同阶段监理工作的需要。

3. 将提供给业主的监理阶段性文件

在监理大纲中,监理单位还应该明确未来工程监理工作中向业主提供的阶段性的监理文件,这将有助于满足业主掌握工程建设过程的需要,有利于监理单位顺利承揽该建设工程的监理业务。

11.4.2.4 监理服务费计价方式

监理服务费的计算,按招标文件提供的格式、计算方法确定。

课题11.5 评标、定标和签订合同

11.5.1 评标

11.5.1.1 评标工作程序

评标工作一般按照以下程序进行:

(1)招标人从评标专家库中抽选评标专家与业主代表组成评标委员会,由评标委员会成员推荐产生评标委员会主任。

(2)在评标委员会主任的主持下,根据需要,讨论通过成立有关专业组和工作组。

(3)熟悉招标文件。

(4)组织评标人员学习评标标准与方法。

(5)评标委员会对投标文件进行符合性和响应性评定。

(6)评标委员会对投标文件中的算术错误进行更正。

(7)评标委员会根据招标文件规定的评标标准与方法对有效投标文件进行评审。

(8)评标委员会听取项目总监理工程师陈述。

(9)经评标委员会讨论,并经二分之一以上成员同意,提出需投标人澄清的问题,并以书面形式送达投标人。

(10)投标人对需书面澄清的问题,经法定代表人或者授权代表人签字后,作为投标文件的组成部分,在规定的时间内送达评标委员会。

(11)评标委员会依据招标文件确定的评标标准与方法,对投标文件进行横向比较,确定中标候选人推荐顺序。

(12)在评标委员会三分之二以上成员同意并在全体成员签字的情况下,通过评标报告。评标委员会成员必须在评标报告上签字。若有不同意见,应明确记载并由其本人签字,方可作为评标报告附件。

11.5.1.2 评审内容

评标委员会对各投标书进行审查评阅,主要考察以下几方面的合理性:

(1)投标人的资质,包括资质等级、批准的监理业务范围、主管部门或股东单位、人员综合情况等。

(2)监理大纲。

(3)拟派驻项目的主要监理人员(重点审查总监理工程师和主要专业监理工程师)。

(4)人员派驻计划和监理人员的素质(通过人员的学历证书、职称证书和上岗证书反映)。

(5)监理单位提供用于工程的检测设备和仪器,或委托有关单位检测的协议。

(6)近几年监理单位的业绩及奖惩情况。

(7)监理费报价和费用组成。

(8)招标文件要求的其他情况。

在审查过程中对投标书不明确之处可采用澄清问题的方式请投标人予以说明,并可通过与总监理工程师的会谈,考察他的风险意识、对业主建设意图的理解、应变能力、管理目标的设定等的素质高低。

11.5.1.3 评标标准

监理评标的量化比较通常采用综合评分法对各投标人的综合能力进行对比。依据招标项目的特点设置评分内容和分值的权重。招标文件中说明的评标原则和预先确定的记分标准开标后不得更改,作为评标委员的打分依据。

评标标准包括投标人的业绩和资信、项目总监理工程师的素质和能力、资源配置、监理大纲以及投标报价等五个方面。按其重要程度可分别考虑为20%、25%、25%、20%、10%的权重,也可根据项目具体情况确定。

1. 业绩和资信

(1)有关资质证书、营业执照等情况。

(2)人力、物力与财力资源。

(3)近3~5年完成或者正在实施的项目情况及监理效果。

(4)投标人以往的履约情况。

(5)近5年受到的表彰或者不良业绩记录情况。

(6)有关方面对投标人的评价意见等。

2. 项目总监理工程师的素质和能力

(1)项目总监理工程师的简历、监理资格。

(2)项目总监理工程师主持或者参与监理的类似工程项目及监理业绩。

(3)有关方面对项目总监理工程师的评价意见。

(4)项目总监理工程师月驻现场工作时间。

(5)项目总监理工程师的陈述情况等。

3. 资源配置

(1)项目副总监理工程师、部门负责人的简历及监理资格。

(2)项目相关专业人员和管理人员的数量、来源、职称、监理资格、年龄结构、人员进场计划。

(3)主要监理人员的月驻现场工作时间。

(4)主要监理人员从事类似工程的相关经验。

(5)拟为工程项目配置的检测及办公设备。

(6)随时可调用的后备资源等。

4. 监理大纲

(1)监理范围与目标。

(2)对影响项目工期、质量和投资的关键问题的理解程度。

(3)项目监理组织机构与管理的实效性。

(4)质量控制、进度控制、投资控制和合同管理、信息管理的方法与措施的针对性。

(5)拟定的监理质量体系文件等。

(6)工程安全监督措施的有效性。

5. 投标报价

(1)监理服务范围、时限。

(2)监理服务费用结构、总价及所包含的项目。

(3)人员进场计划。

(4)监理服务费用报价取费原则是否合理。

11.5.1.4 评标

项目监理评标标准和方法应当体现根据监理服务质量选择中标人的原则。评标标准和方法应当在招标文件中载明,在评标时不得另行制定或者修改、补充任何评标标准和方法。

项目监理招标不宜设置标底。

评标方法主要为综合评分法、两阶段评标法和综合比选法,可根据工程规模和技术难易程度选择采用。大、中型项目或者技术复杂的项目宜采用综合评分法或者两阶段评标法,项目规模小或者技术简单的项目可采用综合比选法。

(1)综合评分法。根据评标标准设置详细的评价指标和评分标准,经评标委员会集体评审后,评标委员会分别对所有投标文件的各项评价指标进行评分,去掉最高分和最低分后,其余评委评分的算术和即为投标人的总得分。评标委员会根据投标人总得分的高低排序选择中标候选人 1 ~3 名。若候选人出现分值相同情况,则对分值相同的投标人改为投票法,以少数服从多数的方式,也可根据总监理工程师、监理大纲的得分高低决定次序选择中标候选人。

(2)两阶段评标法。对投标文件的评审分为两阶段进行。首先进行技术评审,然后进行商务评审。有关评审方法可采用综合评分法或综合比选法。评标委员会在技术评审结束之前,不得接触投标文件中商务部分的内容。

评标委员会根据确定的评审标准选出技术评审排序的前几名投标人,而后对其进行商务评审。根据规定的技术和商务权重,对这些投标人进行综合评价和比较,确定中标候选人 1 ~3 名。

(3)综合比选法。根据评标标准设置详细的评价指标,评标委员会成员对各个投标人进行定性比较分析,综合评比,采用投票表决的形式,以少数服从多数的方式,排序推荐中标候选人 1 ~3 名。

11.5.2 定标

获得最佳综合评价的投标人中标,中标人的投标应当符合下列条件之一:

(1)能够最大限度地满足招标文件中规定的各项综合评价标准。

(2)能够满足招标文件的实质性要求,并且投标价格较低。

招标单位根据评标委员会提出的书面评标报告,从推荐的中标候选单位中确定中标单位,招标单位也可以授权评标委员会直接确定中标单位。评标委员会经过评审可以否决所有投标单位,所有投标被否决的,招标单位应当依照本办法重新组织招标。评标决标工作一般应在开标会议后 15 日内完成。中标单位确定后,招标单位应当向中标单位发出中标通知书,并同时将中标结果通知所有未中标的投标单位。

11.5.3 签订合同

招标单位和中标单位应当自中标通知书发出之日起 30 日内按照招标文件和中标单位的投标文件订立书面委托监理合同(可采用建设工程委托监理合同示范合同文本),招标单位和中标单位不得再行订立背离合同实质性内容的其他协议。

所订立的合同应向当地建设主管部门备案。

建设工程委托监理合同的主要内容:第一部分为建设工程委托监理合同,第二部分为标准条件,第三部分为专用条件。

复习思考题

1. 建设工程必须实行监理的项目有哪些?
2. 监理招标的特点有哪些?
3. 监理招标投标的程序是什么?
4. 投标人必须满足的资格条件有哪些?
5. 什么是资格预审、资格后审?
6. 监理资格审查有哪些主要内容?
7. 施工阶段监理服务有哪些主要内容?
8. 招标文件的主要内容是什么?
9. 如何编制监理投标文件?
10. 影响项目监理机构人员数量的主要因素有哪些?
11. 监理大纲的作用是什么?
12. 评标的工作程序是什么?
13. 监理评标的特点是什么?
14. 投标文件编制的主要内容是什么?

附　录

附录Ⅰ　《建设工程施工合同(示范文本)》

(GF—2017—0201)节选

住房和城乡建设部、国家工商行政管理总局制定

说　明

为了指导建设工程施工合同当事人的签约行为,维护合同当事人的合法权益,依据《中华人民共和国合同法》《中华人民共和国建筑法》《中华人民共和国招标投标法》以及相关法律、法规,住房和城乡建设部、国家工商行政管理总局对《建设工程施工合同(示范文本)》(GF—2013—0201)进行了修订,制定了《建设工程施工合同(示范文本)》(GF—2017—0201)(简称《示范文本》)。为了便于合同当事人使用《示范文本》,现就有关问题说明如下。

一、《示范文本》的组成

《示范文本》由合同协议书、通用合同条款和专用合同条款三部分组成。

(一)合同协议书

《示范文本》合同协议书共计13条,主要包括:工程概况、合同工期、质量标准、签约合同价和合同价格形式、项目经理、合同文件构成、承诺以及合同生效条件等重要内容,集中约定了合同当事人基本的合同权利和义务。

(二)通用合同条款

通用合同条款是合同当事人根据《中华人民共和国建筑法》《中华人民共和国合同法》等法律、法规的规定,就工程建设的实施及相关事项,对合同当事人的权利和义务作出的原则性约定。

通用合同条款共计20条,具体条款分别为:一般约定、发包人、承包人、监理人、工程质量、安全文明施工与环境保护、工期和进度、材料与设备、试验与检验、变更、价格调整、合同价格、计量与支付、验收和工程试车、竣工结算、缺陷责任与保修、违约、不可抗力、保险、索赔和争议解决。前述条款安排既考虑了现行法律、法规对工程建设的有关要求,也考虑了建设工程施工管理的特殊需要。

(三)专用合同条款

专用合同条款是对通用合同条款原则性约定的细化、完善、补充、修改或另行约定的条款。合同当事人可以根据不同建设工程的特点及具体情况,通过双方的谈判、协商对相应的专用合同条款进行修改补充。在使用专用合同条款时,应注意以下事项:

1. 专用合同条款的编号应与相应的通用合同条款的编号一致;

2. 合同当事人可以通过对专用合同条款的修改,满足具体建设工程的特殊要求,避免直接修改通用合同条款;

3. 在专用合同条款中有横道线的地方,合同当事人可针对相应的通用合同条款进行细化、完善、补充、修改或另行约定;如无细化、完善、补充、修改或另行约定,则填写“无”或划“/”。

二、《示范文本》的性质和适用范围

《示范文本》为非强制性使用文本。《示范文本》适用于房屋建筑工程、土木工程、线路管道和设备

安装工程、装修工程等建设工程的施工承发包活动,合同当事人可结合建设工程具体情况,根据《示范文本》订立合同,并按照法律、法规规定和合同约定承担相应的法律责任及合同权利和义务。

第一部分　合同协议书

发包人(全称):____________

承包人(全称):____________

根据《中华人民共和国合同法》《中华人民共和国建筑法》及有关法律规定,遵循平等、自愿、公平和诚实信用的原则,双方就____________工程施工及有关事项协商一致,共同达成如下协议:

一、工程概况

1. 工程名称:____________。

2. 工程地点:____________。

3. 工程立项批准文号:____________。

4. 资金来源:____________。

5. 工程内容:____________。

群体工程应附《承包人承揽工程项目一览表》(附件1)。

6. 工程承包范围:____________。

二、合同工期

计划开工日期:________年________月________日。

计划竣工日期:________年________月________日。

工期总日历天数:________天。工期总日历天数与根据前述计划开竣工日期计算的工期天数不一致的,以工期总日历天数为准。

三、质量标准

工程质量符合____________标准。

四、签约合同价与合同价格形式

1. 签约合同价为:

人民币(大写):____________(¥________元);

其中:

(1)安全文明施工费:

人民币(大写):____________(¥________元);

(2)材料和工程设备暂估价金额:

人民币(大写):____________(¥________元);

(3)专业工程暂估价金额:

人民币(大写):____________(¥________元);

(4)暂列金额:

人民币(大写):____________(¥________元)。

2. 合同价格形式:____________。

五、项目经理

承包人项目经理:____________。

六、合同文件构成

本协议书与下列文件一起构成合同文件:

(1)中标通知书(如果有);

(2)投标函及其附录(如果有);

(3)专用合同条款及其附件;

(4)通用合同条款;

(5)技术标准和要求;

(6)图纸;

(7)已标价工程量清单或预算书;

(8)其他合同文件。

在合同订立及履行过程中形成的与合同有关的文件均构成合同文件组成部分。

上述各项合同文件包括合同当事人就该项合同文件所作出的补充和修改,属于同一类内容的文件,应以最新签署的为准。专用合同条款及其附件须经合同当事人签字或盖章。

七、承诺

1. 发包人承诺按照法律规定履行项目审批手续、筹集工程建设资金并按照合同约定的期限和方式支付合同价款。

2. 承包人承诺按照法律规定及合同约定组织完成工程施工,确保工程质量和安全,不进行转包及违法分包,并在缺陷责任期及保修期内承担相应的工程维修责任。

3. 发包人和承包人通过招标投标形式签订合同的,双方理解并承诺不再就同一工程另行签订与合同实质性内容相背离的协议。

八、词语含义

本协议书中词语含义与本合同"第二部分　通用合同条款"中分别赋予的含义相同。

九、签订时间

本合同于________年________月________日签订。

十、签订地点

本合同在____________________签订。

十一、补充协议

合同未尽事宜,合同当事人另行签订补充协议,补充协议是合同的组成部分。

十二、合同生效

本合同自____________________生效。

十三、合同份数

本合同一式________份,均具有同等法律效力,发包人执________份,承包人执________份。

发包人:(公章)	承包人:(公章)
法定代表人或其委托代理人:________(签字)	法定代表人或其委托代理人:________(签字)
组织机构代码:____________________	组织机构代码:____________________
地址:____________________	地址:____________________
邮政编码:____________________	邮政编码:____________________
法定代表人:____________________	法定代表人:____________________
委托代理人:____________________	委托代理人:____________________
电话:____________________	电话:____________________
传真:____________________	传真:____________________
电子信箱:____________________	电子信箱:____________________
开户银行:____________________	开户银行:____________________
账号:____________________	账号:____________________

第二部分　通用合同条款

1　一般约定

1.1　词语定义与解释

合同协议书、通用合同条款、专用合同条款中的下列词语具有本款所赋予的含义。

1.1.1　合同

1.1.1.1　合同:是指根据法律规定和合同当事人约定具有约束力的文件,构成合同的文件包括合同协议书、中标通知书(如果有)、投标函及其附录(如果有)、专用合同条款及其附件、通用合同条款、技术标准和要求、图纸、已标价工程量清单或预算书以及其他合同文件。

1.1.1.2　合同协议书:是指构成合同的由发包人和承包人共同签署的称为"合同协议书"的书面文件。

1.1.1.3　中标通知书:是指构成合同的由发包人通知承包人中标的书面文件。

1.1.1.4　投标函:是指构成合同的由承包人填写并签署的用于投标的称为"投标函"的文件。

1.1.1.5　投标函附录:是指构成合同的附在投标函后的称为"投标函附录"的文件。

1.1.1.6　技术标准和要求:是指构成合同的施工应当遵守的或指导施工的国家、行业或地方的技术标准和要求,以及合同约定的技术标准和要求。

1.1.1.7　图纸:是指构成合同的图纸,包括由发包人按照合同约定提供或经发包人批准的设计文件、施工图、鸟瞰图及模型等,以及在合同履行过程中形成的图纸文件。图纸应当按照法律规定审查合格。

1.1.1.8　已标价工程量清单:是指构成合同的由承包人按照规定的格式和要求填写并标明价格的工程量清单,包括说明和表格。

1.1.1.9　预算书:是指构成合同的由承包人按照发包人规定的格式和要求编制的工程预算文件。

1.1.1.10　其他合同文件:是指经合同当事人约定的与工程施工有关的具有合同约束力的文件或书面协议。合同当事人可以在专用合同条款中进行约定。

1.1.2　合同当事人及其他相关方

1.1.2.1　合同当事人:是指发包人和(或)承包人。

1.1.2.2　发包人:是指与承包人签订合同协议书的当事人及取得该当事人资格的合法继承人。

1.1.2.3　承包人:是指与发包人签订合同协议书的,具有相应工程施工承包资质的当事人及取得该当事人资格的合法继承人。

1.1.2.4　监理人:是指在专用合同条款中指明的,受发包人委托按照法律规定进行工程监督管理的法人或其他组织。

1.1.2.5　设计人:是指在专用合同条款中指明的,受发包人委托负责工程设计并具备相应工程设计资质的法人或其他组织。

1.1.2.6　分包人:是指按照法律规定和合同约定,分包部分工程或工作,并与承包人签订分包合同的具有相应资质的法人。

1.1.2.7　发包人代表:是指由发包人任命并派驻施工现场在发包人授权范围内行使发包人权利的人。

1.1.2.8　项目经理:是指由承包人任命并派驻施工现场,在承包人授权范围内负责合同履行,且按照法律规定具有相应资格的项目负责人。

1.1.2.9　总监理工程师:是指由监理人任命并派驻施工现场进行工程监理的总负责人。

1.1.3　工程和设备

1.1.3.1　工程:是指与合同协议书中工程承包范围对应的永久工程和(或)临时工程。

1.1.3.2 永久工程:是指按合同约定建造并移交给发包人的工程,包括工程设备。

1.1.3.3 临时工程:是指为完成合同约定的永久工程所修建的各类临时性工程,不包括施工设备。

1.1.3.4 单位工程:是指在合同协议书中指明的,具备独立施工条件并能形成独立使用功能的永久工程。

1.1.3.5 工程设备:是指构成永久工程的机电设备、金属结构设备、仪器及其他类似的设备和装置。

1.1.3.6 施工设备:是指为完成合同约定的各项工作所需的设备、器具和其他物品,但不包括工程设备、临时工程和材料。

1.1.3.7 施工现场:是指用于工程施工的场所,以及在专用合同条款中指明作为施工场所组成部分的其他场所,包括永久占地和临时占地。

1.1.3.8 临时设施:是指为完成合同约定的各项工作所服务的临时性生产和生活设施。

1.1.3.9 永久占地:是指专用合同条款中指明为实施工程需永久占用的土地。

1.1.3.10 临时占地:是指专用合同条款中指明为实施工程需要临时占用的土地。

1.1.4 日期和期限

1.1.4.1 开工日期:包括计划开工日期和实际开工日期。计划开工日期是指合同协议书约定的开工日期;实际开工日期是指监理人按照第7.3.2项"开工通知"约定发出的符合法律规定的开工通知中载明的开工日期。

1.1.4.2 竣工日期:包括计划竣工日期和实际竣工日期。计划竣工日期是指合同协议书约定的竣工日期;实际竣工日期按照第13.2.3项"竣工日期"的约定确定。

1.1.4.3 工期:是指在合同协议书约定的承包人完成工程所需的期限,包括按照合同约定所作的期限变更。

1.1.4.4 缺陷责任期:是指承包人按照合同约定承担缺陷修复义务,且发包人预留质量保证金(已缴纳履约保证金的除外)的期限,自工程实际竣工日期起计算。

1.1.4.5 保修期:是指承包人按照合同约定对工程承担保修责任的期限,从工程竣工验收合格之日起计算。

1.1.4.6 基准日期:招标发包的工程以投标截止日前28天的日期为基准日期,直接发包的工程以合同签订日前28天的日期为基准日期。

1.1.4.7 天:除特别指明外,均指日历天。合同中按天计算时间的,开始当天不计入,从次日开始计算,期限最后一天的截止时间为当天24:00时。

1.1.5 合同价格和费用

1.1.5.1 签约合同价:是指发包人和承包人在合同协议书中确定的总金额,包括安全文明施工费、暂估价及暂列金额等。

1.1.5.2 合同价格:是指发包人用于支付承包人按照合同约定完成承包范围内全部工作的金额,包括合同履行过程中按合同约定发生的价格变化。

1.1.5.3 费用:是指为履行合同所发生的或将要发生的所有必需的开支,包括管理费和应分摊的其他费用,但不包括利润。

1.1.5.4 暂估价:是指发包人在工程量清单或预算书中提供的用于支付必然发生但暂时不能确定价格的材料、工程设备的单价、专业工程以及服务工作的金额。

1.1.5.5 暂列金额:是指发包人在工程量清单或预算书中暂定并包括在合同价格中的一笔款项,用于工程合同签订时尚未确定或者不可预见的所需材料、工程设备、服务的采购,施工中可能发生的工程变更、合同约定调整因素出现时的合同价格调整以及发生的索赔、现场签证确认等的费用。

1.1.5.6 计日工:是指合同履行过程中,承包人完成发包人提出的零星工作或需要采用计日工计价的变更工作时,按合同中约定的单价计价的一种方式。

1.1.5.7 质量保证金:是指按照第15.3款“质量保证金”约定承包人用于保证其在缺陷责任期内履行缺陷修补义务的担保。

1.1.5.8 总价项目:是指在现行国家、行业以及地方的计量规则中无工程量计算规则,在已标价工程量清单或预算书中以总价或以费率形式计算的项目。

1.1.6 其他

1.1.6.1 书面形式:是指合同文件、信函、电报、传真等可以有形地表现所载内容的形式。

1.2 语言文字

合同以中国的汉语简体文字编写、解释和说明。合同当事人在专用合同条款中约定使用两种以上语言时,汉语为优先解释和说明合同的语言。

1.3 法律

合同所称法律是指中华人民共和国法律、行政法规、部门规章,以及工程所在地的地方性法规、自治条例、单行条例和地方政府规章等。

合同当事人可以在专用合同条款中约定合同适用的其他规范性文件。

1.4 标准和规范

1.4.1 适用于工程的国家标准、行业标准、工程所在地的地方性标准,以及相应的规范、规程等,合同当事人有特别要求的,应在专用合同条款中约定。

1.4.2 发包人要求使用国外标准、规范的,发包人负责提供原文版本和中文译本,并在专用合同条款中约定提供标准规范的名称、份数和时间。

1.4.3 发包人对工程的技术标准、功能要求高于或严于现行国家、行业或地方标准的,应当在专用合同条款中予以明确。除专用合同条款另有约定外,应视为承包人在签订合同前已充分预见前述技术标准和功能要求的复杂程度,签约合同价中已包含由此产生的费用。

1.5 合同文件的优先顺序

组成合同的各项文件应互相解释,互为说明。除专用合同条款另有约定外,解释合同文件的优先顺序如下:

(1)合同协议书。

(2)中标通知书(如果有)。

(3)投标函及其附录(如果有)。

(4)专用合同条款及其附件。

(5)通用合同条款。

(6)技术标准和要求。

(7)图纸。

(8)已标价工程量清单或预算书。

(9)其他合同文件。

上述各项合同文件包括合同当事人就该项合同文件所作出的补充和修改,属于同一类内容的文件,应以最新签署的为准。

在合同订立及履行过程中形成的与合同有关的文件均构成合同文件组成部分,并根据其性质确定优先解释顺序。

1.6 图纸和承包人文件

1.6.1 图纸的提供和交底

发包人应按照专用合同条款约定的期限、数量和内容向承包人免费提供图纸,并组织承包人、监理人和设计人进行图纸会审和设计交底。发包人至迟不得晚于第7.3.2项“开工通知”载明的开工日期前14天向承包人提供图纸。

因发包人未按合同约定提供图纸导致承包人费用增加和(或)工期延误的,按照第7.5.1项“因发包人原因导致工期延误”约定办理。

1.6.2 图纸的错误

承包人在收到发包人提供的图纸后,发现图纸存在差错、遗漏或缺陷的,应及时通知监理人。监理人接到该通知后,应附具相关意见并立即报送发包人,发包人应在收到监理人报送的通知后的合理时间内作出决定。合理时间是指发包人在收到监理人的报送通知后,尽其努力且不懈怠地完成图纸修改补充所需的时间。

1.6.3 图纸的修改和补充

图纸需要修改和补充的,应经图纸原设计人及审批部门同意,并由监理人在工程或工程相应部位施工前将修改后的图纸或补充图纸提交给承包人,承包人应按修改或补充后的图纸施工。

1.6.4 承包人文件

承包人应按照专用合同条款的约定提供应当由其编制的与工程施工有关的文件,并按照专用合同条款约定的期限、数量和形式提交监理人,并由监理人报送发包人。

除专用合同条款另有约定外,监理人应在收到承包人文件后7天内审查完毕,监理人对承包人文件有异议的,承包人应予以修改,并重新报送监理人。监理人的审查并不减轻或免除承包人根据合同约定应当承担的责任。

1.6.5 图纸和承包人文件的保管

除专用合同条款另有约定外,承包人应在施工现场另外保存一套完整的图纸和承包人文件,供发包人、监理人及有关人员进行工程检查时使用。

1.7 联络

1.7.1 与合同有关的通知、批准、证明、证书、指示、指令、要求、请求、同意、意见、确定和决定等,均应采用书面形式,并应在合同约定的期限内送达接收人和送达地点。

1.7.2 发包人和承包人应在专用合同条款中约定各自的送达接收人和送达地点。任何一方合同当事人指定的接收人或送达地点发生变动的,应提前3天以书面形式通知对方。

1.7.3 发包人和承包人应当及时签收另一方送达至送达地点和指定接收人的来往信函。拒不签收的,由此增加的费用和(或)延误的工期由拒绝接收一方承担。

1.8 严禁贿赂

合同当事人不得以贿赂或变相贿赂的方式,谋取非法利益或损害对方权益。因一方合同当事人的贿赂造成对方损失的,应赔偿损失,并承担相应的法律责任。

承包人不得与监理人或发包人聘请的第三方串通损害发包人利益。未经发包人书面同意,承包人不得为监理人提供合同约定以外的通信设备、交通工具及其他任何形式的利益,不得向监理人支付报酬。

1.9 化石、文物

在施工现场发掘的所有文物、古迹以及具有地质研究或考古价值的其他遗迹、化石、钱币或物品属于国家所有。一旦发现上述文物,承包人应采取合理有效的保护措施,防止任何人员移动或损坏上述物品,并立即报告有关政府行政管理部门,同时通知监理人。

发包人、监理人和承包人应按有关政府行政管理部门要求采取妥善的保护措施,由此增加的费用和(或)延误的工期由发包人承担。

承包人发现文物后不及时报告或隐瞒不报,致使文物丢失或损坏的,应赔偿损失,并承担相应的法律责任。

1.10 交通运输

1.10.1 出入现场的权利

除专用合同条款另有约定外,发包人应根据施工需要,负责取得出入施工现场所需的批准手续和全部权利,以及取得因施工所需修建道路、桥梁以及其他基础设施的权利,并承担相关手续费用和建设费用。承包人应协助发包人办理修建场内外道路、桥梁以及其他基础设施的手续。

承包人应在订立合同前查勘施工现场,并根据工程规模及技术参数合理预见工程施工所需的进出施工现场的方式、手段、路径等。因承包人未合理预见所增加的费用和(或)延误的工期由承包人承担。

1.10.2　场外交通

发包人应提供场外交通设施的技术参数和具体条件,承包人应遵守有关交通法规,严格按照道路和桥梁的限制荷载行驶,执行有关道路限速、限行、禁止超载的规定,并配合交通管理部门的监督和检查。场外交通设施无法满足工程施工需要的,由发包人负责完善并承担相关费用。

1.10.3　场内交通

发包人应提供场内交通设施的技术参数和具体条件,并应按照专用合同条款的约定向承包人免费提供满足工程施工所需的场内道路和交通设施。因承包人原因造成上述道路或交通设施损坏的,承包人负责修复并承担由此增加的费用。

除发包人按照合同约定提供的场内道路和交通设施外,承包人负责修建、维修、养护和管理施工所需的其他场内临时道路和交通设施。发包人和监理人可以为实现合同目的使用承包人修建的场内临时道路和交通设施。

场外交通和场内交通的边界由合同当事人在专用合同条款中约定。

1.10.4　超大件和超重件的运输

由承包人负责运输的超大件或超重件,应由承包人负责向交通管理部门办理申请手续,发包人给予协助。运输超大件或超重件所需的道路和桥梁临时加固改造费用和其他有关费用,由承包人承担,但专用合同条款另有约定除外。

1.10.5　道路和桥梁的损坏责任

因承包人运输造成施工场地内外公共道路和桥梁损坏的,由承包人承担修复损坏的全部费用和可能引起的赔偿。

1.10.6　水路和航空运输

本款前述各项的内容适用于水路运输和航空运输,其中“道路”一词的涵义包括河道、航线、船闸、机场、码头、堤防以及水路或航空运输中其他相似结构物;“车辆”一词的涵义包括船舶和飞机等。

1.11　知识产权

1.11.1　除专用合同条款另有约定外,发包人提供给承包人的图纸、发包人为实施工程自行编制或委托编制的技术规范以及反映发包人要求的或其他类似性质的文件的著作权属于发包人,承包人可以为实现合同目的而复制、使用此类文件,但不能用于与合同无关的其他事项。未经发包人书面同意,承包人不得为了合同以外的目的而复制、使用上述文件或将之提供给任何第三方。

1.11.2　除专用合同条款另有约定外,承包人为实施工程所编制的文件,除署名权外的著作权属于发包人,承包人可因实施工程的运行、调试、维修、改造等目的而复制、使用此类文件,但不能用于与合同无关的其他事项。未经发包人书面同意,承包人不得为了合同以外的目的而复制、使用上述文件或将之提供给任何第三方。

1.11.3　合同当事人保证在履行合同过程中不侵犯对方及第三方的知识产权。承包人在使用材料、施工设备、工程设备或采用施工工艺时,因侵犯他人的专利权或其他知识产权所引起的责任,由承包人承担;因发包人提供的材料、施工设备、工程设备或施工工艺导致侵权的,由发包人承担责任。

1.11.4　除专用合同条款另有约定外,承包人在合同签订前和签订时已确定采用的专利、专有技术、技术秘密的使用费已包含在签约合同价中。

1.12　保密

除法律规定或合同另有约定外,未经发包人同意,承包人不得将发包人提供的图纸、文件以及声明需要保密的资料信息等商业秘密泄露给第三方。

除法律规定或合同另有约定外,未经承包人同意,发包人不得将承包人提供的技术秘密及声明需要保密的资料信息等商业秘密泄露给第三方。

1.13　工程量清单错误的修正

除专用合同条款另有约定外,发包人提供的工程量清单,应被认为是准确的和完整的。当出现下列情形之一时,发包人应予以修正,并相应调整合同价格:

(1)工程量清单存在缺项、漏项的。

(2)工程量清单偏差超出专用合同条款约定的工程量偏差范围的。

(3)未按照国家现行计量规范强制性规定计量的。

2　发包人

2.1　许可或批准

发包人应遵守法律,并办理法律规定由其办理的许可、批准或备案,包括但不限于建设用地规划许可证、建设工程规划许可证、建设工程施工许可证、施工所需临时用水、临时用电、中断道路交通、临时占用土地等许可和批准。发包人应协助承包人办理法律规定的有关施工证件和批件。

因发包人原因未能及时办理完毕前述许可、批准或备案,由发包人承担由此增加的费用和(或)延误的工期,并支付承包人合理的利润。

2.2　发包人代表

发包人应在专用合同条款中明确其派驻施工现场的发包人代表的姓名、职务、联系方式及授权范围等事项。发包人代表在发包人的授权范围内,负责处理合同履行过程中与发包人有关的具体事宜。发包人代表在授权范围内的行为由发包人承担法律责任。发包人更换发包人代表的,应提前7天书面通知承包人。

发包人代表不能按照合同约定履行其职责及义务,并导致合同无法继续正常履行的,承包人可以要求发包人撤换发包人代表。

不属于法定必须监理的工程,监理人的职权可以由发包人代表或发包人指定的其他人员行使。

2.3　发包人人员

发包人应要求在施工现场的发包人人员遵守法律及有关安全、质量、环境保护、文明施工等规定,并保障承包人免于承受因发包人人员未遵守上述要求给承包人造成的损失和责任。

发包人人员包括发包人代表及其他由发包人派驻施工现场的人员。

2.4　施工现场、施工条件和基础资料的提供

2.4.1　提供施工现场

除专用合同条款另有约定外,发包人应最迟于开工日期7天前向承包人移交施工现场。

2.4.2　提供施工条件

除专用合同条款另有约定外,发包人应负责提供施工所需要的条件,包括:

(1)将施工用水、电力、通信线路等施工所必需的条件接至施工现场内。

(2)保证向承包人提供正常施工所需要的进入施工现场的交通条件。

(3)协调处理施工现场周围地下管线和邻近建筑物、构筑物、古树名木的保护工作,并承担相关费用。

(4)按照专用合同条款约定应提供的其他设施和条件。

2.4.3　提供基础资料

发包人应当在移交施工现场前向承包人提供施工现场及工程施工所必需的毗邻区域内供水、排水、供电、供气、供热、通信、广播电视等地下管线资料,气象和水文观测资料,地质勘察资料,相邻建筑物、构筑物和地下工程等有关基础资料,并对所提供资料的真实性、准确性和完整性负责。

按照法律规定确需在开工后方能提供的基础资料,发包人应尽其努力及时地在相应工程施工前的合理期限内提供,合理期限应以不影响承包人的正常施工为限。

2.4.4 逾期提供的责任

因发包人原因未能按合同约定及时向承包人提供施工现场、施工条件、基础资料的,由发包人承担由此增加的费用和(或)延误的工期。

2.5 资金来源证明及支付担保

除专用合同条款另有约定外,发包人应在收到承包人要求提供资金来源证明的书面通知后28天内,向承包人提供能够按照合同约定支付合同价款的相应资金来源证明。

除专用合同条款另有约定外,发包人要求承包人提供履约担保的,发包人应当向承包人提供支付担保。支付担保可以采用银行保函或担保公司担保等形式,具体由合同当事人在专用合同条款中约定。

2.6 支付合同价款

发包人应按合同约定向承包人及时支付合同价款。

2.7 组织竣工验收

发包人应按合同约定及时组织竣工验收。

2.8 现场统一管理协议

发包人应与承包人、由发包人直接发包的专业工程的承包人签订施工现场统一管理协议,明确各方的权利和义务。施工现场统一管理协议作为专用合同条款的附件。

3 承包人

3.1 承包人的一般义务

承包人在履行合同过程中应遵守法律和工程建设标准规范,并履行以下义务:

(1)办理法律规定应由承包人办理的许可和批准,并将办理结果书面报送发包人留存。

(2)按法律规定和合同约定完成工程,并在保修期内承担保修义务。

(3)按法律规定和合同约定采取施工安全和环境保护措施,办理工伤保险,确保工程及人员、材料、设备和设施的安全。

(4)按合同约定的工作内容和施工进度要求,编制施工组织设计和施工措施计划,并对所有施工作业和施工方法的完备性和安全可靠性负责。

(5)在进行合同约定的各项工作时,不得侵害发包人与他人使用公用道路、水源、市政管网等公共设施的权利,避免对邻近的公共设施产生干扰。承包人占用或使用他人的施工场地,影响他人作业或生活的,应承担相应责任。

(6)按照第6.3款"环境保护"约定负责施工场地及其周边环境与生态的保护工作。

(7)按第6.1款"安全文明施工"约定采取施工安全措施,确保工程及其人员、材料、设备和设施的安全,防止因工程施工造成的人身伤害和财产损失。

(8)将发包人按合同约定支付的各项价款专用于合同工程,且应及时支付其雇用人员工资,并及时向分包人支付合同价款。

(9)按照法律规定和合同约定编制竣工资料,完成竣工资料立卷及归档,并按专用合同条款约定的竣工资料的套数、内容、时间等要求移交发包人。

(10)应履行的其他义务。

3.2 项目经理

3.2.1 项目经理应为合同当事人所确认的人选,并在专用合同条款中明确项目经理的姓名、职称、注册执业证书编号、联系方式及授权范围等事项,项目经理经承包人授权后代表承包人负责履行合同。项目经理应是承包人正式聘用的员工,承包人应向发包人提交项目经理与承包人之间的劳动合同,以及承包人为项目经理缴纳社会保险的有效证明。承包人不提交上述文件的,项目经理无权履行职责,发包人有权要求更换项目经理,由此增加的费用和(或)延误的工期由承包人承担。

项目经理应常驻施工现场,且每月在施工现场时间不得少于专用合同条款约定的天数。项目经理不得同时担任其他项目的项目经理。项目经理确需离开施工现场时,应事先通知监理人,并取得发包人的书面同意。项目经理的通知中应当载明临时代行其职责的人员的注册执业资格、管理经验等资料,该人员应具备履行相应职责的能力。

承包人违反上述约定的,应按照专用合同条款的约定,承担违约责任。

3.2.2 项目经理按合同约定组织工程实施。在紧急情况下为确保施工安全和人员安全,在无法与发包人代表和总监理工程师及时取得联系时,项目经理有权采取必要的措施保证与工程有关的人身、财产和工程的安全,但应在48小时内向发包人代表和总监理工程师提交书面报告。

3.2.3 承包人需要更换项目经理的,应提前14天书面通知发包人和监理人,并征得发包人书面同意。通知中应当载明继任项目经理的注册执业资格、管理经验等资料,继任项目经理继续履行第3.2.1项约定的职责。未经发包人书面同意,承包人不得擅自更换项目经理。承包人擅自更换项目经理的,应按照专用合同条款的约定承担违约责任。

3.2.4 发包人有权书面通知承包人更换其认为不称职的项目经理,通知中应当载明要求更换的理由。承包人应在接到更换通知后14天内向发包人提出书面的改进报告。发包人收到改进报告后仍要求更换的,承包人应在接到第二次更换通知的28天内进行更换,并将新任命的项目经理的注册执业资格、管理经验等资料书面通知发包人。继任项目经理继续履行第3.2.1项约定的职责。承包人无正当理由拒绝更换项目经理的,应按照专用合同条款的约定承担违约责任。

3.2.5 项目经理因特殊情况授权其下属人员履行其某项工作职责的,该下属人员应具备履行相应职责的能力,并应提前7天将上述人员的姓名和授权范围书面通知监理人,并征得发包人书面同意。

3.3 承包人人员

3.3.1 除专用合同条款另有约定外,承包人应在接到开工通知后7天内,向监理人提交承包人项目管理机构及施工现场人员安排的报告,其内容应包括合同管理、施工、技术、材料、质量、安全、财务等主要施工管理人员名单及其岗位、注册执业资格等,以及各工种技术工人的安排情况,并同时提交主要施工管理人员与承包人之间的劳动关系证明和缴纳社会保险的有效证明。

3.3.2 承包人派驻到施工现场的主要施工管理人员应相对稳定。施工过程中如有变动,承包人应及时向监理人提交施工现场人员变动情况的报告。承包人更换主要施工管理人员时,应提前7天书面通知监理人,并征得发包人书面同意。通知中应当载明继任人员的注册执业资格、管理经验等资料。

特殊工种作业人员均应持有相应的资格证明,监理人可以随时检查。

3.3.3 发包人对于承包人主要施工管理人员的资格或能力有异议的,承包人应提供资料证明被质疑人员有能力完成其岗位工作或不存在发包人所质疑的情形。发包人要求撤换不能按照合同约定履行职责及义务的主要施工管理人员的,承包人应当撤换。承包人无正当理由拒绝撤换的,应按照专用合同条款的约定承担违约责任。

3.3.4 除专用合同条款另有约定外,承包人的主要施工管理人员离开施工现场每月累计不超过5天的,应报监理人同意;离开施工现场每月累计超过5天的,应通知监理人,并征得发包人书面同意。主要施工管理人员离开施工现场前应指定一名有经验的人员临时代行其职责,该人员应具备履行相应职责的资格和能力,且应征得监理人或发包人的同意。

3.3.5 承包人擅自更换主要施工管理人员,或前述人员未经监理人或发包人同意擅自离开施工现场的,应按照专用合同条款约定承担违约责任。

3.4 承包人现场查勘

承包人应对基于发包人按照第2.4.3项"提供基础资料"提交的基础资料所做出的解释和推断负责,但因基础资料存在错误、遗漏导致承包人解释或推断失实的,由发包人承担责任。

承包人应对施工现场和施工条件进行查勘,并充分了解工程所在地的气象条件、交通条件、风俗习惯以及其他与完成合同工作有关的其他资料。因承包人未能充分查勘、了解前述情况或未能充分估计前述情况所可能产生后果的,承包人承担由此增加的费用和(或)延误的工期。

3.5 分包

3.5.1 分包的一般约定

承包人不得将其承包的全部工程转包给第三人,或将其承包的全部工程肢解后以分包的名义转包给第三人。承包人不得将工程主体结构、关键性工作及专用合同条款中禁止分包的专业工程分包给第三人,主体结构、关键性工作的范围由合同当事人按照法律规定在专用合同条款中予以明确。

承包人不得以劳务分包的名义转包或违法分包工程。

3.5.2 分包的确定

承包人应按专用合同条款的约定进行分包,确定分包人。已标价工程量清单或预算书中给定暂估价的专业工程,按照第10.7款"暂估价"确定分包人。按照合同约定进行分包的,承包人应确保分包人具有相应的资质和能力。工程分包不减轻或免除承包人的责任和义务,承包人和分包人就分包工程向发包人承担连带责任。除合同另有约定外,承包人应在分包合同签订后7天内向发包人和监理人提交分包合同副本。

3.5.3 分包管理

承包人应向监理人提交分包人的主要施工管理人员表,并对分包人的施工人员进行实名制管理,包括但不限于进出场管理、登记造册以及各种证照的办理。

3.5.4 分包合同价款

(1)除本项第(2)目约定的情况或专用合同条款另有约定外,分包合同价款由承包人与分包人结算,未经承包人同意,发包人不得向分包人支付分包工程价款。

(2)生效法律文书要求发包人向分包人支付分包合同价款的,发包人有权从应付承包人工程款中扣除该部分款项。

3.5.5 分包合同权益的转让

分包人在分包合同项下的义务持续到缺陷责任期届满以后的,发包人有权在缺陷责任期届满前,要求承包人将其在分包合同项下的权益转让给发包人,承包人应当转让。除转让合同另有约定外,转让合同生效后,由分包人向发包人履行义务。

3.6 工程照管与成品、半成品保护

(1)除专用合同条款另有约定外,自发包人向承包人移交施工现场之日起,承包人应负责照管工程及工程相关的材料、工程设备,直到颁发工程接收证书之日止。

(2)在承包人负责照管期间,因承包人原因造成工程、材料、工程设备损坏的,由承包人负责修复或更换,并承担由此增加的费用和(或)延误的工期。

(3)对合同内分期完成的成品和半成品,在工程接收证书颁发前,由承包人承担保护责任。因承包人原因造成成品或半成品损坏的,由承包人负责修复或更换,并承担由此增加的费用和(或)延误的工期。

3.7 履约担保

发包人需要承包人提供履约担保的,由合同当事人在专用合同条款中约定履约担保的方式、金额及期限等。履约担保可以采用银行保函或担保公司担保等形式,具体由合同当事人在专用合同条款中约定。

因承包人原因导致工期延长的,继续提供履约担保所增加的费用由承包人承担;非承包人原因导致工期延长的,继续提供履约担保所增加的费用由发包人承担。

3.8 联合体

3.8.1 联合体各方应共同与发包人签订合同协议书。联合体各方应为履行合同向发包人承担连带责任。

3.8.2 联合体协议经发包人确认后作为合同附件。在履行合同过程中,未经发包人同意,不得修改联合体协议。

3.8.3 联合体牵头人负责与发包人和监理人联系,并接受指示,负责组织联合体各成员全面履行合同。

4 监理人

4.1 监理人的一般规定

工程实行监理的,发包人和承包人应在专用合同条款中明确监理人的监理内容及监理权限等事项。监理人应当根据发包人授权及法律规定,代表发包人对工程施工相关事项进行检查、查验、审核、验收,并签发相关指示,但监理人无权修改合同,且无权减轻或免除合同约定的承包人的任何责任与义务。

除专用合同条款另有约定外,监理人在施工现场的办公场所、生活场所由承包人提供,所发生的费用由发包人承担。

4.2 监理人员

发包人授予监理人对工程实施监理的权利由监理人派驻施工现场的监理人员行使,监理人员包括总监理工程师及监理工程师。监理人应将授权的总监理工程师和监理工程师的姓名及授权范围以书面形式提前通知承包人。更换总监理工程师的,监理人应提前7天书面通知承包人;更换其他监理人员,监理人应提前48小时书面通知承包人。

4.3 监理人的指示

监理人应按照发包人的授权发出监理指示。监理人的指示应采用书面形式,并经其授权的监理人员签字。紧急情况下,为了保证施工人员的安全或避免工程受损,监理人员可以口头形式发出指示,该指示与书面形式的指示具有同等法律效力,但必须在发出口头指示后24小时内补发书面监理指示,补发的书面监理指示应与口头指示一致。

监理人发出的指示应送达承包人项目经理或经项目经理授权接收的人员。因监理人未能按合同约定发出指示、指示延误或发出了错误指示而导致承包人费用增加和(或)工期延误的,由发包人承担相应责任。除专用合同条款另有约定外,总监理工程师不应将第4.4款“商定或确定”约定应由总监理工程师作出确定的权力授权或委托给其他监理人员。

承包人对监理人发出的指示有疑问的,应向监理人提出书面异议,监理人应在48小时内对该指示予以确认、更改或撤销,监理人逾期未回复的,承包人有权拒绝执行上述指示。

监理人对承包人的任何工作、工程或其采用的材料和工程设备未在约定的或合理期限内提出意见的,视为批准,但不免除或减轻承包人对该工作、工程、材料、工程设备等应承担的责任和义务。

4.4 商定或确定

合同当事人进行商定或确定时,总监理工程师应当会同合同当事人尽量通过协商达成一致,不能达成一致的,由总监理工程师按照合同约定审慎作出公正的确定。

总监理工程师应将确定以书面形式通知发包人和承包人,并附详细依据。合同当事人对总监理工程师的确定没有异议的,按照总监理工程师的确定执行。任何一方合同当事人有异议,按照第20条“争议解决”约定处理。争议解决前,合同当事人暂按总监理工程师的确定执行;争议解决后,争议解决的结果与总监理工程师的确定不一致的,按照争议解决的结果执行,由此造成的损失由责任人承担。

5 工程质量

5.1 质量要求

5.1.1 工程质量标准必须符合现行国家有关工程施工质量验收规范和标准的要求。有关工程质量的特殊标准或要求由合同当事人在专用合同条款中约定。

5.1.2 因发包人原因造成工程质量未达到合同约定标准的,由发包人承担由此增加的费用和(或)

延误的工期,并支付承包人合理的利润。

5.1.3　因承包人原因造成工程质量未达到合同约定标准的,发包人有权要求承包人返工直至工程质量达到合同约定的标准,并由承包人承担由此增加的费用和(或)延误的工期。

5.2　质量保证措施

5.2.1　发包人的质量管理

发包人应按照法律规定及合同约定完成与工程质量有关的各项工作。

5.2.2　承包人的质量管理

承包人按照第7.1款"施工组织设计"约定向发包人和监理人提交工程质量保证体系及措施文件,建立完善的质量检查制度,并提交相应的工程质量文件。对于发包人和监理人违反法律规定和合同约定的错误指示,承包人有权拒绝实施。

承包人应对施工人员进行质量教育和技术培训,定期考核施工人员的劳动技能,严格执行施工规范和操作规程。

承包人应按照法律规定和发包人的要求,对材料、工程设备以及工程的所有部位及其施工工艺进行全过程的质量检查和检验,并作详细记录,编制工程质量报表,报送监理人审查。此外,承包人还应按照法律规定和发包人的要求,进行施工现场取样试验、工程复核测量和设备性能检测,提供试验样品、提交试验报告和测量成果以及其他工作。

5.2.3　监理人的质量检查和检验

监理人按照法律规定和发包人授权对工程的所有部位及其施工工艺、材料和工程设备进行检查和检验。承包人应为监理人的检查和检验提供方便,包括监理人到施工现场,或制造、加工地点,或合同约定的其他地方进行察看和查阅施工原始记录。监理人为此进行的检查和检验,不免除或减轻承包人按照合同约定应当承担的责任。

监理人的检查和检验不应影响施工正常进行。监理人的检查和检验影响施工正常进行的,且经检查检验不合格的,影响正常施工的费用由承包人承担,工期不予顺延;经检查检验合格的,由此增加的费用和(或)延误的工期由发包人承担。

5.3　隐蔽工程检查

5.3.1　承包人自检

承包人应当对工程隐蔽部位进行自检,并经自检确认是否具备覆盖条件。

5.3.2　检查程序

除专用合同条款另有约定外,工程隐蔽部位经承包人自检确认具备覆盖条件的,承包人应在共同检查前48小时书面通知监理人检查,通知中应载明隐蔽检查的内容、时间和地点,并应附有自检记录和必要的检查资料。

监理人应按时到场并对隐蔽工程及其施工工艺、材料和工程设备进行检查。经监理人检查确认质量符合隐蔽要求,并在验收记录上签字后,承包人才能进行覆盖。经监理人检查质量不合格的,承包人应在监理人指示的时间内完成修复,并由监理人重新检查,由此增加的费用和(或)延误的工期由承包人承担。

除专用合同条款另有约定外,监理人不能按时进行检查的,应在检查前24小时向承包人提交书面延期要求,但延期不能超过48小时,由此导致工期延误的,工期应予以顺延。监理人未按时进行检查,也未提出延期要求的,视为隐蔽工程检查合格,承包人可自行完成覆盖工作,并作相应记录报送监理人,监理人应签字确认。监理人事后对检查记录有疑问的,可按第5.3.3项"重新检查"的约定重新检查。

5.3.3　重新检查

承包人覆盖工程隐蔽部位后,发包人或监理人对质量有疑问的,可要求承包人对已覆盖的部位进行钻孔探测或揭开重新检查,承包人应遵照执行,并在检查后重新覆盖恢复原状。经检查证明工程质量符合合同要求的,由发包人承担由此增加的费用和(或)延误的工期,并支付承包人合理的利润;经检查证明工程质量不符合合同要求的,由此增加的费用和(或)延误的工期由承包人承担。

5.3.4　承包人私自覆盖

承包人未通知监理人到场检查,私自将工程隐蔽部位覆盖的,监理人有权指示承包人钻孔探测或揭开检查,无论工程隐蔽部位质量是否合格,由此增加的费用和(或)延误的工期均由承包人承担。

5.4　不合格工程的处理

5.4.1　因承包人原因造成工程不合格的,发包人有权随时要求承包人采取补救措施,直至达到合同要求的质量标准,由此增加的费用和(或)延误的工期由承包人承担。无法补救的,按照第13.2.4项"拒绝接收全部或部分工程"约定执行。

5.4.2　因发包人原因造成工程不合格的,由此增加的费用和(或)延误的工期由发包人承担,并支付承包人合理的利润。

5.5　质量争议检测

合同当事人对工程质量有争议的,由双方协商确定的工程质量检测机构鉴定,由此产生的费用及因此造成的损失,由责任方承担。

合同当事人均有责任的,由双方根据其责任分别承担。合同当事人无法达成一致的,按照第4.4款"商定或确定"执行。

6　安全文明施工与环境保护

6.1　安全文明施工

6.1.1　安全生产要求

合同履行期间,合同当事人均应当遵守国家和工程所在地有关安全生产的要求,合同当事人有特别要求的,应在专用合同条款中明确施工项目安全生产标准化达标目标及相应事项。承包人有权拒绝发包人及监理人强令承包人违章作业、冒险施工的任何指示。

在施工过程中,如遇到突发的地质变动、事先未知的地下施工障碍等影响施工安全的紧急情况,承包人应及时报告监理人和发包人,发包人应当及时下令停工并报政府有关行政管理部门采取应急措施。

因安全生产需要暂停施工的,按照第7.8款"暂停施工"的约定执行。

6.1.2　安全生产保证措施

承包人应当按照有关规定编制安全技术措施或者专项施工方案,建立安全生产责任制度、治安保卫制度及安全生产教育培训制度,并按安全生产法律规定及合同约定履行安全职责,如实编制工程安全生产的有关记录,接受发包人、监理人及政府安全监督部门的检查与监督。

6.1.3　特别安全生产事项

承包人应按照法律规定进行施工,开工前做好安全技术交底工作,施工过程中做好各项安全防护措施。承包人为实施合同而雇用的特殊工种的人员应受过专门的培训并已取得政府有关管理机构颁发的上岗证书。

承包人在动力设备、输电线路、地下管道、密封防震车间、易燃易爆地段以及临街交通要道附近施工时,施工开始前应向发包人和监理人提出安全防护措施,经发包人认可后实施。

实施爆破作业,在放射、毒害性环境中施工(含储存、运输、使用)及使用毒害性、腐蚀性物品施工时,承包人应在施工前7天以书面通知发包人和监理人,并报送相应的安全防护措施,经发包人认可后实施。

需单独编制危险性较大分部分项专项工程施工方案的,以及要求进行专家论证的超过一定规模的危险性较大的分部分项工程,承包人应及时编制和组织论证。

6.1.4　治安保卫

除专用合同条款另有约定外,发包人应与当地公安部门协商,在现场建立治安管理机构或联防组织，统一管理施工场地的治安保卫事项，履行合同工程的治安保卫职责。

发包人和承包人除应协助现场治安管理机构或联防组织维护施工场地的社会治安外，还应做好包括生活区在内的各自管辖区的治安保卫工作。

除专用合同条款另有约定外，发包人和承包人应在工程开工后7天内共同编制施工场地治安管理计划，并制订应对突发治安事件的紧急预案。在工程施工过程中，发生暴乱、爆炸等恐怖事件，以及群殴、械斗等群体性突发治安事件的，发包人和承包人应立即向当地政府报告。发包人和承包人应积极协助当地有关部门采取措施平息事态，防止事态扩大，尽量避免人员伤亡和财产损失。

6.1.5　文明施工

承包人在工程施工期间，应当采取措施保持施工现场平整，物料堆放整齐。工程所在地有关政府行政管理部门有特殊要求的，按照其要求执行。合同当事人对文明施工有其他要求的，可以在专用合同条款中明确。

在工程移交之前，承包人应当从施工现场清除承包人的全部工程设备、多余材料、垃圾和各种临时工程，并保持施工现场清洁整齐。经发包人书面同意，承包人可在发包人指定的地点保留承包人履行保修期内的各项义务所需要的材料、施工设备和临时工程。

6.1.6　安全文明施工费

安全文明施工费由发包人承担，发包人不得以任何形式扣减该部分费用。因基准日期后合同所适用的法律或政府有关规定发生变化，增加的安全文明施工费由发包人承担。

承包人经发包人同意采取合同约定以外的安全措施所产生的费用，由发包人承担。未经发包人同意的，如果该措施避免了发包人的损失，则发包人在避免损失的额度内承担该措施费。如果该措施避免了承包人的损失，由承包人承担该措施费。

除专用合同条款另有约定外，发包人应在开工后28天内预付安全文明施工费总额的50%，其余部分与进度款同期支付。发包人逾期支付安全文明施工费超过7天的，承包人有权向发包人发出要求预付的催告通知，发包人收到通知后7天内仍未支付的，承包人有权暂停施工，并按第16.1.1项“发包人违约的情形”执行。

承包人对安全文明施工费应专款专用，承包人应在财务账目中单独列项备查，不得挪作他用，否则发包人有权责令其限期改正；逾期未改正的，可以责令其暂停施工，由此增加的费用和（或）延误的工期由承包人承担。

6.1.7　紧急情况处理

在工程实施期间或缺陷责任期内发生危及工程安全的事件，监理人通知承包人进行抢救，承包人声明无能力或不愿立即执行的，发包人有权雇用其他人员进行抢救。此类抢救按合同约定属于承包人义务的，由此增加的费用和（或）延误的工期由承包人承担。

6.1.8　事故处理

工程施工过程中发生事故的，承包人应立即通知监理人，监理人应立即通知发包人。发包人和承包人应立即组织人员和设备进行紧急抢救和抢修，减少人员伤亡和财产损失，防止事故扩大，并保护事故现场。需要移动现场物品时，应作出标记和书面记录，妥善保管有关证据。发包人和承包人应按国家有关规定，及时如实地向有关部门报告事故发生的情况，以及正在采取的紧急措施等。

6.1.9　安全生产责任

6.1.9.1　发包人的安全责任

发包人应负责赔偿以下各种情况造成的损失：

(1)工程或工程的任何部分对土地的占用所造成的第三者财产损失。

(2)由于发包人原因在施工场地及其毗邻地带造成的第三者人身伤亡和财产损失。

(3)由于发包人原因对承包人、监理人造成的人员人身伤亡和财产损失。

(4)由于发包人原因造成的发包人自身人员的人身伤害以及财产损失。

6.1.9.2　承包人的安全责任

由于承包人原因在施工场地内及其毗邻地带造成的发包人、监理人以及第三者人员伤亡和财产损失,由承包人负责赔偿。

6.2　职业健康

6.2.1　劳动保护

承包人应按照法律规定安排现场施工人员的劳动和休息时间,保障劳动者的休息时间,并支付合理的报酬和费用。承包人应依法为其履行合同所雇用的人员办理必要的证件、许可、保险和注册等,承包人应督促其分包人为分包人所雇用的人员办理必要的证件、许可、保险和注册等。

承包人应按照法律规定保障现场施工人员的劳动安全,并提供劳动保护,并应按国家有关劳动保护的规定,采取有效的防止粉尘、降低噪声、控制有害气体和保障高温、高寒、高空作业安全等劳动保护措施。承包人雇用人员在施工中受到伤害的,承包人应立即采取有效措施进行抢救和治疗。

承包人应按法律规定安排工作时间,保证其雇用人员享有休息和休假的权利。因工程施工的特殊需要占用休假日或延长工作时间的,应不超过法律规定的限度,并按法律规定给予补休或付酬。

6.2.2　生活条件

承包人应为其履行合同所雇用的人员提供必要的膳宿条件和生活环境;承包人应采取有效措施预防传染病,保证施工人员的健康,并定期对施工现场、施工人员生活基地和工程进行防疫和卫生的专业检查和处理,在远离城镇的施工场地,还应配备必要的伤病防治和急救的医务人员与医疗设施。

6.3　环境保护

承包人应在施工组织设计中列明环境保护的具体措施。在合同履行期间,承包人应采取合理措施保护施工现场环境。对施工作业过程中可能引起的大气、水、噪声以及固体废物污染采取具体可行的防范措施。

承包人应当承担因其原因引起的环境污染侵权损害赔偿责任,因上述环境污染引起纠纷而导致暂停施工的,由此增加的费用和(或)延误的工期由承包人承担。

7　工期和进度

7.1　施工组织设计

7.1.1　施工组织设计的内容

施工组织设计应包含以下内容:

(1)施工方案。

(2)施工现场平面布置图。

(3)施工进度计划和保证措施。

(4)劳动力及材料供应计划。

(5)施工机械设备的选用。

(6)质量保证体系及措施。

(7)安全生产、文明施工措施。

(8)环境保护、成本控制措施。

(9)合同当事人约定的其他内容。

7.1.2　施工组织设计的提交和修改

除专用合同条款另有约定外,承包人应在合同签订后14天内,但至迟不得晚于第7.3.2项"开工通知"载明的开工日期前7天,向监理人提交详细的施工组织设计,并由监理人报送发包人。除专用合同条款另有约定外,发包人和监理人应在监理人收到施工组织设计后7天内确认或提出修改意见。对发包人和监理人提出的合理意见和要求,承包人应自费修改完善。根据工程实际情况需要修改施工组织设计的,承包人应向发包人和监理人提交修改后的施工组织设计。

施工进度计划的编制和修改按照第7.2款“施工进度计划”执行。

7.2 施工进度计划

7.2.1 施工进度计划的编制

承包人应按照第7.1款“施工组织设计”约定提交详细的施工进度计划,施工进度计划的编制应当符合国家法律规定和一般工程实践惯例,施工进度计划经发包人批准后实施。施工进度计划是控制工程进度的依据,发包人和监理人有权按照施工进度计划检查工程进度情况。

7.2.2 施工进度计划的修订

施工进度计划不符合合同要求或与工程的实际进度不一致的,承包人应向监理人提交修订的施工进度计划,并附具有关措施和相关资料,由监理人报送发包人。除专用合同条款另有约定外,发包人和监理人应在收到修订的施工进度计划后7天内完成审核和批准或提出修改意见。发包人和监理人对承包人提交的施工进度计划的确认,不能减轻或免除承包人根据法律规定和合同约定应承担的任何责任或义务。

7.3 开工

7.3.1 开工准备

除专用合同条款另有约定外,承包人应按照第7.1款“施工组织设计”约定的期限,向监理人提交工程开工报审表,经监理人报发包人批准后执行。开工报审表应详细说明按施工进度计划正常施工所需的施工道路、临时设施、材料、工程设备、施工设备、施工人员等落实情况以及工程的进度安排。

除专用合同条款另有约定外,合同当事人应按约定完成开工准备工作。

7.3.2 开工通知

发包人应按照法律规定获得工程施工所需的许可。经发包人同意后,监理人发出的开工通知应符合法律规定。监理人应在计划开工日期7天前向承包人发出开工通知,工期自开工通知中载明的开工日期起算。

除专用合同条款另有约定外,因发包人原因造成监理人未能在计划开工日期之日起90天内发出开工通知的,承包人有权提出价格调整要求,或者解除合同。发包人应当承担由此增加的费用和(或)延误的工期,并向承包人支付合理利润。

7.4 测量放线

7.4.1 除专用合同条款另有约定外,发包人应在至迟不得晚于第7.3.2项“开工通知”载明的开工日期前7天通过监理人向承包人提供测量基准点、基准线和水准点及其书面资料。发包人应对其提供的测量基准点、基准线和水准点及其书面资料的真实性、准确性和完整性负责。

承包人发现发包人提供的测量基准点、基准线和水准点及其书面资料存在错误或疏漏的,应及时通知监理人。监理人应及时报告发包人,并会同发包人和承包人予以核实。发包人应就如何处理和是否继续施工作出决定,并通知监理人和承包人。

7.4.2 承包人负责施工过程中的全部施工测量放线工作,并配置具有相应资质的人员、合格的仪器、设备和其他物品。承包人应矫正工程的位置、标高、尺寸或准线中出现的任何差错,并对工程各部分的定位负责。

施工过程中对施工现场内水准点等测量标志物的保护工作由承包人负责。

7.5 工期延误

7.5.1 因发包人原因导致工期延误

在合同履行过程中,因下列情况导致工期延误和(或)费用增加的,由发包人承担由此延误的工期和(或)增加的费用,且发包人应支付承包人合理的利润:

(1)发包人未能按合同约定提供图纸或所提供图纸不符合合同约定的。

(2)发包人未能按合同约定提供施工现场、施工条件、基础资料、许可、批准等开工条件的。

(3)发包人提供的测量基准点、基准线和水准点及其书面资料存在错误或疏漏的。

(4)发包人未能在计划开工日期之日起7天内同意下达开工通知的。

(5)发包人未能按合同约定日期支付工程预付款、进度款或竣工结算款的。

(6)监理人未按合同约定发出指示、批准等文件的。

(7)专用合同条款中约定的其他情形。

因发包人原因未按计划开工日期开工的,发包人应按实际开工日期顺延竣工日期,确保实际工期不低于合同约定的工期总日历天数。因发包人原因导致工期延误需要修订施工进度计划的,按照第7.2.2项"施工进度计划的修订"执行。

7.5.2　因承包人原因导致工期延误

因承包人原因造成工期延误的,可以在专用合同条款中约定逾期竣工违约金的计算方法和逾期竣工违约金的上限。承包人支付逾期竣工违约金后,不免除承包人继续完成工程及修补缺陷的义务。

7.6　不利物质条件

不利物质条件是指有经验的承包人在施工现场遇到的不可预见的自然物质条件、非自然的物质障碍和污染物,包括地表以下物质条件和水文条件以及专用合同条款约定的其他情形,但不包括气候条件。

承包人遇到不利物质条件时,应采取克服不利物质条件的合理措施继续施工,并及时通知发包人和监理人。通知应载明不利物质条件的内容以及承包人认为不可预见的理由。监理人经发包人同意后应当及时发出指示,指示构成变更的,按第10条"变更"约定执行。承包人因采取合理措施而增加的费用和(或)延误的工期由发包人承担。

7.7　异常恶劣的气候条件

异常恶劣的气候条件是指在施工过程中遇到的,有经验的承包人在签订合同时不可预见的,对合同履行造成实质性影响的,但尚未构成不可抗力事件的恶劣气候条件。合同当事人可以在专用合同条款中约定异常恶劣的气候条件的具体情形。

承包人应采取克服异常恶劣的气候条件的合理措施继续施工,并及时通知发包人和监理人。监理人经发包人同意后应当及时发出指示,指示构成变更的,按第10条"变更"约定办理。承包人因采取合理措施而增加的费用和(或)延误的工期由发包人承担。

7.8　暂停施工

7.8.1　发包人原因引起的暂停施工

因发包人原因引起暂停施工的,监理人经发包人同意后,应及时下达暂停施工指示。情况紧急且监理人未及时下达暂停施工指示的,按照第7.8.4项"紧急情况下的暂停施工"执行。

因发包人原因引起的暂停施工,发包人应承担由此增加的费用和(或)延误的工期,并支付承包人合理的利润。

7.8.2　承包人原因引起的暂停施工

因承包人原因引起的暂停施工,承包人应承担由此增加的费用和(或)延误的工期,且承包人在收到监理人复工指示后84天内仍未复工的,视为第16.2.1项"承包人违约的情形"第(7)目约定的承包人无法继续履行合同的情形。

7.8.3　指示暂停施工

监理人认为有必要时,并经发包人批准后,可向承包人作出暂停施工的指示,承包人应按监理人指示暂停施工。

7.8.4　紧急情况下的暂停施工

因紧急情况需暂停施工,且监理人未及时下达暂停施工指示的,承包人可先暂停施工,并及时通知监理人。监理人应在接到通知后24小时内发出指示,逾期未发出指示,视为同意承包人暂停施工。监理人不同意承包人暂停施工的,应说明理由,承包人对监理人的答复有异议,按照第20条“争议解决”约定处理。

7.8.5 暂停施工后的复工

暂停施工后,发包人和承包人应采取有效措施积极消除暂停施工的影响。在工程复工前,监理人会同发包人和承包人确定因暂停施工造成的损失,并确定工程复工条件。当工程具备复工条件时,监理人应经发包人批准后向承包人发出复工通知,承包人应按照复工通知要求复工。

承包人无故拖延和拒绝复工的,承包人承担由此增加的费用和(或)延误的工期;因发包人原因无法按时复工的,按照第7.5.1项“因发包人原因导致工期延误”约定办理。

7.8.6 暂停施工持续56天以上

监理人发出暂停施工指示后56天内未向承包人发出复工通知,除该项停工属于第7.8.2项“承包人原因引起的暂停施工”及第17条“不可抗力”约定的情形外,承包人可向发包人提交书面通知,要求发包人在收到书面通知后28天内准许已暂停施工的部分或全部工程继续施工。发包人逾期不予批准的,则承包人可以通知发包人,将工程受影响的部分视为按第10.1款“变更的范围”第(2)项的可取消工作。

暂停施工持续84天以上不复工的,且不属于第7.8.2项“承包人原因引起的暂停施工”及第17条“不可抗力”约定的情形,并影响到整个工程以及合同目的的实现的,承包人有权提出价格调整要求,或者解除合同。解除合同的,按照第16.1.3项“因发包人违约解除合同”执行。

7.8.7 暂停施工期间的工程照管

暂停施工期间,承包人应负责妥善照管工程并提供安全保障,由此增加的费用由责任方承担。

7.8.8 暂停施工的措施

暂停施工期间,发包人和承包人均应采取必要的措施确保工程质量及安全,防止因暂停施工扩大损失。

7.9 提前竣工

7.9.1 发包人要求承包人提前竣工的,发包人应通过监理人向承包人下达提前竣工指示,承包人应向发包人和监理人提交提前竣工建议书,提前竣工建议书应包括实施的方案、缩短的时间、增加的合同价格等内容。发包人接受该提前竣工建议书的,监理人应与发包人和承包人协商采取加快工程进度的措施,并修订施工进度计划,由此增加的费用由发包人承担。承包人认为提前竣工指示无法执行的,应向监理人和发包人提出书面异议,发包人和监理人应在收到异议后7天内予以答复。任何情况下,发包人不得压缩合理工期。

7.9.2 发包人要求承包人提前竣工,或承包人提出提前竣工的建议能够给发包人带来效益的,合同当事人可以在专用合同条款中约定提前竣工的奖励。

8 材料与设备

8.1 发包人供应材料与工程设备

发包人自行供应材料、工程设备的,应在签订合同时在专用合同条款的附件“发包人供应材料设备一览表”中明确材料、工程设备的品种、规格、型号、数量、单价、质量等级和送达地点。

承包人应提前30天通过监理人以书面形式通知发包人供应材料与工程设备进场。承包人按照第7.2.2项“施工进度计划的修订”约定修订施工进度计划时,需同时提交经修订后的发包人供应材料与工程设备的进场计划。

8.2 承包人采购材料与工程设备

承包人负责采购材料、工程设备的,应按照设计和有关标准要求采购,并提供产品合格证明及出厂证明,对材料、工程设备质量负责。合同约定由承包人采购的材料、工程设备,发包人不得指定生产厂家或供应商,发包人违反本款约定指定生产厂家或供应商的,承包人有权拒绝,并由发包人承担相应责任。

8.3　材料与工程设备的接收与拒收

8.3.1　发包人应按"发包人供应材料设备一览表"约定的内容提供材料和工程设备,并向承包人提供产品合格证明及出厂证明,对其质量负责。发包人应提前24小时以书面形式通知承包人、监理人材料和工程设备到货时间,承包人负责材料和工程设备的清点、检验和接收。

发包人提供的材料和工程设备的规格、数量或质量不符合合同约定的,或因发包人原因导致交货日期延误或交货地点变更等情况的,按照第16.1款"发包人违约"约定办理。

8.3.2　承包人采购的材料和工程设备,应保证产品质量合格,承包人应在材料和工程设备到货前24小时通知监理人检验。承包人进行永久设备、材料的制造和生产的,应符合相关质量标准,并向监理人提交材料的样本以及有关资料,并应在使用该材料或工程设备之前获得监理人同意。

承包人采购的材料和工程设备不符合设计或有关标准要求时,承包人应在监理人要求的合理期限内将不符合设计或有关标准要求的材料、工程设备运出施工现场,并重新采购符合要求的材料、工程设备,由此增加的费用和(或)延误的工期由承包人承担。

8.4　材料与工程设备的保管与使用

8.4.1　发包人供应材料与工程设备的保管与使用

发包人供应的材料和工程设备,承包人清点后由承包人妥善保管,保管费用由发包人承担,但已标价工程量清单或预算书已经列支或专用合同条款另有约定除外。因承包人原因发生丢失毁损的,由承包人负责赔偿;监理人未通知承包人清点的,承包人不负责材料和工程设备的保管,由此导致丢失毁损的由发包人负责。

发包人供应的材料和工程设备使用前,由承包人负责检验,检验费用由发包人承担,不合格的不得使用。

8.4.2　承包人采购材料与工程设备的保管与使用

承包人采购的材料和工程设备由承包人妥善保管,保管费用由承包人承担。法律规定材料和工程设备使用前必须进行检验或试验的,承包人应按监理人的要求进行检验或试验,检验或试验费用由承包人承担,不合格的不得使用。

发包人或监理人发现承包人使用不符合设计或有关标准要求的材料和工程设备时,有权要求承包人进行修复、拆除或重新采购,由此增加的费用和(或)延误的工期由承包人承担。

8.5　禁止使用不合格的材料和工程设备

8.5.1　监理人有权拒绝承包人提供的不合格材料或工程设备,并要求承包人立即进行更换。监理人应在更换后再次进行检查和检验,由此增加的费用和(或)延误的工期由承包人承担。

8.5.2　监理人发现承包人使用了不合格的材料和工程设备,承包人应按照监理人的指示立即改正,并禁止在工程中继续使用不合格的材料和工程设备。

8.5.3　发包人提供的材料或工程设备不符合合同要求的,承包人有权拒绝,并可要求发包人更换,由此增加的费用和(或)延误的工期由发包人承担,并支付承包人合理的利润。

8.6　样品

8.6.1　样品的报送与封存

需要承包人报送样品的材料或工程设备,样品的种类、名称、规格、数量等要求均应在专用合同条款中约定。样品的报送程序如下:

(1)承包人应在计划采购前28天向监理人报送样品。承包人报送的样品均应来自供应材料的实际生产地,且提供的样品的规格、数量足以表明材料或工程设备的质量、型号、颜色、表面处理、质地、误差和其他要求的特征。

(2)承包人每次报送样品时应随附申报单,申报单应载明报送样品的相关数据和资料,并标明每件样品对应的图纸号,预留监理人批复意见栏。监理人应在收到承包人报送的样品后7天向承包人回复经发包人签认的样品审批意见。

(3)经发包人和监理人审批确认的样品应按约定的方法封样,封存的样品作为检验工程相关部分的标准之一。承包人在施工过程中不得使用与样品不符的材料或工程设备。

(4)发包人和监理人对样品的审批确认仅为确认相关材料或工程设备的特征或用途,不得被理解为对合同的修改或改变,也并不减轻或免除承包人任何的责任和义务。如果封存的样品修改或改变了合同约定,合同当事人应当以书面协议予以确认。

8.6.2　样品的保管

经批准的样品应由监理人负责封存于现场,承包人应在现场为保存样品提供适当和固定的场所并保持适当和良好的存储环境条件。

8.7　材料与工程设备的替代

8.7.1　出现下列情况需要使用替代材料和工程设备的,承包人应按照第8.7.2项约定的程序执行:

(1)基准日期后生效的法律规定禁止使用的。

(2)发包人要求使用替代品的。

(3)因其他原因必须使用替代品的。

8.7.2　承包人应在使用替代材料和工程设备28天前书面通知监理人,并附下列文件:

(1)被替代的材料和工程设备的名称、数量、规格、型号、品牌、性能、价格及其他相关资料。

(2)替代品的名称、数量、规格、型号、品牌、性能、价格及其他相关资料。

(3)替代品与被替代产品之间的差异以及使用替代品可能对工程产生的影响。

(4)替代品与被替代产品的价格差异。

(5)使用替代品的理由和原因说明。

(6)监理人要求的其他文件。

监理人应在收到通知后14天内向承包人发出经发包人签认的书面指示;监理人逾期发出书面指示的,视为发包人和监理人同意使用替代品。

8.7.3　发包人认可使用替代材料和工程设备的,替代材料和工程设备的价格,按照已标价工程量清单或预算书相同项目的价格认定;无相同项目的,参考相似项目价格认定;既无相同项目也无相似项目的,按照合理的成本与利润构成的原则,由合同当事人按照第4.4款“商定或确定”确定价格。

8.8　施工设备和临时设施

8.8.1　承包人提供的施工设备和临时设施

承包人应按合同进度计划的要求,及时配置施工设备和修建临时设施。进入施工场地的承包人设备需经监理人核查后才能投入使用。承包人更换合同约定的承包人设备的,应报监理人批准。

除专用合同条款另有约定外,承包人应自行承担修建临时设施的费用,需要临时占地的,应由发包人办理申请手续并承担相应费用。

8.8.2　发包人提供的施工设备和临时设施

发包人提供的施工设备或临时设施在专用合同条款中约定。

8.8.3　要求承包人增加或更换施工设备

承包人使用的施工设备不能满足合同进度计划和(或)质量要求时,监理人有权要求承包人增加或更换施工设备,承包人应及时增加或更换,由此增加的费用和(或)延误的工期由承包人承担。

8.9　材料与设备专用要求

承包人运入施工现场的材料、工程设备、施工设备以及在施工场地建设的临时设施,包括备品备件、安装工具与资料,必须专用于工程。未经发包人批准,承包人不得运出施工现场或挪作他用;经发包人批准，承包人可以根据施工进度计划撤走闲置的施工设备和其他物品。

9　试验与检验

9.1　试验设备与试验人员

9.1.1　承包人根据合同约定或监理人指示进行的现场材料试验，应由承包人提供试验场所、试验人员、试验设备以及其他必要的试验条件。监理人在必要时可以使用承包人提供的试验场所、试验设备以及其他试验条件，进行以工程质量检查为目的的材料复核试验，承包人应予以协助。

9.1.2　承包人应按专用合同条款的约定提供试验设备、取样装置、试验场所和试验条件，并向监理人提交相应进场计划表。

承包人配置的试验设备要符合相应试验规程的要求并经过具有资质的检测单位检测，且在正式使用该试验设备前，需要经过监理人与承包人共同校定。

9.1.3　承包人应向监理人提交试验人员的名单及其岗位、资格等证明资料，试验人员必须能够熟练进行相应的检测试验，承包人对试验人员的试验程序和试验结果的正确性负责。

9.2　取样

试验属于自检性质的，承包人可以单独取样。试验属于监理人抽检性质的，可由监理人取样，也可由承包人的试验人员在监理人的监督下取样。

9.3　材料、工程设备和工程的试验和检验

9.3.1　承包人应按合同约定进行材料、工程设备和工程的试验和检验，并为监理人对上述材料、工程设备和工程的质量检查提供必要的试验资料和原始记录。按合同约定应由监理人与承包人共同进行试验和检验的，由承包人负责提供必要的试验资料和原始记录。

9.3.2　试验属于自检性质的，承包人可以单独进行试验。试验属于监理人抽检性质的，监理人可以单独进行试验，也可由承包人与监理人共同进行。承包人对由监理人单独进行的试验结果有异议的，可以申请重新共同进行试验。约定共同进行试验的，监理人未按照约定参加试验的，承包人可自行试验，并将试验结果报送监理人，监理人应承认该试验结果。

9.3.3　监理人对承包人的试验和检验结果有异议的，或为查清承包人试验和检验成果的可靠性要求承包人重新试验和检验的，可由监理人与承包人共同进行。重新试验和检验的结果证明该项材料、工程设备或工程的质量不符合合同要求的，由此增加的费用和(或)延误的工期由承包人承担；重新试验和检验结果证明该项材料、工程设备和工程的质量符合合同要求的，由此增加的费用和(或)延误的工期由发包人承担。

9.4　现场工艺试验

承包人应按合同约定或监理人指示进行现场工艺试验。对大型的现场工艺试验，监理人认为必要时，承包人应根据监理人提出的工艺试验要求，编制工艺试验措施计划，报送监理人审查。

10　变更

10.1　变更的范围

除专用合同条款另有约定外，合同履行过程中发生以下情形的，应按照本条约定进行变更：

(1)增加或减少合同中任何工作，或追加额外的工作。

(2)取消合同中任何工作，但转由他人实施的工作除外。

(3)改变合同中任何工作的质量标准或其他特性。

(4)改变工程的基线、标高、位置和尺寸。

(5)改变工程的时间安排或实施顺序。

10.2　变更权

发包人和监理人均可以提出变更。变更指示均通过监理人发出，监理人发出变更指示前应征得发

包人同意。承包人收到经发包人签认的变更指示后,方可实施变更。未经许可,承包人不得擅自对工程的任何部分进行变更。

涉及设计变更的,应由设计人提供变更后的图纸和说明。如变更超过原设计标准或批准的建设规模时,发包人应及时办理规划、设计变更等审批手续。

10.3　变更程序

10.3.1　发包人提出变更

发包人提出变更的,应通过监理人向承包人发出变更指示,变更指示应说明计划变更的工程范围和变更的内容。

10.3.2　监理人提出变更建议

监理人提出变更建议的,需要向发包人以书面形式提出变更计划,说明计划变更工程范围和变更的内容、理由,以及实施该变更对合同价格和工期的影响。发包人同意变更的,由监理人向承包人发出变更指示。发包人不同意变更的,监理人无权擅自发出变更指示。

10.3.3　变更执行

承包人收到监理人下达的变更指示后,认为不能执行,应立即提出不能执行该变更指示的理由。承包人认为可以执行变更的,应当书面说明实施该变更指示对合同价格和工期的影响,且合同当事人应当按照第10.4款"变更估价"约定确定变更估价。

10.4　变更估价

10.4.1　变更估价原则

除专用合同条款另有约定外,变更估价按照本款约定处理:

(1)已标价工程量清单或预算书有相同项目的,按照相同项目单价认定。

(2)已标价工程量清单或预算书中无相同项目,但有类似项目的,参照类似项目的单价认定。

(3)变更导致实际完成的变更工程量与已标价工程量清单或预算书中列明的该项目工程量的变化幅度超过15%的,或已标价工程量清单或预算书中无相同项目及类似项目单价的,按照合理的成本与利润构成的原则,由合同当事人按照第4.4款"商定或确定"确定变更工作的单价。

10.4.2　变更估价程序

承包人应在收到变更指示后14天内,向监理人提交变更估价申请。监理人应在收到承包人提交的变更估价申请后7天内审查完毕并报送发包人,监理人对变更估价申请有异议,通知承包人修改后重新提交。发包人应在承包人提交变更估价申请后14天内审批完毕。发包人逾期未完成审批或未提出异议的,视为认可承包人提交的变更估价申请。

因变更引起的价格调整应计入最近一期的进度款中支付。

10.5　承包人的合理化建议

承包人提出合理化建议的,应向监理人提交合理化建议说明,说明建议的内容和理由,以及实施该建议对合同价格和工期的影响。

除专用合同条款另有约定外,监理人应在收到承包人提交的合理化建议后7天内审查完毕并报送发包人,发现其中存在技术上的缺陷,应通知承包人修改。发包人应在收到监理人报送的合理化建议后7天内审批完毕。合理化建议经发包人批准的,监理人应及时发出变更指示,由此引起的合同价格调整按照第10.4款"变更估价"约定执行。发包人不同意变更的,监理人应书面通知承包人。

合理化建议降低了合同价格或者提高了工程经济效益的,发包人可对承包人给予奖励,奖励的方法和金额在专用合同条款中约定。

10.6　变更引起的工期调整

因变更引起工期变化的,合同当事人均可要求调整合同工期,由合同当事人按照第4.4款"商定或确定"并参考工程所在地的工期定额标准确定增减工期天数。

10.7　暂估价

暂估价专业分包工程、服务、材料和工程设备的明细由合同当事人在专用合同条款中约定。

10.7.1　依法必须招标的暂估价项目

对于依法必须招标的暂估价项目，采取以下第1种方式确定。合同当事人也可以在专用合同条款中选择其他招标方式。

第1种方式：对于依法必须招标的暂估价项目，由承包人招标，对该暂估价项目的确认和批准按照以下约定执行：

（1）承包人应当根据施工进度计划，在招标工作启动前14天将招标方案通过监理人报送发包人审查，发包人应当在收到承包人报送的招标方案后7天内批准或提出修改意见。承包人应当按照经过发包人批准的招标方案开展招标工作。

（2）承包人应当根据施工进度计划，提前14天将招标文件通过监理人报送发包人审批，发包人应当在收到承包人报送的相关文件后7天内完成审批或提出修改意见；发包人有权确定招标控制价并按照法律规定参加评标。

（3）承包人与供应商、分包人在签订暂估价合同前，应当提前7天将确定的中标候选供应商或中标候选分包人的资料报送发包人，发包人应在收到资料后3天内与承包人共同确定中标人；承包人应当在签订合同后7天内，将暂估价合同副本报送发包人留存。

第2种方式：对于依法必须招标的暂估价项目，由发包人和承包人共同招标确定暂估价供应商或分包人的，承包人应按照施工进度计划，在招标工作启动前14天通知发包人，并提交暂估价招标方案和工作分工。发包人应在收到后7天内确认。确定中标人后，由发包人、承包人与中标人共同签订暂估价合同。

10.7.2　不属于依法必须招标的暂估价项目

除专用合同条款另有约定外，对于不属于依法必须招标的暂估价项目，采取以下第1种方式确定：

第1种方式：对于不属于依法必须招标的暂估价项目，按本项约定确认和批准：

（1）承包人应根据施工进度计划，在签订暂估价项目的采购合同、分包合同前28天向监理人提出书面申请。监理人应当在收到申请后3天内报送发包人，发包人应当在收到申请后14天内给予批准或提出修改意见，发包人逾期未予批准或提出修改意见的，视为该书面申请已获得同意。

（2）发包人认为承包人确定的供应商、分包人无法满足工程质量或合同要求的，发包人可以要求承包人重新确定暂估价项目的供应商、分包人。

（3）承包人应当在签订暂估价合同后7天内，将暂估价合同副本报送发包人留存。

第2种方式：承包人按照第10.7.1项“依法必须招标的暂估价项目”约定的第1种方式确定暂估价项目。

第3种方式：承包人直接实施的暂估价项目。

承包人具备实施暂估价项目的资格和条件的，经发包人和承包人协商一致后，可由承包人自行实施暂估价项目，合同当事人可以在专用合同条款约定具体事项。

10.7.3　因发包人原因导致暂估价合同订立和履行迟延的，由此增加的费用和（或）延误的工期由发包人承担，并支付承包人合理的利润。因承包人原因导致暂估价合同订立和履行迟延的，由此增加的费用和（或）延误的工期由承包人承担。

10.8　暂列金额

暂列金额应按照发包人的要求使用，发包人的要求应通过监理人发出。合同当事人可以在专用合同条款中协商确定有关事项。

10.9　计日工

需要采用计日工方式的，经发包人同意后，由监理人通知承包人以计日工计价方式实施相应的工作,其价款按列入已标价工程量清单或预算书中的计日工计价项目及其单价进行计算;已标价工程量清单或预算书中无相应的计日工单价的,按照合理的成本与利润构成的原则,由合同当事人按照第4.4款"商定或确定"确定计日工的单价。

采用计日工计价的任何一项工作,承包人应在该项工作实施过程中,每天提交以下报表和有关凭证报送监理人审查:

(1)工作名称、内容和数量。

(2)投入该工作的所有人员的姓名、专业、工种、级别和耗用工时。

(3)投入该工作的材料类别和数量。

(4)投入该工作的施工设备型号、台数和耗用台时。

(5)其他有关资料和凭证。

计日工由承包人汇总后,列入最近一期进度付款申请单,由监理人审查并经发包人批准后列入进度付款。

11 价格调整

11.1 市场价格波动引起的调整

除专用合同条款另有约定外,市场价格波动超过合同当事人约定的范围,合同价格应当调整。合同当事人可以在专用合同条款中约定选择以下一种方式对合同价格进行调整。

第1种方式:采用价格指数进行价格调整。

(1)价格调整公式。

因人工、材料和设备等价格波动影响合同价格时,根据专用合同条款中约定的数据,按下式计算差额并调整合同价格:

$$\Delta P = P_0\left[A + \left(B_1 \times \frac{F_{t1}}{F_{01}} + B_2 \times \frac{F_{t2}}{F_{02}} + B_3 \times \frac{F_{t3}}{F_{03}} + \cdots + B_n \times \frac{F_{tn}}{F_{0n}}\right) - 1\right]$$

式中 ΔP——需调整的价格差额;

P_0——约定的付款证书中承包人应得到的已完成工程量的金额,此项金额应不包括价格调整、不计质量保证金的扣留和支付、预付款的支付和扣回,约定的变更及其他金额已按现行价格计价的,也不计在内;

A——定值权重(不调部分的权重);

$B_1, B_2, B_3, \cdots, B_n$——各可调因子的变值权重(可调部分的权重),为各可调因子在签约合同价中所占的比例;

$F_{t1}, F_{t2}, F_{t3}, \cdots, F_{tn}$——各可调因子的现行价格指数,指约定的付款证书相关周期最后一天的前42天的各可调因子的价格指数;

$F_{01}, F_{02}, F_{03}, \cdots, F_{0n}$——各可调因子的基本价格指数,指基准日期的各可调因子的价格指数。

以上价格调整公式中的各可调因子、定值和变值权重,以及基本价格指数及其来源在投标函附录价格指数和权重表中约定,非招标订立的合同,由合同当事人在专用合同条款中约定。价格指数应首先采用工程造价管理机构发布的价格指数,无前述价格指数时,可采用工程造价管理机构发布的价格代替。

(2)暂时确定调整差额。

在计算调整差额时无现行价格指数的,合同当事人同意暂用前次价格指数计算。实际价格指数有调整的,合同当事人进行相应调整。

(3)权重的调整。

因变更导致合同约定的权重不合理时,按照第4.4款"商定或确定"执行。

(4)因承包人原因工期延误后的价格调整。

因承包人原因未按期竣工的,对合同约定的竣工日期后继续施工的工程,在使用价格调整公式时,应采用计划竣工日期与实际竣工日期的两个价格指数中较低的一个作为现行价格指数。

第2种方式:采用造价信息进行价格调整。

合同履行期间,因人工、材料、工程设备和机械台班价格波动影响合同价格时,人工、机械使用费按照国家或省、自治区、直辖市建设行政管理部门、行业建设管理部门或其授权的工程造价管理机构发布的人工、机械使用费系数进行调整;需要进行价格调整的材料,其单价和采购数量应由发包人审批,发包人确认需调整的材料单价及数量,作为调整合同价格的依据。

(1)人工单价发生变化且符合省级或行业建设主管部门发布的人工费调整规定,合同当事人应按省级或行业建设主管部门或其授权的工程造价管理机构发布的人工费等文件调整合同价格,但承包人对人工费或人工单价的报价高于发布价格的除外。

(2)材料、工程设备价格变化的价款调整按照发包人提供的基准价格,按以下风险范围规定执行:

①承包人在已标价工程量清单或预算书中载明材料单价低于基准价格的:除专用合同条款另有约定外,合同履行期间材料单价涨幅以基准价格为基础超过5%时,或材料单价跌幅以在已标价工程量清单或预算书中载明材料单价为基础超过5%时,其超过部分据实调整。

②承包人在已标价工程量清单或预算书中载明材料单价高于基准价格的:除专用合同条款另有约定外,合同履行期间材料单价跌幅以基准价格为基础超过5%时,材料单价涨幅以在已标价工程量清单或预算书中载明材料单价为基础超过5%时,其超过部分据实调整。

③承包人在已标价工程量清单或预算书中载明材料单价等于基准价格的:除专用合同条款另有约定外,合同履行期间材料单价涨、跌幅以基准价格为基础超过±5%时,其超过部分据实调整。

④承包人应在采购材料前将采购数量和新的材料单价报发包人核对,发包人确认用于工程时,发包人应确认采购材料的数量和单价。发包人在收到承包人报送的确认资料后5天内不予答复的视为认可,作为调整合同价格的依据。未经发包人事先核对,承包人自行采购材料的,发包人有权不予调整合同价格。发包人同意的,可以调整合同价格。

前述基准价格是指由发包人在招标文件或专用合同条款中给定的材料、工程设备的价格,该价格原则上应当按照省级或行业建设主管部门或其授权的工程造价管理机构发布的信息价编制。

(3)施工机械台班单价或施工机械使用费发生变化超过省级或行业建设主管部门或其授权的工程造价管理机构规定的范围时,按规定调整合同价格。

第3种方式:专用合同条款约定的其他方式。

11.2 法律变化引起的调整

基准日期后,法律变化导致承包人在合同履行过程中所需要的费用发生除第11.1款"市场价格波动引起的调整"约定以外的增加时,由发包人承担由此增加的费用;减少时,应从合同价格中予以扣减。基准日期后,因法律变化造成工期延误时,工期应予以顺延。

因法律变化引起的合同价格和工期调整,合同当事人无法达成一致的,由总监理工程师按第4.4款"商定或确定"的约定处理。

因承包人原因造成工期延误,在工期延误期间出现法律变化的,由此增加的费用和(或)延误的工期由承包人承担。

12 合同价格、计量与支付

12.1 合同价格形式

发包人和承包人应在合同协议书中选择下列一种合同价格形式。

1.单价合同

单价合同是指合同当事人约定以工程量清单及其综合单价进行合同价格计算、调整和确认的建设工程施工合同,在约定的范围内合同单价不作调整。合同当事人应在专用合同条款中约定综合单价包含的风险范围和风险费用的计算方法,并约定风险范围以外的合同价格的调整方法,其中因市场价格波动引起的调整按第11.1款“市场价格波动引起的调整”约定执行。

2.总价合同

总价合同是指合同当事人约定以施工图、已标价工程量清单或预算书及有关条件进行合同价格计算、调整和确认的建设工程施工合同,在约定的范围内合同总价不作调整。合同当事人应在专用合同条款中约定总价包含的风险范围和风险费用的计算方法,并约定风险范围以外的合同价格的调整方法,其中因市场价格波动引起的调整按第11.1款“市场价格波动引起的调整”、因法律变化引起的调整按第11.2款“法律变化引起的调整”约定执行。

3.其他价格形式

合同当事人可在专用合同条款中约定其他合同价格形式。

12.2　预付款

12.2.1　预付款的支付

预付款的支付按照专用合同条款约定执行,但至迟应在开工通知载明的开工日期7天前支付。预付款应当用于材料、工程设备、施工设备的采购及修建临时工程、组织施工队伍进场等。

除专用合同条款另有约定外,预付款在进度付款中同比例扣回。在颁发工程接收证书前,提前解除合同的,尚未扣完的预付款应与合同价款一并结算。

发包人逾期支付预付款超过7天的,承包人有权向发包人发出要求预付的催告通知,发包人收到通知后7天内仍未支付的,承包人有权暂停施工,并按第16.1.1项“发包人违约的情形”执行。

12.2.2　预付款担保

发包人要求承包人提供预付款担保的,承包人应在发包人支付预付款7天前提供预付款担保,专用合同条款另有约定的除外。预付款担保可采用银行保函、担保公司担保等形式,具体由合同当事人在专用合同条款中约定。在预付款完全扣回之前,承包人应保证预付款担保持续有效。

发包人在工程款中逐期扣回预付款后,预付款担保额度应相应减少,但剩余的预付款担保金额不得低于未被扣回的预付款金额。

12.3　计量

12.3.1　计量原则

工程量计量按照合同约定的工程量计算规则、图纸及变更指示等进行计量。工程量计算规则应以相关的国家标准、行业标准等为依据,由合同当事人在专用合同条款中约定。

12.3.2　计量周期

除专用合同条款另有约定外,工程量的计量按月进行。

12.3.3　单价合同的计量

除专用合同条款另有约定外,单价合同的计量按照本项约定执行:

(1)承包人应于每月25日向监理人报送上月20日至当月19日已完成的工程量报告,并附具进度付款申请单、已完成工程量报表和有关资料。

(2)监理人应在收到承包人提交的工程量报告后7天内完成对承包人提交的工程量报表的审核并报送发包人,以确定当月实际完成的工程量。监理人对工程量有异议的,有权要求承包人进行共同复核或抽样复测。承包人应协助监理人进行复核或抽样复测,并按监理人要求提供补充计量资料。承包人未按监理人要求参加复核或抽样复测的,监理人复核或修正的工程量视为承包人实际完成的工程量。

(3)监理人未在收到承包人提交的工程量报表后的7天内完成审核的,承包人报送的工程量报告中的工程量视为承包人实际完成的工程量,据此计算工程价款。

12.3.4　总价合同的计量

除专用合同条款另有约定外,按月计量支付的总价合同,按照本项约定执行:

(1)承包人应于每月25日向监理人报送上月20日至当月19日已完成的工程量报告,并附具进度付款申请单、已完成工程量报表和有关资料。

(2)监理人应在收到承包人提交的工程量报告后7天内完成对承包人提交的工程量报表的审核并报送发包人，以确定当月实际完成的工程量。监理人对工程量有异议的，有权要求承包人进行共同复核或抽样复测。承包人应协助监理人进行复核或抽样复测并按监理人要求提供补充计量资料。承包人未按监理人要求参加复核或抽样复测的，监理人审核或修正的工程量视为承包人实际完成的工程量。

(3)监理人未在收到承包人提交的工程量报表后的7天内完成复核的，承包人提交的工程量报告中的工程量视为承包人实际完成的工程量。

12.3.5 总价合同采用支付分解表计量支付的，可以按照第12.3.4项"总价合同的计量"约定进行计量，但合同价款按照支付分解表进行支付。

12.3.6 其他价格形式合同的计量

合同当事人可在专用合同条款中约定其他价格形式合同的计量方式和程序。

12.4 工程进度款支付

12.4.1 付款周期

除专用合同条款另有约定外，付款周期应按照第12.3.2项"计量周期"的约定与计量周期保持一致。

12.4.2 进度付款申请单的编制

除专用合同条款另有约定外，进度付款申请单应包括下列内容：

(1)截至本次付款周期已完成工作对应的金额。

(2)根据第10条"变更"应增加和扣减的变更金额。

(3)根据第12.2款"预付款"约定应支付的预付款和扣减的返还预付款。

(4)根据第15.3款"质量保证金"约定应扣减的质量保证金。

(5)根据第19条"索赔"应增加和扣减的索赔金额。

(6)对已签发的进度款支付证书中出现错误的修正，应在本次进度付款中支付或扣除的金额。

(7)根据合同约定应增加和扣减的其他金额。

12.4.3 进度付款申请单的提交。

(1)单价合同进度付款申请单的提交。

单价合同的进度付款申请单，按照第12.3.3项"单价合同的计量"约定的时间按月向监理人提交，并附上已完成工程量报表和有关资料。单价合同中的总价项目按月进行支付分解，并汇总列入当期进度付款申请单。

(2)总价合同进度付款申请单的提交。

总价合同按月计量支付的，承包人按照第12.3.4项"总价合同的计量"约定的时间按月向监理人提交进度付款申请单，并附上已完成工程量报表和有关资料。

总价合同按支付分解表支付的，承包人应按照第12.4.6项"支付分解表"及第12.4.2项"进度付款申请单的编制"的约定向监理人提交进度付款申请单。

(3)其他价格形式合同的进度付款申请单的提交。

合同当事人可在专用合同条款中约定其他价格形式合同的进度付款申请单的编制和提交程序。

12.4.4 进度款审核和支付

(1)除专用合同条款另有约定外，监理人应在收到承包人进度付款申请单以及相关资料后7天内完成审查并报送发包人，发包人应在收到后7天内完成审批并签发进度款支付证书。发包人逾期未完成审批且未提出异议的，视为已签发进度款支付证书。

发包人和监理人对承包人的进度付款申请单有异议的，有权要求承包人修正和提供补充资料，承包人应提交修正后的进度付款申请单。监理人应在收到承包人修正后的进度付款申请单及相关资料后7

天内完成审查并报送发包人,发包人应在收到监理人报送的进度付款申请单及相关资料后7天内,向承包人签发无异议部分的临时进度款支付证书。存在争议的部分,按照第20条"争议解决"的约定处理。

(2)除专用合同条款另有约定外,发包人应在进度款支付证书或临时进度款支付证书签发后14天内完成支付,发包人逾期支付进度款的,应按照中国人民银行发布的同期同类贷款基准利率支付违约金。

(3)发包人签发进度款支付证书或临时进度款支付证书,不表明发包人已同意、批准或接受了承包人完成的相应部分的工作。

12.4.5 进度付款的修正

在对已签发的进度款支付证书进行阶段汇总和复核中发现错误、遗漏或重复的,发包人和承包人均有权提出修正申请。经发包人和承包人同意的修正,应在下期进度付款中支付或扣除。

12.4.6 支付分解表

1.支付分解表的编制要求

(1)支付分解表中所列的每期付款金额,应为第12.4.2项"进度付款申请单的编制"第(1)目的估算金额。

(2)实际进度与施工进度计划不一致的,合同当事人可按照第4.4款"商定或确定"修改支付分解表。

(3)不采用支付分解表的,承包人应向发包人和监理人提交按季度编制的支付估算分解表,用于支付参考。

2.总价合同支付分解表的编制与审批

(1)除专用合同条款另有约定外,承包人应根据第7.2款"施工进度计划"约定的施工进度计划、签约合同价和工程量等因素对总价合同按月进行分解,编制支付分解表。承包人应当在收到监理人和发包人批准的施工进度计划后7天内,将支付分解表及编制支付分解表的支持性资料报送监理人。

(2)监理人应在收到支付分解表后7天内完成审核并报送发包人。发包人应在收到经监理人审核的支付分解表后7天内完成审批,经发包人批准的支付分解表为有约束力的支付分解表。

(3)发包人逾期未完成支付分解表审批的,也未及时要求承包人进行修正和提供补充资料的,则承包人提交的支付分解表视为已经获得发包人批准。

3.单价合同的总价项目支付分解表的编制与审批

除专用合同条款另有约定外,单价合同的总价项目,由承包人根据施工进度计划和总价项目的总价构成、费用性质、计划发生时间和相应工程量等因素按月进行分解,形成支付分解表,其编制与审批参照总价合同支付分解表的编制与审批执行。

12.5 支付账户

发包人应将合同价款支付至合同协议书中约定的承包人账户。

13 验收和工程试车

13.1 分部分项工程验收

13.1.1 分部分项工程质量应符合国家有关工程施工验收规范、标准及合同约定,承包人应按照施工组织设计的要求完成分部分项工程施工。

13.1.2 除专用合同条款另有约定外,分部分项工程经承包人自检合格并具备验收条件的,承包人应提前48小时通知监理人进行验收。监理人不能按时进行验收的,应在验收前24小时向承包人提交书面延期要求,但延期不能超过48小时。监理人未按时进行验收,也未提出延期要求的,承包人有权自行验收,监理人应认可验收结果。分部分项工程未经验收的,不得进入下一道工序施工。

分部分项工程的验收资料应当作为竣工资料的组成部分。

13.2 竣工验收

13.2.1 竣工验收条件

工程具备以下条件的,承包人可以申请竣工验收:

(1)除发包人同意的甩项工作和缺陷修补工作外,合同范围内的全部工程以及有关工作,包括合同要求的试验、试运行以及检验均已完成,并符合合同要求。

(2)已按合同约定编制了甩项工作和缺陷修补工作清单以及相应的施工计划。

(3)已按合同约定的内容和份数备齐竣工资料。

13.2.2　竣工验收程序

除专用合同条款另有约定外,承包人申请竣工验收的,应当按照以下程序进行:

(1)承包人向监理人报送竣工验收申请报告,监理人应在收到竣工验收申请报告后14天内完成审查并报送发包人。监理人审查后认为尚不具备验收条件的,应通知承包人在竣工验收前承包人还需完成的工作内容,承包人应在完成监理人通知的全部工作内容后,再次提交竣工验收申请报告。

(2)监理人审查后认为已具备竣工验收条件的,应将竣工验收申请报告提交发包人,发包人应在收到经监理人审核的竣工验收申请报告后28天内审批完毕并组织监理人、承包人、设计人等相关单位完成竣工验收。

(3)竣工验收合格的,发包人应在验收合格后14天内向承包人签发工程接收证书。发包人无正当理由逾期不颁发工程接收证书的,自验收合格后第15天起视为已颁发工程接收证书。

(4)竣工验收不合格的,监理人应按照验收意见发出指示,要求承包人对不合格工程返工、修复或采取其他补救措施,由此增加的费用和(或)延误的工期由承包人承担。承包人在完成不合格工程的返工、修复或采取其他补救措施后,应重新提交竣工验收申请报告,并按本项约定的程序重新进行验收。

(5)工程未经验收或验收不合格,发包人擅自使用的,应在转移占有工程后7天内向承包人颁发工程接收证书;发包人无正当理由逾期不颁发工程接收证书的,自转移占有后第15天起视为已颁发工程接收证书。

除专用合同条款另有约定外,发包人不按照本项约定组织竣工验收、颁发工程接收证书的,每逾期一天,应以签约合同价为基数,按照中国人民银行发布的同期同类贷款基准利率支付违约金。

13.2.3　竣工日期

工程经竣工验收合格的,以承包人提交竣工验收申请报告之日为实际竣工日期,并在工程接收证书中载明;因发包人原因,未在监理人收到承包人提交的竣工验收申请报告42天内完成竣工验收,或完成竣工验收不予签发工程接收证书的,以提交竣工验收申请报告的日期为实际竣工日期;工程未经竣工验收,发包人擅自使用的,以转移占有工程之日为实际竣工日期。

13.2.4　拒绝接收全部或部分工程

对于竣工验收不合格的工程,承包人完成整改后,应当重新进行竣工验收,经重新组织验收仍不合格的且无法采取措施补救的,则发包人可以拒绝接收不合格工程,因不合格工程导致其他工程不能正常使用的,承包人应采取措施确保相关工程的正常使用,由此增加的费用和(或)延误的工期由承包人承担。

13.2.5　移交、接收全部与部分工程

除专用合同条款另有约定外,合同当事人应当在颁发工程接收证书后7天内完成工程的移交。

发包人无正当理由不接收工程的,发包人自应当接收工程之日起,承担工程照管、成品保护、保管等与工程有关的各项费用,合同当事人可以在专用合同条款中另行约定发包人逾期接收工程的违约责任。

承包人无正当理由不移交工程的,承包人应承担工程照管、成品保护、保管等与工程有关的各项费用,合同当事人可以在专用合同条款中另行约定承包人无正当理由不移交工程的违约责任。

13.3　工程试车

13.3.1　试车程序

工程需要试车的,除专用合同条款另有约定外,试车内容应与承包人承包范围相一致,试车费用由承包人承担。工程试车应按如下程序进行:

(1)具备单机无负荷试车条件,承包人组织试车,并在试车前48小时书面通知监理人,通知中应载明试车内容、时间、地点。承包人准备试车记录,发包人根据承包人要求为试车提供必要条件。试车合格的,监理人在试车记录上签字。监理人在试车合格后不在试车记录上签字,自试车结束满24小时后视为监理人已经认可试车记录,承包人可继续施工或办理竣工验收手续。

监理人不能按时参加试车,应在试车前24小时以书面形式向承包人提出延期要求,但延期不能超过48小时,由此导致工期延误的,工期应予以顺延。监理人未能在前述期限内提出延期要求,又不参加试车的,视为认可试车记录。

(2)具备无负荷联动试车条件,发包人组织试车,并在试车前48小时以书面形式通知承包人。通知中应载明试车内容、时间、地点和对承包人的要求,承包人按要求做好准备工作。试车合格,合同当事人在试车记录上签字。承包人无正当理由不参加试车的,视为认可试车记录。

13.3.2　试车中的责任

因设计原因导致试车达不到验收要求,发包人应要求设计人修改设计,承包人按修改后的设计重新安装。发包人承担修改设计、拆除及重新安装的全部费用,工期相应顺延。因承包人原因导致试车达不到验收要求,承包人按监理人要求重新安装和试车,并承担重新安装和试车的费用,工期不予顺延。

因工程设备制造原因导致试车达不到验收要求的,由采购该工程设备的合同当事人负责重新购置或修理,承包人负责拆除和重新安装,由此增加的修理、重新购置、拆除及重新安装的费用及延误的工期由采购该工程设备的合同当事人承担。

13.3.3　投料试车

如需进行投料试车的,发包人应在工程竣工验收后组织投料试车。发包人要求在工程竣工验收前进行或需要承包人配合时,应征得承包人同意,并在专用合同条款中约定有关事项。

投料试车合格的,费用由发包人承担;因承包人原因造成投料试车不合格的,承包人应按照发包人要求进行整改,由此产生的整改费用由承包人承担;非承包人原因导致投料试车不合格的,如发包人要求承包人进行整改的,由此产生的费用由发包人承担。

13.4　提前交付单位工程的验收

13.4.1　发包人需要在工程竣工前使用单位工程的,或承包人提出提前交付已经竣工的单位工程且经发包人同意的,可进行单位工程验收,验收的程序按照第13.2款"竣工验收"的约定进行。

验收合格后,由监理人向承包人出具经发包人签认的单位工程接收证书。已签发单位工程接收证书的单位工程由发包人负责照管。单位工程的验收成果和结论作为整体工程竣工验收申请报告的附件。

13.4.2　发包人要求在工程竣工前交付单位工程,由此导致承包人费用增加和(或)工期延误的,由发包人承担由此增加的费用和(或)延误的工期,并支付承包人合理的利润。

13.5　施工期运行

13.5.1　施工期运行是指合同工程尚未全部竣工,其中某项或某几项单位工程或工程设备安装已竣工,根据专用合同条款约定,需要投入施工期运行的,经发包人按第13.4款"提前交付单位工程的验收"的约定验收合格,证明能确保安全后,才能在施工期投入运行。

13.5.2　在施工期运行中发现工程或工程设备损坏或存在缺陷的,由承包人按第15.2款"缺陷责任期"约定进行修复。

13.6　竣工退场

13.6.1　竣工退场

颁发工程接收证书后,承包人应按以下要求对施工现场进行清理:

(1)施工现场内残留的垃圾已全部清除出场。

(2)临时工程已拆除,场地已进行清理、平整或复原。

(3)按合同约定应撤离的人员、承包人施工设备和剩余的材料,包括废弃的施工设备和材料,已按计划撤离施工现场。

(4)施工现场周边及其附近道路、河道的施工堆积物,已全部清理。

(5)施工现场其他场地清理工作已全部完成。

施工现场的竣工退场费用由承包人承担。承包人应在专用合同条款约定的期限内完成竣工退场,逾期未完成的,发包人有权出售或另行处理承包人遗留的物品,由此支出的费用由承包人承担,发包人出售承包人遗留物品所得款项在扣除必要费用后应返还承包人。

13.6.2　地表还原

承包人应按发包人要求恢复临时占地及清理场地,承包人未按发包人的要求恢复临时占地,或者场地清理未达到合同约定要求的,发包人有权委托其他人恢复或清理,所发生的费用由承包人承担。

14　竣工结算

14.1　竣工结算申请

除专用合同条款另有约定外,承包人应在工程竣工验收合格后28天内向发包人和监理人提交竣工结算申请单,并提交完整的结算资料,有关竣工结算申请单的资料清单和份数等要求由合同当事人在专用合同条款中约定。

除专用合同条款另有约定外,竣工结算申请单应包括以下内容:

(1)竣工结算合同价格。

(2)发包人已支付承包人的款项。

(3)应扣留的质量保证金。已缴纳履约保证金的或提供其他工程质量担保方式的除外。

(4)发包人应支付承包人的合同价款。

14.2　竣工结算审核

(1)除专用合同条款另有约定外,监理人应在收到竣工结算申请单后14天内完成核查并报送发包人。发包人应在收到监理人提交的经审核的竣工结算申请单后14天内完成审批,并由监理人向承包人签发经发包人签认的竣工付款证书。监理人或发包人对竣工结算申请单有异议的,有权要求承包人进行修正和提供补充资料,承包人应提交修正后的竣工结算申请单。

发包人在收到承包人提交竣工结算申请书后28天内未完成审批且未提出异议的,视为发包人认可承包人提交的竣工结算申请单,并自发包人收到承包人提交的竣工结算申请单后第29天起视为已签发竣工付款证书。

(2)除专用合同条款另有约定外,发包人应在签发竣工付款证书后的14天内,完成对承包人的竣工付款。发包人逾期支付的,按照中国人民银行发布的同期同类贷款基准利率支付违约金;逾期支付超过56天的,按照中国人民银行发布的同期同类贷款基准利率的两倍支付违约金。

(3)承包人对发包人签认的竣工付款证书有异议的,对于有异议部分应在收到发包人签认的竣工付款证书后7天内提出异议,并由合同当事人按照专用合同条款约定的方式和程序进行复核,或按照第20条“争议解决”约定处理。对于无异议部分,发包人应签发临时竣工付款证书,并按本款第(2)项完成付款。承包人逾期未提出异议的,视为认可发包人的审批结果。

14.3　甩项竣工协议

发包人要求甩项竣工的,合同当事人应签订甩项竣工协议。在甩项竣工协议中应明确,合同当事人按照第14.1款“竣工结算申请”及14.2款“竣工结算审核”的约定,对已完合格工程进行结算,并支付相应合同价款。

14.4　最终结清

14.4.1　最终结清申请单

(1)除专用合同条款另有约定外,承包人应在缺陷责任期终止证书颁发后7天内,按专用合同条款约定的份数向发包人提交最终结清申请单,并提供相关证明材料。

除专用合同条款另有约定外,最终结清申请单应列明质量保证金、应扣除的质量保证金、缺陷责任期内发生的增减费用。

(2)发包人对最终结清申请单内容有异议的,有权要求承包人进行修正和提供补充资料,承包人应向发包人提交修正后的最终结清申请单。

14.4.2　最终结清证书和支付

(1)除专用合同条款另有约定外,发包人应在收到承包人提交的最终结清申请单后14天内完成审批并向承包人颁发最终结清证书。发包人逾期未完成审批,又未提出修改意见的,视为发包人同意承包人提交的最终结清申请单,且自发包人收到承包人提交的最终结清申请单后15天起视为已颁发最终结清证书。

(2)除专用合同条款另有约定外,发包人应在颁发最终结清证书后7天内完成支付。发包人逾期支付的,按照中国人民银行发布的同期同类贷款基准利率支付违约金;逾期支付超过56天的,按照中国人民银行发布的同期同类贷款基准利率的两倍支付违约金。

(3)承包人对发包人颁发的最终结清证书有异议的,按第20条"争议解决"的约定办理。

15　缺陷责任与保修

15.1　工程保修的原则

在工程移交发包人后,因承包人原因产生的质量缺陷,承包人应承担质量缺陷责任和保修义务。缺陷责任期届满,承包人仍应按合同约定的工程各部位保修年限承担保修义务。

15.2　缺陷责任期

15.2.1　缺陷责任期从工程通过竣工验收之日起计算,合同当事人应在专用合同条款约定缺陷责任期的具体期限,但该期限最长不超过24个月。

单位工程先于全部工程进行验收,经验收合格并交付使用的,该单位工程缺陷责任期自单位工程验收合格之日起算。因承包人原因导致工程无法按合同约定期限进行竣工验收的,缺陷责任期从实际通过竣工验收之日起计算。因发包人原因导致工程无法按合同约定期限进行竣工验收的,在承包人提交竣工验收报告90天后,工程自动进入缺陷责任期;发包人未经竣工验收擅自使用工程的,缺陷责任期自工程转移占有之日起开始计算。

15.2.2　缺陷责任期内,由承包人原因造成的缺陷,承包人应负责维修,并承担鉴定及维修费用。如承包人不维修也不承担费用,发包人可按合同约定从保证金或银行保函中扣除,费用超出保证金额的,发包人可按合同约定向承包人进行索赔。承包人维修并承担相应费用后,不免除对工程的损失赔偿责任。发包人有权要求承包人延长缺陷责任期,并应在原缺陷责任期届满前发出延长通知。但缺陷责任期(含延长部分)最长不能超过24个月。

由他人原因造成的缺陷,发包人负责组织维修,承包人不承担费用,且发包人不得从保证金中扣除费用。

15.2.3　任何一项缺陷或损坏修复后,经检查证明其影响了工程或工程设备的使用性能,承包人应重新进行合同约定的试验和试运行,试验和试运行的全部费用应由责任方承担。

15.2.4　除专用合同条款另有约定外,承包人应于缺陷责任期届满后7天内向发包人发出缺陷责任期届满通知,发包人应在收到缺陷责任期届满通知后14天内核实承包人是否履行缺陷修复义务,承包人未能履行缺陷修复义务的,发包人有权扣除相应金额的维修费用。发包人应在收到缺陷责任期届满通知后14天内,向承包人颁发缺陷责任期终止证书。

15.3　质量保证金

经合同当事人协商一致扣留质量保证金的,应在专用合同条款中予以明确。

在工程项目竣工之前,承包人已经提供履约担保的,发包人不得同时预留工程质量保证金。

15.3.1 承包人提供质量保证金的方式

承包人提供质量保证金有以下三种方式：

(1)质量保证金保函。

(2)相应比例的工程款。

(3)双方约定的其他方式。

除专用合同条款另有约定外，质量保证金原则上采用上述第(1)种方式。

15.3.2 质量保证金的扣留

质量保证金的扣留有以下三种方式：

(1)在支付工程进度款时逐次扣留，在此情形下，质量保证金的计算基数不包括预付款的支付、扣回以及价格调整的金额。

(2)工程竣工结算时一次性扣留质量保证金。

(3)双方约定的其他扣留方式。

除专用合同条款另有约定外，质量保证金的扣留原则上采用上述第(1)种方式。

发包人累计扣留的质量保证金不得超过工程价款结算总额的3%。如承包人在发包人签发竣工付款证书后28天内提交质量保证金保函，发包人应同时退还扣留的作为质量保证金的工程价款；保函金额不得超过工程价款结算总额的3%。

发包人在退还质量保证金的同时按照中国人民银行发布的同期同类贷款基准利率支付利息。

15.3.3 质量保证金的退还

缺陷责任期内，承包人认真履行合同约定的责任，到期后，承包人可向发包人申请返还保证金。

发包人在接到承包人返还保证金申请后，应于14天内会同承包人按照合同约定的内容进行核实。如无异议，发包人应当按照约定将保证金返还给承包人。对返还期限没有约定或者约定不明确的，发包人应当在核实后14天内将保证金返还承包人，逾期未返还的，依法承担违约责任。发包人在接到承包人返还保证金申请后14天内不予答复，经催告后14天内仍不予答复，视同认可承包人的返还保证金申请。

发包人和承包人对保证金预留、返还以及工程维修质量、费用有争议的，按本合同第20条约定的争议和纠纷解决程序处理。

15.4 保修

15.4.1 保修责任

工程保修期从工程竣工验收合格之日起算，具体分部分项工程的保修期由合同当事人在专用合同条款中约定，但不得低于法定最低保修年限。在工程保修期内，承包人应当根据有关法律规定以及合同约定承担保修责任。

发包人未经竣工验收擅自使用工程的，保修期自转移占有之日起算。

15.4.2 修复费用

保修期内，修复的费用按照以下约定处理：

(1)保修期内，因承包人原因造成工程的缺陷、损坏，承包人应负责修复，并承担修复的费用以及因工程的缺陷、损坏造成的人身伤害和财产损失。

(2)保修期内，因发包人使用不当造成工程的缺陷、损坏，可以委托承包人修复，但发包人应承担修复的费用，并支付承包人合理的利润。

(3)因其他原因造成工程的缺陷、损坏，可以委托承包人修复，发包人应承担修复的费用，并支付承包人合理的利润，因工程的缺陷、损坏造成的人身伤害和财产损失由责任方承担。

15.4.3 修复通知

在保修期内，发包人在使用过程中，发现已接收的工程存在缺陷或损坏的，应书面通知承包人予以修复,但情况紧急必须立即修复缺陷或损坏的,发包人可以口头通知承包人并在口头通知后48小时内书面确认,承包人应在专用合同条款约定的合理期限内到达工程现场并修复缺陷或损坏。

15.4.4　未能修复

因承包人原因造成工程的缺陷或损坏,承包人拒绝维修或未能在合理期限内修复缺陷或损坏,且经发包人书面催告后仍未修复的,发包人有权自行修复或委托第三方修复,所需费用由承包人承担。但修复范围超出缺陷或损坏范围的,超出范围部分的修复费用由发包人承担。

15.4.5　承包人出入权

在保修期内,为了修复缺陷或损坏,承包人有权出入工程现场,除情况紧急必须立即修复缺陷或损坏外,承包人应提前24小时通知发包人进场修复的时间。承包人进入工程现场前应获得发包人同意,且不应影响发包人正常的生产经营,并应遵守发包人有关保安和保密等规定。

16　违约

16.1　发包人违约

16.1.1　发包人违约的情形

在合同履行过程中发生的下列情形,属于发包人违约:

(1)因发包人原因未能在计划开工日期前7天内下达开工通知的。

(2)因发包人原因未能按合同约定支付合同价款的。

(3)发包人违反第10.1款"变更的范围"第(2)项约定,自行实施被取消的工作或转由他人实施的。

(4)发包人提供的材料、工程设备的规格、数量或质量不符合合同约定,或因发包人原因导致交货日期延误或交货地点变更等情况的。

(5)因发包人违反合同约定造成暂停施工的。

(6)发包人无正当理由没有在约定期限内发出复工指示,导致承包人无法复工的。

(7)发包人明确表示或者以其行为表明不履行合同主要义务的。

(8)发包人未能按照合同约定履行其他义务的。

发包人发生除本项第(7)目以外的违约情况时,承包人可向发包人发出通知,要求发包人采取有效措施纠正违约行为。发包人收到承包人通知后28天内仍不纠正违约行为的,承包人有权暂停相应部位工程施工,并通知监理人。

16.1.2　发包人违约的责任

发包人应承担因其违约给承包人增加的费用和(或)延误的工期,并支付承包人合理的利润。此外,合同当事人可在专用合同条款中另行约定发包人违约责任的承担方式和计算方法。

16.1.3　因发包人违约解除合同

除专用合同条款另有约定外,承包人按第16.1.1项"发包人违约的情形"约定暂停施工满28天后,发包人仍不纠正其违约行为并致使合同目的不能实现的,或出现第16.1.1项"发包人违约的情形"第(7)目约定的违约情况,承包人有权解除合同,发包人应承担由此增加的费用,并支付承包人合理的利润。

16.1.4　因发包人违约解除合同后的付款

承包人按照本款约定解除合同的,发包人应在解除合同后28天内支付下列款项,并解除履约担保:

(1)合同解除前所完成工作的价款。

(2)承包人为工程施工订购并已付款的材料、工程设备和其他物品的价款。

(3)承包人撤离施工现场以及遣散承包人人员的款项。

(4)按照合同约定在合同解除前应支付的违约金。

(5)按照合同约定应当支付给承包人的其他款项。

(6)按照合同约定应退还的质量保证金。

(7)因解除合同给承包人造成的损失。

合同当事人未能就解除合同后的结清达成一致的,按照第20条"争议解决"的约定处理。

承包人应妥善做好已完工程和与工程有关的已购材料、工程设备的保护和移交工作,并将施工设备和人员撤出施工现场,发包人应为承包人撤出提供必要条件。

16.2 承包人违约

16.2.1 承包人违约的情形

在合同履行过程中发生的下列情形,属于承包人违约:

(1)承包人违反合同约定进行转包或违法分包的。

(2)承包人违反合同约定采购和使用不合格的材料和工程设备的。

(3)因承包人原因导致工程质量不符合合同要求的。

(4)承包人违反第8.9款"材料与设备专用要求"的约定,未经批准,私自将已按照合同约定进入施工现场的材料或设备撤离施工现场的。

(5)承包人未能按施工进度计划及时完成合同约定的工作,造成工期延误的。

(6)承包人在缺陷责任期及保修期内,未能在合理期限对工程缺陷进行修复,或拒绝按发包人要求进行修复的。

(7)承包人明确表示或者以其行为表明不履行合同主要义务的。

(8)承包人未能按照合同约定履行其他义务的。

承包人发生除本项第(7)目约定以外的其他违约情况时,监理人可向承包人发出整改通知,要求其在指定的期限内改正。

16.2.2 承包人违约的责任

承包人应承担因其违约行为而增加的费用和(或)延误的工期。此外,合同当事人可在专用合同条款中另行约定承包人违约责任的承担方式和计算方法。

16.2.3 因承包人违约解除合同

除专用合同条款另有约定外,出现第16.2.1项"承包人违约的情形"第(7)目约定的违约情况时,或监理人发出整改通知后,承包人在指定的合理期限内仍不纠正违约行为并致使合同目的不能实现的,发包人有权解除合同。合同解除后,因继续完成工程的需要,发包人有权使用承包人在施工现场的材料、设备、临时工程、承包人文件和由承包人或以其名义编制的其他文件,合同当事人应在专用合同条款约定相应费用的承担方式。发包人继续使用的行为不免除或减轻承包人应承担的违约责任。

16.2.4 因承包人违约解除合同后的处理

因承包人原因导致合同解除的,则合同当事人应在合同解除后28天内完成估价、付款和清算,并按以下约定执行:

(1)合同解除后,按第4.4款"商定或确定"商定或确定承包人实际完成工作对应的合同价款,以及承包人已提供的材料、工程设备、施工设备和临时工程等的价值。

(2)合同解除后,承包人应支付的违约金。

(3)合同解除后,因解除合同给发包人造成的损失。

(4)合同解除后,承包人应按照发包人要求和监理人的指示完成现场的清理和撤离。

(5)发包人和承包人应在合同解除后进行清算,出具最终结清付款证书,结清全部款项。

因承包人违约解除合同的,发包人有权暂停对承包人的付款,查清各项付款和已扣款项。发包人和承包人未能就合同解除后的清算和款项支付达成一致的,按照第20条"争议解决"的约定处理。

16.2.5 采购合同权益转让

因承包人违约解除合同的,发包人有权要求承包人将其为实施合同而签订的材料和设备的采购合同的权益转让给发包人,承包人应在收到解除合同通知后14天内,协助发包人与采购合同的供应商达成相关的转让协议。

16.3 第三人造成的违约

在履行合同过程中,一方当事人因第三人的原因造成违约的,应当向对方当事人承担违约责任。一方当事人和第三人之间的纠纷,依照法律规定或者按照约定解决。

17 不可抗力

17.1 不可抗力的确认

不可抗力是指合同当事人在签订合同时不可预见,在合同履行过程中不可避免且不能克服的自然灾害和社会性突发事件,如地震、海啸、瘟疫、骚乱、戒严、暴动、战争和专用合同条款中约定的其他情形。

不可抗力发生后,发包人和承包人应收集证明不可抗力发生及不可抗力造成损失的证据,并及时认真统计所造成的损失。合同当事人对是否属于不可抗力或其损失的意见不一致的,由监理人按第4.4款"商定或确定"的约定处理。发生争议时,按第20条"争议解决"的约定处理。

17.2 不可抗力的通知

合同一方当事人遇到不可抗力事件,使其履行合同义务受到阻碍时,应立即通知合同另一方当事人和监理人,书面说明不可抗力和受阻碍的详细情况,并提供必要的证明。

不可抗力持续发生的,合同一方当事人应及时向合同另一方当事人和监理人提交中间报告,说明不可抗力和履行合同受阻的情况,并于不可抗力事件结束后28天内提交最终报告及有关资料。

17.3 不可抗力后果的承担

17.3.1 不可抗力引起的后果及造成的损失由合同当事人按照法律规定及合同约定各自承担。不可抗力发生前已完成的工程应当按照合同约定进行计量支付。

17.3.2 不可抗力导致的人员伤亡、财产损失、费用增加和(或)工期延误等后果,由合同当事人按以下原则承担:

(1)永久工程、已运至施工现场的材料和工程设备的损坏,以及因工程损坏造成的第三人人员伤亡和财产损失由发包人承担。

(2)承包人施工设备的损坏由承包人承担。

(3)发包人和承包人承担各自人员伤亡和财产的损失。

(4)因不可抗力影响承包人履行合同约定的义务,已经引起或将引起工期延误的,应当顺延工期,由此导致承包人停工的费用损失由发包人和承包人合理分担,停工期间必须支付的工人工资由发包人承担。

(5)因不可抗力引起或将引起工期延误,发包人要求赶工的,由此增加的赶工费用由发包人承担。

(6)承包人在停工期间按照发包人要求照管、清理和修复工程的费用由发包人承担。

不可抗力发生后,合同当事人均应采取措施尽量避免和减少损失的扩大,任何一方当事人没有采取有效措施导致损失扩大的,应对扩大的损失承担责任。

因合同一方迟延履行合同义务,在迟延履行期间遭遇不可抗力的,不免除其违约责任。

17.4 因不可抗力解除合同

因不可抗力导致合同无法履行连续超过84天或累计超过140天的,发包人和承包人均有权解除合同。合同解除后,由双方当事人按照第4.4款"商定或确定"商定或确定发包人应支付的款项,该款项包括:

(1)合同解除前承包人已完成工作的价款。

(2)承包人为工程订购的并已交付给承包人,或承包人有责任接受交付的材料、工程设备和其他物品的价款。

(3)发包人要求承包人退货或解除订货合同而产生的费用,或因不能退货或解除合同而产生的损失。

(4)承包人撤离施工现场以及遣散承包人人员的费用。

(5)按照合同约定在合同解除前应支付给承包人的其他款项。

(6)扣减承包人按照合同约定应向发包人支付的款项。

(7)双方商定或确定的其他款项。

除专用合同条款另有约定外,合同解除后,发包人应在商定或确定上述款项后28天内完成上述款项的支付。

18　保险

18.1　工程保险

除专用合同条款另有约定外,发包人应投保建筑工程一切险或安装工程一切险;发包人委托承包人投保的,因投保产生的保险费和其他相关费用由发包人承担。

18.2　工伤保险

18.2.1　发包人应依照法律规定参加工伤保险,并为在施工现场的全部员工办理工伤保险,缴纳工伤保险费,并要求监理人及由发包人为履行合同聘请的第三方依法参加工伤保险。

18.2.2　承包人应依照法律规定参加工伤保险,并为其履行合同的全部员工办理工伤保险,缴纳工伤保险费,并要求分包人及由承包人为履行合同聘请的第三方依法参加工伤保险。

18.3　其他保险

发包人和承包人可以为其施工现场的全部人员办理意外伤害保险并支付保险费,包括其员工及为履行合同聘请的第三方的人员,具体事项由合同当事人在专用合同条款约定。

除专用合同条款另有约定外,承包人应为其施工设备等办理财产保险。

18.4　持续保险

合同当事人应与保险人保持联系,使保险人能够随时了解工程实施中的变动,并确保按保险合同条款要求持续保险。

18.5　保险凭证

合同当事人应及时向另一方当事人提交其已投保的各项保险的凭证和保险单复印件。

18.6　未按约定投保的补救

18.6.1　发包人未按合同约定办理保险,或未能使保险持续有效的,则承包人可代为办理,所需费用由发包人承担。发包人未按合同约定办理保险,导致未能得到足额赔偿的,由发包人负责补足。

18.6.2　承包人未按合同约定办理保险,或未能使保险持续有效的,则发包人可代为办理,所需费用由承包人承担。承包人未按合同约定办理保险,导致未能得到足额赔偿的,由承包人负责补足。

18.7　通知义务

除专用合同条款另有约定外,发包人变更除工伤保险之外的保险合同时,应事先征得承包人同意,并通知监理人;承包人变更除工伤保险之外的保险合同时,应事先征得发包人同意,并通知监理人。

保险事故发生时,投保人应按照保险合同规定的条件和期限及时向保险人报告。发包人和承包人应当在知道保险事故发生后及时通知对方。

19　索赔

19.1　承包人的索赔

根据合同约定,承包人认为有权得到追加付款和(或)延长工期的,应按以下程序向发包人提出索赔:

(1)承包人应在知道或应当知道索赔事件发生后28天内,向监理人递交索赔意向通知书,并说明发生索赔事件的事由;承包人未在前述28天内发出索赔意向通知书的,丧失要求追加付款和(或)延长工期的权利。

(2)承包人应在发出索赔意向通知书后28天内,向监理人正式递交索赔报告;索赔报告应详细说明索赔理由以及要求追加的付款金额和(或)延长的工期,并附必要的记录和证明材料。

(3)索赔事件具有持续影响的,承包人应按合理时间间隔继续递交延续索赔通知,说明持续影响的实际情况和记录,列出累计的追加付款金额和(或)工期延长天数。

(4)在索赔事件影响结束后28天内,承包人应向监理人递交最终索赔报告,说明最终要求索赔的追加付款金额和(或)延长的工期,并附必要的记录和证明材料。

19.2　对承包人索赔的处理

对承包人索赔的处理如下:

(1)监理人应在收到索赔报告后14天内完成审查并报送发包人。监理人对索赔报告存在异议的,有权要求承包人提交全部原始记录副本。

(2)发包人应在监理人收到索赔报告或有关索赔的进一步证明材料后的28天内,由监理人向承包人出具经发包人签认的索赔处理结果。发包人逾期答复的,则视为认可承包人的索赔要求。

(3)承包人接受索赔处理结果的,索赔款项在当期进度款中进行支付;承包人不接受索赔处理结果的,按照第20条"争议解决"约定处理。

19.3　发包人的索赔

根据合同约定,发包人认为有权得到赔付金额和(或)延长缺陷责任期的,监理人应向承包人发出通知并附有详细的证明。

发包人应在知道或应当知道索赔事件发生后28天内通过监理人向承包人提出索赔意向通知书,发包人未在前述28天内发出索赔意向通知书的,丧失要求赔付金额和(或)延长缺陷责任期的权利。发包人应在发出索赔意向通知书后28天内,通过监理人向承包人正式递交索赔报告。

19.4　对发包人索赔的处理

对发包人索赔的处理如下:

(1)承包人收到发包人提交的索赔报告后,应及时审查索赔报告的内容、查验发包人证明材料。

(2)承包人应在收到索赔报告或有关索赔的进一步证明材料后28天内,将索赔处理结果答复发包人。如果承包人未在上述期限内作出答复的,则视为对发包人索赔要求的认可。

(3)承包人接受索赔处理结果的,发包人可从应支付给承包人的合同价款中扣除赔付的金额或延长缺陷责任期;发包人不接受索赔处理结果的,按第20条"争议解决"约定处理。

19.5　提出索赔的期限

(1)承包人按第14.2款"竣工结算审核"约定接收竣工付款证书后,应被视为已无权再提出在工程接收证书颁发前所发生的任何索赔。

(2)承包人按第14.4款"最终结清"提交的最终结清申请单中,只限于提出工程接收证书颁发后发生的索赔。提出索赔的期限自接受最终结清证书时终止。

20　争议解决

20.1　和解

合同当事人可以就争议自行和解,自行和解达成协议的经双方签字并盖章后作为合同补充文件,双方均应遵照执行。

20.2　调解

合同当事人可以就争议请求建设行政主管部门、行业协会或其他第三方进行调解,调解达成协议的,经双方签字并盖章后作为合同补充文件,双方均应遵照执行。

20.3　争议评审

合同当事人在专用合同条款中约定采取争议评审方式解决争议以及评审规则,并按下列约定执行。

20.3.1　争议评审小组的确定

合同当事人可以共同选择一名或三名争议评审员，组成争议评审小组。除专用合同条款另有约定外，合同当事人应当自合同签订后28天内，或者争议发生后14天内，选定争议评审员。

选择一名争议评审员的，由合同当事人共同确定；选择三名争议评审员的，各自选定一名，第三名成员为首席争议评审员，由合同当事人共同确定或由合同当事人委托已选定的争议评审员共同确定，或由专用合同条款约定的评审机构指定第三名首席争议评审员。

除专用合同条款另有约定外，评审员报酬由发包人和承包人各承担一半。

20.3.2　争议评审小组的决定

合同当事人可在任何时间将与合同有关的任何争议共同提请争议评审小组进行评审。争议评审小组应秉持客观、公正原则，充分听取合同当事人的意见，依据相关法律、规范、标准、案例经验及商业惯例等，自收到争议评审申请报告后14天内作出书面决定，并说明理由。合同当事人可以在专用合同条款中对本项事项另行约定。

20.3.3　争议评审小组决定的效力

争议评审小组作出的书面决定经合同当事人签字确认后，对双方具有约束力，双方应遵照执行。

任何一方当事人不接受争议评审小组决定或不履行争议评审小组决定的，双方可选择采用其他争议解决方式。

20.4　仲裁或诉讼

因合同及合同有关事项产生的争议，合同当事人可以在专用合同条款中约定以下一种方式解决争议：

(1)向约定的仲裁委员会申请仲裁。

(2)向有管辖权的人民法院起诉。

20.5　争议解决条款效力

合同有关争议解决的条款独立存在，合同的变更、解除、终止、无效或者被撤销均不影响其效力。

第三部分专用合同条款(略)

附件(略)

附录Ⅱ 建设工程监理基本表式

摘自《建设工程监理规范》(GB/T 50319—2013)

附录 A 工程监理单位用表

A. 0. 1 总监理工程师任命书应按本规范表 A. 0. 1 的要求填写。

表 A. 0. 1 总监理工程师任命书

工程名称: 编号:

致:____________________(建设单位) 兹任命______(注册监理工程师注册号:________)为我单位________项目总监理工程师。负责履行建设工程监理合同、主持项目监理机构工作。   工程监理单位:(盖章) 法定代表人:(签字) 年 月 日

注:本表一式三份,项目监理机构、建设单位、施工单位各一份。

A. 0. 2　工程开工令应按本规范表 A. 0. 2 的要求填写。

表 A. 0. 2　工程开工令

工程名称：　　　　　　　　　　　　　　　　　　　　　　　　　　编号：

致：＿＿＿＿＿＿＿＿＿＿（施工单位） 经审查，本工程已具备施工合同约定的开工条件，现同意你方开始施工，开工日期为：＿＿＿年＿＿月＿＿日。 附件：工程开工报审表 项目监理机构：（盖章） 总监理工程师：（签字、加盖执业印章） 年　月　日

注：本表一式三份，项目监理机构、建设单位、施工单位各一份。

A.0.3 监理通知单应按本规范表 A.0.3 的要求填写。

表 A.0.3 监理通知单

工程名称： 编号：

致：________________(施工项目经理部) 事由： 内容：   项目监理机构：(盖章) 总/专业监理工程师：(签字) 年 月 日

注：本表一式三份，项目监理机构、建设单位、施工单位各一份。

A.0.4 监理报告应按本规范表 A.0.4 的要求填写。

表 A.0.4 监理报告

工程名称： 编号：

致：__________________（主管部门） 由__________________（施工单位）施工的__________________（工程部位），存在安全事故隐患。我方已于_____年___月___日发出编号为______的《监理通知单》/《工程暂停令》，但施工单位未整改/停工。 特此报告。 附件：□监理通知单 □工程暂停令 □其他 项目监理机构：（盖章） 总监理工程师：（签字） 年 月 日

注：本表一式四份，主管部门、建设单位、工程监理单位、项目监理机构各一份。

A. 0. 5 工程暂停令应按本规范表 A. 0. 5 的要求填写。

表 A. 0. 5 工程暂停令

工程名称: 编号:

致:________________(施工项目经理部) 由于________________________________原因,现通知你方于______年___月___日______时起,暂停______部位(工序)施工,并按下述要求做好后续工作。 要求: 项目监理机构:(盖章) 总监理工程师:(签字、加盖执业印章) 年 月 日

注:本表一式三份,项目监理机构、建设单位、施工单位各一份。

A.0.6　旁站记录应按本规范表 A.0.6 的要求填写。

表 A.0.6　旁站记录

工程名称：　　　　　　　　　　　　　　　　　　　　　　编号：

<table>
<tr><td>旁站的关键部位、关键工序</td><td></td><td>施工单位</td><td></td></tr>
<tr><td>旁站开始时间</td><td>年　月　日　时　分</td><td>旁站结束时间</td><td>年　月　日　时　分</td></tr>
<tr><td colspan="4">旁站的关键部位、关键工序施工情况：</td></tr>
<tr><td colspan="4">发现的问题及处理情况：

旁站监理人员：(签字)
年　月　日</td></tr>
</table>

注：本表一式一份，项目监理机构留存。

A.0.7 工程复工令应按本规范表 A.0.7 的要求填写。

表 A.0.7 工程复工令

工程名称: 编号:

致:____________________(施工项目经理部) 我方发出的编号为____________________《工程暂停令》,要求暂停施工的________部位(工序),经查已具备复工条件。经建设单位同意,现通知你方于________年____月____日____时起恢复施工。 附件:工程复工报审表 项目监理机构:(盖章) 总监理工程师:(签字、加盖执业印章) 年 月 日

注:本表一式三份,项目监理机构、建设单位、施工单位各一份。

A.0.8 工程款或竣工结算款支付证书应按本规范表 A.0.8 的要求填写。

表 A.0.8 工程款支付证书

工程名称： 编号：

致：____________________（施工单位） 根据施工合同约定，经审核编号为________工程款支付报审表，扣除有关款项后，同意支付工程款共计（大写）________________________________（小写：____________________）。 其中： 1. 施工单位申报款为： 2. 经审核施工单位应得款为： 3. 本期应扣款为： 4. 本期应付款为： 附件：工程款支付报审表及附件 项目监理机构：（盖章） 总监理工程师：（签字、加盖执业印章） 年 月 日

注：本表一式三份，项目监理机构、建设单位、施工单位各一份。

附录B　施工单位报审、报验用表

B.0.1　施工组织设计、(专项)施工方案报审表应按本规范表B.0.1的要求填写。

表B.0.1　施工组织设计/(专项)施工方案报审表

工程名称:　　　　　　　　　　　　　　　　　　　　　　编号:

<table>
<tr><td>致:________________(项目监理机构)
我方已完成______________工程施工组织设计/(专项)施工方案的编制和审批,请予以审查。
附件:□施工组织设计
□专项施工方案
□施工方案

施工项目经理部:(盖章)
项目经理:(签字)
年　月　日</td></tr>
<tr><td>审查意见:

专业监理工程师:(签字)
年　月　日</td></tr>
<tr><td>审核意见:

项目监理机构:(盖章)
总监理工程师:(签字、加盖执业印章)
年　月　日</td></tr>
<tr><td>审批意见(仅对超过一定规模的危险性较大的分部分项工程专项施工方案):

建设单位:(盖章)
建设单位代表:(签字)
年　月　日</td></tr>
</table>

注:本表一式三份,项目监理机构、建设单位、施工单位各一份。

B. 0. 2　工程开工报审表应按本规范表 B. 0. 2 的要求填写。

表 B. 0. 2　工程开工报审表

工程名称：　　编号：

致：____________________（建设单位） ____________________（项目监理机构） 我方承担的____________________工程，已完成相关准备工作，具备开工条件，申请于________年____月____日开工，请予以审批。 附件：证明文件资料 施工单位：（盖章） 项目经理：（签字） 年　月　日
审核意见： 项目监理机构：（盖章） 总监理工程师：（签字、加盖执业印章） 年　月　日
审批意见： 建设单位：（盖章） 建设单位代表：（签字） 年　月　日

注：本表一式三份，项目监理机构、建设单位、施工单位各一份。

B.0.3 工程复工报审表应按本规范表B.0.3的要求填写。

表B.0.3 工程复工报审表

工程名称: 编号:

致:__________(项目监理机构) 编号为________《工程暂停令》所停工的__________部位(工序)已满足复工条件,我方申请于____年___月___日复工,请予以审批。 附件:证明文件资料 施工项目经理部:(盖章) 项目经理:(签字) 年 月 日
审核意见: 项目监理机构:(盖章) 总监理工程师:(签字) 年 月 日
审批意见: 建设单位:(盖章) 建设单位代表:(签字) 年 月 日

注:本表一式三份,项目监理机构、建设单位、施工单位各一份。

B.0.4 分包单位资格报审表应按本规范表 B.0.4 的要求填写。

表 B.0.4 分包单位资格报审表

工程名称： 编号：

致：___________________（项目监理机构）

经考察，我方认为拟选择的____________________（分包单位）具有承担下列工程的施工或安装资质和能力，可以保证本工程按施工合同第____________条款的约定进行施工或安装，请予以审查。

分包工程名称（部位）	分包工程量	分包工程合同额
合计		

附件：1. 分包单位资质材料

2. 分包单位业绩材料

3. 分包单位专职管理人员和特种作业人员的资格证书

4. 施工单位对分包单位的管理制度

施工项目经理部：（盖章）
项目经理：（签字）
年 月 日

审查意见：

专业监理工程师：（签字）
年 月 日

审核意见：

项目监理机构：（盖章）
总监理工程师：（签字）
年 月 日

注：本表一式三份，项目监理机构、建设单位、施工单位各一份。

B.0.5 施工控制测量成果报验表应按本规范表B.0.5的要求填写。

表B.0.5 施工控制测量成果报验表

工程名称: 编号:

致:__________________(项目监理机构) 我方已完成________________的施工控制测量,经自检合格,请予以查验。 附件:1.施工控制测量依据资料 2.施工控制测量成果表 施工项目经理部:(盖章) 项目技术负责人:(签字) 年 月 日
审查意见: 项目监理机构:(盖章) 专业监理工程师:(签字) 年 月 日

注:本表一式三份,项目监理机构、建设单位、施工单位各一份。

B.0.6　工程材料、构配件、设备报审表应按规范表 B.0.6 的要求填写。

表 B.0.6　工程材料、构配件、设备报审表

工程名称：　　　　　　　　　　　　　　　　　　　　　　编号：

<table>
<tr><td>致：____________________（项目监理机构）
于________年____月____日进场的拟用于工程________部位的__________________，经我方检验合格，现将相关资料报上，请予以审查。
附件：1. 工程材料、构配件或设备清单
2. 质量证明文件
3. 自检结果

施工项目经理部：（盖章）
项目经理：（签字）
年　月　日</td></tr>
<tr><td>审查意见：

项目监理机构：（盖章）
专业监理工程师：（签字）
年　月　日</td></tr>
</table>

注：本表一式两份，项目监理机构、施工单位各一份。

B. 0. 7　隐蔽工程、检验批、分项工程报验表及施工实验室报审表应按本规范表 B. 0. 7 的要求填写。

表 B. 0. 7　＿＿＿＿＿＿＿＿报审、报验表

工程名称:　　　　　　　　　　　　　　　　　　　　　　　　编号:

致:＿＿＿＿＿＿＿＿＿＿(项目监理机构) 我方已完成＿＿＿＿＿＿＿＿＿＿工作,经自检合格,请予以审查或验收。 附件:□隐蔽工程质量检验资料 □检验批质量检验资料 □分项工程质量检验资料 □施工实验室证明资料 □其他 施工项目经理部:(盖章) 项目经理或项目技术负责人:(签字) 年　月　日
审查或验收意见: 项目监理机构:(盖章) 专业监理工程师:(签字) 年　月　日

注:本表一式两份,项目监理机构、施工单位各一份。

B.0.8　分部工程报验表应按本规范表 B.0.8 的要求填写。

表 B.0.8　分部工程报验表

工程名称：　　　　　　　　　　　　　　　　　　　　　　　　　　　　　编号：

致：________________（项目监理机构） 我方已完成________________（分部工程），经自检合格，请予以验收。 附件：分部工程质量资料 施工项目经理部：（盖章） 项目技术负责人：（签字） 年　　月　　日
验收意见： 专业监理工程：（签字） 年　　月　　日
验收意见： 项目监理机构：（盖章） 总监理工程师：（签字） 年　　月　　日

注：本表一式三份，项目监理机构、建设单位、施工单位各一份。

B.0.9　监理通知回复单应按本规范表 B.0.9 的要求填写。

表 B.0.9　监理通知回复单

工程名称:　　　　　　　　　　　　　　　　　　　　　　　　　编号:

致:____________(项目监理机构) 我方接到编号为____________的监理通知单后,已按要求完成相关工作,请予以复查。 附件:需要说明的情况   施工项目经理部:(盖章) 项目经理:(签字) 年　月　日
复查意见: 项目监理机构:(盖章) 总监理工程师/专业监理工程师:(签字) 年　月　日

注:本表一式三份,项目监理机构、建设单位、施工单位各一份。

B.0.10　单位工程竣工验收报审表应按本规范表B.0.10的要求填写。

表B.0.10　单位工程竣工验收报审表

工程名称：　　　　　　　　　　　　　　　　　　　　　　　　编号：

致：__________________(项目监理机构) 我方已按施工合同要求完成__________________工程，经自检合格，现将有关资料报上，请予以验收。 附件：1.工程质量验收报告 2.工程功能检验资料 施工单位：(盖章) 项目经理：(签字) 年　月　日
预验收意见： 经预验收，该工程合格/不合格，可以/不可以组织正式验收。 项目监理机构：(盖章) 总监理工程师：(签字、加盖执业印章) 年　月　日

注：本表一式三份，项目监理机构、建设单位、施工单位各一份。

B.0.11　工程款和竣工结算款支付报审表应按本规范表B.0.11的要求填写。

表B.0.11　工程款支付报审表

工程名称:　　　　　　　　　　　　　　　　　　　　　　编号:

致:__________(项目监理机构) 根据施工合同约定,我方已完成________工作,建设单位应在____年___月___日前支付工程款共计(大写)__________(小写:__________),请予以审核。 附件:□已完成工程量报表 □工程竣工结算证明材料 □相应支持性证明文件 施工项目经理部:(盖章) 项目经理:(签字) 年　月　日
审查意见: 1.施工单位应得款为: 2.本期应扣款为: 3.本期应付款为: 附件:相应支持性材料 专业监理工程师:(签字) 年　月　日
审核意见: 项目监理机构:(盖章) 总监理工程师:(签字、加盖执业印章) 年　月　日
审批意见: 建设单位:(盖章) 建设单位代表:(签字) 年　月　日

注:本表一式三份,项目监理机构、建设单位、施工单位各一份;工程竣工结算报审时本表一式四份,项目监理机构、建设单位各一份,施工单位两份。

B.0.12　施工进度计划报审表应按本规范表 B.0.12 的要求填写。

表 B.0.12　施工进度计划报审表

工程名称：　　　　　　　　　　　　　　　　　　　　　　　　　编号：

致：________________（项目监理机构） 根据施工合同约定，我方已完成________________工程施工进度计划的编制和批准，请予以审查。 附件：□施工总进度计划 □阶段性进度计划 施工项目经理部：（盖章） 项目经理：（签字） 年　　月　　日
审查意见： 专业监理工程师：（签字） 年　　月　　日
审核意见： 项目监理机构：（盖章） 总监理工程师：（签字） 年　　月　　日

注：本表一式三份，项目监理机构、建设单位、施工单位各一份。

B. 0. 13　费用索赔报审表应按本规范表 B. 0. 13 的要求填写。

表 B. 0. 13　费用索赔报审表

工程名称:　　　　　　　　　　　　　　　　　　　　　　　　编号:

致:____________(项目监理机构) 根据施工合同________条款,由于____________的原因,我方申请索赔金额(大写)____________,请予批准。 索赔理由:____________ 附件:□索赔金额计算 □证明材料 施工项目经理部:(盖章) 项目经理:(签字) 年　月　日
审核意见: □不同意此项索赔。 □同意此项索赔,索赔金额为(大写)____________。 同意/不同意索赔的理由:____________ 附件:□索赔审查报告 项目监理机构:(盖章) 总监理工程师:(签字、加盖执业印章) 年　月　日
审批意见: 建设单位:(盖章) 建设单位代表:(签字) 年　月　日

注:本表一式三份,项目监理机构、建设单位、施工单位各一份。

B.0.14　工程临时延期报审表和工程最终延期报审表应按本规范表B.0.14的要求填写。

表B.0.14　工程临时/最终延期报审表

工程名称：　　　　　　　　　　　　　　　　　　　　　　　　　　编号：

致：＿＿＿＿＿＿＿＿＿＿（项目监理机构） 根据施工合同＿＿＿＿＿＿＿＿＿＿＿＿（条款），由于＿＿＿＿＿＿＿＿＿＿原因，我方申请工程临时/最终延期＿＿＿＿（日历天），请予批准。 附件：1.工程延期依据及工期计算 2.证明材料 施工项目经理部：（盖章） 项目经理：（签字） 年　月　日
审核意见： □同意工程临时/最终延期＿＿＿＿（日历天）。工程竣工日期从施工合同约定的＿＿＿＿年＿＿月＿＿日延迟到＿＿＿＿年＿＿月＿＿日。 □不同意延期，请按约定竣工日期组织施工。 项目监理机构：（盖章） 总监理工程师：（签字、加盖执业印章） 年　月　日
审批意见： 建设单位：（盖章） 建设单位代表：（签字） 年　月　日

注：本表一式三份，项目监理机构、建设单位、施工单位各一份。

附录 C 通用表

C. 0. 1 工作联系单应按本规范表 C. 0. 1 的要求填写。

表 C. 0. 1 工作联系单

工程名称: 编号:

致:________________   发文单位: 负责人:(签字) 年 月 日

C.0.2　工程变更单应按本规范表 C.0.2 的要求填写。

表 C.0.2　工程变更单

工程名称：　　　　　　　　　　　　　　　　　　　　　　编号：

<table>
<tr><td colspan="4">致：____________________
由于______________________________原因，兹提出______________________工程变更，请予以审批。
附件：□变更内容
□变更设计图
□相关会议纪要
□其他

变更提出单位：
负责人：
年　月　日</td></tr>
<tr><td>工程量增/减</td><td colspan="3"></td></tr>
<tr><td>费用增/减</td><td colspan="3"></td></tr>
<tr><td>工期变化</td><td colspan="3"></td></tr>
<tr><td colspan="2">施工项目经理部：(盖章)
项目经理：(签字)</td><td colspan="2">设计单位：(盖章)
设计负责人：(签字)</td></tr>
<tr><td colspan="2">项目监理机构：(盖章)
总监理工程师：(签字)</td><td colspan="2">建设单位：(盖章)
负责人：(签字)</td></tr>
</table>

注：本表一式四份，建设单位、项目监理机构、设计单位、施工单位各一份。

C.0.3　索赔意向通知书应按本规范表 C.0.3 的要求填写。

表 C.0.3　索赔意向通知书

工程名称：　　　　　　　　　　　　　　　　　　　　　　　　编号：

致：____________________ 　　根据施工合同__________(条款)约定，由于发生了____________________事件，且该事件的发生非我方原因所致。为此，我方向__________(单位)提出索赔要求。 　　附件：索赔事件资料   提出单位：(盖章) 负责人：(签字) 年　月　日

参考文献

[1] 钟汉华,赵旭升,张希中.工程建设监理[M].3版.郑州:黄河水利出版社,2015.
[2] 中国建设监理协会.建设工程监理概论[M].北京:中国建筑工业出版社,2020.
[3] 中国建设监理协会.建设工程合同管理[M].北京:中国建筑工业出版社, 2020.
[4] 中国建设监理协会.建设工程质量控制[M].北京:中国建筑工业出版社, 2020.
[5] 中国建设监理协会.建设工程投资控制[M].北京:中国建筑工业出版社, 2020.
[6] 中国建设监理协会.建设工程进度控制[M].北京:中国建筑工业出版社, 2020.
[7] 中国建设监理协会.建设工程监理案例分析[M].北京:中国建筑工业出版社, 2020.
[8] 中国建设监理协会.建设工程监理相关法规文件汇编[M].北京:中国建筑工业出版社,2020.
[9] 布晓进.建设工程监理实务[M].3版. 大连:大连理工大学出版社,2018.
[10] 叶小波. 建设工程监理[M].北京:高等教育出版社,2016.
[11] 钟汉华.建筑工程安全管理[M].2版.北京:中国电力出版社,2014.
[12] 钟汉华.建筑工程质量管理[M].北京:中国电力出版社,2015.